SHENSUOBIANHUANYUPAOWUXUANZHUAN

伸缩变换与抛物旋转

● 张家瑞　李兴春　著

哈爾濱工業大學出版社
HARBIN INSTITUTE OF TECHNOLOGY PRESS

内 容 简 介

本书针对“伸缩变换”这一课题进行深入研究.全书分为伸缩变换及抛物旋转两部分,详细的阐述了几何图形间的位置关系及性质相互转化.

本书适合数学爱好者研读,也可以作为教师的教学参考用书.

图书在版编目(CIP)数据

伸缩变换与抛物旋转/张家瑞,李兴春著.—哈尔滨:哈尔滨工业大学出版社,2015.1

ISBN 978-7-5603-4594-9

Ⅰ.①伸… Ⅱ.①张…②李… Ⅲ.①解析几何 Ⅳ.①O182

中国版本图书馆 CIP 数据核字(2014)第 099243 号

策划编辑 刘培杰 张永芹
责任编辑 张永芹 王 慧 刘春雷
出版发行 哈尔滨工业大学出版社
社 址 哈尔滨市南岗区复华四道街 10 号 邮编 150006
传 真 0451-86414749
网 址 http://hitpress.hit.edu.cn
印 刷 哈尔滨市石桥印务有限公司
开 本 787mm×1092mm 1/16 印张 18 字数 275 千字
版 次 2015 年 1 月第 1 版 2015 年 1 月第 1 次印刷
书 号 ISBN 978-7-5603-4594-9
定 价 38.00 元

◎ 前言

什么是数学教育？首先教的是数学，其次是应用符合教育规律的教育理念，现代化教育手段，符合实际的教学方法使数学的知识、方法、思想、文化，高效率地传授给下一代. 由此我们不能不认为从事数学教育的教师肩负着对数学本身和教育方法手段研究的双重任务，也就是中学数学教师进行教育研究的双翼，特别是数学本身的研究是数学教育的根. 数学教育的科学分类应属于数学而不是一般教育学的附庸. 对于中学数学教师来说，初等数学研究和教学研究是很难分得清的，你中有我，我中有你，仅有时侧重点不同而已，只有少数中学数学教师能攀登世界数学高峰.

但不知从何时起，初等数学研究常遭人冷眼，误以为是不务正业. 我的同事风趣地说：初等数学研究是老师的自留地，你自己好好种地，不必张扬，似乎成了地下工作. 人们在麻将声中寻找快乐，数学教师闲暇之时在玩数学中寻求精神依托，提升自身的数学素养和能力，有什么不好？

有人认为初等数学研究没有教育思想，若用这种思想来评判一个老师的话后果相当可怕.

第一个案例，我的一个朋友撰写了大量的初等数学研究文章，发表在《数学通报》等著名初等数学期刊上，在当地的老师中威望很高，但高级教师好几年都评不到，理由是文章多，没有教育思想. 好不容易才解决高级职称问题，没有教育思想评高级教师难，更不能评特级. 这是一种很有杀伤力的评价，把初等数学研究和教学研究无端地对立起来，扼杀了教师的积极性. 其实这位老师的文章很有创造性，本身就提供了很多研究性学习的极好的课题. 无教育思想的评价不知从何而来. 重视初等数学研究，本身就是重要的教育思想.

第二个案例，中学教师可以参加"中学数学教学研究会"，可个别地方的此会在优秀论文评选时，郑重声明只接受论教学的文章，没有教育思想的初等数学研究文章不被接纳. 以他们的话来说"我们不提倡". 在他们那里，教学研究与初等数学研究是水火不相容的. 初等数学研究成了"资本主义尾巴"，这种折翅的做法不能不说是莫名其妙的偏见，极不利于教师的发展和成长，更不利于教学工作本身，是不是属于"去数学化"倾向？

第三个案例，包头市第九中学的陆家羲老师，作为一个中学物理教师，他对数学的事业有一种特殊的爱. 他利用业余时间，如痴如醉地研究数学，解决了世界难题，受到国际数学界的重视，对数学的发展作出了特殊的贡献，真是一位难得的人才！他不求名不求利，完全出于对事业的热爱，出于对科学的眷恋. 但在"文化大革命"期间和 20 世纪 80 年代初期，他的业绩得不到学校领导的认可，反而认为他是不务正业，甚至不让他讲课，更不支持他参加全国性乃至国际性的专业会议. 陆老师只能用自己菲薄的薪金去参加各种学术研究活动. 由于身心劳累过度，英年早逝，身后留下了一叠借据给自己的亲人. 这是不是一种"软迫害"？他没能享受到学术自由的权利，这么大的中国容不下这样一个平凡的中学老师，这不值得深思吗？诚然眼下情况不同了，教育要出人才，首先要让教师得到发展. 教师的"红烛时代"已经过去，现在行政部门正积极推行名师工程，这是广大教师提升、发展自己的最好机遇，使自己能以更高的水平投身于教育事业，努力为培养有创造性且能持续发展的人才而奋斗终生.

对照陆老师，我没有他的执着，没有他的研究水准，只是乐于自由参与零星的研究活动，更无能力解决世界难题（如有哪位中学教师能解世界难题，应让他享受学术自由的权利，创造条件让他研究），永远也达不到陆老师的高度，只是寻求一种静谧的乐趣. 现在退休了，但我仍然保持很好的解题胃口，退休当作换工种,退而不可休.宁可食无鱼,不可做无题.

中学数学教师进行初等数学研究是理所当然的,不必羞答答地种自留地.不能因为有人不提倡,不接纳,我就不作为!只要对教育有利,对培养人才有利,不管旁人如何说春秋,我将无怨无悔地做下去,成为一个无愧于学生的教书人.

为什么要提倡中学数学教师进行初等数学研究呢?

第一,试想要培养学生的创造性思维能力,而教师自身没有创造性过程的体验,你的教育理念再先进也无济于事.只有教师首先有较强的创造性体验和能力,才能指导学生去创新,初等数学研究是提升教师创造能力的最好途径.没创造性体验的教师,决不能期望他能有效地去启发、引导、帮助学生或鉴别学生的创造性,脱离数学而作单纯的教学法研究势必成为一个旋转的圆盘.

第二,有的老师常愁研究性课题太少,那么初等数学研究可以帮你找到大量的研究性学习的课题.你沉下心来去研究问题了,不愁找不到课题.

第三,初等数学研究还有很现实的研究方向,就是如何将学术形态的数学转化成教育形态的数学,这样更有利于对学生的高效传承.

第四,初等数学研究不可避免地要研究高考题,可使高考不走八股门.

第五,初等数学研究必然与数学竞赛的研究相结合,必会使竞赛日新月异.

第六,数学研究本身无所谓高等初等之分.高等数学由初等数学发展而来,况且现在的初等数学的范围非常广.解析几何本来称为“三高”之一,现在划入初等数学范畴.可以这样认为,凡是中学教材有的内容都可作为研究对象,有成千上万的初等数学研究队伍(中学教师)必定会促使数学的大发展,使中国成为一个名符其实的数学强国,陈省身教授的愿望将实现.

第七,初等数学研究为教材改革提供有用的素材.

初等数学研究的功能是多层面的,不再一一列举.数学教育就是教数学,不研究数学,那还谈什么数学教育?研究教学方法是为了更好地教好数学,展翅高飞才能入九重天!

初等数学研究本身是一种事业!任何时候决不能忘怀,数学知识比教学方法更重要.

数学教育必须有先进的教育理念,但很多数学本身的问题,不是靠教育理念来解决的,应靠数学本身的研究来解决.张景中教授说得好,“倘若不从数学上下工夫,仅仅从教学法的角度出发,学生学习起来仍然很辛苦”(数学通报2010.2).

数学教学始于数学知识深厚的专业教师，根深叶茂，源远流长．有了深厚的数学功底，教师才能带着学生走向一门科学，努力使学生与科学融为一体．教师应该有很好的数学素养，掌握较多的数学知识才能给学生正确引导，理解数学、理解学生、理解教学是数学老师的三大基石，而理解数学是当好数学教师的前提，立教之本．如果连讲对讲准都做不到，对其他问题的研究都缺乏基础，不提倡初等数学研究不能不说是一种重大失策，数学教学怎么能“去数学化”呢？

当前教学改革正深入地进行，教材已经有极大的变动，伸缩变换这一课题已经进入中学教材，但对它的深入研究及其应用尚属起步阶段．本书想对这种研究做一点贡献．

原先写过两篇文章《伸缩变换的一个应用——由圆到椭圆》（初等数学论丛（九））与《介绍一个几何变换——抛物旋转》（数学通报 1987(3)）．现将两文合并起来，且作更进一步的探讨，并将大量圆的问题（很多是数学竞赛题）翻译成椭圆问题，从变换角度去处理，只要将椭圆的问题转化为圆的相应问题，那么圆的问题解决了，椭圆的问题也就解决了．但如果独立地去研究证明这些问题，常常是困难的，这或许是一个具有挑战性的研究方向．

若本书能起到教学参考的作用，那就是作者的心愿了．本书的出版也作为本人 70 寿诞纪念．

由于作者数学修养有限，本书的错误请读者指正．

本书的出版受到刘培杰、张永芹两位老师的热情帮助，在此表示感谢．

本书写作过程中学习了不少老师的有关论文，吸收了其中很多研究成果，在此向这些老师表示感谢．

张家瑞

于苏州水香五村

2014 年 5 月

◎ 目录

第一章　伸缩变换

万物皆变,小致微观世界,大到宇宙世界,无一例外,有的事物新生,有的事物消亡,有的甲物转化成乙物.世界就是在变化中发展,在运动中前进.数学作为物质世界的能动反映,其中充满着矛盾、运动、变化.数与形是数学的两大支柱,数形可以互相转化,这些例子比比皆是.如方程 $Ax+By+C=0$ 表示直线等,这种数与形的互相结合互相转化真谓完美而天衣无缝.单说数学中的图形,如直线、圆、椭圆、双曲线、抛物线、摆线等都可互相转化,直线可变成圆,圆也可变成直线.圆可变成椭圆,椭圆可变为双曲线.用什么方法使它们互相转化呢?这个方法统称几何变换,如平移变换、旋转变换、反演变换、投影变换等.本章介绍伸缩变换 —— 最简单的仿射变换.

§1　伸缩变换及其性质

欧洲人有句名言:出卖影子的人就是出卖自己的灵魂,人与影子是不能分割的.人在阳光下都拖着自己的身影,即太阳在地平面上投下了人的影子,这种自然现象在数学中称为射影或投影.

一般说来,如果空间中一个点 A,在光线的照射下在平面内得影子点 B(图 1),这个点 B 叫作沿光线 l 方向点 A 在平面 α 内的射影.同理若是一个图形 F,其每一点沿 l 方向在平面 α 内的射影,所得的各点在 α 内组成另一个图形 G,则称 G 为 F 沿 l 方向在平面 α 内的射影(图 2).因图形 F 上的每一点都沿同一方向投影到平面 α 内,也就是说在平行光线照射下,将图形 F 变到图形 G 的变换叫作平行投影.另外一种情形是光线由一个点射出,将图形 F 变到图形 G 的变换,叫作中心投影(图 3).

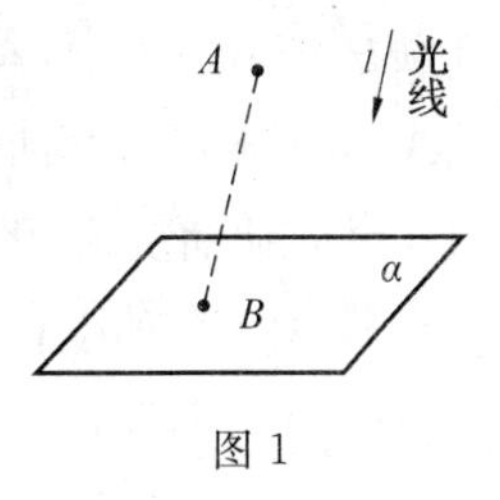

图 1

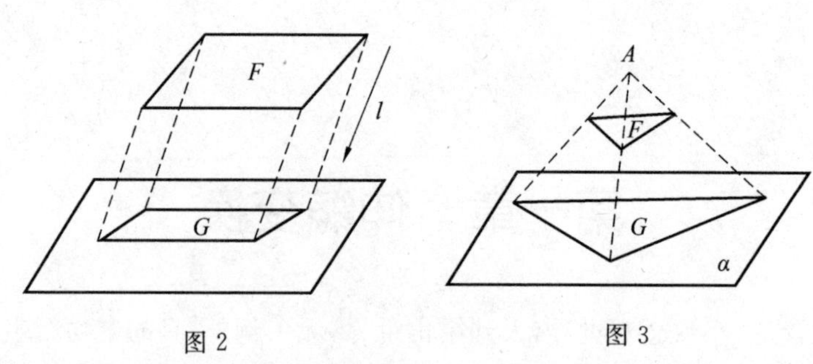

图 2　　　　　　　　　　图 3

特别，若光线投射方向 l 垂直于平面 α，则图形 G 称为 F 在平面 α 内的正投影(或正射影)，从 F 到 G 的变换称为正投影；若 l 不垂直于面 α 时，平行投影称为斜投影.

如果我们把以上空间的投影概念平移到平面内，相应地得到平面内的投影概念(这里只考虑正投影).

同一平面内一点 A，沿光线 l 的方向在(照射) 直线 a 上得到点 B，若 $l \perp a$，则点 A 在直线 a 上的正投影为 B，或点 B 是点 A 正射影(图 4). 同一平面内的任何图形(不是唯一点) 在直线上的正投影都是直线.

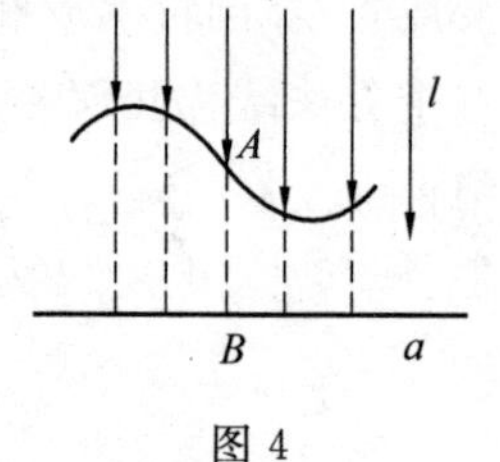

图 4

我们这里取一个特殊投影方法，平面内一条曲线 c 上的每一点 $A_1, A_2, A_3, \cdots, A_n, \cdots$，它们的纵坐标依次为 $y_1, y_2, y_3, \cdots, y_n, \cdots$，沿垂直于 x 轴的光线投射，若 $A_1 \to B_1, A_2 \to B_2, \cdots, A_n \to B_n, \cdots$，而 $A_1, A_2, \cdots, A_n, \cdots$，在 x 轴上的射影依次为 $C_1, C_2, \cdots, C_n, \cdots$，且满足 $C_1B_1 : C_1A_1 = C_2B_2 : C_2A_2 = \cdots = C_nB_n : C_nA_n = \cdots = \lambda$，这样曲线 c 变成了曲线 c_1，这个变换叫作纵向伸缩变换(图 5).

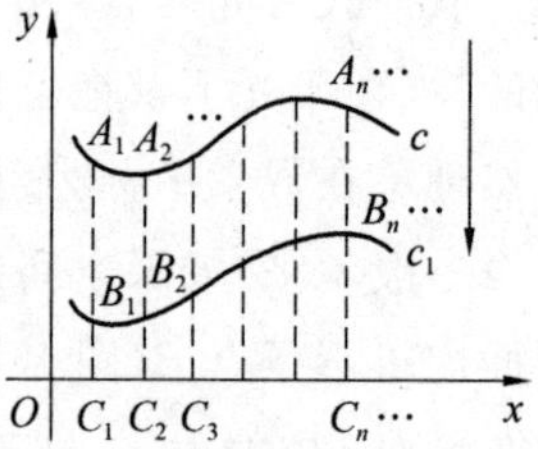

图 5

若 A_1, B_1 的坐标分别为 (x, y)，(x', y')，则它们之间的关系为

$$\begin{cases} x' = x \\ y' = \lambda y \end{cases} \qquad (\varphi)$$

变换 φ 就称为伸缩变换，λ 称为伸缩系数，在不同的场合下，根据具体问题的需要选取不同的 λ 值.

例如，我们在研究圆 $x^2+y^2=a^2(a>0)$ 和椭圆 $\frac{x^2}{a^2}+\frac{y^2}{b^2}=1(a>b>0)$ 的关系时，取 $\lambda=\frac{b}{a}$，则变换 φ 为

$$\begin{cases}x=x' \\ y=\frac{a}{b}y'\end{cases}$$

φ 把已知点 $P(x,y)$ 映射成点 $P'(x',y')$，显然，这个变换是一一对应的可逆变换. 因 P,P' 两点的横坐标相等，所以 P,P' 两点的连线与 x 轴垂直.

现行高中数学课本介绍了变换 $\varphi=\begin{bmatrix}a & 0 \\ 0 & b\end{bmatrix}$，这种伸缩变换可将圆 $x^2+y^2=1\xrightarrow{\varphi}$ 椭圆 $b^2x^2+a^2y^2=a^2b^2$. 如果已知点 P 的轨迹方程，把 φ 代入后，便得到映射点 P' 的轨迹方程.

伸缩变换 φ 具有如下的性质：

性质 1.1　φ 把直线映射成直线，且映射后的直线斜率是原直线斜率的 $\frac{b}{a}$ 倍，截距是原截距的 $\frac{b}{a}$ 倍.

证明　事实上，若原直线方程为 $y=kx+m$，则有

$$\frac{a}{b}y'=kx'+m$$

即

$$y'=\left(\frac{b}{a}k\right)x'+\frac{b}{a}m$$

此方程仍为直线方程，其斜率 $k'=\frac{b}{a}k$，截距 $m'=\frac{b}{a}m$.

由性质 1.1 可得下列推论：

推论 1.1　（x 轴的不动性）x 轴上的每一点都是伸缩变换 φ 下的不动点.

此推论告诉我们，x 轴是伸缩变换 φ 下的不动直线.

推论 1.2　与 x 轴垂直的所有直线上的每一点的纵坐标在伸缩变换 φ 下都变为原纵坐标的 $\frac{b}{a}$ 倍，但整个直线的位置都不改变.

推论 1.2 是垂直于 x 轴的直线的奇妙性质，在伸缩变换 φ 下，这些直线上的

点都沿着该直线移动,但这些直线的位置却不变动,动与不动的一对矛盾达到了如此完美的统一境界,这正是数学的统一之美.

推论 1.3 (保平行性)φ 把平行直线映射成平行直线.

推论 1.4 φ 把斜率之积为 -1(即互相垂直)的两直线映射成斜率之积为 $-\frac{b^2}{a^2}$ 的两直线.

如果借"共轭"一词,推论 1.4 可改述为:φ 把垂直的两直线映射成共轭的两直线,但此性质不包括与 x,y 轴分别平行的互相垂直的直线,这类直线在伸缩变换 φ 下仍为垂直的两直线.

推论 1.5 (保直线性)共直线的三点,经 φ 的射映后得到的三点仍共直线(若 n 个共线点,结论仍成立).

推论 1.6 φ 把共点的三直线映射成仍共点的三直线(对于共点的直线束来说,此结论也成立).

以上介绍的是伸缩变换 φ 对于直线的变换性质,进一步应该想到由直线段构成的平面图形,如三角形,四边形等它们都具有丰富多彩的性质,如相似、全等这些性质,在伸缩变换后,还会保留吗?一般说,全等或相似的两个三角形经过 φ 的映射后不再全等或相似,只在特殊情况下才可保持全等或相似.

当两个三角形的三条对应边分别平行时,如果它们全等或相似,那么经过 φ 的变换后仍全等或相似.特别,如图 6,$\triangle ABO$ 中(A',D',O 和 A',E',B 分别三点共线),$DE \parallel OB$,故 $\triangle ADE \backsim \triangle AOB$,经过 φ 的映射后 $A \xrightarrow{\varphi} A'$,$D \xrightarrow{\varphi} D'$,$E \xrightarrow{\varphi} E'$,$B$,$O$ 两点不动,则 $D'E' \parallel BO$,所以

$$\triangle A'BO \backsim \triangle A'E'D'$$

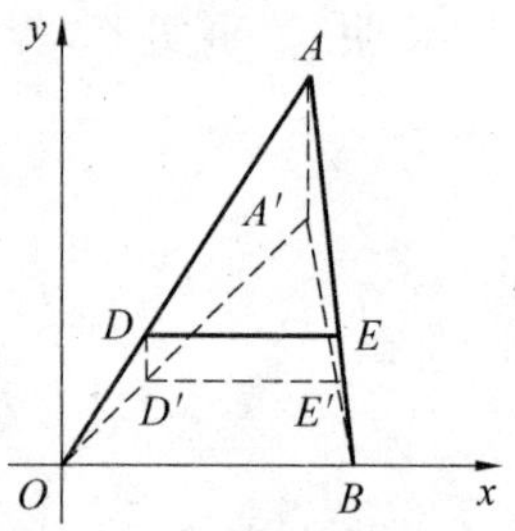

图 6

又如平行四边形经 φ 的映射后仍得到平行四边形,梯形经 φ 的映射后仍为梯形;菱形、正方形经 φ 的映射后,则成为普通的平行四边形.

只有特殊状态下,菱形的对角线放在 x,y 轴上,对角线交点为原点,变换后仍为菱形;矩形两组对边分别平行于坐标轴,变换后仍为矩形.

性质 1.2 (保比例性)φ 把内(外)分线段 AB 为定比 λ 的点 P 映射成内

（外）分线段 $A'B'$ 为定比 λ 的点 P'.

证明　如图 7,仅对点 P 内分 AB 为定比 λ 的情形予以证明,外分情形可同样处理.

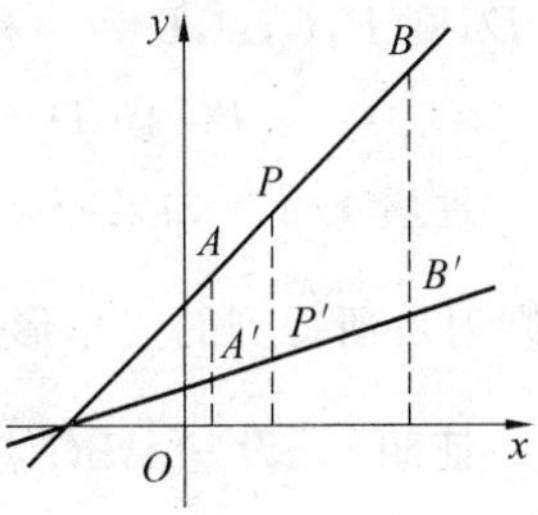

设 $A(x_1, y_1)$,$B(x_2, y_2)$,则点 P 坐标为

$$x_0 = \frac{x_1 + \lambda x_2}{1+\lambda}, y_0 = \frac{y_1 + \lambda y_2}{1+\lambda} \tag{1}$$

因为 $A(x_1, y_1) \xrightarrow{\varphi} A'(x'_1, y'_1)$,$B(x_2, y_2) \xrightarrow{\varphi} B'(x'_2, y'_2)$,$P(x_0, y_0) \xrightarrow{\varphi} P'(x'_0, y'_0)$,其中 $x_1 = x'_1$,$y_1 = \frac{a}{b}y'_1$,$x_2 = x'_2$,$y_2 = \frac{a}{b}y'_2$,$x_0 = x'_0$,$y_0 = \frac{a}{b}y'_0$,把这些关系式代入式(1)得

图 7

$$x'_0 = \frac{x'_1 + \lambda x'_2}{1+\lambda}, y'_0 = \frac{y'_1 + \lambda y'_2}{1+\lambda}$$

此式说明点 P' 把线段 $A'B'$ 内分为定比 λ.

如果联系图 7 来看,$A \xrightarrow{\varphi} A'$,$B \xrightarrow{\varphi} B'$,$P \xrightarrow{\varphi} P'$,因为 $AA' \parallel PP' \parallel BB'$,由平面几何知识,得

$$\frac{A'P'}{P'B'} = \frac{AP}{PB} = \lambda$$

由性质 1.2 得下列推论:

推论 1.7　φ 把线段 AB 的中点 P 映射成线段 $A'B'$ 的中点 P'.

推论 1.8　(保调和性)φ 把调和点列 A, B, C, D 映射成调和点列 A', B', C', D'.

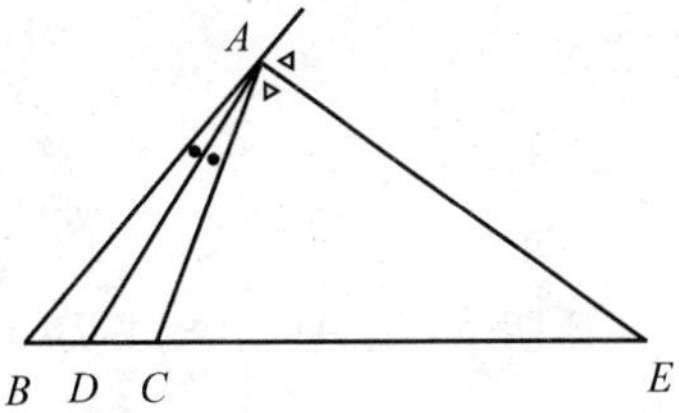

所谓 A, B, C, D 为调和点列,即 $AB : BC = AD : DC$. 在平面几何中有两个典型的调和点列. 图 8 中,$\triangle ABC$ 的顶角 $\angle BAC$ 的内角平分线及外角平分线分别为 AD,AE,则

图 8

$$BD : DC = BE : EC$$

所以,B, D, C, E 为调和点列.

图 9 中,过圆 O 外一点 P 作圆的两条切线 PA,PB. A,B 为切点,联结 AB,

过点 P 作圆的割线与圆交于 C,E 两点,与 AB 交于点 D,则 P,C,D,E 为调和点列,即

$$PC : CD = PE : ED$$

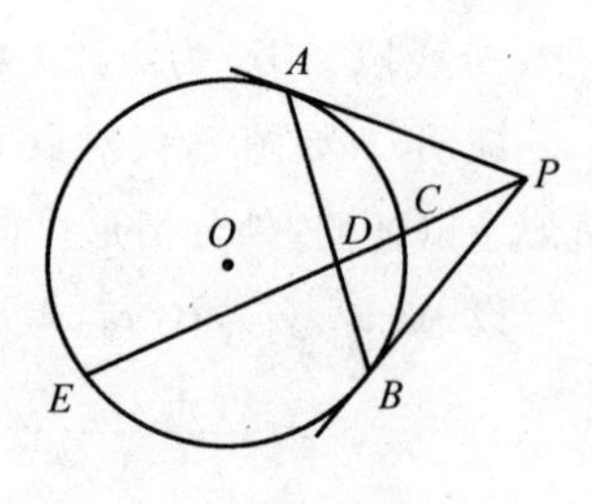

图 9

性质 1.3 如果原三角形的面积为 S,则经过 φ 映射后所得到的三角形的面积 $S' = \frac{b}{a}S$.

证明 设 $\triangle ABC$ 三个顶点的坐标分别为 $A(x_1, y_1)$,$B(x_2, y_2)$,$C(x_3, y_3)$,则 $x_1 = x'_1$,$y_1 = \frac{a}{b}y'_1$,$x_2 = x'_2$,$y_2 = \frac{a}{b}y'_2$,$x_3 = x'_3$,$y_3 = \frac{a}{b}y'_3$,那么

$$S' = \frac{1}{2}\begin{vmatrix} x_1 & x_2 & x_3 & x_1 \\ \frac{b}{a}y_1 & \frac{b}{a}y_2 & \frac{b}{a}y_3 & \frac{b}{a}y_1 \end{vmatrix}$$

$$= \frac{b}{a}\,\frac{1}{2}\begin{vmatrix} x_1 & x_2 & x_3 & x_1 \\ y_1 & y_2 & y_3 & y_1 \end{vmatrix} = \frac{b}{a}S$$

性质 1.3 可推广到多边形或圆的情形,映射前后两多边形或圆的面积有如下关系

$$S' = \frac{b}{a}S$$

性质 1.4 线段 AB 的长度为 l,斜率为 k,经过 φ 映射后所得线段 $A'B'$ 的长度为

$$l' = \frac{\sqrt{a^2 + b^2k^2}}{|a|\sqrt{1 + k^2}}l$$

证明 设 $A(x_1, y_1)$,$B(x_2, y_2)$,则

$$l^2 = (x_1 - x_2)^2 + (y_1 - y_2)^2$$

又

$$k^2 = \frac{(y_1 - y_2)^2}{(x_1 - x_2)^2}$$

则

$$k^2 + 1 = \frac{(y_1 - y_2)^2 + (x_1 - x_2)^2}{(x_1 - x_2)^2} = \frac{l^2}{(x_1 - x_2)^2}$$

所以

$$(x_1-x_2)^2=\frac{l^2}{1+k^2}$$

另外

$$l'^2=(x_1-x_2)^2+\frac{b^2}{a^2}(y_1-y_2)^2$$

$$=(x_1-x_2)^2\left[1+\frac{b^2}{a^2}\frac{(y_1-y_2)^2}{(x_1-x_2)^2}\right]$$

于是

$$l'^2=\frac{l^2}{1+k^2}\left(1+\frac{b^2}{a^2}k^2\right)$$

所以

$$l'=\frac{\sqrt{a^2+b^2k^2}}{|a|\sqrt{1+k^2}}l$$

性质 1.4 告诉我们线段的长度是伸缩变换 φ 下的变量. 但是在特殊情况下,如 A,B 两点同在 x 轴,y 轴上(或在与 x,y 轴平行的直线上),则 AB 的长度经 φ 的映射后得到的线段长度不变.

平面内除两点间的距离外还有点到直线的距离和平行线间的距离,经 φ 的映射后这两个量变不变呢?一般说来两者都是变量. 而且仅当直线与 x 轴或 y 轴平行时,点到直线的距离和平行线间的距离保持不变.

性质 1.5　若点 $P(x_0,y_0)$ 到直线 $l:kx-y+m=0$ 的距离为 d,经 φ 的映射后得点 P' 和直线 l',则 P' 到 l' 的距离为

$$d'=\frac{|b|\sqrt{1+k^2}}{\sqrt{a^2+b^2k^2}}d$$

证明　点 P 到直线 l 的距离为 $d=\dfrac{|kx_0-y_0+m|}{\sqrt{k^2+1}}$,$P\xrightarrow{\varphi}P'(x_0',y_0')$,直线 $l\xrightarrow{\varphi}$ 直线 $l':kbx'-ay'+bm=0$,则直线 l' 与点 P' 间的距离为

$$d'=\frac{|bkx_0'-ay_0'+bm|}{\sqrt{a^2+b^2k^2}}$$

因为 $x_0'=x_0,y_0'=\dfrac{b}{a}y_0$ 代入此式得

$$d' = \frac{|b||kx_0 - y_0 + m|}{\sqrt{a^2 + b^2k^2}} = \frac{|b|\sqrt{1+k^2}\,d}{\sqrt{a^2 + b^2k^2}}$$

这就是点到直线的距离的变换计算公式.特殊情况,当直线垂直于 x 轴或平行于 x 轴时,在 φ 的映射下点到直线的距离不变.

性质 1.6 若两平行直线 $l_1 \parallel l_2$,它们间的距离为 d,l_1 的方程为 $y=k_1x+m_1$,l_2 的方程为 $y=k_2x+m_2$,则经 φ 的变换后得到直线 l_1',l_2',且 l_1',l_2' 之间的距离为

$$d' = \frac{|b|\sqrt{1+k^2}}{\sqrt{a^2+b^2k^2}}d$$

证明 直线 l_1',l_2' 的方程分别为

$$bk_1x - ay + bm_1 = 0, bk_2x - ay + bm_2 = 0$$

所以

$$d' = \frac{|bm_1 - bm_2|}{\sqrt{a^2+b^2k^2}} = \frac{|b||m_1 - m_2|}{\sqrt{a^2+b^2k^2}}$$

因为 $d = \frac{|m_1 - m_2|}{\sqrt{1+k^2}}$,代入上式得

$$d' = \frac{|b|\sqrt{1+k^2}}{\sqrt{a^2+b^2k^2}}d$$

当 $l_1 \parallel l_2 \parallel y$ 轴时,它们 l_1,l_2 间的距离便是 φ 映射下的常量.

性质 1.7 若直线 l_1 到直线 l_2 的角为 θ,l_1 的方程为 $y=kx+m_1$,l_2 的直线方程为 $y=k_2x+m_2$,经 φ 的映射后得到直线 l_1',l_2'.l_1' 到 l_2' 的角为 θ',则

$$\tan\theta' = \frac{ab(1+k_1k_2)}{a^2+b^2k_1k_2}\tan\theta$$

证明 直线 l_1',l_2' 的方程分别为

$$bk_1x - ay + bm_1 = 0$$

$$bk_2x - ay + bm_2 = 0$$

则

$$\tan\theta' = \frac{\frac{b}{a}(k_2 - k_1)}{1 + \frac{b^2}{a^2}k_1k_2} = \frac{ab(k_2 - k_1)}{a^2 + b^2k_1k_2}$$

因为

$$\tan\theta=\frac{k_2-k_1}{1+k_1k_2}$$

代入上式得

$$\tan\theta'=\frac{ab(1+k_1k_2)}{a^2+b^2k_1k_2}\tan\theta$$

性质 1.4 ～ 性质 1.7 告诉我们距离和角在 φ 的映射下不具有保值性.但当角的两边关于 x 轴(或 y 轴)或关于 x 轴(或 y 轴)的垂线对称时,经变换后角的两边仍关于此直线对称.更可引申知,若两个圆关于 x 轴或 y 轴对称,则经 φ 的变换后两个新圆仍关于 x 轴或 y 轴对称.

性质 1.8　两直线的斜率之积为 $-\frac{a^2}{b^2}$,则经过 φ 的映射后得到的两直线互相垂直.(证略)

φ 关于圆的变换有如下性质:

性质 1.9　φ 把圆 $x^2+y^2=a^2$ 映射成椭圆 $\frac{x'^2}{a^2}+\frac{y'^2}{b^2}=1(a>b>0)$.

证明　将 φ 代入圆方程,得 $x'^2+\left(\frac{a}{b}y'\right)^2=a^2$,化简后得

$$\frac{x'^2}{a^2}+\frac{y'^2}{b^2}=1$$

性质 1.10　φ 把圆 $O:x^2+y^2=a^2$ 上的一点 $P(x_1,y_1)$ 处的切线映射成椭圆 $b^2x^2+a^2y^2=a^2b^2(a>b>0)$ 上对应点 $P'(x_1',y_1')$ 处的切线,且两切线的交点必在 x 轴上.

证明　圆 $x^2+y^2=a^2$ 在点 P 处的切线方程为 $x_1x+y_1y=a^2$,$P\xrightarrow{\varphi}P'$,而 $x=x'$,$y=\frac{a}{b}y'$,$x_1=x_1'$,$y_1=\frac{a}{b}y_1'$,代入上述方程得

$$x_1'x'+\frac{a}{b}y_1'\,\frac{a}{b}y'=a^2$$

化简得

$$\frac{x_1'x'}{a^2}+\frac{y_1'y'}{b^2}=1$$

此即为椭圆 $\frac{x'^2}{a^2}+\frac{y'^2}{b^2}=1$ 上点 P' 处的切线方程.

由 x 轴在映射 φ 下的不动性知,映射前后椭圆的切线与圆的切线的交点必

在 x 轴上.

性质 1.11 φ 把两个圆同时映射成两个长轴互相平行的相似椭圆(离心率相等的两椭圆称为相似椭圆).

证明 不失一般性,设其中一个圆为 $x^2+y^2=a^2$,另一个圆为

$$(x-m)^2+(y-n)^2=r^2$$

因为

$$x^2+y^2=a^2 \xrightarrow{\varphi} \frac{x'^2}{a^2}+\frac{y'^2}{b^2}=1$$

$$(x-m)^2+(y-n)^2=r^2 \xrightarrow{\varphi} \frac{(x'-m)^2}{r^2}+\frac{\left(y'-\frac{b}{a}n\right)^2}{\left(\frac{b}{a}r\right)^2}=1$$

显然,映射后的两椭圆长轴均平行于 x 轴,短轴均平行于 y 轴,所以它们的长轴互相平行且短轴也互相平行.

又两椭圆的半焦距分别为 $c_1^2=a^2-b^2$,$c_2^2=r^2-(\frac{b}{a}r)^2$,所以它们的离心率分别为

$$e_1^2=1-\left(\frac{b}{a}\right)^2,e_2^2=1-\left(\frac{b}{a}\right)^2$$

所以 $e_1^2=e_2^2$,即 $e_1=e_2$,这说明两椭圆相似.

由性质 1.9 ~ 1.11 可得如下推论:

推论 1.9 φ 把两个相内(外)切的圆同时映射成长轴互相平行且相似的椭圆,且两椭圆仍然相内(外)切.

推论 1.10 φ 把两个相交的圆映射成两个长轴互相平行且相似的椭圆,且两椭圆仍然相交.

推论 1.11 点在圆外或圆上或圆内,经 φ 的映射后得到的点和椭圆的位置关系仍然不变.

推论 1.12 直线与圆相离、相切或相交,经 φ 的映射后得到的直线和椭圆的位置关系不变.

推论 1.13 两圆的内(外)公切线,经 φ 的映射后成为两长轴互相平行且相似的椭圆的内(外)公切线.

推论 1.14 φ 把两个同心圆映射成两个长轴平行且相似的同心椭圆.

§2　圆的基本性质向椭圆的演化

本节将应用伸缩变换及其性质，把圆的一些基本性质推演成椭圆相应的性质，这使我们从运动的层面上揭示圆与椭圆间的内在联系，使我们更深刻地理解椭圆性质的几何背景.

下面将分八种情形予以说明.

与圆有关的垂线问题

1.（垂径定理）圆内垂直于弦的直径必平分此弦.

经过 φ 的映射圆变成椭圆，垂线映射为共轭直线，再根据推论 1.7，就可以得到相应的椭圆的性质.

椭圆内与弦共轭的直径必平分此弦（椭圆中过中心的弦称为直径）.

上述性质的逆命题也成立，即椭圆内过弦的中点的直径与此弦必为共轭直线.

由此我们更能理解：椭圆内平行弦中点的轨迹是与弦共轭的椭圆的直径（图 1）.

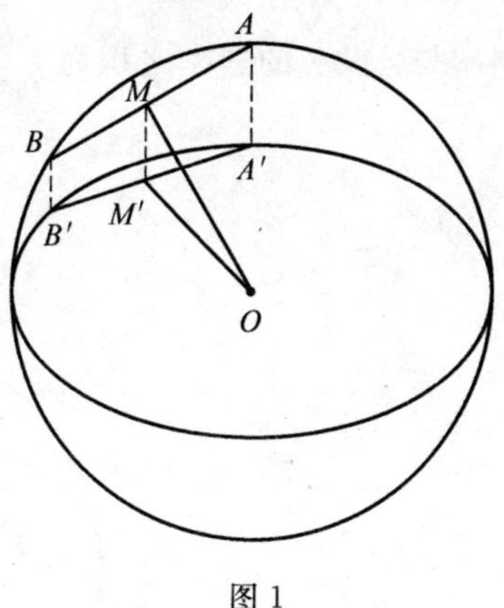

图 1

2. 圆内直径上的圆周角为直角.

如图 2，圆的直径 $BC \xrightarrow{\varphi}$ 椭圆的直径 $B'C'$，$AB \perp AC$，$A'B'$ 与 $A'C'$ 为共轭直线，即 $K_{A'B'} \cdot K_{A'C'} = \left(-\dfrac{b^2}{a^2}\right)$（推论 1.4）由此推演出椭圆相应的性质：

椭圆上任一点与直径两端的连线的斜率之积为$-\dfrac{b^2}{a^2}$（椭圆中过中心的弦称为直径）.

3. 圆内过切点的半径必垂直于此直线.

如图 3，圆上一点 A 处切线 $PT \xrightarrow{\varphi}$ 椭圆上点 A' 处的切线 $P'T'$（性质 1.10），$OA \perp PT \xrightarrow{\varphi} OA'$ 与 $P'T'$ 为共轭直线，由此推出椭圆的相应性质：椭圆的切线的斜率与过切点的直径的斜率之积为$-\dfrac{b^2}{a^2}$.

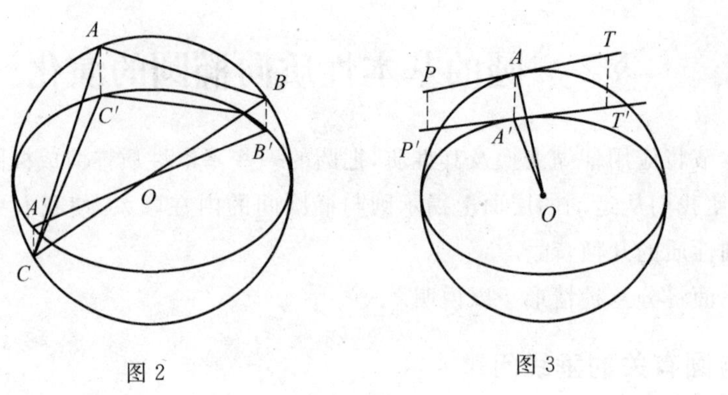

图 2　　　　图 3

4. 两圆相交，连心线必垂直于公共弦.

如图 4，两圆相交于点 $A,B\xrightarrow{\varphi}$ 两椭圆相交于点 A',B'，且这两椭圆长轴互相平行，且相似(推论 1.10)，而 $OO_1\perp AB\xrightarrow{\varphi}OO'_1$ 与 $A'B'$ 为共轭直线，由此推演出相应的椭圆性质：两长轴平行且相似的椭圆相交，则两椭圆中心连线的斜率与公共弦的斜率之积为 $-\dfrac{b^2}{a^2}$.

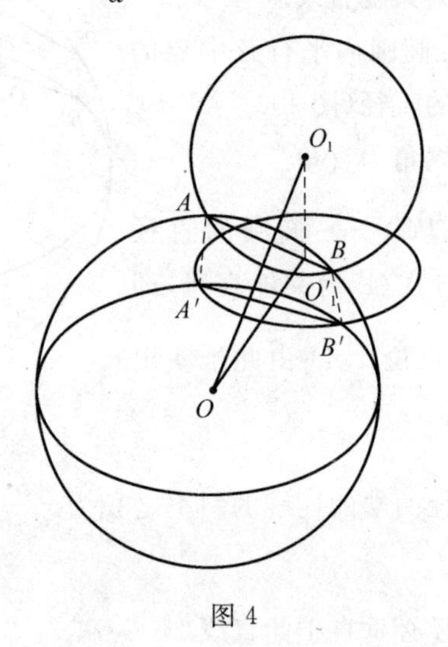

图 4

5. 两圆外切，则两圆外公切线上的两个切点与两圆的切点构成一个直角三角形.

如图 5，两圆外切于点 $C\xrightarrow{\varphi}$ 两椭圆外切于点 C'，且两椭圆长轴互相平行且相似(推论 1.11),两圆外公切线 $AB \xrightarrow{\varphi}$ 两椭圆的外公切线 $A'B'$,$AC \perp BC \xrightarrow{\varphi} A'C'$ 与 $A'B'$ 是共轭直线.由此推演出相应的椭圆的性质:两相似且长轴互相平行的椭圆外切,则外公切线上两个切点与两椭圆的切点的连线的斜率之积为$-\dfrac{b^2}{a^2}$.

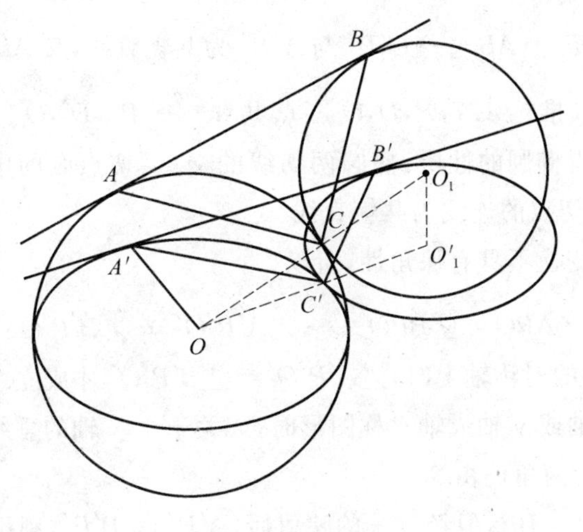

图 5

6.(卜拉美古塔定理)圆内接四边形的对角线互相垂直,则一边的中点与对角线交点的连线必垂直于这边的对边.

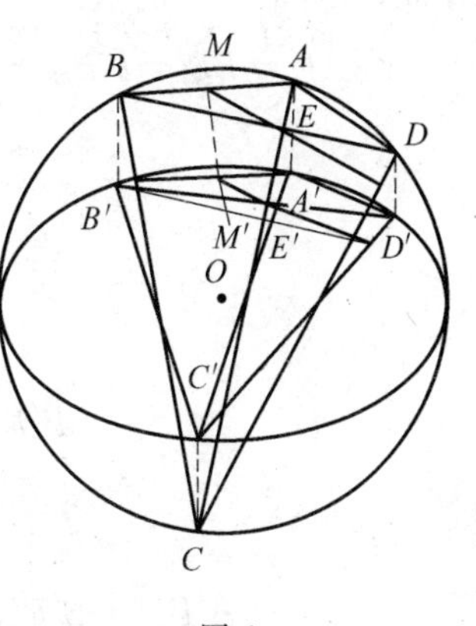

图 6

如图 6,圆的内接四边形 $ABCD \xrightarrow{\varphi}$ 椭圆的内接四边形 $A'B'C'D'$,对角 $AC \perp BD \xrightarrow{\varphi} A'C'$ 与 $B'D'$ 为共轭直线,AB 的中点 $M \xrightarrow{\varphi} A'B'$ 的中点 M',$AC \cap BD = E \xrightarrow{\varphi} A'C' \cap B'D' = E'$,$ME \perp CD \xrightarrow{\varphi} M'E'$ 与 $C'D'$ 为共轭直线,由此推出椭圆的性质:椭圆的内接四边形的对角线互为共轭直线,则一边的中点与对角线交点的连线与这边的对边必为共轭直线.

关于圆的垂线问题还有很多,这里仅选择了几条圆的基本性质,其余的请读者自行推演.

关于圆的切线的问题

1. 过圆外一点引圆的两条切线，则(1) 这点与圆心的连线是两切点连线段(称切点弦) 的中垂线；(2) 此连线平分两切线的夹角；(3) 切线长相等.

如图7，(1) 圆的两切线 PA，$PB \xrightarrow{\varphi}$ 椭圆的两切线 $P'A'$，$P'B'$，其中 A，B，A'，B' 为切点. $OP \perp AB \xrightarrow{\varphi} O'P'$ 与 $A'B'$ 为共轭直线，又 AB 的中点 $M \xrightarrow{\varphi}$ $A'B'$ 的中点 M'(推论 1.7，P，D，O 三点共线 $\xrightarrow{\varphi}$ P'，D'，O' 三点共线(推论 1.5). 由此推演得椭圆的性质：椭圆两切线的交点、切点弦的中点和椭圆中心三点共线且与两切点的连线为共轭直线.

(2) 因伸缩变换不具有保角性，所以

$$\angle APO = \angle BPO \xrightarrow{\varphi} \angle A'P'O' \neq \angle B'P'O'$$

仅当点 P 在椭圆的对称轴上时，$\angle A'P'O' = \angle B'P'O'$ 才成立. 一般说来，仅当 α，β 两角关于 x 轴或 y 轴成轴对称图形时，或关于 x，y 轴的垂线成轴对称图形时，经过 φ 映射后两角仍相等.

(3) 虽有 $AP = BP$，但经过 φ 的映射后，$A'P' \neq B'P'$，利用性质 1.4，可求出 $A'P'^2 : B'P'^2$ 的值.

设 $AP = BP = l$，$k_{AP} = \tan\alpha$，$\angle APB = 2\theta$，则

$$k_{BP} = \tan(\alpha + 2\theta)$$

则

$$A'P'^2 = \frac{a^2 + b^2\tan^2\alpha}{a^2(1+\tan^2\alpha)} l^2$$

$$B'P'^2 = \frac{a^2 + b^2\tan(\alpha + 2\theta)}{a^2[1+\tan^2(\alpha+2\theta)]} l^2$$

则

$$A'P'^2 : B'P'^2 = \frac{(a^2 + b^2\tan^2\alpha)[1+\tan^2(\alpha+2\theta)]}{[a^2 + b^2\tan^2(\alpha+2\theta)](1+\tan^2\alpha)}$$

化简得

$$\frac{A'P'^2}{B'P'^2} = \frac{a^2\cos^2\alpha + b^2\sin^2\alpha}{a^2\cos^2(2\theta - \alpha) + b^2\sin^2(\alpha + 2\theta)} = \lambda$$

为定值，故相应的椭圆性质是：椭圆的两条切线的夹角为 2θ，其中一条切线的倾

斜角为 α，则两切线长的平方之比为定值 λ.

2. 圆直径的两端的切线互相平行.

如图 8，经 φ 的映射后得到相应的椭圆的性质：椭圆直径两端的切线互相平行.

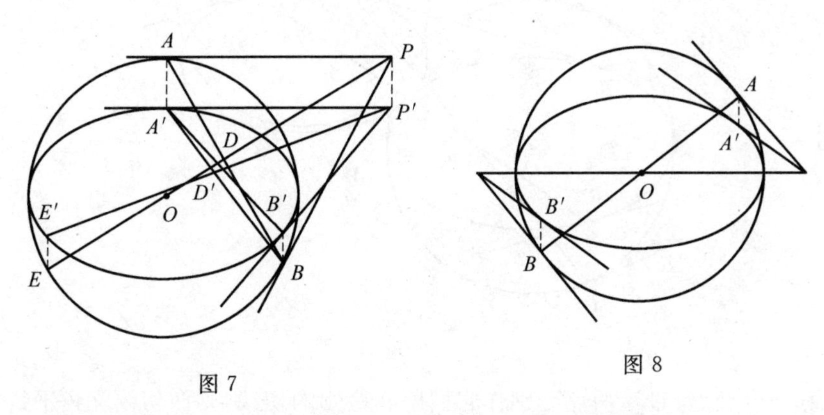

图 7　　图 8

3. 两圆外切，则外公切线长为 $2\sqrt{Rr}$，其中 R，r 分别是两圆的半径.

如图 9，两圆外公切线 $AB \xrightarrow{\varphi}$ 两长轴平行且相似的外切椭圆的外公切线 $A'B'$，由性质 1.4 得

$$A'B'=\frac{\sqrt{a^2+b^2k_{AB}^2}}{a\sqrt{1+k_{AB}^2}}AB$$

所以

$$A'B'=\frac{2\sqrt{Rr}\cdot\sqrt{a^2+b^2k_{AB}^2}}{a\sqrt{1+k_{AB}^2}}=m$$

由此知，椭圆有如下性质：长轴互相平行且相似的两椭圆外公切线之长为 m(其中 R，r 可认为是两椭圆的半长轴).

4. 两圆外切，过切点的直线与两圆各有一个交点，过这两点分别作它们所在圆的切线，则两切线平行.

如图 9，两圆外切于点 $C \xrightarrow{\varphi}$ 两相似且长轴互相平行的椭圆外切于点 C'，过点 C 的直线与两圆的交点分别为 E，$F \xrightarrow{\varphi}$ 过点 C' 的直线与两椭圆的交点分别为 E'，F'. 过 E，F 的两圆切线 $l_1 // l_2$，过 E'，F' 的两椭圆的切线 $l_1' // l_2'$. 由此推演得椭圆的性质：长轴互相平行且相似的两椭圆外切，过切点的直线与两椭

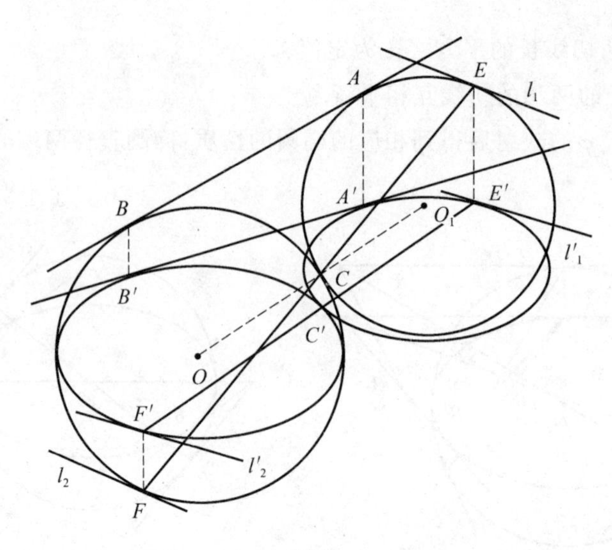

图 9

圆各有一个交点,过这两点分别作它们所在椭圆的切线,则两切线互相平行.

5. 圆的两切线 PA,PB,A,B 为切点,过 AB 中点 M 的弦 CD,过 C,D 两点作圆的切线交于点 Q,则 $PQ \parallel AB$.

如图 10,圆的切线 PA,$PB \xrightarrow{\varphi}$ 椭圆的切线 $P'A'$,$P'B'$,AB 的中点 $M \xrightarrow{\varphi}$ $A'B'$ 的中点 M',圆的弦 $CD \xrightarrow{\varphi}$ 椭圆的弦 $C'D'$,圆的切线 QC,$QD \xrightarrow{\varphi}$ 椭圆的切线 $Q'C'$,$Q'D'$,则 $P'Q' \parallel A'B'$. 由此得到椭圆相应的性质:椭圆的两切线 PA,PB(A,B 为切点),过 AB 的中点 M 的弦 CD,过 C,D 两点分别作椭圆的切

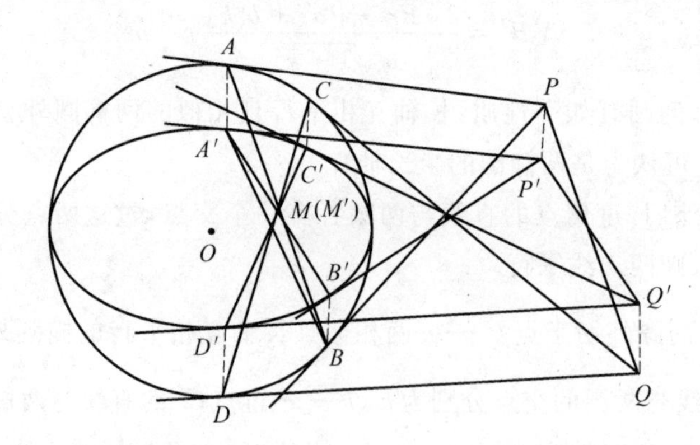

图 10

线交于点 Q,则 $PQ // AB$.

6. 圆 O_1 过圆 O_2 的圆心且圆 O_1,O_2 均与圆 O 内切,切点为 M,N,O_1,O_2 两圆交点为 E,F,直线 EF 与圆 O 交于 A,B 两点,MA,MB 与圆 O_1 交于 C,D 两点,则 CD 必是圆 O_2 的切线.

如图 11,圆 O,O_1,$O_2 \xrightarrow{\varphi}$ 长轴平行且相似的椭圆 O',O_1',O_2',E,F,M,$N \xrightarrow{\varphi} E'$,$F'$,$M'$,$N'$,$A$,$B \xrightarrow{\varphi} A'$,$B' \in$ 椭圆 O',C,$D \xrightarrow{\varphi} C_1'D_1' \in$ 椭圆 O_1',M,N 为椭圆 O_1',O_2' 与椭圆 O' 的内切点. CD 为圆 O_2 的切线$\xrightarrow{\varphi} C'D'$ 是椭圆 O'_2 的切线,由此得椭圆的性质:长轴互相平行且相似的三个椭圆 O,O_1,O_2,椭圆 O_1 过椭圆 O_2 的中心 O_2,椭圆 O_1,O_2 均与椭圆 O 相内切于点 M,N,椭圆 O_1,O_2 交于 E,F 两点,EF 与椭圆 O 交于 A,B 两点,MA,MB 与椭圆 O_1 交于 C,D 两点,则 CD 必是椭圆 O_2 的切线.

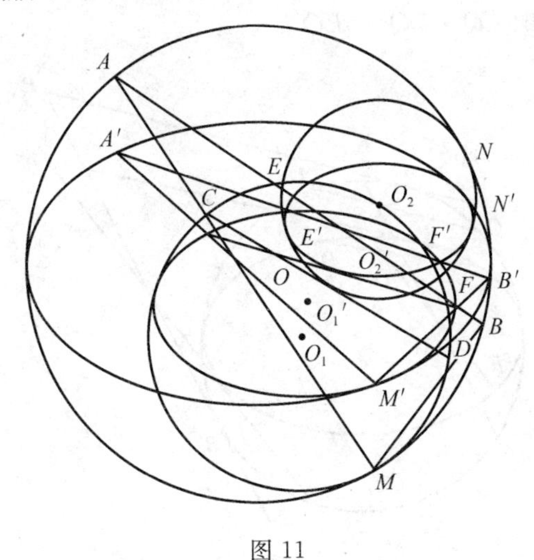

图 11

与圆有关的比例线段

1.(相交弦定理)圆内两弦 CD,EF 相交于点 Q,与这两弦分别平行的切线为 PA,PB,其中 A,B 为切点,则

$$PB^2 \cdot CQ \cdot DQ = PA^2 \cdot EQ \cdot FQ$$

如图 12,圆的相交弦 CD 和 $EF \xrightarrow{\varphi}$ 椭圆的相交弦 $C'D'$ 和 $E'F'$,而交点

$Q \xrightarrow{\varphi} Q'$, $AP \parallel CD$, $BP \parallel EF \xrightarrow{\varphi} A'P' \parallel C'D'$, $B'P' \parallel E'F'$.

根据前面的证明可知，$k_{CD}=k_{AP}=\tan\alpha$，$k_{EF}=k_{BP}=\tan(\alpha+2\theta)$.

$$\frac{C'Q'\cdot D'Q'}{E'Q'\cdot F'Q'}=\frac{\dfrac{\sqrt{a^2+b^2\tan^2\alpha}}{a\sqrt{1+\tan^2\alpha}}CQ\cdot\dfrac{\sqrt{a^2+b^2\tan^2\alpha}}{a\sqrt{1+\tan^2\alpha}}DQ}{\dfrac{\sqrt{a^2+b^2\tan^2(\alpha+2\theta)}}{a\sqrt{1+\tan^2(\alpha+2\theta)}}EQ\cdot\dfrac{\sqrt{a^2+b^2\tan^2(\alpha+2\theta)}}{a\sqrt{1+\tan^2(\alpha+2\theta)}}FQ}$$

$$=\frac{a^2\cos^2\alpha+b^2\sin^2\alpha}{a^2\cos^2(2\theta-\alpha)+b^2\sin^2(2\theta+\alpha)}=\frac{P'A'^2}{P'B'^2}$$

所以 $P'B'^2\cdot C'Q'\cdot D'Q'=PA'^2\cdot E'Q'\cdot F'Q'$ 或 $C'Q'\cdot D'Q'=\lambda E'Q'\cdot F'Q'$. 根据以上变化. 可得到椭圆的相交弦定理：椭圆的两切线 PA，PB，弦 $CD \parallel PA$，$EF \parallel PB$ 且 $CD\cap EF=Q$，若 $PA^2:PB^2=\lambda$，则 $CQ\cdot DQ=\lambda EQ\cdot FQ$.

若 CD，EF 两弦的交点在椭圆外，其结论仍成立. 特别，当其中一弦为切线时，结论仍成立. 此时 $CQ\cdot DQ=\lambda EQ^2$.

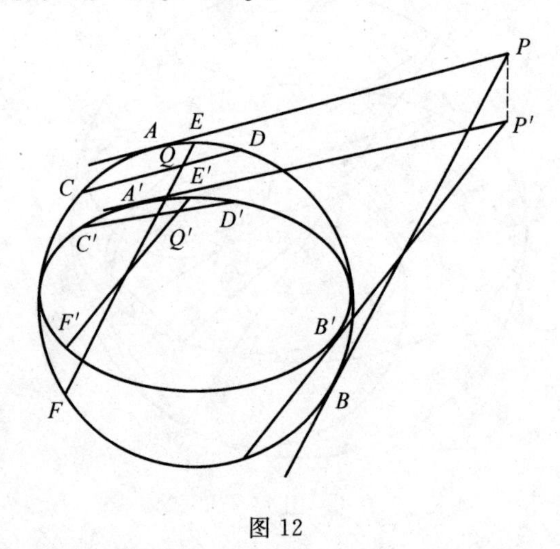

图 12

2. 圆的两条切线 PA，PB，其中 A，B 为切点，过点 P 的割线与圆和 AB 顺次的交点为 C，D，E，则 P，C，D，E 是调和点列.

如图 13，圆的切线 PA，$PB \xrightarrow{\varphi}$ 椭圆的切线 $P'A'$，$P'B'$，圆的割线 $PCDE \xrightarrow{\varphi}$ 椭圆的割线 $P'C'D'E'$，调和点列 P，C，D，$E \xrightarrow{\varphi}$ 调和点列 P'，C'，D'，E'. 由此得相应的椭圆的性质：椭圆的两切线 PA，PB，过点 P 的直线与椭圆和弦 AB(A，B 为切点) 的交点依次为 C，D，E，则 P，C，D，E 为调和点列.

如图 14,过椭圆外一点 P 作两割线 $PCDE$ 和 $PFGH$,若它们均为调和点列,且过 DG 的直线与椭圆交于 A,B 两点,则 PA,PB 必是椭圆的切线,这提供了椭圆切线的一个几何作图方法.

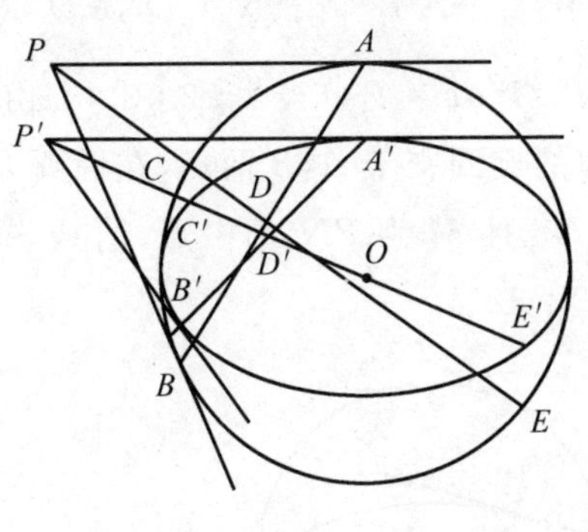

图 13

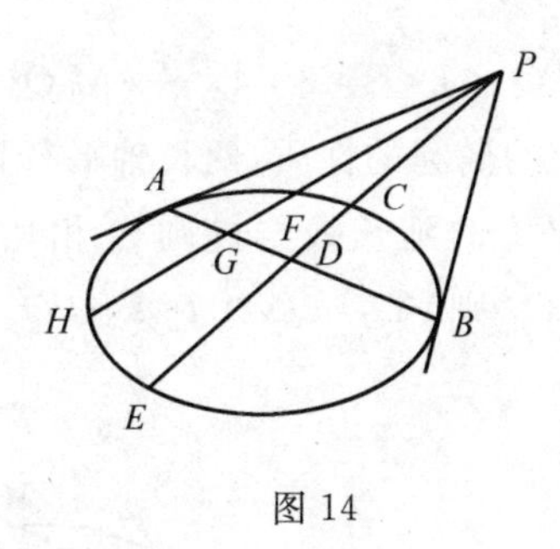

图 14

3. 过圆上两点 A,B 的切线交于点 P,弦 CD 过 AB 中点 M,并延长与过点 P 且与 AB 平行的直线交于点 Q,则 Q,C,M,D 为调和点列.

如图15,圆的切线 PA,$PB \xrightarrow{\varphi}$ 椭圆的切线 $P'A'$,$P'B'$,AB 的中点 $M \xrightarrow{\varphi}$ $A'B'$ 的中点 M',圆的割线 $QCMD \xrightarrow{\varphi}$ 椭圆的割线 $Q'C'M'D'$,$PQ \parallel AB \xrightarrow{\varphi}$ $P'Q' \parallel A'B'$,而 Q,C,M,D 为调和点列 $\xrightarrow{\varphi}$ Q',C',M',D' 也是调和点列,由此得椭圆的相应性质:过椭圆上任意两点 A,B 的切线交于点 P,过 AB 中点 M 的弦 CD 交 PQ 于点 Q,$PQ \parallel AB$,则 Q,C,M,D 为调和点列.

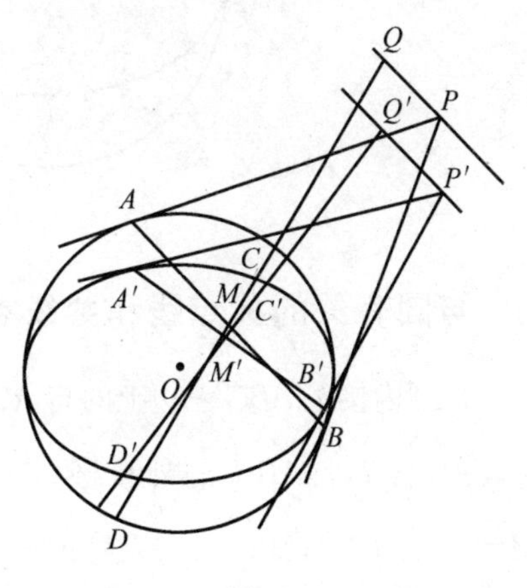

图 15

4. 过圆 O 外一点 P 作 PN 与圆 O 相切于点 N,PN 的中点为 M,过 P,M 两点作一个圆 O_1,两圆交于 A,B 两点,直线 AB 与 PN 交于点 Q,则 $MQ : QN : PM : PQ = 1 : 2 : 3 : 4$.

如图 16,圆 O_1,O 相交于 A,$B \xrightarrow{\varphi}$ 两长轴平行且相似的两个椭圆 O_1,O' 相

交于A'，B'，圆O的切线$PN\xrightarrow{\varphi}$椭圆O'的切线$P'N'$，PN的中点$M\xrightarrow{\varphi}P'N'$的中点$M'$，圆$O_1$上的点$P$，$M\xrightarrow{\varphi}$椭圆$O_1$上的两点$P'M'$，圆$O_1$上的切点$N\xrightarrow{\varphi}$椭圆$O_1'$上的切点$N'$. $AB\cap PN=Q\xrightarrow{\varphi}A'B'\cap P'N'=Q'$，$MQ:QN:PM:PQ=1:2:3:4$，$\xrightarrow{\varphi}M'Q':Q'N':P'M':P'Q'=1:2:3:4$. 由此得到相应的椭圆的性质：两长轴平行且相似的椭圆交于A，B两点，在椭圆O_1内作弦PM的延长线与椭圆O相切于点N，且M为PN的中点，直线$AB\cap PN=Q$，则$MQ:QN:PM:PQ=1:2:3:4$.

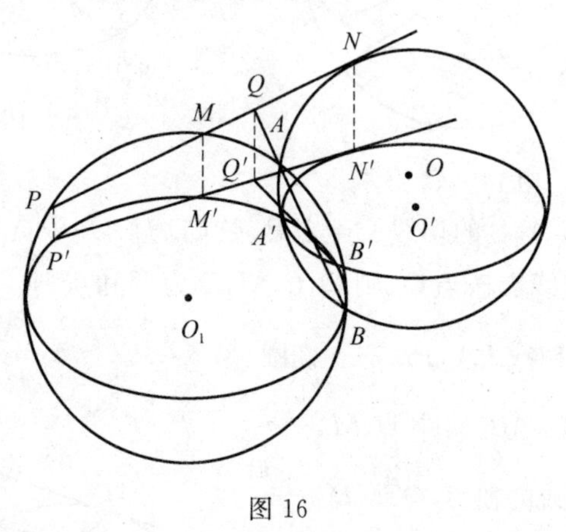

图 16

与圆有关的共点线和共线点问题

1. 圆内接$\triangle ABC$三边上的高AD，BE，CF交于一点H，H称为三角形的垂心.

如图17，$\triangle ABC$的外接圆$\xrightarrow{\varphi}\triangle A'B'C'$的外接椭圆，$AD\perp BC$，$CF\perp AB\xrightarrow{\varphi}A'D'$与$B'C'$，$C'F'$与$A'B'$均为共轭直线，$AD\cap CF=H\xrightarrow{\varphi}A'D'\cap C'F'=H'$. 因此，得到相应椭圆的性质：由椭圆内接$\triangle ABC$的三顶点，分别作其对边的共轭直线，则此三直线交于一点，我们把这一点称为椭圆内接三角形的共轭心.

2. 圆内接三角形三边中垂线的交点就是其外接圆的圆心，仿上例做法，可得到椭圆的相应性质：由椭圆的内接三角形的三边中点分别作它们所在边的共轭直线，则此三直线交于一点，此点正是椭圆的中心，或称三角形外接椭圆心（图18）.

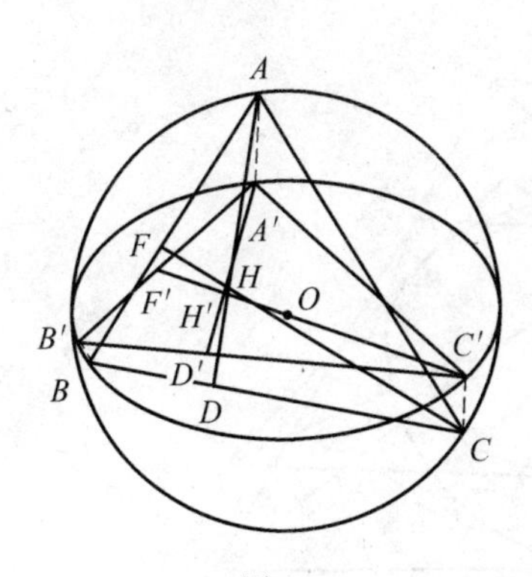

图 17

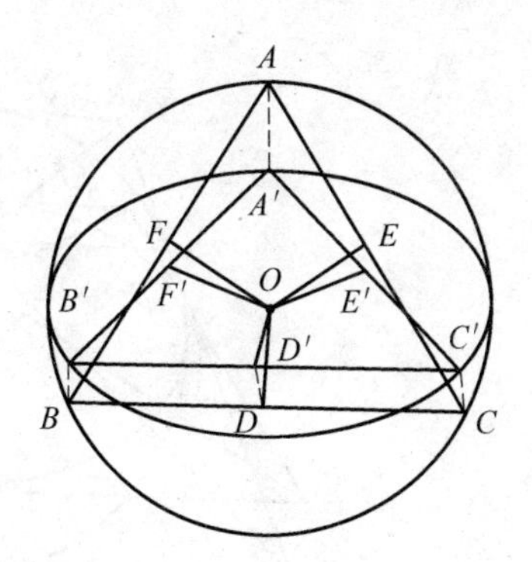

图 18

3.(葛尔刚点)圆的外切三角形各顶点与其对边上的切点的连线,则此三条连线交于一点.

如图 19,圆的外切 $\triangle ABC \xrightarrow{\varphi}$ 椭圆外切 $\triangle A'B'C'$,圆的切点 $D,E,F \xrightarrow{\varphi}$ 椭圆的切点 D',E',F',AD,BE,CF 交于一点 $H \xrightarrow{\varphi} A'D',B'E',C'F'$ 交于一点 H'.则相应的椭圆的性质:椭圆外切三角形各顶点与其对边切点的连线,则此三条连线交于一点.

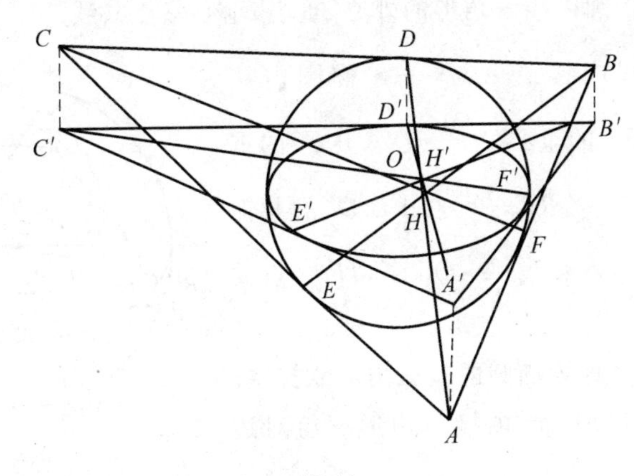

图 19

4.圆外切四边形两组对边上的切点连线与两对角线四线共点(牛顿外切四边形定理 —— 牛顿点).

如图 20,圆外切四边形 $ABCD \xrightarrow{\varphi}$ 椭圆外切四边形 $A'B'C'D'$,圆上的切点 $E,F,G,H \xrightarrow{\varphi}$ 椭圆上的切点 $E',F',G',H',AC \cap BD = M \xrightarrow{\varphi} A'C' \cap$

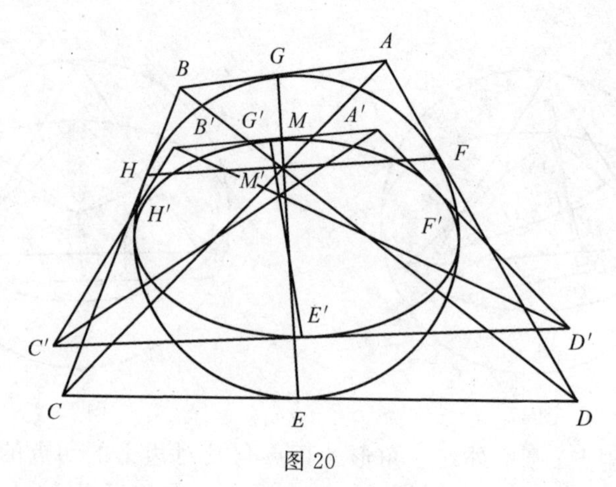

图 20

$B'D'=M'$,EG,FH,AC,BD 交于一点 $M\xrightarrow{\varphi}E'G'$,$F'H'$,$A'C'$,$B'D'$ 共点于 M'. 由此得到椭圆性质:椭圆外切四边形两组对边上切点的连线和两对角线四线共点.

以上介绍了圆中的几个特殊的定点,也是较著名的几个点,这些点都是平面几何中的珍品.

5.(欧拉线)圆内接三角形的外心、重心、垂心三点共线.

如图 21,圆内接 $\triangle ABC\xrightarrow{\varphi}$ 椭圆内接 $\triangle A'B'C'$,$\triangle ABC$ 的重心 $G\xrightarrow{\varphi}\triangle A'B'C'$ 的重心 G',$\triangle ABC$ 的垂心 $H\xrightarrow{\varphi}\triangle A'B'C'$ 的共轭心 H',O,G,H 三点共线$\xrightarrow{\varphi}O'$,G',H' 三点共线.

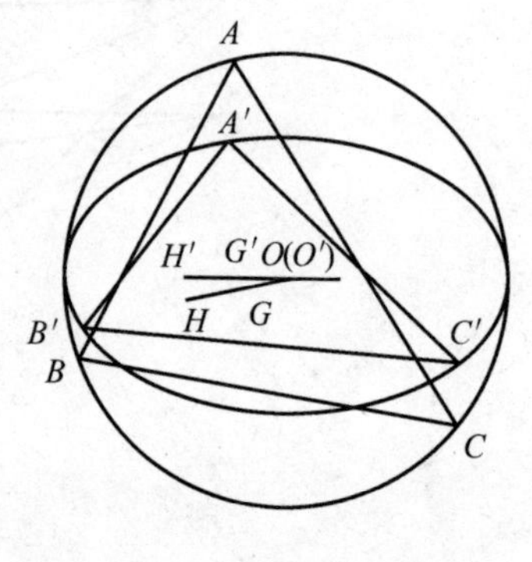

图 21

直线 $OG'H'$ 称为椭圆内接三角形欧拉线.

6.(巴斯加定理)圆内接六边形三组对边的交点共线.

如图 22,圆内接六边形 $ABCDEF\xrightarrow{\varphi}$ 椭圆的内接六边形 $A'B'C'D'E'F'$,$AB\cap DE=R$,$BC\cap EF=T$,$CD\cap FA=S\xrightarrow{\varphi}A'B'\cap D'E'=R'$,$B'C'\cap E'F'=T'$,$C'D'\cap F'A'=S'$,$R$,$S$,$T$ 三点共线$\xrightarrow{\varphi}R'$,S',T' 三点共线. 由此得相应的椭圆的性质:椭圆内接六边形的三组对边的交点共线.

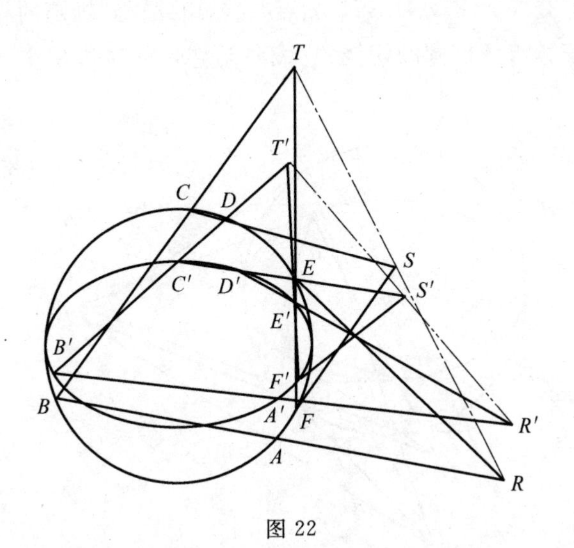

图 22

7.(西姆松线) 过三角形外接圆上任意一点分别作该三角形三边的垂线,则三垂足共线.

如图 23,圆内接 $\triangle ABC \xrightarrow{\varphi}$ 椭圆内接 $\triangle A'B'C'$,圆上任一点 $P \xrightarrow{\varphi}$ 椭圆上一点 P',$PD \perp AB, PE \perp BC, PF \perp AC \xrightarrow{\varphi} P'D'$ 与 $A'B'$,$P'E'$ 与 $B'C'$,$P'F'$ 与 $A'C'$ 分别为共轭直线,D,E,F 三点共线 $\xrightarrow{\varphi} D',E',F'$ 三点共线. 由此得椭圆的性质:三角形外接椭圆上任意一点,过此点分别作三角形三边的共轭直线,则三交点共线(椭圆内接三角形西姆松线).

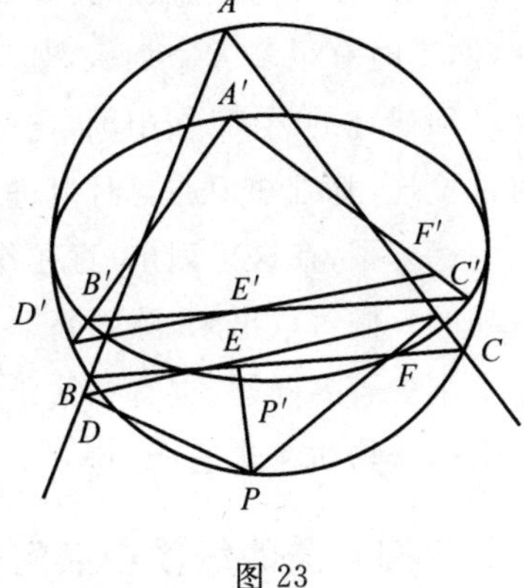

图 23

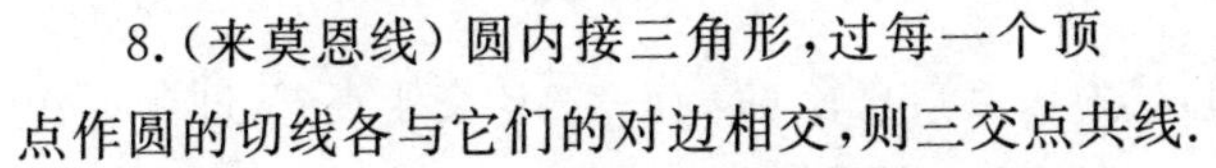

8.(来莫恩线) 圆内接三角形,过每一个顶点作圆的切线各与它们的对边相交,则三交点共线.

如图 24,圆内接 $\triangle ABC \xrightarrow{\varphi}$ 椭圆的内接 $\triangle A'B'C'$,顶点 A,B,C 处的圆的切线 $l_1,l_2,l_3 \xrightarrow{\varphi}$ 顶点 A',B',C' 处的椭圆的切线 l'_1,l'_2,l'_3,那么 $l_1 \cap BC=F$,$l_2 \cap AC=E, l_3 \cap AB=D \xrightarrow{\varphi} l'_1 \cap B'C'=F', l'_2 \cap A'C'=E', l'_3 \cap A'B'=$

F',D,E,F 三点共线$\longrightarrow$ D',E',F' 三点共线,由此得到椭圆的相应性质:椭圆内接三角形过三顶点作椭圆的切线,它们各与它们的对边相交,则所得三交点共线.

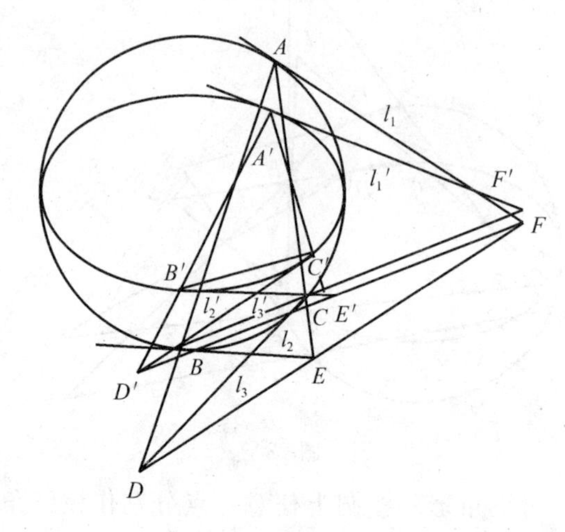

图 24

以上列举的共线点和共点线问题,在 19 世纪中叶到 20 世纪初期是个热门课题,当时有很多大家加入,如葛尔刚、勃罗卡、奈格尔、沙孟尔等等,掀起过一阵几何研究的热潮.在中国,这些内容在 20 世纪 30 ~ 50 年代还属于基础知识,时过境迁,基础知识亦与时俱进,这些知识已不再属于基础知识之列,渐渐地被人们遗忘了,在这里列出,意在作为数学文物存放在博物馆内,供人们欣赏.有兴趣的人们可取出来,陈题新解,或深入挖掘其中的新意.后面的习题中,也列出了不少著名问题,供有意钻研的人去欣赏、品味、探索、应用并创新.这叫传承珍贵的非物质文化遗产.

与圆有关的线段中点问题

1.圆的切线 PA,PB(A,B 为切点),直径 CD 与弦 AB 交于点 F,过点 C 作圆的切线与 PD 交于点 E,$PF \cap CE = M$,则 $CM = ME$.

如图 25,圆的切线 PA,$PB \xrightarrow{\varphi}$ 椭圆的切线 $P'A'$,$P'B'$,圆的弦 $CD \xrightarrow{\varphi}$ 椭圆的弦 $C'D'$,圆的切线 $CE \xrightarrow{\varphi}$ 椭圆的切线 $C'E'$,$PM \cap AB = F \xrightarrow{\varphi} P'M' \cap A'B' = F'$,$PF \cap CE = M \xrightarrow{\varphi} P'F' \cap C'E' = M'$,$CE$ 的中点 $M \xrightarrow{\varphi} C'E'$ 的中

点 M'.

由此得椭圆的性质：椭圆切线 PA，PB，直径 $CD \cap AB = F$，过点 C 的切线 $\cap PD = E$，$PF \cap CE = M$，则 M 必是 CE 的中点.

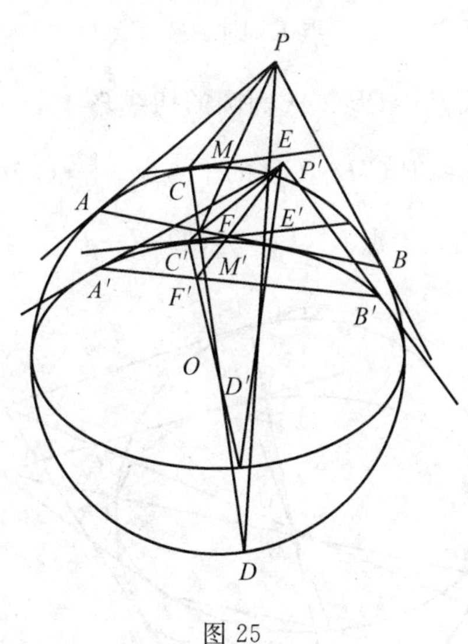

图 25

2. 圆内接 $\triangle ABC$，直径 AD，过点 D 的切线与直线 BC 交于点 P，联结 PO(O 为圆心) 与 AB，AC 分别交于点 M，N，则 O 必为 MN 的中点.

如图 26，圆的内接 $\triangle ABC \xrightarrow{\varphi}$ 椭圆的内接 $\triangle A'B'C'$，圆的直径 $AD \xrightarrow{\varphi}$ 椭圆的直径 $A'D'$，圆的切线 $PD \xrightarrow{\varphi}$ 椭圆的切线 $P'D'$，$PO \cap AB = M$，$PO \cap AC = N \xrightarrow{\varphi}$ $P'O \cap A'B' = M'$，$P'O \cap A'C' = N'$，O 为 MN 的中点 $\xrightarrow{\varphi}$ O 为 $M'N'$ 的中点.

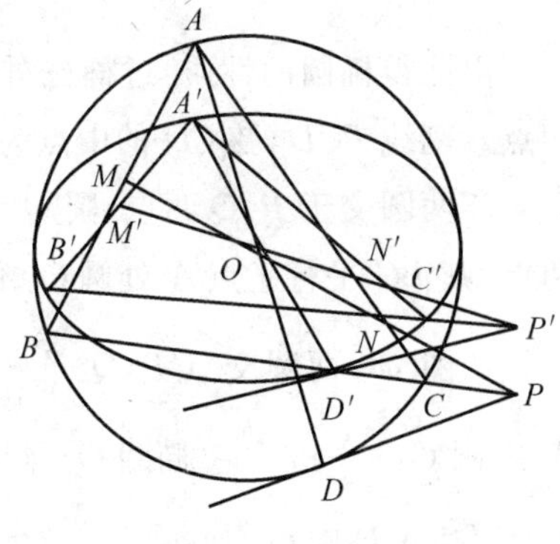

图 26

由此得椭圆的性质：椭圆内接 $\triangle ABC$，直径 AD，过点 D 的切线与 BC 交于点 P，P 与椭圆中心 O 的连线与 AB，AC 分别交于点 M，N，则 O 必为 MN 的中点.

与圆有关的平行线问题

1. 过圆外一点 P 作圆的两切线 PA，PB（A，B 为切点）及割线 PCD，弦 CD 的中点为 M，联结 AM 与圆交于点 E，则 $BE \parallel CD$.

如图 27，圆的切线 PA，$PB \xrightarrow{\varphi}$ 椭圆的切线 $P'A'$，$P'B'$（A'，B' 为切点），割线 $PCD \xrightarrow{\varphi}$ 椭圆的割线 $P'C'D'$，CD 的中点 $M \xrightarrow{\varphi} C'D'$ 的中点 M'，AM 交圆于点 $E \xrightarrow{\varphi} A'M'$ 交椭圆于点 E'，$BE \parallel CD \xrightarrow{\varphi} B'E' \parallel C'D'$.

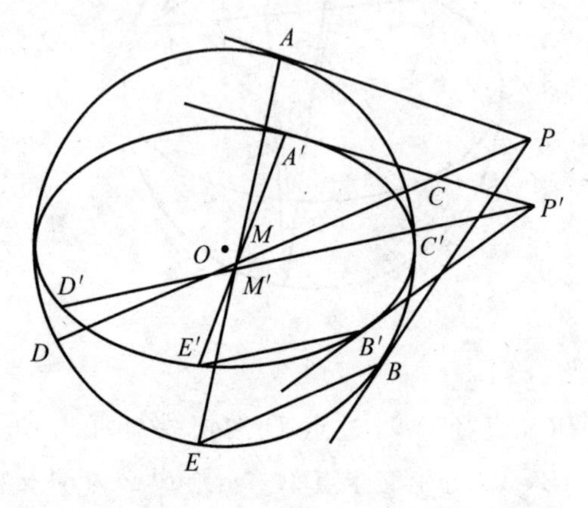

图 27

由此得椭圆的性质：过椭圆外一点 P 作椭圆的两条切线 PA，PB（A，B 为切点），割线 PCD，弦 CD 的中点为 M，联结 AM 与椭圆交于点 E，则 $BE \parallel CD$.

2. 两圆交于 P，Q 两点，圆 O_1 上一点 A，联结 AP，AQ，与另一圆交于 C，B 两点，则 BC 平行于点 A 处圆 O_1 的切线.

如图 28，两圆交点 P，$Q \xrightarrow{\varphi}$ 两长轴平行且相似的两椭圆的交点 P'，Q'，$A \in$ 圆 $O_1 \xrightarrow{\varphi} A' \in$ 椭圆 O_1'. 圆 O 的割线 AB，$AC \xrightarrow{\varphi}$ 椭圆 O 的割线 $A'B'$，$A'C'$，点 A 处圆 O_1 切线 $l \xrightarrow{\varphi}$ 点 A' 处椭圆 O_1' 的切线 l'，$BC \parallel l \xrightarrow{\varphi} B'C' \parallel l'$.

由此得椭圆的性质：长轴平行且相似的两椭圆交于 P，Q 两点，椭圆 O_1 上一点 A，联结 AP，AQ 与另一椭圆分别交于 B，C 两点，则 BC 平行于点 A 处椭圆 O_1 的切线.

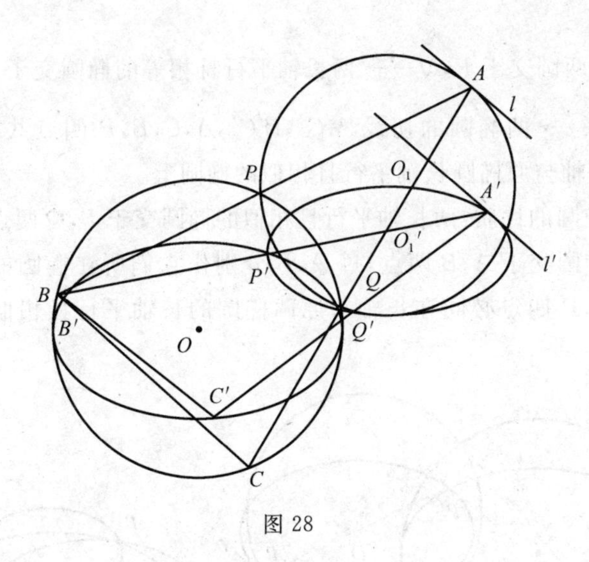

图 28

点共圆的问题

1. 有公共斜边的两个直角三角形的四顶点共圆，应用 φ 的性质，可得到：有公共底边的两个三角形，若它们顶角的两边分别为两对共轭直线，则四点必在以公共边为直径的椭圆上.

如图 29，A,B,C,D 四点共圆 $\xrightarrow{\varphi}$ A',B',C',D' 四点共椭圆，$AB\perp AC$，$BD\perp CD$ $\xrightarrow{\varphi}$ $A'B'$ 与 $A'C'$，$B'D'$ 与 $D'C'$ 分别为共轭直线.

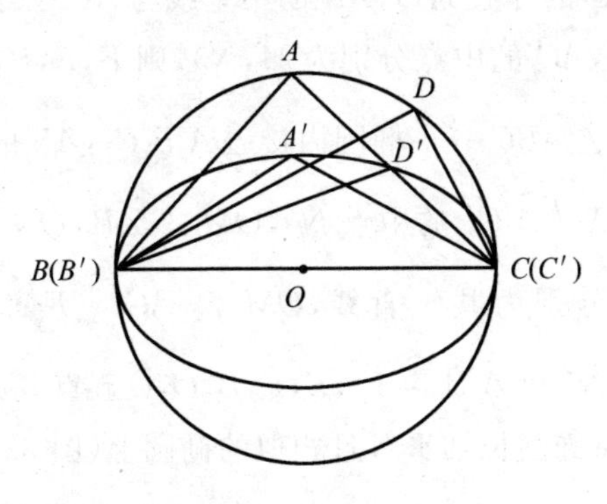

图 29

2. 两圆交于 P,Q 两点，过点 Q 的直线与两圆分别交于 A,B 两点，过 A,B 分别作它们所在圆的切线交于点 C，则 A,C,B,P 四点共圆.

如图 30,两圆交于 $P,Q\xrightarrow{\varphi}$两长轴平行且相等的椭圆交于 P',Q',两圆的切线 $AC,BC\xrightarrow{\varphi}$两椭圆的切线 $A'C',B'C'$,A,C,B,P 四点共圆$\xrightarrow{\varphi}A',C',B',P'$ 同在长轴与原椭圆长轴平行且相似的椭圆上.

由此得椭圆的性质:两长轴平行且相似的椭圆交于 P,Q 两点,过点 Q 的直线分别与两椭圆交于 A,B 两点,过 A,B 分别作它们所在椭圆的切线,交点为 C,则 A,C,B,P 四点必同在长轴与原两椭圆的长轴平行且相似的椭圆上(图 31).

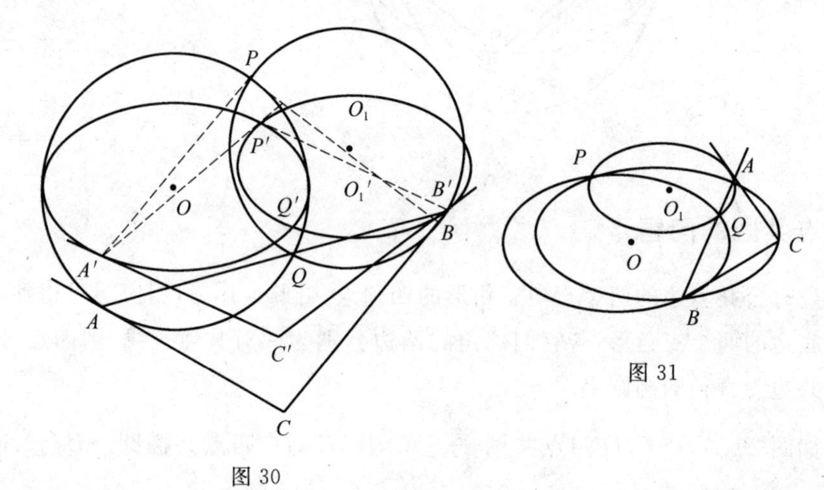

图 30

图 31

3. 圆内接 $\triangle ABC$ 的外心为 O,AB 的中垂线与 AC 交于点 E,AC 的中垂线与 AB 交于点 F(AB,AC 的中点分别为 M,N),则 E,F,B,O,C 五点共圆.

如图 32,圆内接 $\triangle ABC\xrightarrow{\varphi}$椭圆内接 $\triangle A'B'C'$,AB 的中点 M,AC 的中点 $N\xrightarrow{\varphi}A'B'$ 的中点 M',$A'C'$ 的中点 N',$OM\perp AB$,$ON\perp AC\xrightarrow{\varphi}OM'$ 与 $A'B'$,ON' 与 $A'C'$ 分别为共轭直线,$OM\cap AC=E$,$ON\cap AB=F\xrightarrow{\varphi}OM'\cap A'C'=E'$,$ON'\cap A'B'=F'$,$E,F,B,O,C$ 五点共圆$\xrightarrow{\varphi}E',F',B',O,C'$ 五点同在长轴与原椭圆长轴平行且相似的椭圆上(图 33).

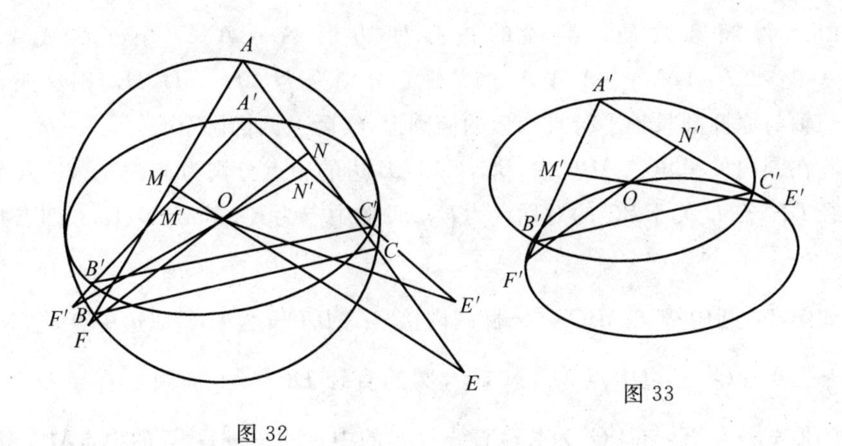

图 32　　　　　　　　图 33

4. 圆内接四边形 $A_1A_2A_3A_4$ 中，H_1,H_2,H_3,H_4 分别是 $\triangle A_3A_4A_1$，$\triangle A_4A_1A_2$，$\triangle A_1A_2A_3$，$\triangle A_2A_3A_4$ 的垂心，则 H_1,H_2,H_3,H_4 四点共圆.

如图 34，圆内接四边形 $A_1A_2A_3A_4 \xrightarrow{\varphi}$ 椭圆内接四边形 $A_1'A_2'A_3'A_4'$，$\triangle A_2A_3A_4$，$\triangle A_3A_4A_1$，$\triangle A_4A_1A_2$，$\triangle A_1A_2A_3$ 的垂心 $H_1,H_2,H_3,H_4 \xrightarrow{\varphi}$ $\triangle A_2'A_3'A_4'$，$\triangle A_3'A_4'A_1'$，$\triangle A_4'A_1'A_2'$，$\triangle A_1'A_2'A_3'$ 的共轭心 H_1',H_2',H_3',H_4'. H_1,H_2,H_3,H_4 四点共圆 $\xrightarrow{\varphi}$ H_1',H_2',H_3',H_4' 同在长轴与原椭圆长轴平行且相似的椭圆上(图 35).

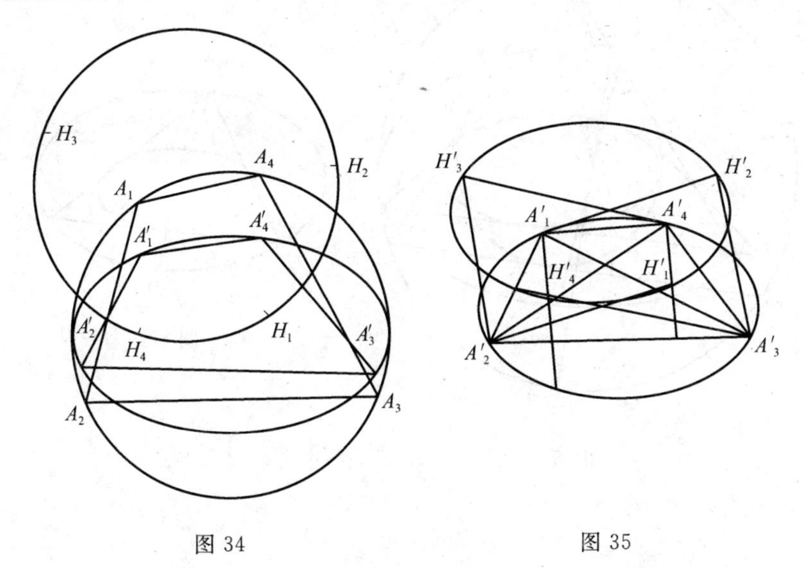

图 34　　　　　　　　图 35

由此得椭圆性质：椭圆的内接四边形 $A_1A_2A_3A_4$ 中，$\triangle A_2A_3A_4$，$\triangle A_3A_4A_1$，$\triangle A_4A_1A_2$，$\triangle A_1A_2A_3$ 的共轭心分别为 H_1，H_2，H_3，H_4，则这四点共在长轴与原椭圆长轴平行且相似的椭圆上(实际上两椭圆全等).

5. 在圆内接锐角 $\triangle ABC$ 中，BC，CA，AB 边的中点分别为 M，N，L，过点 M 作直径 DF，点 D 关于 BC 的对称点为 E，AE 的中点为 K，则 M，N，K，L 四点共圆.

如图 36，圆内接 $\triangle ABC \xrightarrow{\varphi}$ 椭圆内接 $\triangle A'B'C'$，$\triangle ABC$ 三边中点 M，N，$L \xrightarrow{\varphi} \triangle A'B'C'$ 三边中点 M'，N'，L'，圆的直径 $DF \xrightarrow{\varphi}$ 椭圆的直径 $D'F'$，$DE \perp BC \xrightarrow{\varphi} D'E'$ 与 $B'C'$ 为共轭直线. DE 的中点 $M \xrightarrow{\varphi} D'E'$ 的中点 M'，AE 的中点 $K \xrightarrow{\varphi} A'E'$ 的中点 K'，M，N，K，L 四点共圆 $\xrightarrow{\varphi} M'$，N'，K'，L' 同在长轴与原椭圆长轴平行且相似的椭圆上.

由此得到椭圆的性质：在椭圆内接 $\triangle ABC$(顶点不同在长轴一侧)中，边 BC，CA，AB 的中点分别为 M，N，L，中心 O 与 M 的连线交椭圆于 D，F 两点，DF 上取一点 E 使 M 是 DE 的中点，AE 的中点为 K，则 M，N，K，L 同在长轴与原椭圆长轴平行且相似的椭圆上(图 37).

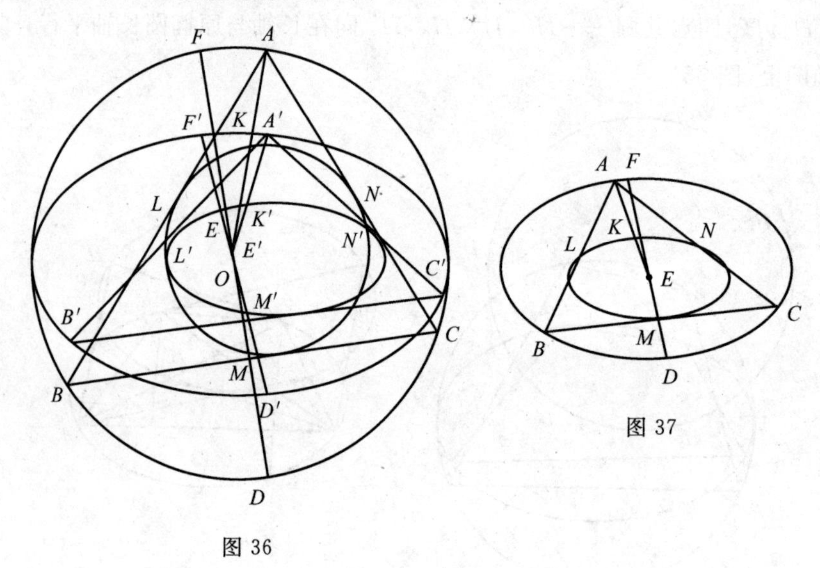

图 36

图 37

与圆有关的面积问题

1. 圆 $x^2+y^2=a^2$ 的面积为 πa^2.

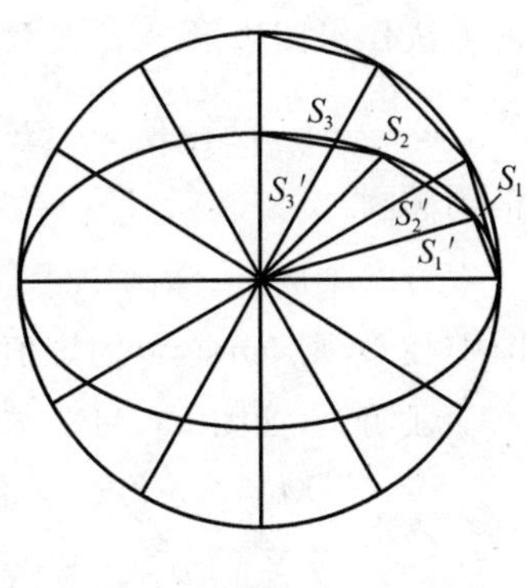

图 38

如图 38,圆 $x^2+y^2=a^2 \xrightarrow{\varphi} \frac{x^2}{a^2}+\frac{y^2}{b^2}=1(a>b>0)$,圆内接 n 边形$\xrightarrow{\varphi}$椭圆内接 n 边形,椭圆面积 $S'=\lim\limits_{n\to\infty}\sum S_i'$,根据性质 1.3,得

$$S'=\lim_{n\to\infty}\frac{b}{a}S_i=\frac{b}{a}\lim_{n\to\infty}\sum S_i$$

其中$\lim\limits_{n\to\infty}S_i=\pi a^2$,所以 $S'=\frac{b}{a}a^2\pi=ab\pi$,故椭圆的面积为 $ab\pi$.

2. 圆的内接 n 边形中,正 n 边形的面积最大.

圆 $x^2+y^2=a^2$ 的内接正 n 边形面积为$\frac{1}{2}na^2\sin\frac{2\pi}{n}$,由 φ 得椭圆的内接正 n 边形面积为$\frac{1}{2}nab\sin\frac{2\pi}{n}$,所以椭圆内接 n 边形的最大面积为$\frac{1}{2}nab\sin\frac{2\pi}{n}$,但这样的内接 n 边形有无数个.

3. 圆的外切 n 边形中,正 n 边形的面积最小.

圆 $x^2+y^2=a^2$ 的外切正 n 边形面积为 $na^2\tan\frac{\pi}{n}$,由 φ 得椭圆外切正 n 边形面积为 $nab\tan\frac{\pi}{n}$,所以椭圆外切 n 边形的最小面积为 $nab\tan\frac{\pi}{n}$,但这样的外切 n 边形有无数个.

变换就是运动,以上我们从八个方面介绍了伸缩变换将圆的问题演化为相应的椭圆问题.这也提供给我们解决椭圆问题的一种思想方法,即利用 φ 将椭圆问题变化为相应的圆的问题,再证明圆的问题(这仅是个平面几何问题),反推出椭圆的结论.这个过程可写成下列公式:椭圆$\xleftrightarrow{\varphi}$圆 $\leftrightarrow$ 证明,这个方法是用运动的方法解决问题.

这里再列举一个作图问题,从中体会一下此法的奇妙之处.

已知椭圆$\frac{x^2}{a^2}+\frac{y^2}{b^2}=1(a>b>1)$ 上四个点 A,B,C,D,请作出椭圆.

点 $A,B,C,D \xrightarrow{\varphi}$ 点 A',B',C',D'，又 A,B,C,D 四点共椭圆于 $\frac{x^2}{a^2}+\frac{y^2}{b^2}=1(a>b>1) \xrightarrow{\varphi} A',B',C',D'$ 四点共圆于 $x^2+y^2=a^2$，于是我们可用平面几何方法作出四边形 $A'B'C'D'$ 的外接圆. 然后在此圆上取点列 $E_1,E_2,E_3,\cdots,E_n,\cdots \xrightarrow{\varphi} E'_1,E'_2,E'_3,\cdots,E'_n,\cdots$，再用光滑的曲线依次把这些点联结起来，便得到椭圆.

另一个例子：椭圆中任意一对共轭直径的长度分别为 m,n，其夹角为 θ，椭圆中心 O，则 $mn\sin\theta$ 为定值.

证明　如图 39，MN 与 PQ 为共轭直径

$$MN=m,PQ=n,\angle MOQ=\theta$$

$$S_{\triangle OMQ}=\frac{1}{2}OM\cdot OQ\sin\theta=\frac{1}{8}mn\sin\theta$$

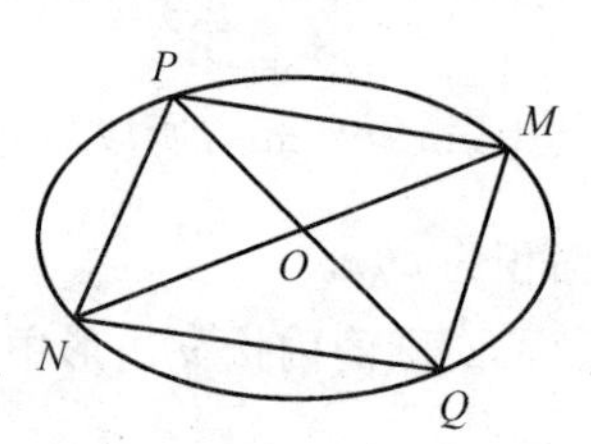

图 39

通过 φ 将椭圆转换成圆，半径为 a，伸缩系数为 $\frac{a}{b}$，使 $\angle OMQ \xrightarrow{\varphi}$ 圆心角为 $90°$ 的两半径夹角，所以

$$\frac{a}{b}S=\frac{1}{2}a^2$$

所以

$$\frac{b}{8a}mn\sin\theta=\frac{1}{2}a^2$$

所以 $mn\sin\theta$ 与共轭直径的方向无关，故是定值.

伸缩变换的应用是多方面的，这里仅用 φ 把圆和椭圆这两个图形的性质联系起来，揭示了它们的内在联系，其他方面的应用不再一一介绍.

§3　研究椭圆几何性质的重要方法——椭圆化圆

因为伸缩变换是一一映射的可逆变换，所以利用伸缩变换可以实现圆与椭圆的互相变换. 特别是椭圆的性质，可应用伸缩变换把它翻译成圆的相关性质，只需对圆的问题作出证明，然后再由逆变换，将圆的性质还原到椭圆，问题就得到了证明.

椭圆中的平行线问题

由于伸缩变换具有保平行性，所以有关椭圆的平行线问题都可以翻译成相应的圆的平行线问题，然后对圆的问题进行论证，圆内的问题成立了，则椭圆的相应问题就成立.

例 1　椭圆的直径 AB 与非直径的弦 CD 为共轭直线，椭圆中心为 O，过点 A 的弦 $AE\cap OC=F$，$ED\cap CB=G$，则 $FG\parallel AB$.

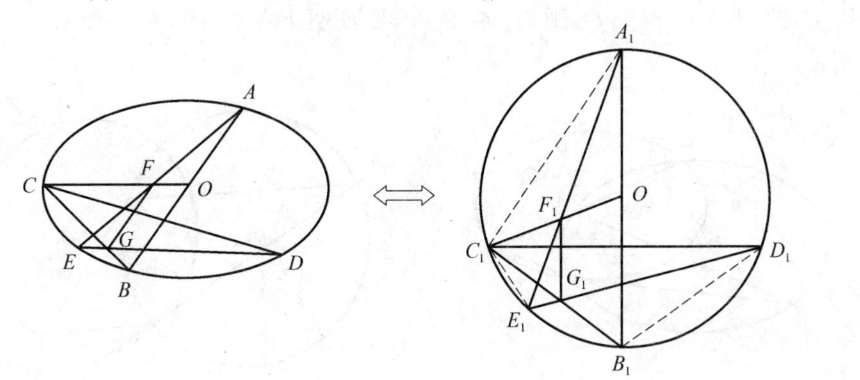

图 1

证明　如图 1，由伸缩变换的逆变换把椭圆 O 映射为圆 O，椭圆上点 A,B,C,D,E 映射成圆上的对应点 A_1,B_1,C_1,D_1,E_1，其中 A_1B_1 为圆的直径，AB，CD 为共轭直线映射成 $A_1B_1\perp C_1D_1$. $AE\cap OC=F$ 映射成 $A_1E_1\cap OC_1=F_1$，$ED\cap BC=G$ 映射成 $E_1D_1\cap B_1C_1=G_1$. 要证明 $FG\parallel AB$，只需证明 $F_1G_1\parallel A_1B_1$.

联结 A_1C_1,B_1D_1,C_1E_1，由 $A_1B_1\perp C_1D_1$ 知，$\overset{\frown}{C_1A_1}=\overset{\frown}{A_1D_1}$，$B_1C_1=B_1D_1$，则 $\angle B_1C_1D_1=\angle B_1D_1C_1=\angle A_1C_1O=\angle C_1A_1O$，又 $A_1O=C_1O$，所以 $\angle E_1A_1O=\angle E_1D_1B_1$，则 $\triangle C_1A_1F_1\backsim\triangle C_1D_1E_1$，$\triangle A_1C_1O\backsim\triangle C_1B_1D_1$，$\triangle A_1OF_1\backsim\triangle D_1B_1G_1$，$\triangle A_1C_1F_1\backsim\triangle D_1C_1G_1$，由此得

$$\frac{C_1F_1}{C_1G_1}=\frac{A_1C_1}{C_1D_1}=\frac{A_1O}{B_1D_1}=\frac{F_1O}{G_1B_1}$$

即

$$\frac{C_1F_1}{F_1O}=\frac{C_1G_1}{G_1B_1}$$

故 $F_1G_1 // A_1B_1$. 故由伸缩变换可得 $FG // AB$.

例 2　两长轴平行且相似的椭圆 O,O_1 交于 C,D 两点,在椭圆 O_1 内作弦 DE 与椭圆 O 交于点 A,过点 C 的椭圆 O_1 的切线与椭圆 O 交于点 B,则 $EC // AB$.

证明　如图 2,椭圆 O 与椭圆 O_1 交于 $C,D \xrightarrow{\varphi^{-1}}$ 圆 O 和圆 O_2 交于 C_1,D_1,椭圆 O_1 的切线 CB 及弦 $AE \xrightarrow{\varphi^{-1}}$ 圆 O_2 的切线 C_1B_1 及 A_1E_1,$B \in$ 椭圆 O,则 $B_1 \in$ 圆 O,$A \in$ 椭圆 O,则 $A_1 \in$ 圆 O,要证明 $EC // AB$,只需证明 $E_1C_1 // A_1B_1$.

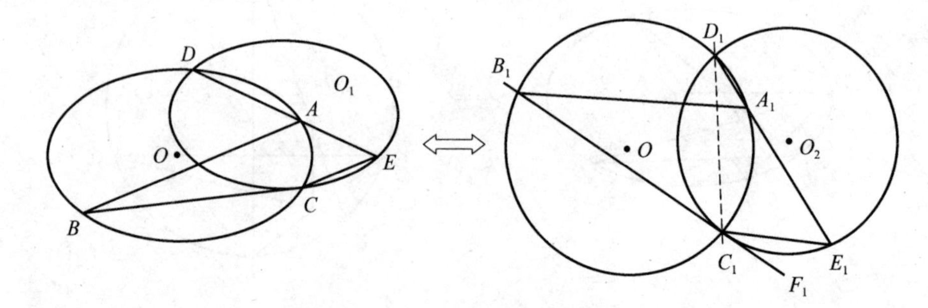

图 2

联结 C_1D_1,$\angle A_1D_1C_1 = \angle E_1C_1F_1$(弦切角),而 $\angle A_1B_1C_1 = \angle A_1D_1C_1$,所以 $\angle E_1C_1F_1 = \angle A_1B_1C_1$,则 $E_1C_1 // A_1B_1 \xrightarrow{\varphi} EC // AB$.

例 3　三个长轴平行且相似的椭圆 O,O_1,O_2 共点于 G,椭圆 O 与 O_1 交于点 D,椭圆 O_1 与 O_2 交于点 F,椭圆 O 与 O_2 交于点 E,过点 D 的直线与椭圆 O,O_1 分别交于 A,B 两点,且 $DA = DB$. 联结 AE 与椭圆 O_2 交于点 C,联结 DC 与椭圆 O,O_1,O_2 分别交于点 M,N,P,则 $PM = PN$.

证明　如图 3,共点于 G 的椭圆 $O,O_1,O_2 \xrightarrow{\varphi^{-1}}$ 共点于 G_1 的三个圆 O,O_3,O_4. 它们另外的交点 $D,E,F \xrightarrow{\varphi^{-1}} D_1,E_1,F_1$. 点 $M,N,P \xrightarrow{\varphi^{-1}}$ 点 M_1,N_1,P_1,且 A_1,D_1,M_1 在圆 O 上,B_1,D_1,F_1,N_1 在圆 O_3 上. E_6,C_1,P_1,F_1 在圆 O_3 上. 要证明 $PM = PN$,只需证明 $P_1M_1 = P_1N_1$.

联结 $C_1F_1,B_1F_1,D_1G_1,E_1G_1,F_1G_1$, 因为 $\angle E_1 = \angle 1 = \angle 2, \angle E_1 + \angle C_1F_1G_1 = \pi$,则 $\angle 1 + \angle C_1F_1G_1 = \pi$,说明 B_1,F_1,C_1 共线. 又 $C_1E_1 \cdot C_1A_1 =$

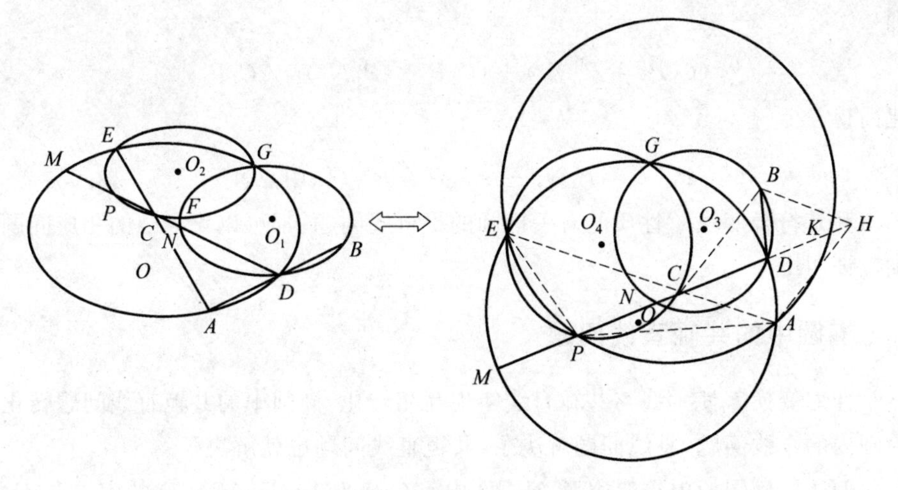

图 3

$C_1M_1 \cdot C_1D_1, C_1F_1 \cdot C_1B_1 = C_1D_1 \cdot C_1N_1$，两式相加得

$$C_1E_1 \cdot C_1A_1 + C_1F_1 \cdot C_1B_1 = (C_1M_1 + C_1N_1) \cdot C_1D_1 \quad ①$$

延长 C_1D_1 到 H_1，使 $D_1H_1 = C_1D_1$，联结 B_1H_1, A_1H_1，则四边形 $B_1H_1A_1C_1$ 为平行四边形，过 A_1, E_1, P_1 三点作圆交 C_1H_1 于 K，联结 A_1K, E_1P_1，由相交弦定理得

$$C_1E_1 \cdot C_1A_1 = C_1P_1 \cdot C_1K \quad ②$$

又 $\angle C_1F_1P_1 = \angle A_1E_1P_1 = \angle H_1KA_1, \angle P_1C_1F_1 = \angle H_1KA_1$，所以

$$\triangle P_1C_1F_1 \backsim \triangle A_1H_1K$$

从而

$$C_1F_1 : H_1K = C_1P_1 : A_1H_1$$

即

$$C_1F_1 \cdot A_1H_1 = C_1P_1 \cdot H_1K \quad ③$$

因为 $A_1M_1 = B_1C_1$，则

$$C_1F_1 \cdot C_1B_1 = C_1P_1 \cdot H_1K$$

由式 ②，③ 得

$$C_1E_1 \cdot C_1A_1 + C_1F_1 \cdot C_1B_1 = C_1P_1(C_1K + H_1K)$$
$$= C_1P_1 \cdot C_1H_1 = 2C_1P_1 \cdot C_1D_1 \quad ④$$

由式 ①，④ 得

$$C_1M_1 = C_1N_1 = 2C_1P_1$$

即

$$(C_1P_1+P_1M_1)+(C_1P_1-P_1N_1)=2C_1P_1$$

化简得

$$P_1M_1=P_1N_1\xrightarrow{\varphi}PM=PN\text{(保中点性)}$$

凡是符合变换 φ 性质的有关椭圆的平行线问题，都可以化为圆的相应问题加以证明.

椭圆中的共轭直线问题

伸缩变换 φ 使垂线与共轭直线实现互相转化，椭圆中的共轭直线问题转化为圆内的垂线问题，垂线问题解决了，共轭直线问题也就解决了.

例 4 椭圆的内接四边形 $ABCD$ 中，$AC\cap BD=E$，AB，CD 的中点 F，G，点 $N\in BD$，点 $K\in AC$，且 FN 与 BD，GK 与 AC 分别为共轭直线，若 $FN\cap GK=H$，则 HE 与 AD 为共轭直线.

证明 如图 4，椭圆的内接四边形 $ABCD\xrightarrow{\varphi^{-1}}$ 圆的内接四边形 $A_1B_1C_1D_1$，$AC\cap BD=E\xrightarrow{\varphi^{-1}}A_1C_1\cap B_1D_1=E_1$. FN 与 BD，GK 与 AC 为共轭直线$\xrightarrow{\varphi^{-1}}F_1N_1\perp B_1D_1$，$G_1K_1\perp A_1C_1$. $FN\cap GK=H\xrightarrow{\varphi^{-1}}F_1N_1\cap G_1K_1=H_1$. $N_1\in B_1D_1$，$k_1\in A_1C_1$，F_1，G_1 分别是 A_1B_1，C_1D_1 的中点. 要证明 HE 与 AD 为共轭直线，只需证明 $H_1E_1\perp A_1D_1$.

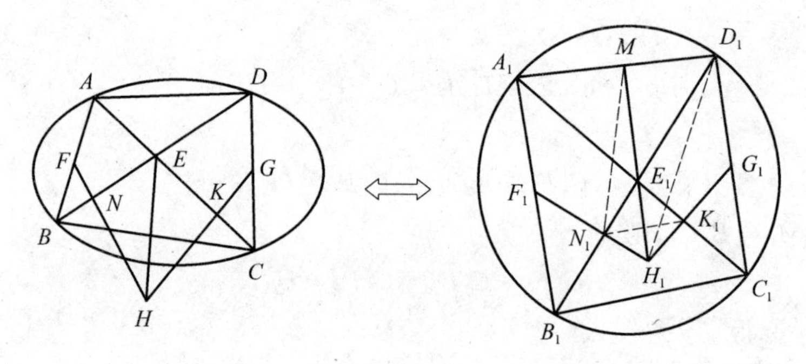

图 4

联结 N_1K_1，因为 E_1，H_1，N_1，K_1 四点共圆，且 $\angle F_1B_1N_1=\angle G_1C_1K_1$，则 $\text{Rt}\triangle F_1B_1N_1\backsim\text{Rt}\triangle G_1C_1K_1$，应有 $B_1N_1:C_1K_1=B_1F_1:G_1C_1$，而 F_1，G_1 分别

为 A_1B_1，C_1D_1 中点，所以 $B_1F_1:C_1G_1=B_1A_1:C_1D_1$.

又 $\triangle B_1A_1E_1 \backsim \triangle C_1D_1E_1$，应有 $B_1A_1:C_1D_1=B_1E_1:C_1E_1$，所以 $B_1N_1:C_1K_1=B_1E_1:C_1E_1$，于是 $N_1K_1 \parallel B_1C_1$.

设 $H_1E_1 \cap A_1D_1=M$，则 $\angle N_1H_1M=\angle N_1K_1A_1=\angle B_1C_1A_1=\angle B_1D_1A_1$，则 N_1，H_1，D_1，M 四点共圆，所以 $\angle D_1MH_1=\angle D_1N_1H_1=90^\circ$，即 $H_1M \perp A_1D_1 \xrightarrow{\varphi} HE$ 与 AD 为共轭直线.

例5　四边形 $ABCD$ 外切于椭圆 O_1，内接于椭圆 O，且两椭圆长轴平行且相似，若 AB，BC，CD，DA 边上的切点依次为 E，F，G，H，则 EG 与 FH 为共轭直线.

证明　如图5，四边形 $ABCD$ 的内切椭圆 O_1 和外接椭圆 $O \xrightarrow{\varphi^{-1}}$ 四边形 $A_1B_1C_1D_1$ 的内切圆 O_2 和外接圆 O，$ABCD$ 四边上的切点 D，E，F，$H \xrightarrow{\varphi^{-1}}$ 四边形 $A_1B_1C_1D_1$ 四边上的切点 E_1，F_1，G_1，H_1. 要证明 EG 与 FH 为共轭直线，只需证明 $E_1G_1 \perp F_1H_1$.

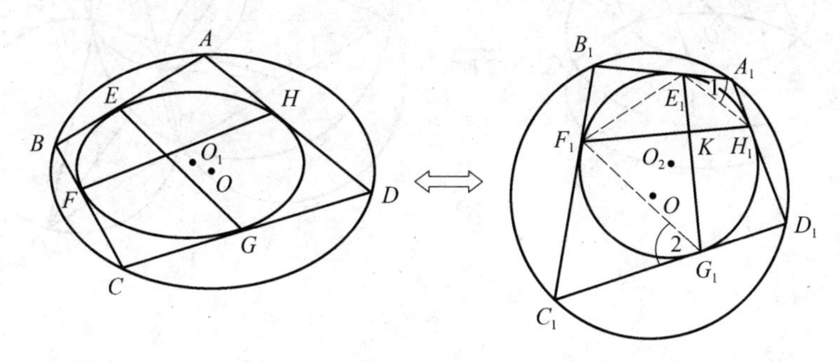

图5

因为 $\angle A_1+\angle C_1=180^\circ$，故 $\angle 1+\angle 2=90^\circ$，又

$$\angle E_1F_1H_1=\angle 1,\angle F_1G_1E_1=\angle 2$$

则 $\angle E_1F_1H_1+\angle F_1G_1E_1=90^\circ$，设 $E_1G_1 \cap F_1H_1=K$，则 $\angle E_1KF_1=90^\circ$，即 $E_1G_1 \perp F_1H_1 \xrightarrow{\varphi} EG$ 与 FH 为共轭直线.

本例的四边形叫作双椭圆四边形，它既有内切椭圆也有外接椭圆，值得去探讨的是：

(1) 四边形满足什么条件(两椭圆对称轴分别平行且相似) 就可成为双椭圆四边形？

(2) 双椭圆四边形有什么性质?

例 6 若长轴平行且相似的椭圆 O,O_1 相交于 A,C 两点,椭圆 O_1 上一点 B,AB,BC 与椭圆 O 分别交于 K,N 两点,过点 B,N,K 的椭圆 O_2,与椭圆 O 的长轴平行且相似.椭圆 O_1 与 O_2 交于点 M,则 BM 与 OM 为共轭直线.

证明 如图 6,椭圆 O,O_1 交于 $A,C\xrightarrow{\varphi^{-1}}$ 圆 O,O_3 交于 A_1,C_1,椭圆 O_1 上一点 $B\xrightarrow{\varphi^{-1}}$ 圆 O_3 上一点 B_1,椭圆 O_1,O_2 交于点 $B,M\longrightarrow$ 圆 O_3,O_4 交于点 B_1,M_1;AB 与椭圆 O 交于点 K,BC 与椭圆 O 交于点 $N\xrightarrow{\varphi^{-1}}A_1B_1$ 与圆 O 交于点 K_1,B_1C_1 与圆 O 交于点 N_1,要证明 BM 与 OM 为共轭直线,只需证明 $B_1M_1\perp OM_1$.

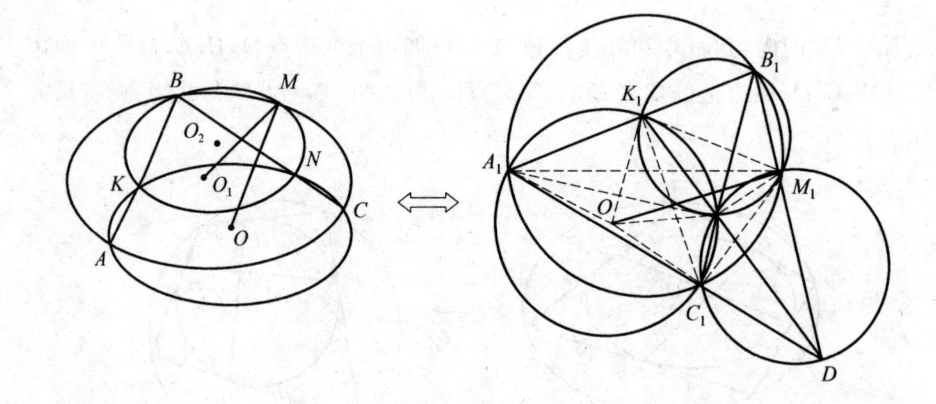

图 6

设 $A_1C_1\cap K_1N_1=D$,联结 B_1D 与圆 O_4 交于 M',由相交弦定理得 $DA_1\cdot DC_1=DK_1\cdot DN_1=DB_1\cdot DM'$,这说明点 M' 在圆 O_3 上,M' 又在圆 O_4 上,即 M' 是圆 O_3,O_4 的交点,因 B_1 也是这两圆交点,故 M' 与 M_1 必重合,即 A_1C_1,K_1N_1,B_1M_1 三线共点于 D.

联结 $M_1K_1,K_1O,OC_1,M_1C_1,K_1C_1$ 和 M_1N_1,由 $\angle B_1M_1N_1=\angle A_1K_1N_1=\angle N_1C_1D$,有 M_1,N_1,C_1,D 四点共圆.

又由 $\angle K_1M_1C_1=\angle K_1M_1N_1-\angle N_1M_1C_1=\angle K_1B_1N_1-\angle N_1DC_1=\frac{1}{2}(\overset{\frown}{K_1A_1C_1}-\overset{\frown}{K_1N_1C_1})=\angle K_1M_1C_1-\angle K_1A_1C_1=180^\circ-2\angle K_1A_1C_1=180^\circ-\angle K_1OC_1$,移项得 $\angle K_1M_1C_1+\angle K_1OC=180^\circ$,所以 K_1,O,C_1,M_1 四点

共圆. 从而有

$$\angle BM_1O=\angle B_1M_1K_1+\angle K_1M_1O=\angle B_1N_1K_1+\angle K_1C_1O$$
$$=\angle K_1A_1C_1+\angle K_1C_1O$$

在 $\triangle A_1C_1K_1$ 中

$$\angle OC_1K_1=\angle OK_1C_1$$
$$\angle OA_1C_1=\angle OC_1A_1,\quad \angle OK_1A_1=\angle OA_1K_1$$

所以

$$\angle OA_1K_1+\angle OA_1C_1+\angle OC_1K_1=90^\circ$$

即

$$\angle K_1A_1C_1+\angle OC_1K_1=90^\circ$$

所以

$$\angle K_1M_1O=90^\circ$$

即 $B_1M_1\perp OM_1\xrightarrow{\varphi}BM$ 与 OM 为共轭直线.

值得注意的是椭圆中与共轭直线有关的基本定理：

定理 1.1　椭圆上任意一点与椭圆任一直径两端点的连线为共轭直线.

定理 1.2　椭圆中心与任一弦的中点连线与此弦为共轭直线.

定理 1.3　椭圆上两点的切线交点与椭圆中心的连线与切点弦为共轭直线.

定理 1.4　椭圆上一点的切线与切点椭圆和中心的连线为共轭直线.

定理 1.5　两长轴平行且相似的椭圆相交,则公共弦与两椭圆中心连线为共轭直线.

与椭圆有关的线段中点问题

由于伸缩变换 φ 具有保中点性,椭圆中的线段中点问题可由伸缩变换的逆变换 φ^{-1} 将椭圆的问题翻译成相关的圆的线段中点问题,然后加以证明,再由伸缩变换返回到椭圆中,相关的问题也就解决了.

例 7　椭圆的内接四边形 $ABCD$ 中,BC 的中点 E,CD,DA,AB 上各有一点 F,G,H,使 CD 与 EF,AD 与 EG,AB 与 EH 分别为共轭直线,且 $EG\cap FH=M$,则 M 必是 FH 的中点.

证明　如图 7,椭圆的内接四边形 $ABCD\xrightarrow{\varphi^{-1}}$ 圆的内接四边形

$A_1B_1C_1D_1$，BC 的中点 $E \xrightarrow{\varphi^{-1}} B_1C_1$ 的中点 E_1，EF 与 CD，EG 与 AD，EH 与 AB 分别为共轭直线 $\xrightarrow{\varphi^{-1}} E_1F_1 \perp C_1D_1$，$E_1G_1 \perp A_1D_1$，$E_1H_1 \perp A_1B_1$，$F_1 \in C_1D_1$，$G_1 \in A_1D_1$，$H_1 \in A_1B_1$，$FH \cap EG = M \xrightarrow{\varphi^{-1}} F_1H_1 \cap E_1G_1 = M_1$，要证明 M 是 FH 的中点只需证明 M_1 是 F_1H_1 的中点.

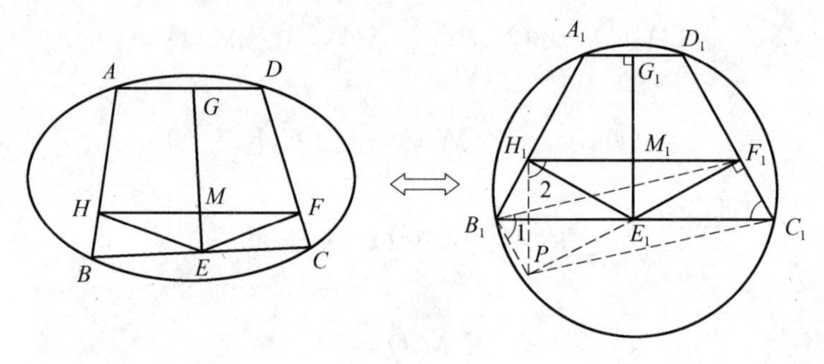

图 7

延长 F_1E_1 到 P 使 $PE_1 = E_1F_1$. 因为 $B_1E_1 = E_1C_1$，所以四边形 $PB_1F_1C_1$ 为平行四边形，则 $\angle B_1PF_1 = \angle C_1F_1P = 90° = \angle B_1H_1E_1$，由此知 P，B_1，H_1，E_1 四点共圆. 则 $\angle 1 = \angle 2 = \angle C_1$，又 $\angle A_1 + \angle C_1 = 180° = \angle G_1E_1H_1 + \angle A_1$，故 $\angle C_1 = \angle G_1E_1H_1$，所以 $\angle G_1E_1H_1 = \angle 2$，那么 $PH_1 \parallel E_1G_1$，得知 E_1M_1 是 $\triangle PF_1H_1$ 的中位线，所以 M_1 是 F_1H_1 的中点 $\xrightarrow{\varphi} M$ 是 FH 的中点.

例 8 长轴平行且相似的两椭圆 O，O_1 交于 A，B 两点，椭圆 O 经过另一椭圆的中心 O_1，过椭圆 O 上一点 P 作椭圆 O_1 的两条切线 PC，PD，切点为 C，D，则 AB 平分 CD.

证明 两相交椭圆 O，$O_1 \xrightarrow{\varphi^{-1}}$ 两相交圆 O，O_2，A，$B \xrightarrow{\varphi^{-1}} A_1$，$B_1$，椭圆 O_1 的切线 PC，$PD \xrightarrow{\varphi^{-1}}$ 圆 O_2 的切线 P_1C_1，P_1D_1，$P \in$ 椭圆 $O \xrightarrow{\varphi^{-1}} P_1 \in$ 圆 O. 设 $AB \cap CD = M \xrightarrow{\varphi^{-1}} A_1B_1 \cap C_1D_1 = M_1$. 要证明 $CM = DM$，只需证明 $C_1M_1 = D_1M_1$.

如图 8，联结 O_2D_1，O_2C_1，O_2P_1，O_2B_1，$O_2P_1 \cap C_1D_1 = E$，$O_2P_1 \cap A_1B_1 = E'$.

设 O_2O 与圆 O 交于点 Q，$A_1B_1 \cap O_2Q = F$，则 $O_2A_1^2 = O_2F \cdot O_2Q$. 联结 QP_1，因 $O_2F \perp A_1B_1$，$O_2P_1 \perp P_1Q$，所以 P_1，Q，F，M_1 四点共圆，则有 $O_2M_1 \cdot$

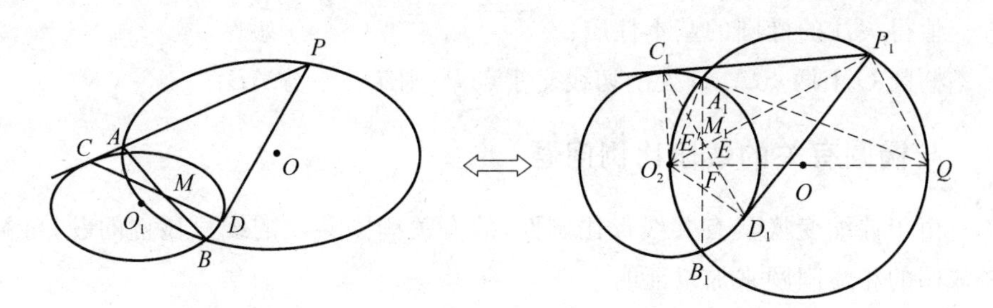

图 8

$O_2P_1=O_2F\cdot O_2Q$,经代换得 $O_2A_1^2=O_2M_1\cdot O_2P_1$.因为 $O_2C_1^2=O_2A_1^2$,得 $O_2P_1\cdot O_2E=O_2M_1\cdot O_2P_1$,则 $O_2E=O_2M_1$,这说明点 M_1 与 E 必重合.而 E 是 C_1D_1 的中点,即 M_1 是 C_1D_1 的中点,即 A_1B_1 平分 $C_1D_1\xrightarrow{\varphi}AB\cap CD=M$,则 M 是 CD 的中点,即公共弦 AB 平分切点弦 CD.

例 9　椭圆 O 上三点 D,E,F,E,F 两点的切线交于点 A,点 D 的切线交 AF,AE 于 B,C,联结 $OD\cap EF=K$,则 AK 平分 BC.

证明　如图 9,椭圆 O 的切线 $AE,AF,BC\xrightarrow{\varphi^{-1}}$ 圆 O 的切线 A_1E_1,A_1F_1,B_1C_1,D_1,E_1,F_1 为圆上的切点.$OD\cap EF=K$,$AK\cap BC=G\xrightarrow{\varphi^{-1}}OD_1\cap E_1F_1=K_1$,$A_1K_1\cap B_1C_1=G_1$.要证 $BG=GC$,只需证明 $G_1B_1=G_1C_1$.过点 K_1 作 B_1C_1 的平行线与 A_1B_1,A_1C_1 交于点 N,M,联结 OE_1,OF_1,ON,OM,易知 OK_1F_1N 四点共圆,所以 $\angle ONE_1=\angle OK_1E_1=\angle ONF_1$,则 $\mathrm{Rt}\triangle OE_1M\cong\mathrm{Rt}\triangle OF_1N$,则 $OM=ON$,$NK_1=MK_1$,即 A_1K_1 是 $\triangle A_1MN$ 的中线,故 G_1 是 B_1C_1 的中点,即 $G_1B_1=G_1C_1\xrightarrow{\varphi}GB=GC$,即 AK 平分 BC.

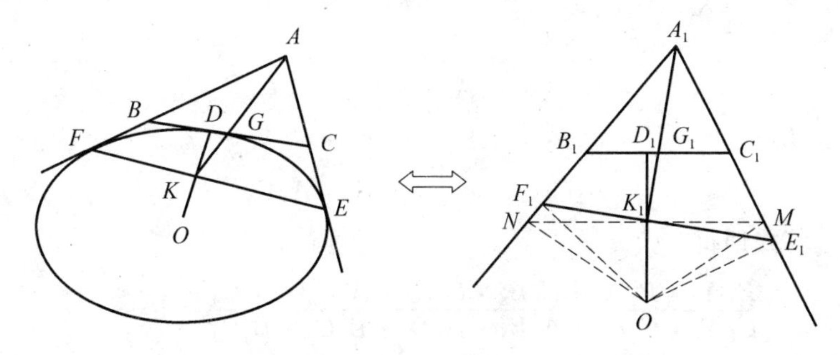

图 9

值得关注的椭圆的基本性质：

椭圆 O 上两点 A,B 处的切线交于点 P，则 PO 平分 AB.

与椭圆有关的线段比例问题

由于伸缩变换具有共线保比例性，故有关椭圆共线的线段比例问题，可翻译成圆的相应问题来加以证明.

例 10 （卡诺定理）$\triangle ABC$ 的三边 BC,CA,AB 分别与椭圆交于 A_1A_2，B_1B_2,C_1C_2，则

$$\frac{BA_1\cdot BA_2\cdot CB_1\cdot CB_2\cdot AC_1\cdot AC_2}{CA_1\cdot CA_2\cdot AB_1\cdot AB_2\cdot BC_1\cdot BC_2}=1 \quad ①$$

证明 如图 10，椭圆 O 与 $\triangle ABC$ 三边的交点 $A_1,A_2,B_1,B_2,C_1,C_2\xrightarrow{\varphi^{-1}}\triangle A_1B_1C_1$ 与圆 O 的交点 A_3,A_4,B_3,B_4,C_3,C_4. 要证式 ① 成立，只需证明

$$\frac{B_1A_3\cdot B_1A_4\cdot C_1B_3\cdot C_1B_4\cdot A_1C_3\cdot A_1C_4}{C_1A_3\cdot C_1A_4\cdot A_1B_3\cdot A_1B_4\cdot B_1C_3\cdot B_1C_4}=1$$

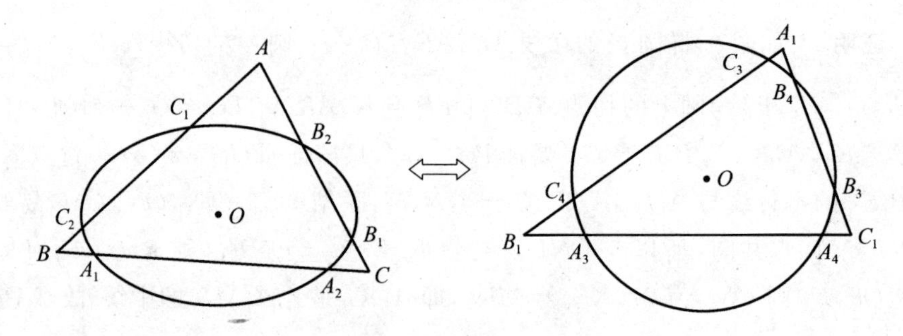

图 10

由切割线定理得

$$B_1A_3\cdot B_1A_4=B_1C_3\cdot B_1C_4$$

$$C_1B_3\cdot C_1B_4=C_1A_3\cdot C_1A_4$$

$$A_1C_3\cdot A_1C_4=A_1B_3\cdot A_1B_4$$

由以上三等式即得

$$\frac{B_1A_3\cdot B_1A_4\cdot C_1B_3\cdot C_1B_4\cdot A_1C_3\cdot A_1C_4}{C_1A_3\cdot C_1A_4\cdot A_1B_3\cdot A_1B_4\cdot B_1C_3\cdot B_1C_4}=1\xrightarrow{\varphi}$$

$$\frac{BA_1\cdot BA_2\cdot CB_1\cdot CB_2\cdot AC_1\cdot AC_2}{CA_1\cdot CA_2\cdot AB_1\cdot AB_2\cdot BC_1\cdot BC_2}=1$$

我们把卡诺定理中 $\triangle ABC$ 称为基三角形.

例 11　(坎迪定理)椭圆 O 的弦 AB 上任一点 M,过 M 的另两条弦 CD,EF.若 $CE\cap AB=P$,C,E 在 AB 同侧,$FD\cap AB=Q$($AM=a$,$BM=b$,$PM=x$,$QM=y$).

(1) 当 P,Q 位于直线 CD 的异侧时,有

$$\frac{1}{a}-\frac{1}{b}=\frac{1}{x}-\frac{1}{y}$$

(2) 当 P,Q 位于直线 CD 的同侧时,有

$$\frac{1}{b}-\frac{1}{a}=\frac{1}{x}+\frac{1}{y}$$

证明　如图 11,椭圆 O 的内接四边形 $CEDF\xrightarrow{\varphi^{-1}}$ 圆 O 的内接四边形 $C_1E_1D_1F_1$,AB,CD,EF 共点于 $M\xrightarrow{\varphi^{-1}}A_1B_1$,$C_1D_1$,$E_1F_1$ 共点于 M_1.$DF\cap AB=Q$,$CE\cap AB=P\xrightarrow{\varphi^{-1}}D_1F_1\cap A_1B_1=Q_1$,$C_1E_1\cap A_1B_1=P_1$.要证(1),即

$$\frac{1}{AM}-\frac{1}{BM}=\frac{1}{PM}-\frac{1}{QM}$$

只需证

$$\frac{1}{A_1M_1}-\frac{1}{B_1M_1}=\frac{1}{P_1M_1}-\frac{1}{Q_1M_1}$$

即可.

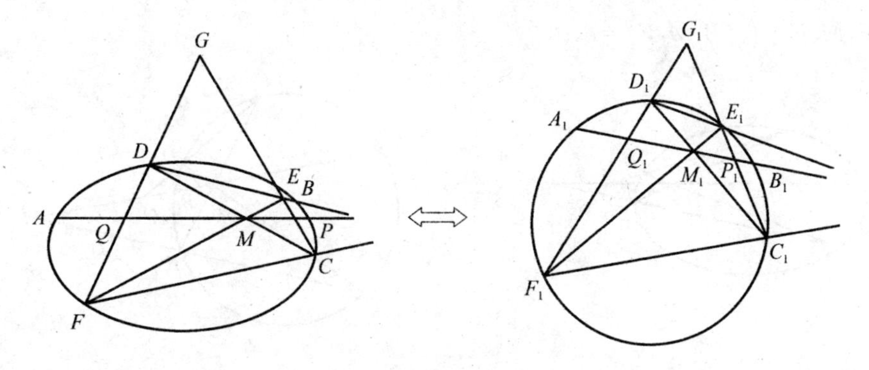

图 11

P,Q 位于直线 CD 的异侧,设 $\triangle P_1E_1M_1$,$\triangle Q_1D_1M_1$,$\triangle P_1C_1M_1$ 和

$\triangle Q_1F_1M_1$ 的面积为 S_1,S_2,S_3,S_4. $\angle C_1E_1M_1=\angle M_1D_1Q_1=\alpha$,$\angle P_1M_1C_1=\angle D_1M_1Q_1=\beta$,$\angle P_1C_1M_1=\angle M_1F_1D_1=\gamma$,$\angle P_1M_1E_1=\angle Q_1M_1F_1=\theta$,由

$$\frac{S_1}{S_2}\cdot\frac{S_2}{S_3}\cdot\frac{S_3}{S_4}\cdot\frac{S_4}{S_1}=1$$

得

$$\frac{P_1E_1\cdot E_1M_1\sin(\pi-\alpha)}{M_1D_1\cdot D_1Q_1\sin\alpha}\cdot\frac{D_1M_1\cdot M_1Q_1\sin\beta}{P_1M_1\cdot M_1C_1\sin\beta}\cdot$$

$$\frac{P_1C_1\cdot C_1M_1\sin\gamma}{M_1F_1\cdot F_1Q_1\sin(\pi-\gamma)}\cdot\frac{F_1M_1\cdot M_1Q_1\sin\theta}{P_1M_1\cdot M_1E_1\sin\theta}=1$$

化简得

$$Q_1M_1^2\cdot P_1E_1\cdot P_1C_1=P_1M_1^2\cdot Q_1D_1\cdot Q_1F_1$$

由圆幂定理得

$$P_1E_1\cdot P_1C_1=P_1A_1\cdot P_1B_1=(x-a)(x+b)$$

$$Q_1D_1\cdot Q_1F_1=Q_1A_1\cdot Q_1B_1=(y+a)(y-b)$$

代入上式得

$$y^2(x-a)(x+b)=x^2(y+a)(y-b)$$

化简得

$$\frac{1}{a}-\frac{1}{b}=\frac{1}{x}-\frac{1}{y}$$

(2) 如图 12,P,Q 位于 CD 同侧,S_1,S_2,S_3,S_4 的意义同上,记 $\angle C_1E_1M_1=\angle C_1D_1F_1=\alpha$,$\angle Q_1M_1D_1=\angle C_1M_1B_1=\beta$,$\angle P_1C_1M_1=\angle Q_1F_1M_1=\gamma$,$\angle P_1M_1E_1=\angle B_1M_1F_1=\theta$,由

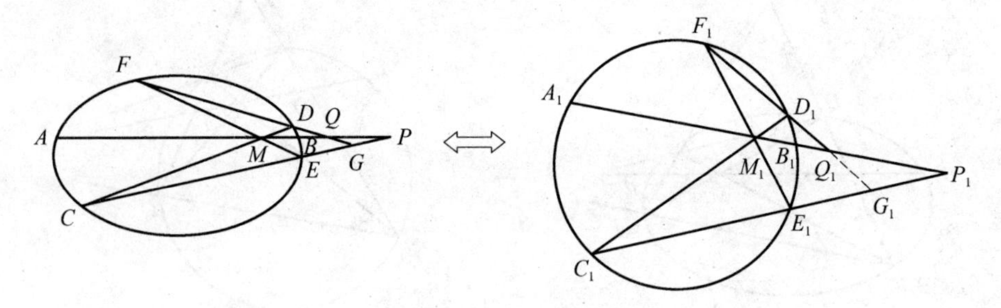

图 12

$$\frac{S_1\cdot S_2\cdot S_3\cdot S_4}{S_2\cdot S_3\cdot S_4\cdot S_1}=1$$

得

$$\frac{P_1E_1 \cdot E_1M_1\sin(\pi-\alpha)}{M_1D_1 \cdot D_1Q_1\sin(\pi-\alpha)} \cdot \frac{D_1M_1 \cdot M_1Q_1\sin\beta}{P_1M_1 \cdot M_1C_1\sin(\pi-\beta)} \cdot$$

$$\frac{P_1C_1 \cdot C_1M_1\sin\gamma}{M_1E_1 \cdot F_1Q_1\sin\gamma} \cdot \frac{F_1M_1 \cdot M_1Q_1\sin(\pi-\theta)}{P_1M_1 \cdot M_1E_1\sin\theta}=1$$

则

$$Q_1M_1^2 \cdot P_1E_1 \cdot P_1C_1=P_1M_1^2 \cdot Q_1D_1 \cdot Q_1F_1$$

由圆幂定理得

$$P_1E_1 \cdot P_1C_1=P_1A_1 \cdot P_1B_1=(x-a)(x+b)$$

$$Q_1D_1 \cdot Q_1F_1=Q_1A_1 \cdot Q_1B_1=(y-a)(y+b)$$

此两式代入上式得

$$y^2(x-a)(x+b)=x^2(y-a)(y+b)$$

或

$$xyb-xya=aby+abx$$

两边同除以 $abxy$ 得

$$\frac{1}{a}-\frac{1}{b}=\frac{1}{x}+\frac{1}{y}$$

例 11 的椭圆问题，利用伸缩变换，将它回归为圆的相应问题加以解决，其实利用卡诺定理可直接证明.

这里只证明例 11(2).

设 $DQ \cap CP=G$，取 $\triangle GPQ$，由卡诺定理得

$$\frac{PA \cdot PB \cdot QD \cdot QF \cdot GC \cdot GE}{QA \cdot QB \cdot GD \cdot GF \cdot PC \cdot PE}=1$$

又 CD，EF 分别截 $\triangle GPQ$，由梅涅劳斯定理得

$$\frac{PC \cdot GD \cdot QM}{CG \cdot DQ \cdot MP}=1$$

$$\frac{PE \cdot GF \cdot QM}{EG \cdot FQ \cdot MP}=1$$

由以上三个等式可得

$$PM^2(QA \cdot QB)=QM^2(PA \cdot PB)$$

即

$$PM^2(QM+AM)(QM-BM)$$

$$=QM^2(PM+AM)(PM-BM)$$

化简得

$$PM\cdot QM\cdot BM-PM\cdot QM\cdot AM$$
$$=AM\cdot BM\cdot QM+AM\cdot BM\cdot PM$$

两边同除以 $PM\cdot QM\cdot AM\cdot BM$ 得

$$\frac{1}{AM}-\frac{1}{BM}=\frac{1}{PM}+\frac{1}{QM}$$

即

$$\frac{1}{a}-\frac{1}{b}=\frac{1}{x}+\frac{1}{y}$$

利用伸缩变换，可将大量圆的问题翻译成椭圆的相应的问题. 如果把这些翻译后的椭圆问题，当作独立的问题，当然可以再利用伸缩变换将其回归成圆的问题加以证明. 但如果不借助伸缩变换而独立地加以证明，可能是个极度困难的课题，这可能是解析几何新的研究方向.

例 12 两长短轴分别平行且相似的椭圆 O,O_1 相交于 A,B 两点，椭圆 O 的弦 PM 与椭圆 O_1 相切于点 N，M 是 PN 的中点，$AB\cap PN=Q$，则

$$MQ:QN:PM:PQ=1:2:3:4$$

证明 如图 13，两椭圆 O,O_1 交于 A,B 两点 $\xrightarrow{\varphi^{-1}}$ 两圆 O,O_2 交于 A_1,B_1 两点，椭圆 O 的弦 PM 切椭圆 O_1 于点 $N\xrightarrow{\varphi^{-1}}$ 圆 O 的弦 P_1M_1 切圆 O_2 于点 N_1，$AB\cap PN=Q\xrightarrow{\varphi^{-1}}A_1B_1\cap P_1N_1=Q_1$，要证

$$MQ:QN:PM:PQ=1:2:3:4$$

只需证

$$M_1Q_1:Q_1N_1:P_1M_1:P_1Q_1=1:2:3:4$$

因为

$$Q_1N_1^2=Q_1A_1\cdot Q_1B_1=Q_1M_1\cdot Q_1P_1$$

所以

$$Q_1N_1^2=Q_1M_1\cdot Q_1P_1$$

设 $M_1Q_1=a$，$Q_1N_1=x$，则

$$P_1M_1=M_1N_1=M_1Q_1+Q_1N_1=a+x$$

代入上面等式得

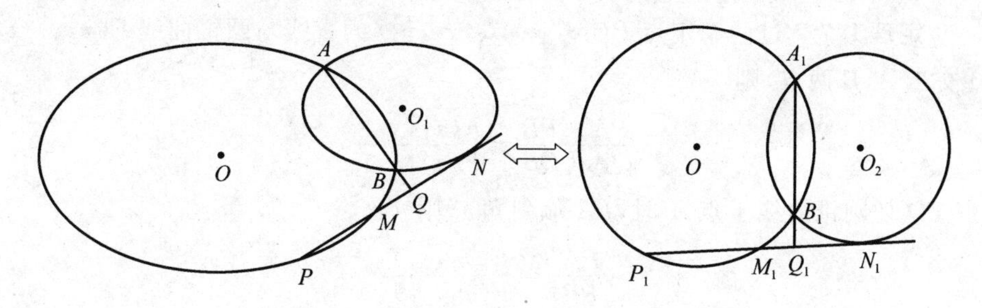

图 13

$$x^2 = a(2a + x)$$

即

$$x^2 - ax - 2a^2 = 0$$

解得 $x = 2a$,也就是

$$Q_1N_1 = 2a$$

于是

$$P_1M_1 = a + x = 3a$$

$$P_1Q_1 = P_1M_1 + M_1Q_1 = 4a$$

所以

$$M_1Q_1 : Q_1N_1 : P_1M_1 : P_1Q_1 = 1:2:3:4 \xrightarrow{\varphi}$$

$$MQ : QN : PM : PQ = 1:2:3:4 \text{(共线保比例性)}$$

圆内不少线段比例问题都与切割线定理有关,相应的椭圆线段比例问题也有切割线定理.广而言之,圆锥线切割线定理如下:

定理 1.6　过定点 $P(x_0, y_0)$ 的直线与圆锥曲线

$$F(x,y) = Ax^2 + Bxy + Cy^2 + Dx + Ey + F = 0$$

交于 A,B 两点,则

$$PA + PB = \frac{(2Ax_0 + By_0 + D)\cos\alpha + (Bx_0 + 2Cy_0 + E)\sin\alpha}{f(\alpha)}$$

$$PA \cdot PB = \frac{F(x_0, y_0)}{f(\alpha)}$$

$$f(\alpha) = A\cos^2\alpha + B\sin\alpha\cos\alpha + C\sin^2\alpha \quad (\alpha \text{ 为直线倾斜角})$$

当点 B 与点 A 重合为切线 PA 时

$$PA^2 = \frac{F(x_0, y_0)}{f(\alpha)}$$

定理 1.7 过两个定点 $P(x_1,y_1)$，$Q(x_2,y_2)$ 的直线与圆锥曲线 $F(x,y)=0$ 交于 A,B 两点，则

$$\frac{PA \cdot PB}{QA \cdot QB}=\frac{F(x_1,y_1)}{F(x_2,y_2)}$$

当 PQ 切圆锥曲线于点 A 时，PA 倾斜角 α，则

$$\frac{PA^2}{PB^2}=\frac{F(x_1,y_1)}{F(x_2,y_2)}$$

定理 1.8 （卡诺定理）前文例 10.

当 $\triangle ABC$ 三边与圆锥曲线相切时，若 BC,CA,AB 边上的切点分别为 A_1，B_1，C_1，则

$$\frac{AC_1^2 \cdot BA_1^2 \cdot CB_1^2}{BC_1^2 \cdot CA_1^2 \cdot AB_1^2}=1$$

定理 1.9 圆锥曲线上 A,B 两点的切线交于点 P，又过定点 Q 的两条弦 CD，EF 且 $CD \parallel PA$，$EF \parallel PB$，则

$$\frac{QC \cdot QD}{QE \cdot QF}=\frac{PA^2}{PB}$$

这里顺便介绍以上切割线定理的应用.圆的问题转化为椭圆问题后，如何独立证明？利用圆锥曲线的切割线定理不失为一种有效的思考方向.

应用一　处理圆锥曲线的中点问题

例 13 两长轴平行且相似的椭圆 O,O_1 相交于 A,B 两点，外公切线 CD，切点为 C,D，$AB \cap CD=M$，则 M 必是 CD 的中点(图 14).

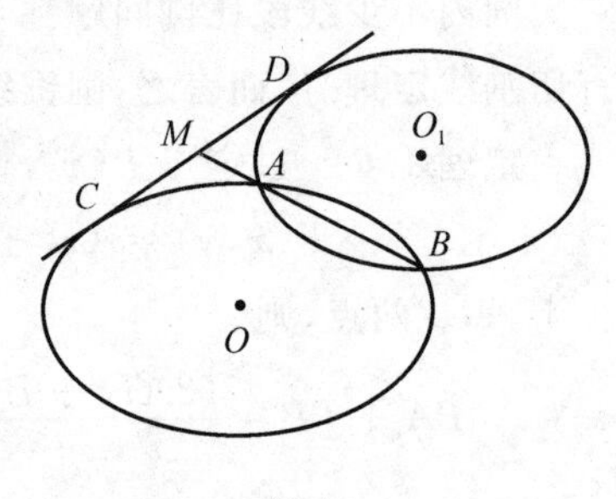

图 14

证明 设两椭圆方程分别为

$$\frac{x^2}{a^2}+\frac{y^2}{b^2}=1$$

和

$$\frac{(x-m)^2}{a^2}+\frac{(y-n)^2}{b^2}=\lambda^2$$

化为一般形式为

$$F_1(x,y)=b^2x^2+a^2y^2-a^2b^2=0$$

$$F_2(x,y)=b^2x^2+a^2y^2-2b^2mx-2a^2ny+$$

$$a^2n^2+b^2m^2-a^2b^2\lambda^2=0$$

设 AB,CD 的倾角分别为 α,β,$M(x_0,y_0)$,则

$$MA\cdot MB=\frac{F_1(x_0,y_0)}{f(\alpha)}$$

或

$$MA\cdot MB=\frac{F_2(x_0,y_0)}{f'(\alpha)}$$

其中

$$f(\alpha)=f'(\alpha)=b^2\cos^2\alpha+a^2\sin^2\alpha$$

由此得

$$F_1(x_0,y_0)=F_2(x_0,y_0)$$

又

$$MC^2=\frac{F_1(x_0,y_0)}{f(\beta)}$$

$$MD^2=\frac{F_2(x_0,y_0)}{f'(\beta)}$$

其中

$$f(\beta)=f'(\beta)=b^2\cos^2\beta+a^2\sin^2\beta$$

$$F_1(x_0,y_0)=F_2(x_0,y_0)$$

所以

$$MC^2=MD^2$$

即 $MC=MD$,M 为 CD 的中点.

例 14　椭圆 $b^2x^2+a^2y^2=a^2b^2(a>b>0)$ 的顶点 $A(-b,0)$. 过点 A 的弦 AB,求 AB 中点 M 的轨迹方程(图 15).

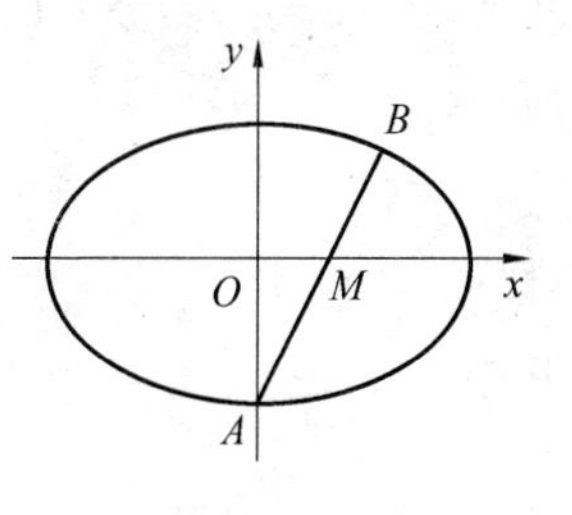

图 15

解　设 $M(x,y)$,M 是 AB 的中点,所以 $\overrightarrow{MA}+\overrightarrow{MB}=\mathbf{0}$. 由定理 1.6,得

$$2b^2x\cos\alpha+2a^2y\sin\alpha=0$$

则

$$\tan\alpha=-\frac{b^2x}{a^2y}$$

$\tan\alpha$ 表示弦 AB 的斜率，又 $\tan\alpha=\frac{y+b}{x}$ 代入上式得 $\frac{y+b}{x}=-\frac{b^2x}{a^2y}$ 化简为

$$b^2x^2+a^2(y^2+by)=0$$

易知点 M 的轨迹仍为椭圆

$$\frac{4x^2}{a^2}+\frac{4\left(y+\frac{b}{2}\right)^2}{b^2}=1$$

由 $\overrightarrow{MA}+\overrightarrow{MB}=\mathbf{0}$ 用定理 1.6，极易得到圆锥曲线弦的中点轨迹方程.

应用二　处理圆锥曲线中线段相等的问题

例 15　圆锥曲线上过两点 A,B 的切线交于点 P，作弦 AB 的平行线与 PA，曲线，PB 的交点依次为 C,D,E,F，求证：$CD=EF$.

证明　如图 16，取 $\triangle PCF$ 作为基三角形，由卡诺定理得

$$\frac{PA^2\cdot CD\cdot CE\cdot FB^2}{AC^2\cdot FD\cdot FE\cdot BP^2}=1$$

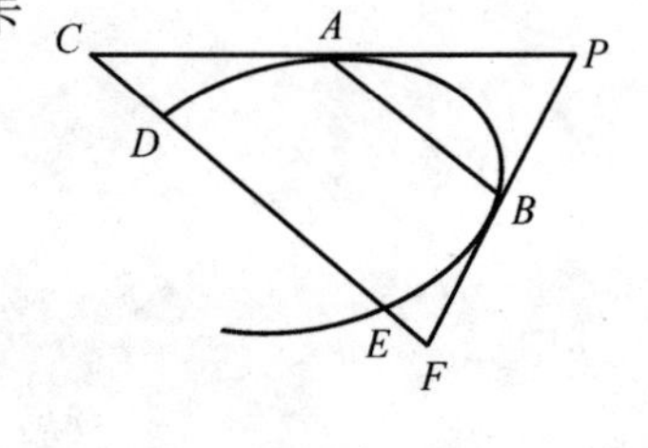

图 16

因为 $CF\parallel AB$，有

$$\frac{PA}{AC}=\frac{PB}{BF}$$

代入上式化简得

$$CD\cdot CE=FD\cdot FE$$

即

$$CD(CD+DE)=EF(EF+DE)$$

所以

$$CD^2-EF^2=DE(EF-CD)$$

$$(CD-EF)(CD+EF+DE)=0$$

其中

$$CD+EF+DE\neq 0$$

所以

$$CD-EF=0$$

即

$$CD=EF$$

例 16　(蝴蝶定理) 圆锥曲线的弦 AB 的中点 M，过点 M 作两条弦 CD，EF. CE，FD 与 AB 分别交于点 P_1，Q_1，CF，DE 与 AB 交于点 P，Q，则 $PM=QM$，$P_1M=Q_1M$.

证明　如图 17，设 $CF\cap DE=R$，取 $\triangle RPQ$ 为基三角形，由卡诺定理得

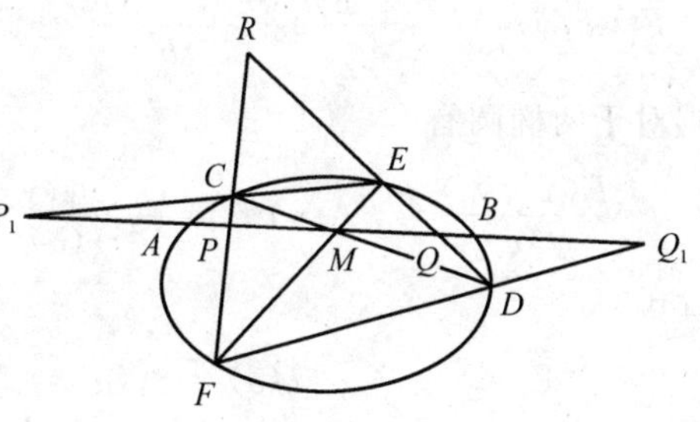

图 17

$$\frac{RC\cdot RF\cdot PA\cdot PB\cdot QD\cdot QE}{PC\cdot PF\cdot QA\cdot QB\cdot RD\cdot RE}=1$$

又 CD，EF 分别截 $\triangle RPQ$ 得

$$\frac{ER\cdot QM\cdot PF}{EQ\cdot MP\cdot FR}=1$$

$$\frac{PC\cdot RD\cdot QM}{CR\cdot DQ\cdot MP}=1$$

由以上三个等式得

$$QM^2\cdot PA\cdot PB=PM^2\cdot QA\cdot QB$$

即

$$QM^2(AM-PM)(PM+BM)$$
$$=PM^2(AM+QM)(BM-QM)$$

其中 $AM=BM$，化简上式得

$$PM=QM$$

同理可证

$$P_1M=Q_1M$$

应用三　处理圆锥曲线中有关比例线段

例 17　(1) 两长轴平行且相似的椭圆 O，O_1 相交于 A，B 两点，过 AB 上任一点 P 作直线与椭圆 O，O_1 的交点分别为 E，F，C，D，则

$$PE\cdot PF=PC\cdot PD$$

(2) 圆锥曲线 $F(x,y)=0$ 上 A，B 两点的切线交于点 P，过点 P 的任意直线 l 与曲线，AB 的交点依次为 C，D，E，则 P，C，D，E 为调和点列.

证明　(1) 如图 18，设 $P(x_0,y_0)$，AB，CD 两直线的倾角分别为 α，θ，且两椭圆的方程分别为

$$F(x,y)=\frac{x^2}{a^2}+\frac{y^2}{b^2}-1=0$$

和

$$F_1(x,y)=\frac{(x-m)^2}{a}+\frac{(y-n)^2}{b^2}-\lambda^2=0$$

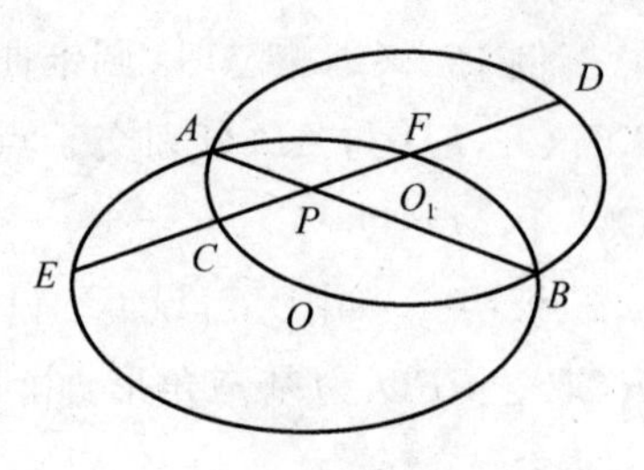

图 18

则对于两椭圆有

$$\frac{F(x_0,y_0)}{f(\alpha)}=PA\cdot PB=\frac{F_1(x_0,y_0)}{f_1(\alpha)}$$

其中

$$f(\alpha)=f_1(\alpha)=b^2\cos^2\alpha+a^2\sin^2\alpha$$

所以

$$F(x_0,y_0)=F_1(x_0,y_0)$$

又

$$PE\cdot PF=\frac{F(x_0,y_0)}{f(\theta)},PC\cdot PD=\frac{F_1(x_0,y_0)}{f_1(\theta)}$$

其中

$$f(\theta)=f_1(\theta)=b^2\cos^2\theta+a^2\sin^2\theta$$

且

$$F(x_0,y_0)=F_1(x_0,y_0)$$

由此得

$$PE\cdot PF=PC\cdot PD$$

(2) 如图 19，圆锥曲线的切点弦 AB 的方程为 $(P(x_0,y_0))$

$$Ax_0x+\frac{B}{2}(y_0x+x_0y)+Cy_0y+$$

$$\frac{D}{2}(x_0+x)+\frac{E}{2}(y_0+y)+F=0$$

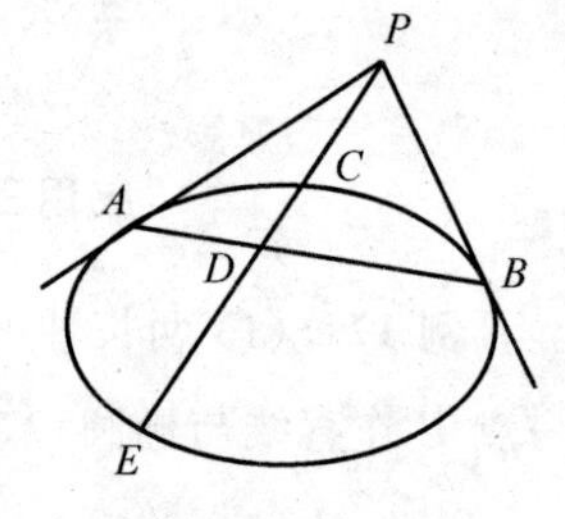

图 19

以 $P(x_0,y_0)$ 为极点，$PZ\ /\!/\ x$ 轴为极轴建立极坐标系，则 PE 的直线方程为

$$[(2Ax_0+\frac{1}{2}By_0-\frac{P}{2})\cos\theta+$$

$$(Bx_0+2Cy_0+E)\sin\theta]\rho+2F(x_0,y_0)=0$$

θ 为 PE 直线的倾角，由此得

$$PD=\rho=\frac{-2F(x_0,y_0)}{(2Ax_0+By_0+D)\cos\theta+(Bx_0+2Cy_0+E)\sin\theta}$$

要证 P,C,D,E 为调和点列，只需证明

$$PC:CD=PE:ED$$

$$PC:(PD-PC)=PE:(PE-PD)$$

化简为

$$2PC\cdot PE=PD\cdot(PC+PE)$$

其中

$$2PC\cdot PE=\frac{2F(x_0,y_0)}{f(\theta)}$$

$$PD\cdot(PC+PE)=\frac{(2Ax_0+By_0+D)\cos\theta-(Bx_0+2Cy_0+E)\sin\theta}{-f(\theta)}\cdot\frac{-2F(x_0,y_0)}{(2Ax_0+By_0+D)\cos\theta+(Bx_0+2Cy_0+E)\sin\theta}$$

$$=\frac{2F(x_0,y_0)}{f(\theta)}$$

所以 $2PC\cdot PE=PD(PC+PE)$，即 $PC(PE-PD)=PE(PD-PC)$，所以 $PC:CD=PE:ED$. 则 P,C,D,E 为调和点列.

例 18　圆锥曲线上 A,B 两点的切线交于点 P，过定点 Q 作两条弦 CD,EF，且使 $CD\parallel PA,EF\parallel PB$，则

$$\frac{QC\cdot QD}{QE\cdot QF}=\frac{PA^2}{PB^2}$$

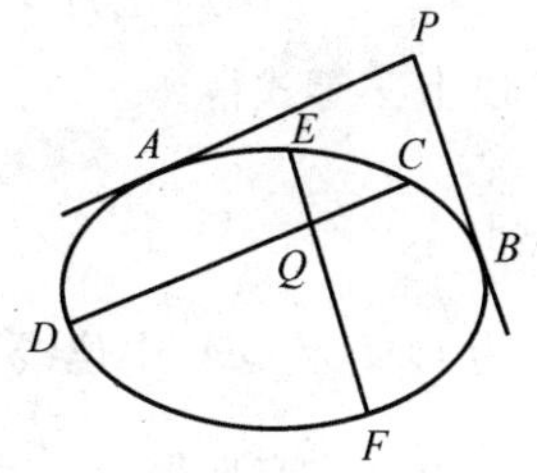

图 20

如图 20，这是圆的相交弦定理的推广，点 Q 也可在形外. 你想自己动手证明此比例式吗？借此检查一下学习效果，好，请你动手练习一下吧.

应用四　处理圆锥曲线中的平行线问题

利用线段成比例来证明直线平行，是一个实用的方法.

例 19　椭圆上 A,B 两点的切线交于点 P，直径 BC，弦 $AC\parallel PO$（O 为椭圆

中心). $PO\cap AB=M$,则 $OM=\frac{1}{2}AC$.

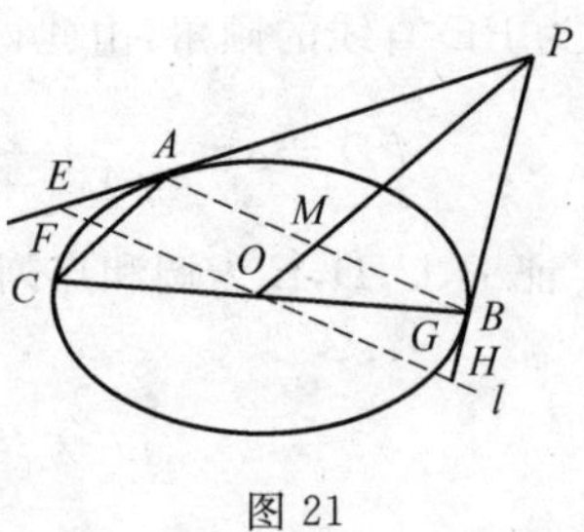

图 21

证明 如图21,过点O作直线l与AB平行且与PA,椭圆O依次交于点E,F,G,H,则取$\triangle AEH$为基三角形,由例14知,O是EH的中点,而$AB\parallel EH$,因$PO\cap AB=M$,则M是AB的中点,那么OM是$\triangle ABC$的中位线,所以$OM \underline{\underline{\parallel}} \frac{1}{2}AC$.

例 20 椭圆O的直径AB过弦CD的中点M,弦$AE\cap OC=F$,$BC\cap DE=G$,OC不平行于DE,求证:$FG\parallel AB$.

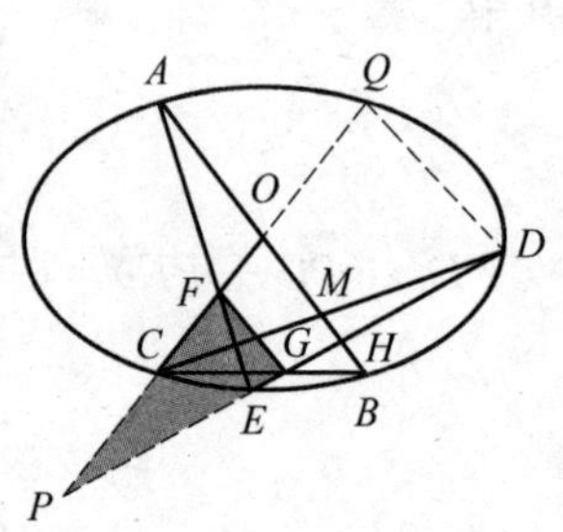

图 22

证明 如图22,设OC与椭圆O交于点Q,$DE\cap OC=P$,$AB\cap DE=H$,取$\triangle POH$为基三角形,由卡诺定理得

$$\frac{PC\cdot PQ\cdot OA\cdot OB\cdot HD\cdot HE}{OC\cdot OQ\cdot HA\cdot HB\cdot PD\cdot PE}=1$$

AE,BC分别截$\triangle POH$,由梅涅劳斯定理得

$$\frac{PE\cdot HA\cdot OF}{EH\cdot AO\cdot FP}=1 \text{ 和 } \frac{OB\cdot HG\cdot PC}{BH\cdot GP\cdot CO}=1$$

由以上三等式得

$$\frac{PF\cdot HG}{OF\cdot PG}=\frac{PQ\cdot HD}{OQ\cdot PD}$$

因为$OM\parallel QD$(中位线),即$OH\parallel QD$,所以$\frac{PH}{DH}=\frac{PO}{OQ}$.

由合比定理得

$$\frac{PD}{DH}=\frac{PQ}{OQ}$$

所以

$$\frac{PQ\cdot DH}{OQ\cdot PD}=1$$

则

$$\frac{PF\cdot HG}{OF\cdot PG}=1$$

即

$$PF : OF = PG : GH$$

这说明 $FG \parallel AB$.

上例根据一道第 21 届俄罗斯数学竞赛题推广而来.

例 21　过椭圆 O 上的两点 A,B 的切线交于点 P，过 P 的直线与椭圆交于 C,D 两点，CD 中点为 M，BM 与椭圆交于点 E，则 $AE \parallel PD$.

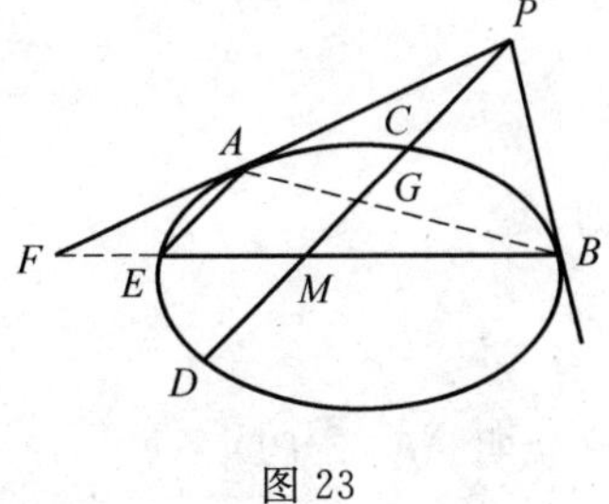

图 23

证明　如图 23，设

$$AB \cap PD = G, PA \cap BE = F$$

取 $\triangle PFM$ 为基三角形，由卡诺定理得

$$\frac{PA^2 \cdot FE \cdot FB \cdot MC \cdot MD}{AF^2 \cdot ME \cdot MB \cdot PC \cdot PD} = 1$$

直线 AB 截 $\triangle PFM$，由梅涅劳斯定理得

$$\frac{PA \cdot FB \cdot MG}{AF \cdot BM \cdot GP} = 1$$

由以上两等式约简得

$$\frac{PA \cdot FE}{AF \cdot ME} = \frac{MG \cdot PC \cdot PD}{GP \cdot MC \cdot MD}$$

因为 P,C,G,D 为调和点列(例 17)，故

$$PC : CG = PD : GD$$

即

$$PC \cdot GD = PD \cdot CG$$

则

$$(PM - MC)(MD + MG) = (PM + MC)(MC - MG)$$

化简得 $PM \cdot MG = MC^2$，两边同乘以 PM 得

$$PM^2 \cdot MG = MC^2 \cdot PM$$

两边同减去 $MC^2 \cdot MG$ 得

$$PM^2 \cdot MG - MC^2 \cdot MG = PM \cdot MC^2 - MC^2 \cdot MG$$

所以

$$MG(PM + MC)(PM - MC) = (PM - MG)CM^2$$

即

$$MG \cdot PC \cdot PD = PG \cdot MC^2 = PG \cdot MC \cdot MD$$

所以

$$\frac{MG \cdot PC \cdot PD}{GP \cdot MC \cdot MD} = 1$$

于是

$$\frac{PA \cdot FE}{AF \cdot ME} = 1$$

即

$$\frac{PA}{FA} = \frac{ME}{EF}$$

这说明 $AE \parallel PD$.

上述证明中,得到 $PM \cdot MG = MC^2$ 后,我们巧妙地应用了恒等变形

$$PM^2 \cdot MG - MC^2 \cdot MG = PM \cdot MC^2 - MC^2 \cdot MG$$

由此推出

$$PA : AF = ME : EF$$

而推得了 $AE \parallel PD$.

应用五　证明点共线

例 22 (来莫恩线)圆锥曲线的内接 $\triangle ABC$,每个顶点的切线与其对边或对边的延长线相交,则三交点共线.

证明　如图 24,以过 $\triangle ABC$ 三顶点的切线围成的 $\triangle A_1B_1C_1$ 作为基三角形,则

$$\frac{BA_1 \cdot CB_1 \cdot AC_1}{A_1C \cdot B_1A \cdot C_1B} = 1 \quad ①$$

又设点 C 处的切线与 AB 交于点 F,由 FB_1 截 $\triangle C_1AB$ 得

$$\frac{AF \cdot BA_1 \cdot C_1B_1}{FB \cdot A_1C_1 \cdot B_1A} = 1 \quad ②$$

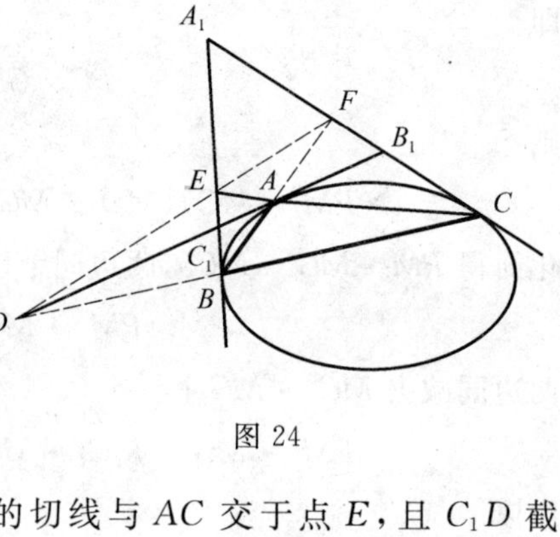

图 24

过点 A 的切线与 BC 交于点 D,过点 B 的切线与 AC 交于点 E,且 C_1D 截 $\triangle A_1BC$,A_1E 截 $\triangle B_1AC$ 则

$$\frac{CD \cdot BC_1 \cdot A_1B_1}{DB \cdot C_1A_1 \cdot B_1C}=1 \quad ③$$

$$\frac{AE \cdot CA_1 \cdot B_1C_1}{EC \cdot A_1B_1 \cdot C_1A}=1 \quad ④$$

②×③×④ 得

$$\frac{AF \cdot BD \cdot CE \cdot BA_1 \cdot C_1B_1 \cdot B_1C \cdot C_1A_1 \cdot C_1A \cdot A_1B_1}{FB \cdot DC \cdot EA \cdot A_1C_1 \cdot B_1A \cdot A_1B_1 \cdot BC_1 \cdot B_1C_1 \cdot CA_1}=1$$

比较式 ① 得

$$\frac{AF \cdot BD \cdot CE}{FB \cdot DC \cdot EA}=1$$

所以,D,E,F 三点共线.

例 23　(巴斯加定理)椭圆的内接六边形 $ABCDEF$,若 $AB \cap DE=P$,$BC \cap EF=Q$,$CD \cap FA=R$,则 P,Q,R 三点共线.

证明　如图 25,设 $EF \cap AB=G$,$CD \cap AB=H$,$CD \cap EF=S$,取 $\triangle SGH$ 为基三角形,由卡诺定理得

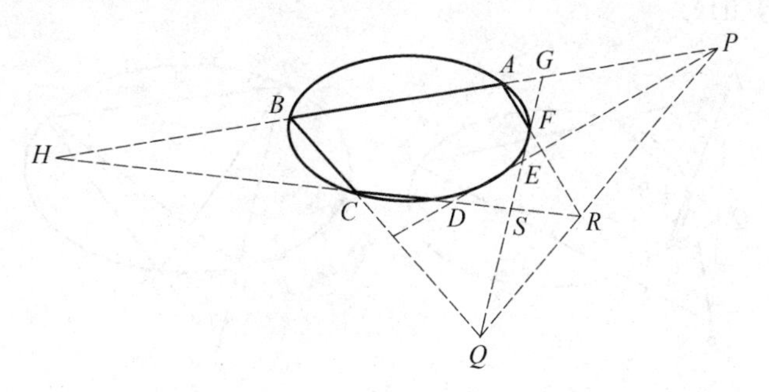

图 25

$$\frac{SE \cdot SF \cdot GA \cdot GB \cdot HC \cdot HD}{GE \cdot GF \cdot HA \cdot HB \cdot SC \cdot SD}=1$$

由 DP,AR,BQ 分别截 $\triangle SGH$,得

$$\frac{HD \cdot SE \cdot GP}{DS \cdot EG \cdot PH}=1$$

$$\frac{GA \cdot HR \cdot SF}{AH \cdot RS \cdot FG}=1$$

$$\frac{SQ \cdot GB \cdot HC}{QG \cdot BH \cdot CS}=1$$

后三个等式相乘得

$$\frac{GP \cdot HR \cdot SQ \cdot HD \cdot SE \cdot GA \cdot SF \cdot HC \cdot GB}{PH \cdot RS \cdot QG \cdot SD \cdot GE \cdot HA \cdot GF \cdot HB \cdot SC}=1$$

与前一个等式相比较得

$$\frac{GP \cdot HR \cdot SQ}{PH \cdot RS \cdot QG}=1$$

由此推得 P,Q,R 三点共线.

巴斯加定理的证明方法有好多种,应用卡诺定理来证明则别有一番风味.

注　椭圆内接六边形,若有两点重合则对于内接五边形来说,亦有结论.椭圆内接五边形 $A(B)CDEF$ 中,点 B 重合处的切线与 DE 交于点 P,$BC \cap EF=Q$,$CD \cap AF=R$,则 P,Q,R 三点共线(图 26(a)).

六边形变为四边形 $AB(C)DE(F)$ 或 $A(B)C(D)EF$,结论仍成立(图 26(b)).

当六边形变为三角形 $A(B)C(D)E(F)$,三组边退化为三点,此时结论仍成立(图 26(c),(d)).

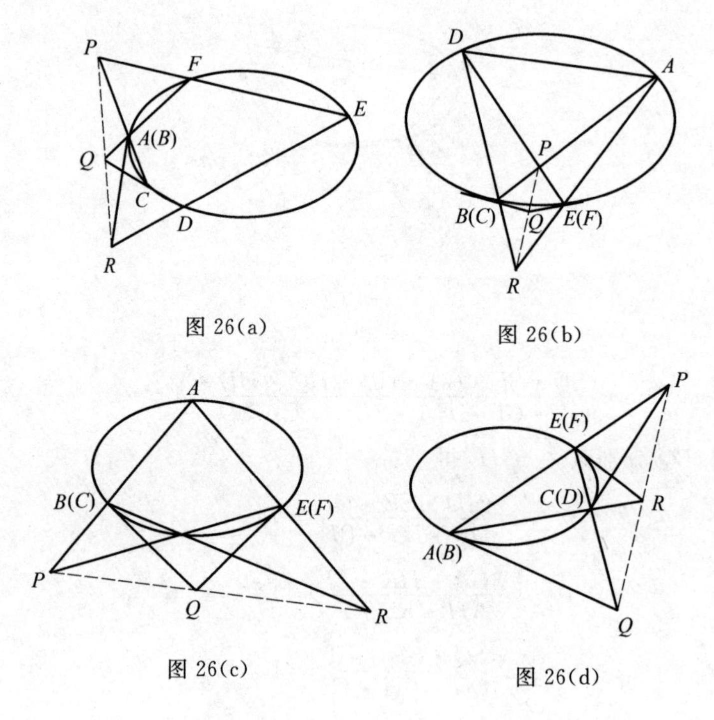

图 26(a)　图 26(b)

图 26(c)　图 26(d)

应用六　证明直线共点

例 24　$\triangle ABC$ 的三边 BC,CA,AB 与圆锥曲线分别交于点 D_1,D_2,E_1,E_2,F_1,F_2，若 AD_2,BE_1,CF_1 三线共点，则 AD_1,BE_2,CF_2 也共点.

证明　如图 27，设 AD_2,BE_1,CF_1 交于点 P，由西瓦定理得

$$\frac{BD_2 \cdot CE_1 \cdot AF_1}{D_2C \cdot E_1A \cdot F_1B}=1$$

（$\triangle ABC$ 为基三角形）由卡诺定理得

$$\frac{BD_1 \cdot BD_2 \cdot CE_1 \cdot CE_2 \cdot AF_1 \cdot AF_2}{CD_1 \cdot CD_2 \cdot AE_1 \cdot AE_2 \cdot BF_1 \cdot BF_2}=1$$

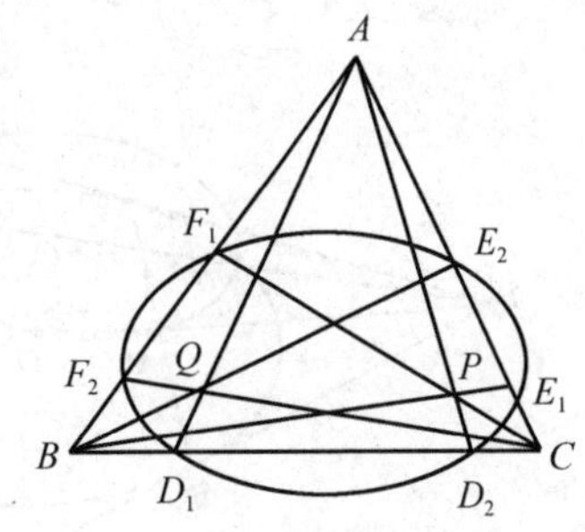

图 27

比较两个等式得

$$\frac{BD_1 \cdot CE_2 \cdot AF_2}{D_1C \cdot E_2A \cdot F_2B}=1$$

所以 AD_1,BE_2,CF_2 三线共点于点 Q.

以上介绍了圆锥曲线切割线定理在六个方面的应用. 值得注意的是，应用卡诺定理时，关键要有一个合适的三角形作为基三角形，同时随着应用梅涅劳斯定理及西瓦定理等，以比例线段为媒介去解决多种问题，诚然此方法平面几何的味道浓，必然存在它的局限性. 很多问题单靠平面几何法还不行，需用解析法去论证. 反正数学方法是通用的，取长补短，发挥其优势互补作用能简化解题便是好方法.

与椭圆有关的共椭圆点问题

众所周知，不共线的三点必可在同一圆上，若四点共圆，则经 φ 的变换后，这四点必在同一椭圆上.

例 25　椭圆 O 上两点 A,B 的切线交于 P，过点 P 的割线 PCD，$PO\cap AB=M$，则 O,M,C,D 四点必在同一椭圆上，且椭圆长轴与椭圆 O 长轴平行同时两椭圆相似.

证明　椭圆 O 过 A,B 两点的切线交于 $P\xrightarrow{\varphi^{-1}}$ 圆 O 过 A_1,B_1 两点的切线交于 P_1，椭圆的割线 $PCD\xrightarrow{\varphi^{-1}}$ 圆的割线 $P_1C_1D_1$. $PO\cap AB=M\xrightarrow{\varphi^{-1}}P_1O\cap A_1B_1=M_1$. 要证明 O,C,M,D 共椭圆，只需证 O,C_1,M_1,D_1 四点共圆即可.

如图 28，圆 O 中，联结 OA_1，$P_1O \perp A_1M_1$，$OA_1 \perp P_1A_1$，故有 $P_1A_1^2 = P_1O \cdot P_1M_1$. 由切割线定理知 $P_1A_1^2 = P_1C_1 \cdot P_1D_1$，所以 $P_1O \cdot P_1M_1 = P_1C_1 \cdot P_1D_1$，由此知 O,M_1,C_1,D_1 四点共圆$\xrightarrow{\varphi}$$O,M,C,D$ 四点共椭圆，此椭圆与椭圆 O 长轴平行且相似.

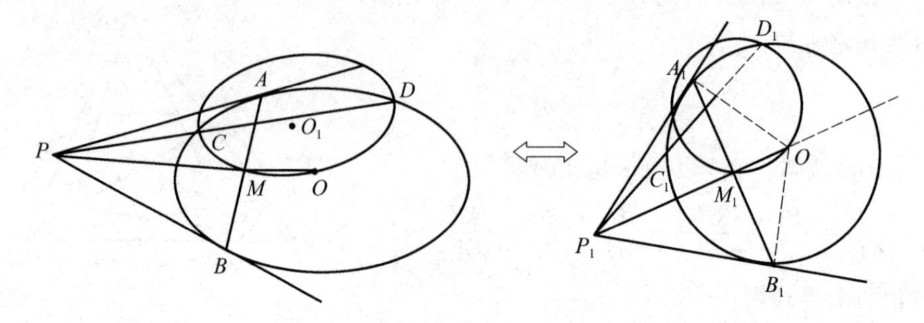

图 28

例 26　两长轴互相平行且相似的椭圆 O,O_1 相交于点 R,Q，在 RQ 延长线上任取一点 P，过 P 分别作两椭圆的割线 PAB 和 PCD，AB 在椭圆 O 上，C,D 在椭圆 O_1 上，则 A,B,C,D 四点必在同一椭圆上，其长轴与椭圆 O 长轴平行且相似.

证明　如图 29，两椭圆 O,O_1 交于点 $R,Q$$\xrightarrow{\varphi^{-1}}$圆 O,O_2 交于点 R_1,Q_1，$P \in RQ \xrightarrow{\varphi^{-1}} P_1 \in R_1Q_1$，椭圆 O 的割线 $PAB$$\xrightarrow{\varphi^{-1}}$圆 O 的割线 $P_1A_1B_1$，椭圆 O_1 的割线 $PCD$$\xrightarrow{\varphi^{-1}}$圆 O_2 的割线 $P_1C_1D_1$，要证明 A,B,C,D 四点共椭圆只需证明 A_1,B_1,C_1,D_1 四点共圆.

图 29 中，$P_1A_1 \cdot P_1B_1 = P_1Q_1 \cdot P_1R_1 = P_1C_1 \cdot P_1D_1$，故 A_1,B_1,C_1,D_1 四点共圆$\xrightarrow{\varphi}$$A,B,C,D$ 四点共椭圆，其长轴与椭圆 O 长轴平行且相似.

平面几何中，判定四点共圆有好多判定方法，或用圆的定义，或用四边形对角互补，或用相交弦定理、切割线定理的逆定理，自然要问，怎样判定四点共椭圆？（下列结论证明略）

设过定点 $P(x_0,y_0)$ 作椭圆 $F(x,y)=b^2x^2+a^2y^2-a^2b^2$ 的两条割线 PAB，PCD，根据切割线定理，若 PA，PB 倾角为 α,β，则

$$\frac{F(x_0,y_0)}{f(\alpha)}=\frac{F(x_0,y_0)}{f(\beta)}$$

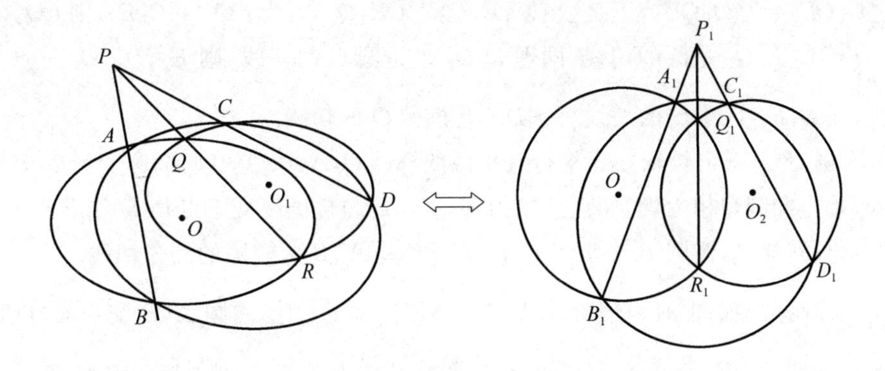

图 29

则 $f(\alpha)=f(\beta)$ 时，A,B,C,D 四点共椭圆. 即两直线倾角互补且与椭圆有四个交点，则这四点共椭圆. 另外，椭圆上四点的离心角之和等于 π 的偶数倍时，四点共椭圆.

椭圆的切线问题

例 27　椭圆 O 的内接 $\triangle ABC$，B，C 两点处的切线交于点 P，过点 O 分别作 PB，AC 的平行线，分别与 PB，PC 交于点 D，E，则 DE 必是椭圆的切线.

证明　如图 30，椭圆 O 的内接 $\triangle ABC \xrightarrow{\varphi^{-1}}$ 圆 O 的内接 $\triangle A_1B_1C_1$，过 B，C 两点椭圆的切线 $\xrightarrow{\varphi^{-1}}$ 过 B_1，C_1 两点圆的切线，$P \xrightarrow{\varphi^{-1}} P_1$，$AB \parallel OD$，$AC \parallel OE \xrightarrow{\varphi^{-1}} A_1B_1 \parallel OD_1$，$A_1C_1 \parallel O_1E_1$，要证 DE 是椭圆的切线只需证明 D_1E_1 是圆 O 的切线.

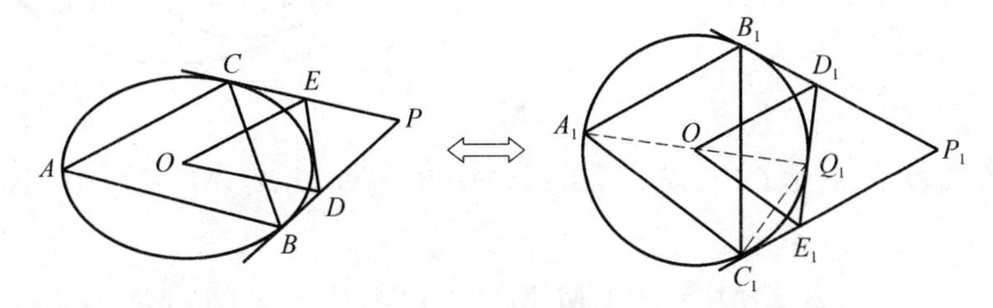

图 30

在圆 O 中，作直径 A_1Q_1，联结 Q_1C_1，E_1Q_1，则 $A_1C_1 \perp C_1Q_1$，而 $OE_1 \parallel A_1C_1$，所以 $C_1Q_1 \perp OE_1$，又 $OC_1=OQ_1$，故 OE_1 是 C_1Q_1 的中垂线，易知

$\angle C_1OE_1=\angle Q_1OE_1$，于是$\triangle OC_1E_1\cong\triangle OE_1Q_1$，因为$OC_1\perp C_1E_1$，则$OQ_1\perp E_1D_1$，即$E_1Q_1$是圆的切线，同理$D_1Q_1$也是圆$O$的切线，则$E_1,D_1,Q_1$三点共线，即$D_1E_1$是圆$O$的切线$\xrightarrow{\varphi}DE$是椭圆$O$的切线.

例28　三个长轴互相平行且相似的椭圆O,A,B. A,B两椭圆交于C,D两点，且与椭圆O相内切，切点分别为M,N，CD与椭圆O交于点P，联结PM,PN分别与椭圆A，椭圆B交于点E,F，则EF是A,B两椭圆的外公切线.

证明　如图31，椭圆$O,A,B\xrightarrow{\varphi^{-1}}$圆$O,A_1,B_1$. 椭圆$A,B$交于$C,D$两点$\xrightarrow{\varphi^{-1}}$圆$A_1,B_1$交于$C_1,D_1$两点. 椭圆$A,B$与椭圆$O$分别内切于点$M,N\xrightarrow{\varphi^{-1}}$圆$A_1,B_1$与圆$O$分别内切于点$M_1,N_1$，$CD$与椭圆$O$交于点$P\xrightarrow{\varphi^{-1}}C_1D_1$与圆$O$交于点$P_1$. PM,PN分别与椭圆A,B交于E,F两点$\xrightarrow{\varphi^{-1}}P_1M_1,P_1N_1$分别与圆$A_1,B_1$交于$E_1,F_1$两点，要证$EF$是椭圆$A,B$的外公切线，只需证明$E_1F_1$是圆$A_1,B_1$的外公切线.

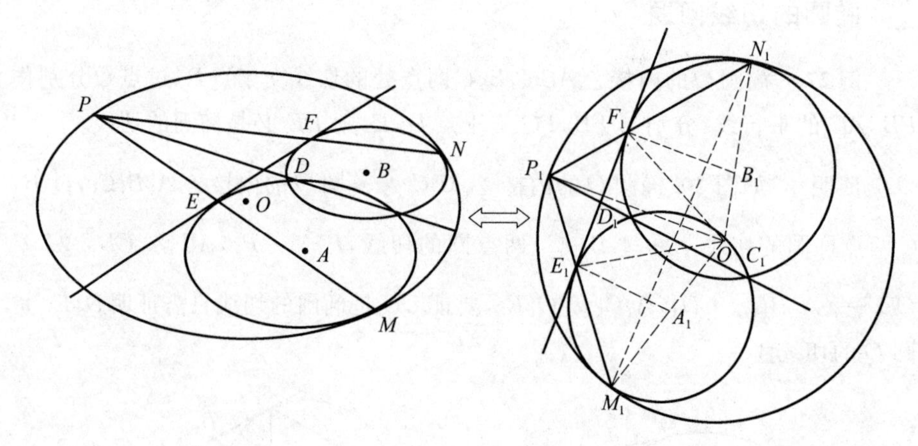

图31

在圆O中，联结$OP_1,A_1E_1,B_1F_1,M_1N_1$，易知$O,A_1,M_1$及$O,B_1,N_1$分别共线. 由

$$\angle A_1E_1M_1=\angle A_1M_1E_1=\angle OM_1P_1=\angle OP_1M_1$$

则

$$A_1E_1 /\!/ OP_1$$

又由

$$\angle B_1F_1M_1=\angle B_1N_1P_1=\angle ON_1P_1=\angle OP_1N_1$$

所以

$$B_1F_1 /\!/ OP_1$$

所以

$$A_1E_1 /\!/ OP_1 /\!/ BF_1$$

因为

$$P_1M_1\cdot P_1E_1=P_1C_1\cdot P_1D_1=P_1N_1\cdot P_1F_1$$

所以 M_1,N_1,F_1,E_1 四点共圆，则

$$\angle P_1E_1F_1=\angle P_1N_1M_1$$

而

$$\angle P_1N_1M_1=\frac{1}{2}\angle P_1OM_1=90^\circ-\angle OP_1M_1$$

于是 $\angle P_1E_1F_1=90^\circ-\angle OP_1M_1$，由此推得

$$\angle P_1E_1F_1+\angle OP_1M_1=90^\circ$$

即 $OP_1\perp E_1F_1$，则 $A_1E_1\perp E_1F_1$，$B_1F_1\perp E_1F_1$，由此知 E_1F_1 是圆 A_1，圆 B_1 的外公切线 $\xrightarrow{\varphi}$ EF 是椭圆 A，椭圆 B 的外公切线.

与椭圆有关的共线点问题

例 29　四长轴互相平行且相似的椭圆 O,D,E,F 共点于 S，两椭圆 O 与 D 的另一交点是 A，两椭圆 O 与 E 的另一交点是 B，两椭圆 O 与 F 的另一个交点是 C，而 SA，SB，SC 分别是椭圆 D,E,F 的直径，两椭圆 D,E 交于 P，两椭圆 E，F 交于 R，两椭圆 D,E 交于 Q，则 P,Q,R 三点共线.

证明　如图 32，四椭圆 O,D,E,F 共点于 $S\xrightarrow{\varphi^{-1}}$ 四圆 O,D_1,E_1,F_1 共点于 S_1，椭圆 D,E,F 与椭圆 O 另一交点分别为 $A,B,C\xrightarrow{\varphi^{-1}}$ 圆 D_1,E_1,F_1 与圆 O 另一交点分别为 A_1,B_1,C_1，SA,SB,SC 分别是椭圆 D,E,F 的直径 $\xrightarrow{\varphi^{-1}}$ S_1A_1，S_1B_1，S_1C_1 分别是圆 D_1,E_1,F_1 的直径，椭圆 D 与 E，E 与 F，F 与 D 的另一交点分别是 $P,Q,R\xrightarrow{\varphi^{-1}}$ 圆 D_1 与 E_1，E_1 与 F_1，F_1 与 D_1 的另一个交点分别是 P_1，Q_1,R_1，要证明 P,Q,R 三点共线，只需证 P_1,Q_1,R_1 三点共线.

在圆中，S_1A_1，S_1B_1 为直径，$\angle S_1P_1A_1=\angle S_1P_1B_1=90^\circ$，即 $S_1P_1\perp A_1B_1$，

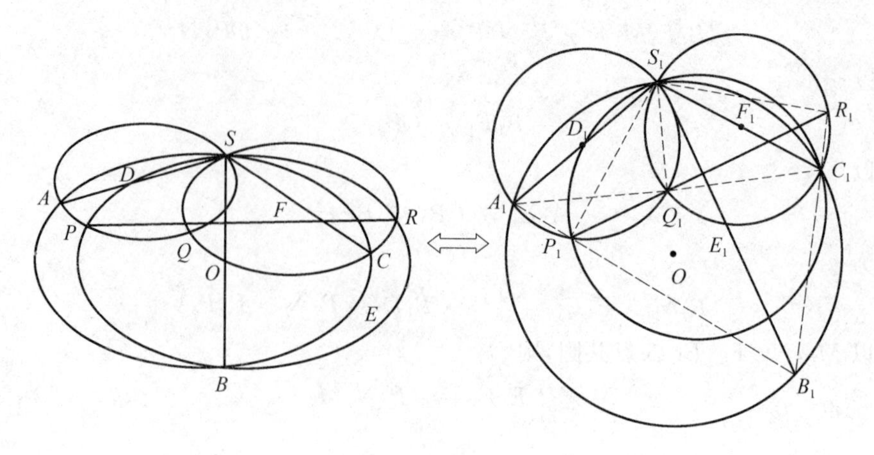

图 32

P_1 为垂足，同理 $S_1Q_1 \perp A_1C_1$ 于 Q_1，$S_1R_1 \perp B_1C_1$ 于 R_1，则 P_1，Q_1，R_1 是 $\triangle A_1B_1C_1$ 外接圆 O 上一点 S_1 在三边上的射影，故 $P_1Q_1R_1$ 为西姆松线$\xrightarrow{\varphi}P$，Q，R 三点共线.

例 30 椭圆 O 和定点 $M(x_0,y_0)$，过 M 的直线 l 与椭圆相交于 A_1，B_1，过 A_1，B_1 的切线交于点 P_1，当 A_1，B_1 在椭圆上移动时，则所有的切线交点共线. 此直线称为椭圆的极线，点 M 称为极点.

证明 1 如图 33，设弦 AB 的中点为 M，过 A，B 的切线交于点 P，另过点 M 的弦 A_1B_1，过 A_1，B_1 的切线交于 P_1，只需证明 $PP_1 /\!/ AB$ 即可$\xrightarrow{\varphi^{-1}}$圆 O 上过 A_2，B_2，A_3，B_3 的切线交于 P_2，P_3，且 A_2B_2，A_3B_3 均过定点 M_1($M\xrightarrow{\varphi^{-1}}M_1$)，$M_1$ 是 A_2B_2 的中点，现在证 $P_2P_3 /\!/ A_2B_2$.

圆 O 中，$OP_3 \cap A_3B_3=N$，设 $OM_1=a$，$ON=b$，半经为 R，则 $OP_2=\dfrac{1}{a}R^2$，$OP_3=\dfrac{1}{b}R^2$. $\triangle OM_1N$ 和 $\triangle OP_2P_3$ 中，$\angle M_1ON=\angle P_2OP_3$，$OP_2:OP_3=ON:OM$，所以 $\triangle OM_1N \backsim \triangle OP_2P_3$，故 $\angle OP_2P_3=\angle ONM_1=90°$，即 $P_2P_3 \perp OP_2$，而 $A_2B_2 \perp OP_2$，则 $P_2P_3 /\!/ A_2B_2 \xrightarrow{\varphi} PP_1 /\!/ AB$，当 A_1，B_1 在椭圆上移动时，P_1 随着移动，得 P_2，P_3，…，这些点与点 P 的连线均与 AB 平行，故过点 M 与椭圆的弦两端的切线交点共线.

本题也可直接用解析法证明，而不用伸缩变换.

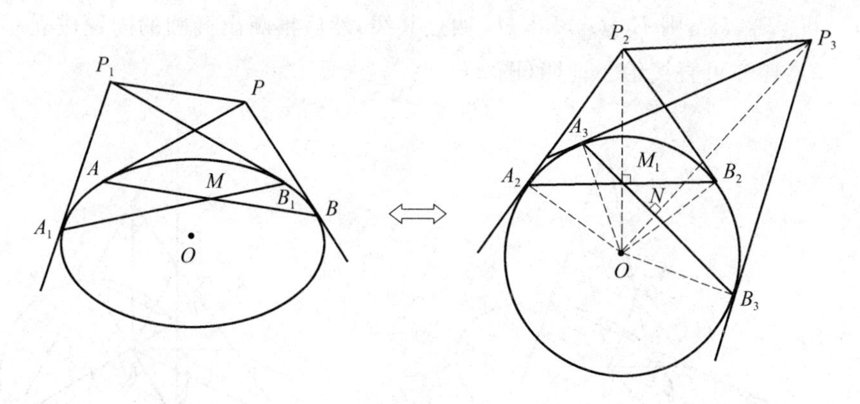

图 33

证明 2 椭圆中,设 $P(x_1,y_1)$,$P_1(x_2,y_2)$,则切点弦 AB,A_1B_1 的方程分别为

$$b^2x_1x+a^2y_1y=a^2b^2$$

$$b^2x_2x+a^2y_2y=a^2b^2$$

点 $M\in AB$,$M\in CD$,将 M 的坐标代入上两式得

$$b^2x_1x_0+a^2y_1y_0=a^2b^2$$

$$b^2x_2x_0+a^2y_2y_0=a^2b^2$$

这两个方程表明$(x_1,y_1)(x_2,y_2)$同是方程

$$b^2x_0x+a^2y_0y=a^2b^2$$

的解,即直线 PP_1 的方程为 $b^2x_0x+a^2y_0y=a^2b^2$,其斜率 $k=-\dfrac{b^2x_0}{a^2y_0}$ 正好与直线 AB 斜率相等,故 $AB /\!/ PP_1$(因 $k_{OM}=\dfrac{y_0}{x}$,而 $k_{OM}\cdot k_{AB}=-\dfrac{b^2}{a^2}$,所以 $k_{AB}=-\dfrac{b^2x_0}{a^2y_0}$).

这是典型的解析法证题,这里巧妙地应用了圆 $x^2+y^2=k^2$ 的切点弦方程 $x_0x+y_0y=R^2$.

例 31 椭圆内接四边形 $ABCD$ 的对角线 $AC\cap BD=M$,过点 M 作各边平行线分别与各对边交于 E,G,F,H,则 E,F,G,H 四点共线.

证明 用伸缩变换应先证明圆的相应问题:圆 O 的内接四边形 $A_1B_1C_1D_1$ 中,对角线交于点 M_1,过点 M_1 分别作各边的平行线与各自的对边分别交于点

E_1,G_1,F_1,H_1,则 E_1,G_1,F_1,H_1 四点共线,然后推断出椭圆的问题成立.

本题亦可直接给予证明(图 34).

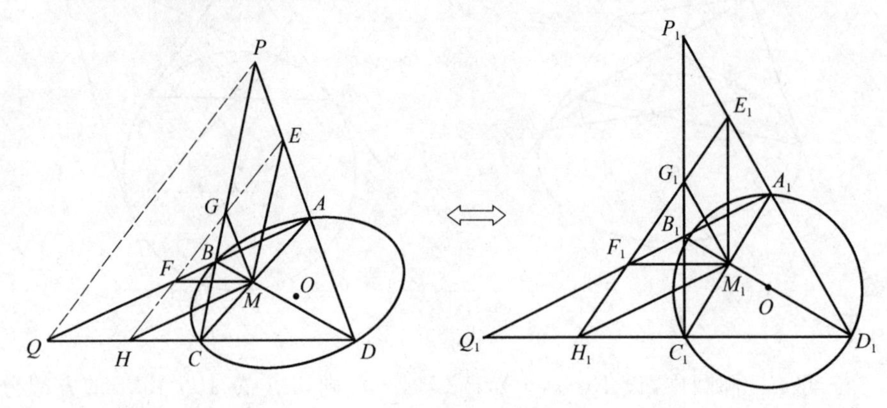

图 34

椭圆中,$FM \parallel QD$,$ME \parallel PC$,则有

$$\frac{AM}{AC}=\frac{AF}{AQ}=\frac{FM}{QC}=\frac{QH}{QC}$$

$$\frac{AM}{AC}=\frac{AE}{AP}=\frac{EM}{PC}=\frac{PG}{QC}$$

(注意:四边形 $FMHQ$ 和四边形 $MEPG$ 均为平行四边形,故有 $FM=QH$, $ME=PG$)

由上两式得

$$\frac{AE}{AQ}=\frac{AE}{AP} \quad 故\ EF \parallel PQ$$

$$\frac{QH}{QC}=\frac{EM}{PC} \quad 故\ EH \parallel PQ$$

$$\frac{QH}{QC}=\frac{PG}{PC} \quad 故\ GH \parallel PQ$$

因 EF,EH,GH 均与 PQ 平行,故 E,F,G,H 四点共线.

这是综合法论证,浓浓的平面几何味,看来打倒欧几里得实在不容易,因为它仍有生命力.学生严密逻辑思维能力的培养还得靠平面几何.合情推理,严密证明如飞机之双翼.合情推理是严密论证的助产士,严密论证是合情推理的保护神.

椭圆中共点线问题

由于伸缩变换具有保结合性、直线共点经变换后仍然共点是将椭圆中的共点问题翻译成圆中的共点问题加以证明，便推知原问题成立.

例 32　（牛顿点）椭圆 O 的外切四边形 $ABCD$，边 AB，BC，CD，DA 上的切点依次为 E，F，G，H，则 AC，BD，EG，FH 四线共点.

证明 1　如图 35，椭圆 O 的外切四边形 $ABCD$ 四边上的切点分别为 E，F，G，$H\xrightarrow{\varphi^{-1}}$圆 O 的外切四边形 $A_1B_1C_1D_1$ 各边上的切点依次为 E_1，F_1，G_1，H_1. 要证明 AC，BD，EG，FH 共点，只需证明 A_1C_1，B_1D_1，E_1G_1，F_1H_1 四线共点(牛顿点).

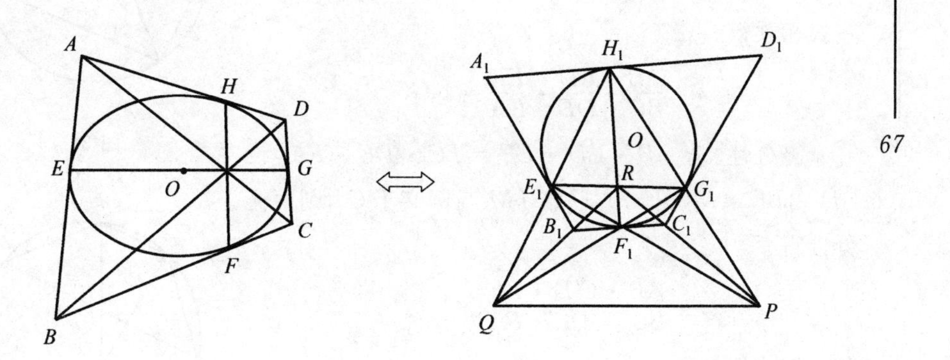

图 35

在圆 O 中，设 $E_1F_1\cap G_1H_1=P$，$E_1H_1\cap F_1G_1=Q$，$E_1G_1\cap F_1H_1=R$，则 $\triangle PQR$ 为四边形 $E_1F_1G_1H_1$ 关于圆 O 的自配极三角形，即点 P，Q，R 分别是它们的对边 QR，RP，PQ 关于圆 O 的极，反之 QR，RP，PQ 分别是点 P，Q，R 的极线.

由圆 O 外切六边形 $AEBCGD$，根据布利安桑定理(圆外切六边形三组对应顶点连线共点，特殊情形，圆外切四边形的两个顶点和任意两个顶点形成一个外切六边形，则三组对应顶点连线共点)，AC，BD，FG 三线共点于 R.

同理，圆外切六边形 $ABFCDH$，则有 AC，BD，FH 三线共点于 R.

综上可知，AC，BD，EG，FH 四线共点于 R.

注　还可证 EF，GH，AC 三线共点.

事实上,A,C两点分别是EH,FG关于圆O的极点,故直线AC为点Q关于圆O的极线,RP和AC两直线合而为一,即EF,GH,AC三线共点.

上述证明中用到了"配极三角形","极线"等概念,可能很多人较生疏,故可改用下面的证明方法,更初等些.

证明2 先证下列引理:圆O的内接六边形$ABCDEF$,其对角线AD,BE,CF共点的充要条件是$AB\cdot CD\cdot EF=BC\cdot DE\cdot FA$.

必要性.如图36,设AD,BE,CF共点于M,易知$\triangle AMB\backsim\triangle EMD$,$\triangle CMD\backsim\triangle AMF$,$\triangle EMF\backsim\triangle CMB$,则

$$\frac{AB}{ED}=\frac{BM}{DM},\frac{CD}{AF}=\frac{DM}{FM},\frac{EF}{CB}=\frac{FM}{BM}$$

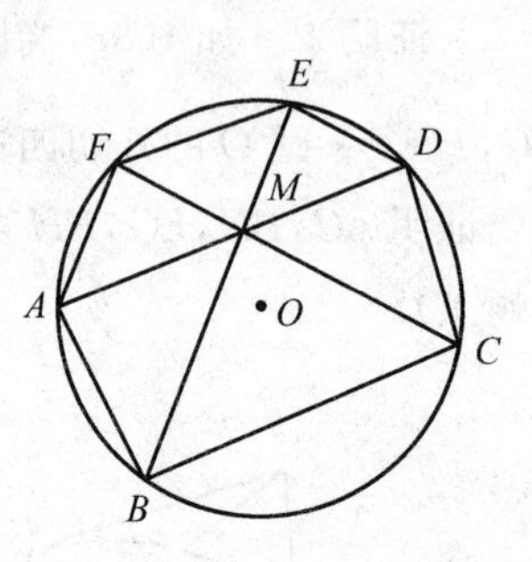

图 36

三式相乘得

$$\frac{AB}{BC}\cdot\frac{CD}{DE}\cdot\frac{EF}{FA}=1$$

充分性.若$AB\cdot CD\cdot EF=BC\cdot DE\cdot FA$,设$AD\cap BE=M$(图37),联结$FM$与圆交于$C'$,则由充分性得

$$\frac{AB\cdot C'D\cdot EF}{BC'\cdot DE\cdot FA}=1$$

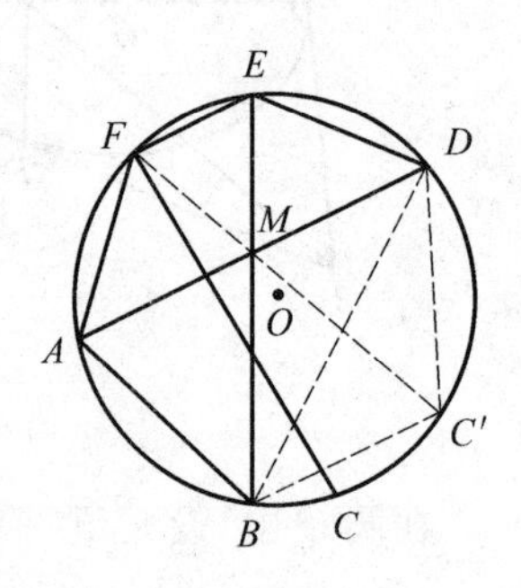

图 37

与已知式比较得

$$CD\cdot BC'=BC\cdot C'D$$

联结BD,CC',在圆内接四边形$BCC'D$中根据托勒米定理得

$$BC\cdot C'D+BD\cdot CC'=CD\cdot BC'$$

由上述两等式得

$$BD\cdot CC'=0$$

因为$BD>0$,所以$CC'=0$,所以C,C'两点重合,于是AD,BE,CF三线共点.

根据上述引理,可证原命题(图35).

设B_1D_1与圆交于S,Q,则$\triangle B_1SE_1\backsim\triangle B_1E_1Q$,$\triangle B_1SF_1\backsim\triangle B_1F_1Q$,于是

$$\frac{E_1S}{E_1Q}=\frac{B_1E_1}{B_1Q},\frac{SF_1}{F_1Q}=\frac{B_1F_1}{B_1Q}$$

易知 $B_1E_1=B_1F_1$，所以$\frac{E_1S}{E_1Q}=\frac{SF_1}{F_1Q}$，即$\frac{E_1S}{SF_1}=\frac{E_1Q}{F_1Q}$，同理$\frac{QH_1}{G_1Q}=\frac{H_1S}{G_1S}$.

由这两等式得

$$\frac{QH_1\cdot E_1S}{SF_1\cdot G_1Q}=\frac{H_1S\cdot E_1Q}{G_1S\cdot F_1Q}$$

在圆内接四边形 H_1E_1SQ 和圆内接四边形 G_1F_1SQ 中由托勒米定理得

$$H_1S\cdot E_1Q=QH_1\cdot E_1S+H_1E_1\cdot SQ$$

$$G_1S\cdot F_1Q=SF_1\cdot G_1Q$$

$$G_1S\cdot F_1Q_1=SF_1\cdot G_1Q+F_1Q\cdot S_1Q$$

所以

$$\frac{QH_1\cdot E_1S}{SF_1\cdot G_1Q}=\frac{QH_1\cdot E_1S+H_1E_1\cdot SQ}{SF_1\cdot G_1Q+F_1Q\cdot SQ}$$

由此得

$$QH_1\cdot E_1S\cdot F_1G=H_1E_1\cdot SF_1\cdot G_1Q$$

即

$$\frac{QH_1\cdot E_1S\cdot F_1G_1}{H_1E_1\cdot SF_1\cdot G_1Q}=1$$

由引理知 B_1D_1，E_1G_1，H_1F_1 三线共点，因为 G_1E_1，F_1H_1 有唯一交点，所以 A_1C_1，B_1D_1，E_1G_1，F_1H_1 四线共点.

第二个证明方法中用到了托勒米定理：圆内接四边形两组对边乘积之和等于对角线之积.

除三线共点外，还有圆共点，这里也举一例.

例 33　E，F 分别为凸四边形 $ABCD$ 的边 AD 和 BC 上的点，且

$$AE:ED=BF:FC$$

射线 FE 与 BA，CD 分别交于点 S，T，则 $\triangle SAE$，$\triangle SBF$，$\triangle TCF$ 和 $\triangle TDE$ 的外接椭圆有一个公共点，这四个椭圆长轴平行且相似.

证明　如图 38，凸四边形 $ABCD$ 边 AD，BC 上的点 E，$F\xrightarrow{\varphi^{-1}}$凸四边形 $A_1B_1C_1D_1$ 中 A_1D_1，B_1C_1 上的点 E_1，F_1，且

$$AE:ED=BF:FC\xrightarrow{\varphi^{-1}}A_1E_1:E_1D_1=B_1F_1:F_1C_1$$

$\triangle SAE$，$\triangle SBF$，$\triangle TCF$，$\triangle TDE$ 的外接椭圆$\xrightarrow{\varphi^{-1}}\triangle S_1A_1E_1$，$\triangle S_1B_1F_1$，$\triangle T_1C_1F_1$，

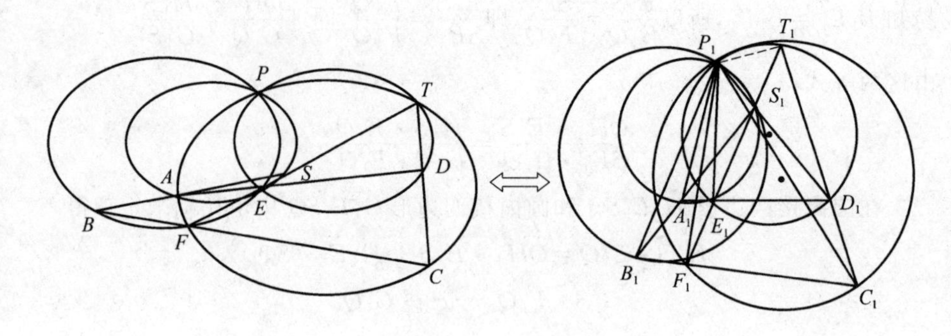

图 38

$\triangle T_1D_1E_1$ 的外接圆,$EF\cap AB=S$,$EF\cap CD=T\xrightarrow{\varphi^{-1}}E_1F_1\cap A_1B_1=S_1$,$E_1F_1\cap C_1D_1=T_1$,要证四椭圆(长轴互相平行且相似)共点于 P,只需证明四个圆共点于 P_1 即可.

在圆中,设 $\triangle T_1C_1F_1$ 和 $\triangle T_1D_1E_1$ 的外接圆交于另一点 P_1(异于点 T_1).

因为 P_1,E_1,D_1,T_1 四点共圆,故

$$\angle P_1D_1E_1=\angle P_1T_1E_1,\angle P_1E_1D_1=180^\circ-\angle P_1T_1D_1$$

又 P_1,F_1,C_1,T_1 四点共圆,故

$$\angle P_1C_1F_1=\angle P_1T_1E_1,\angle P_1F_1C_1=180^\circ-\angle P_1T_1C_1$$

所以

$$\angle P_1D_1E_1=\angle P_1C_1F_1,\angle P_1E_1D_1=\angle P_1F_1C_1$$

从而 $\triangle P_1D_1E_1\backsim\triangle P_1C_1F_1$,应有 $P_1E_1:P_1F_1=E_1D_1:F_1C_1$,又由条件

$$A_1E_1:B_1F_1=E_1D_1:F_1C_1$$

可知 $P_1E_1:P_1F_1=A_1E_1:B_1F_1$.

在 $\triangle A_1P_1E_1$ 和 $\triangle B_1P_1F_1$ 中 $\angle A_1E_1F_1=180^\circ-\angle P_1E_1D_1=180^\circ-\angle P_1F_1C_1=\angle B_1F_1P_1$.因为 $P_1E_1:P_1F_1=A_1E_1:B_1F_1$,由此推出

$$\triangle A_1P_1E_1\backsim\triangle B_1P_1F_1$$

则有 $\angle B_1P_1F_1=\angle A_1P_1E_1$,$P_1E_1:P_1F_1=P_1A_1:P_1B_1$,据此导出 $\angle B_1P_1A_1=\angle F_1P_1E_1$,则 $\triangle P_1B_1A_1\backsim\triangle P_1F_1E_1$,所以 $\angle P_1B_1A_1=\angle P_1F_1E_1$,即 $\angle P_1B_1S_1=\angle P_1F_1S_1$,可知 P_1,B_1,F_1,S_1 四点共圆.

类似,由 $\triangle P_1B_1A_1\backsim\triangle P_1F_1E_1$ 得 $\angle P_1A_1B_1=\angle P_1E_1F_1$,故 $\angle P_1A_1S_1=180^\circ-\angle P_1A_1B_1=180^\circ-\angle P_1E_1F_1=\angle P_1E_1S_1$,所以 P_1,A_1,E_1,S_1 四点共

圆. 故 $\triangle S_1A_1E_1$, $\triangle S_1B_1F_1$, $\triangle T_1C_1F_1$ 和 $\triangle T_1D_1E_1$ 的外接圆共点于点 $P_1 \xrightarrow{\varphi}$ $\triangle SAE$, $\triangle SBF$, $\triangle TCF$ 和 $\triangle TDE$ 的外接椭圆(长轴互相平行且相似)共点于点 P.

有关椭圆的三线共点问题,还有一些基本结论如下:

定理 1.10　长轴互相平行且相似的三个椭圆两两相交,则三条公共弦共点.

定理 1.11　长轴互相平行且相似的三个椭圆两两外切,则三内公切线共点.

关于椭圆的定值问题

所谓几何中的定值问题,是指几何图形在运动过程中,其中有些几何元素的数量不变或某些几何元素之间的性质不变或某些几何元素的位置关系保持不变. 总之,几何图形的运动过程中的不变因素统称为定值.

几何中的定值问题可作大致分类:

(1) 图形运动过程中,线段长度、角度、面积保持不变,这类定值问题可称为定量定值问题;

(2) 图形运动过程中,某些元素的几何性质不变,如平行,保垂直或共轭等,这类性质称为定性定值问题;

(3) 图形运动过程中,某些几何元素的位置关系不变,此类问题称为定位定值问题.

例 34　椭圆 O 的直径 CD 过弦 AB 的中点 N, OB 上一点 M, DM 与椭圆交于点 E, $AE \cap OC = G$, $BC \cap AE = F$, 则 $S_{\triangle CFG}$ 与 $S_{\triangle OGM}$ 的比值为定值.

本例只需证明 $GM \parallel CD$. 请参考例 20,这里不再重复. $S_{\triangle CFG} : S_{\triangle OGM} = CG : ON$, 不管点 M 在 OB 的何处, $GM \parallel CD$ 恒成立,上述的比例关系不变,故这是个定性定值问题,但其中 $CG : ON$ 的比值是变动的.

例 35　两同心椭圆 O 长轴互相平行且相似,内椭圆的一点 A,过点 A 作弦 PA,过点 P 作外椭圆的弦 PBC,则 $\triangle ABC$ 的重心为定点.

证明　如图 39,两同心椭圆 $O \xrightarrow{\varphi^{-1}}$ 两同心圆 O,内外椭圆的弦 PA, $PBC \xrightarrow{\varphi^{-1}}$ 内外圆的弦 P_1A_1, $P_1B_1C_1$, $\triangle ABC$ 的重心 $G \xrightarrow{\varphi^{-1}}$ $\triangle A_1B_1C_1$ 的重心

G_1，又 $BC \perp AP \xrightarrow{\varphi^{-1}} B_1C_1$ 与 A_1P_1 为共轭直线，要证明点 G 为定点，只需证明点 G_1 是定点.

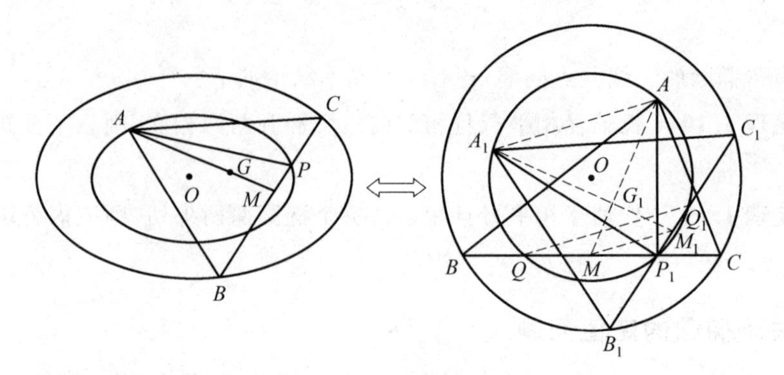

图 39

在圆中，为了方便起见，我们按图中字母.

设过内圆上一点 P 作弦 PA，PA_1，$BC \perp AP$，$B_1C_1 \perp P_1A_1$，BC 与内圆交点为 P，Q，B_1C_1 与内圆交点 P，Q_1，过点 O 分别作 $OM \perp PQ$ 于点 M，$OM_1 \perp PQ_1$ 于点 M_1，则 M，M_1 分别是 PQ，PQ_1 的中点，所以 $MM_1 \parallel QQ_1$，MM_1 是 $\triangle PQQ_1$ 的中位线，故 $MM_1 = \dfrac{1}{2}QQ_1$. 设 $AM \cap A_1M_1 = G$，四边形 AA_1QQ_1 为矩形(因 AQ 和 A_1Q_1 为内圆直径). 所以 $QQ_1 \mathrel{\underline{\parallel}} AA_1$，则 $MM_1 \parallel AA_1$，所以 $\triangle AGA_1 \backsim \triangle MGM_1$，所以 $AG : GM = A_1G : GM_1 = MM_1 : AA_1 = 1 : 2$，又 AM，A_1M_1 分别是 $\triangle ABC$ 和 $\triangle A_1B_1C_1$ 的中线，故 G 是这两个三角形的公共重心，当 A 在内圆上移动时，G 是个定点，再由伸缩变换推知，椭圆中 $\triangle ABC$ 的重心 G 为定点.

本例中 $\triangle ABC$ 的重心为定点，位置不变，故此例为定位定值问题.

例 36 椭圆 O 外两定点 A，B，过点 B 作椭圆 O 的割线 BPQ，联结 AP，AQ 与椭圆 O 分别交于点 S，R，则与 $\triangle ARS$ 外接其长轴与椭圆 O 长轴互相平行且相似的椭圆必过定点.

证明 如图 40，椭圆 $O \cap$ 椭圆 $ARS = R, S \xrightarrow{\varphi^{-1}}$ 圆 $O \cap$ 圆 $A_1R_1S_1 = R_1$，S_1，线段 AP，$AQ \xrightarrow{\varphi^{-1}}$ 线段 A_1P_1，A_1Q_1，A，$B \xrightarrow{\varphi^{-1}} A_1$，$B_1$ 这样原椭圆问题就转化为圆的相应的问题：圆 O 外两点 A_1，B_1，割线 $B_1P_1Q_1$，联结 A_1P_1，A_1Q_1 分别与圆 O 交于点 S_1，R_1，则 $\triangle A_1R_1S_1$ 外接圆必过定点，那么只需对圆的问题作出

证明即可.

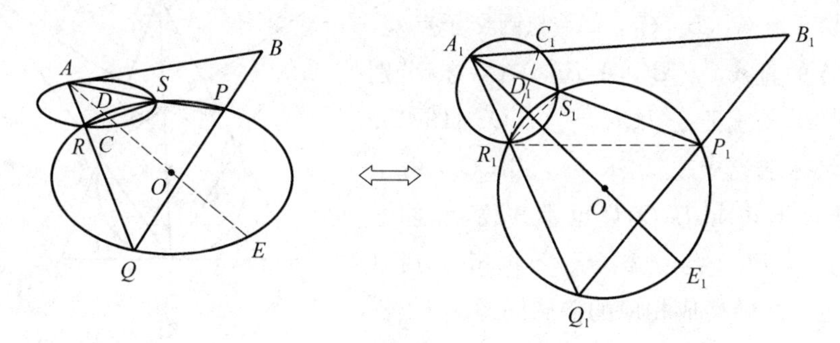

图 40

联结 A_1B_1 交 $\triangle A_1R_1S_1$ 外接圆于点 C_1，联结 A_1O 交圆 O 于 D_1，E_1 两点，因为 $\angle P_1Q_1R_1=\angle R_1S_1A_1=\angle R_1C_1A_1$，所以 P_1，C_1，R_1，B_1 四点共圆，所以 $A_1C_1\cdot A_1B_1=A_1R_1\cdot A_1Q_1=A_1D_1\cdot A_1E_1$，又其中 A_1B_1，A_1D_1，A_1E_1 为定值，所以，A_1C_1 为定值，故 C_1 为定点，所以 $\triangle A_1R_1S_1$ 外接圆经过定点 $C_1(A_1)$，再由伸缩变换，逆变换成原椭圆问题，而推得椭圆 ARS 必过其与 AB 的交点 C，此 C 为定点.

在椭圆与圆的转化过程中，必须遵循伸缩变换的性质，凡不符合伸缩变换性质的圆的问题不能转化为相应的椭圆问题，下面举几个例子说明.

例 37　圆 O 内接 $\triangle ABC$ 中，$\angle B$ 的平分线与 AC 交于点 D，与圆交于点 E，$\angle C$ 的平分线与 AB 交于点 F，与圆交于点 G，若 $DE=FG$，则 $\triangle ABC$ 为等腰三角形.

这是莱默尤斯－斯坦纳定理的推广，题设条件 $DE=FG$ 经伸缩变换后，就不能保证 $DE=FG$ 仍成立，又 $\angle B$，$\angle C$ 的平分线经伸缩变换，也不再是 $\angle B$，$\angle C$ 的平分线，所以该问题经伸缩变换后得不到相应的椭圆，话又说回来，如果使 $\triangle ABC$ 处于一个特殊的位置，仍可得到如下的命题.

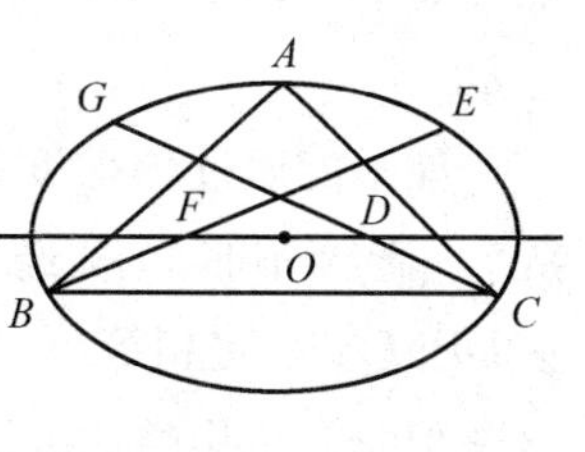

图 41

椭圆 O 的内接 $\triangle ABC$，BC 与长轴平行，$\angle B$ 的平分线与 AC 交于点 D，与椭圆交于点 E，$\angle C$ 的平分线与 AB 交于点 F，与椭圆交于点 G，若 $DE=FG$，则 $\triangle ABC$ 为等腰三角形(图 41).

再看一个例子.

例 38 $\triangle ABC$ 的内切圆与 BC,CA,AB 分别切于点 A_1,B_1,C_1，AA_1 与圆交于点 Q，过点 A 的直线 $l \parallel BC$，A_1B_1，A_1C_1 与 l 分别交于点 R,P，求证：$\angle PQR = \angle B_1QC_1$（图 42）.

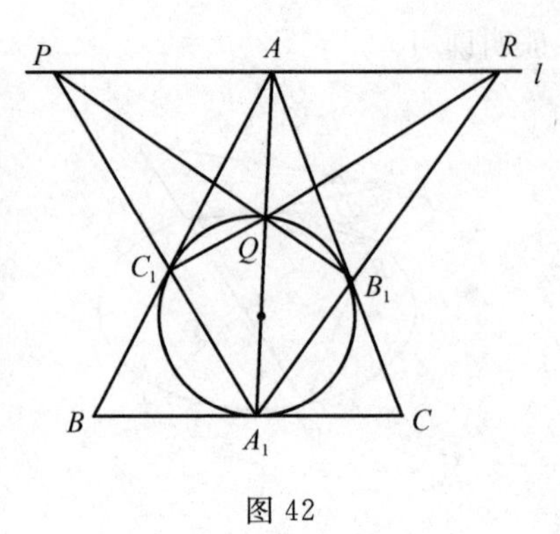

图 42

此题结论中 $\angle PQR = \angle B_1QC_1$，由于 C_1,Q,R 不共线，B,Q,P 也不共线，经伸缩变换后，$\angle PQR$ 与 $\angle B_1QC_1$ 不再相等，所以此题也不能转换成相应的椭圆问题.

反之，凡不符合伸缩变换性质的椭圆问题，也不能转化为相应的圆的问题. 例如椭圆中与离心率有关的问题，一般都不能转化为相应的圆的问题，因圆与离心率无关. 又椭圆有关准线的问题，大多不能转化为相应的圆的问题，当然也有例外.

例如椭圆焦点弦两端点处的切线交点必在相应的准线上，圆有相应的命题，过定点的圆的弦两端的切线交点必在定直线上. 但两者间不是通过伸缩变换实现互相转化的，实际上是通过类比才得到的.

总而言之，椭圆化圆或圆化椭圆应在伸缩变换性质的框架内实现互相转化，跳出这个框架就不行啦！

诚然，我们不能排斥用其他方法去看待圆与椭圆的联系，不妨再看一例.

例 39 如图 43，圆 O 的切线 PA,PB，A,B 为切点，$PO \cap AB = M$，弦 CD 过点 M，则 $\angle CPM = \angle DPM$.

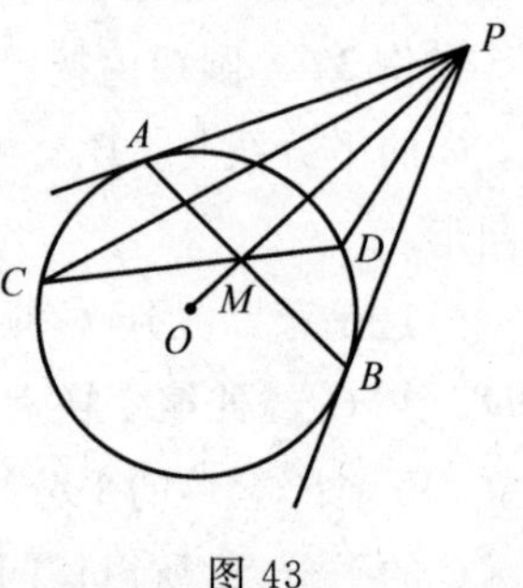

图 43

能不能通过伸缩变换转换成相应的椭圆的问题呢？ 显然不能，因经过伸缩变换后，$\angle CPM$ 与 $\angle DPM$ 不一定相等.

但我们可用类比方法来处理，先保证$\angle APD = \angle BPO$，于是我们取一个特殊位置，可得到如下命题.

如图 44，椭圆 $b^2x^2 + a^2y^2 = a^2b^2 (a > b > 0)$，过 y 轴上一点 P 作椭圆的两条切线 PA,PB，A,B 为切点，AB 与 y 轴交于点 M，椭圆的弦 CD 过点 M，则 $\angle CPM = \angle DPM$.

一般说来,伸缩变换后相等的两个角不再相等,但是这两个角如果关于y轴对称,那么,伸缩变换后这两个角仍保持相等关系. 上例的转化正利用了这一点,而前面例 37 中圆的问题的转化,纯是类比方法在起作用.

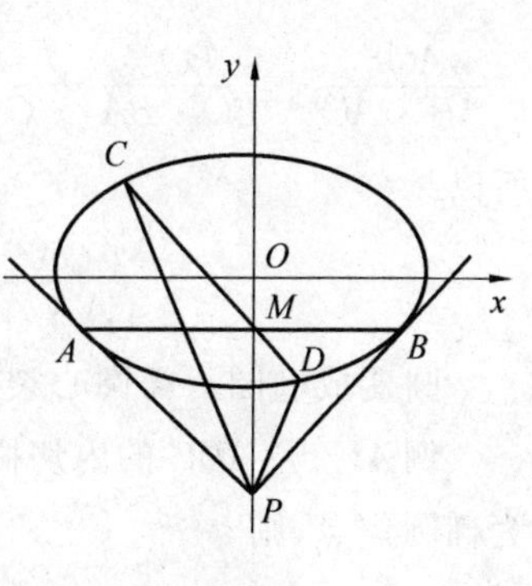

图 44

说到类比,应着重考察圆与椭圆之间的特殊与一般的关系,圆是椭圆的特殊情形,椭圆 $b^2x^2+a^2y^2=a^2b^2$ 中当 $a=b$ 时,便退化为圆. 反之,当圆心裂变成两个焦点时,圆就变成椭圆. 圆半径就变成了两条焦半径,半径为定值,两焦半径之和亦为定值,从两者之间的转化过程也可将部分圆的问题翻译成椭圆问题.

例 40　设 O 是 $\triangle ABC$ 的内切圆圆心,则有

$$\frac{OA^2}{CA\cdot AB}+\frac{OB^2}{AB\cdot BC}+\frac{OC^2}{CA\cdot BC}=1$$

证明　如图45,设 BC,CA,AB 边上的切点为 $D,E,F,\angle A=\theta$,则

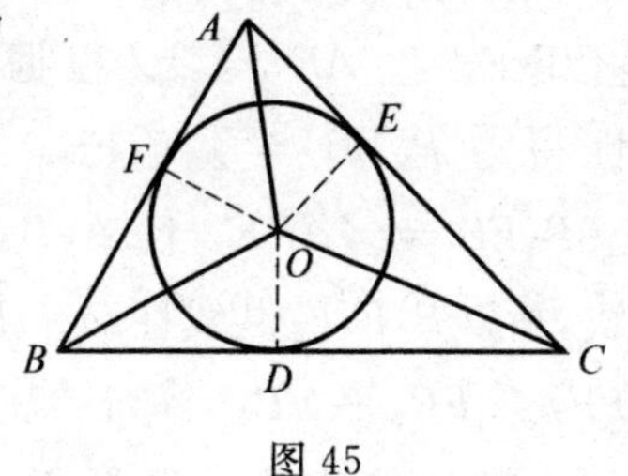

图 45

$$AE=OA\cos\frac{\theta}{2}=AF$$

$$\frac{S_{\text{四边形}AEOF}}{S_{\triangle ABC}}=\frac{\left(\frac{1}{2}AO\cdot AE+\frac{1}{2}AO\cdot AF\right)\sin\frac{\theta}{2}}{\frac{1}{2}AB\cdot AC\sin\theta}$$

$$=\frac{\frac{1}{2}(AO^2+AD^2)\cos\frac{\theta}{2}\sin\frac{\theta}{2}}{\frac{1}{2}AB\cdot AC\sin\theta}$$

$$=\frac{AO^2\cdot 2\sin\frac{\theta}{2}\cos\frac{\theta}{2}}{AB\cdot AC\sin\theta}=\frac{AO^2}{AB\cdot AC}$$

同理

$$\frac{BO^2}{BA\cdot BC}=\frac{S_{\text{四边形}BDOF}}{S_{\triangle ABC}},\frac{CO^2}{CA\cdot CB}=\frac{S_{\text{四边形}CDOE}}{S_{\triangle ABC}}$$

三式相加得

$$\frac{AO^2}{AB \cdot AC}+\frac{BO^2}{BC \cdot BA}+\frac{CO^2}{CA \cdot CB}=\frac{S_{四边形AEOF}+S_{四边形BDOF}+S_{四边形CDOE}}{S_{\triangle ABC}}=1$$

所以

$$\frac{OA^2}{CA \cdot AB}+\frac{OB^2}{AB \cdot BC}+\frac{OC^2}{CA \cdot BC}=1$$

圆变成椭圆只需圆心裂变成两点 F_1,F_2 这样类比可得椭圆的命题.

例 41 $\triangle ABC$ 的内切椭圆 O 与边 BC,CA,AB 分别切于点 D,E,F. F_1,F_2 为椭圆焦点,则

$$\frac{AF_1 \cdot AF_2}{BA \cdot AC}+\frac{BF_1 \cdot BF_2}{AB \cdot BC}+\frac{CF_1 \cdot CF_2}{BC \cdot CA}=1$$

为证例 41,先证引理.

引理 椭圆焦点 F_1,F_2,切线 AE,AF,E,F 为切点,F_1 关于 AF 的对称点为 P_3,则 P_3,F,F_2 三点共线,且 $|P_3F_2|=2a$.

证明 如图 46,联结 P_3F,FF_2,由椭圆光学性质知 $\angle BFF_1=\angle AF_1F_2$,又根据对称性得 $\angle P_3FB=\angle F_1FB$,所以 $\angle P_3FB=\angle AFF_2$ 且 A,B,F 共线,所以 P,F,F_2 共线且 $2a=FF_1+FF_2=FP_3+FP_2=P_3F_2$.

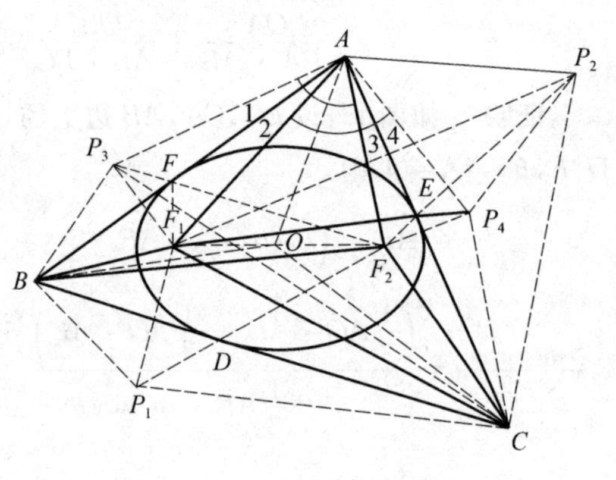

图 46

例 41 的证明 设 F_2 关于 AC 的对称点为 P_4,F_1 关于 BC,CA,AB 的对称点分别为 P_1,P_2,P_3,则 $F_2P_1=F_2P_2=F_2P_3=F_1P_4=2a$,且 $AP_3=AF_1$,$AP_4=AF_2$,所以 $\triangle AP_3F_2\cong\triangle AF_1P_4$,所以 $\angle P_3AF_2=\angle P_4AF_1$,所以 $\angle P_3AF_1=\angle P_4AF_2$,则

$$\angle 1=\angle 2=\angle 3=\angle 4$$

又 $\angle P_2AF_2=\angle P_3AF_2$,由此推得 $\angle P_2AF_4=\angle F_1AF_2$,所以 $\angle BAC=\angle P_3AF_2=\angle P_2AF_2$,于是

$$S_{\triangle AP_2F_2}=S_{\triangle AP_3F_2}=\frac{1}{2}AF_2 \cdot AP_2\sin\angle P_2AF_2$$

$$=\frac{1}{2}AF_2 \cdot AF_1\sin\angle P_2AF_2$$

$$=\frac{1}{2}AF_2\cdot AF_1\sin\angle BAC$$

所以

$$\frac{S_{\triangle AP_3F_2}}{S_{\triangle ABC}}=\frac{S_{\triangle AP_2F_2}}{S_{\triangle ABC}}=\frac{\frac{1}{2}AF_1\cdot AF_2\sin\angle BAC}{\frac{1}{2}AB\cdot AC\sin\angle BAC}=\frac{AF_1\cdot AF_2}{AB\cdot AC}$$

即得

$$\frac{S_{\text{四边形}AP_2F_2P_3}}{2S_{\triangle ABC}}=\frac{AF_1\cdot AF_2}{AB\cdot AC}\qquad①$$

同理

$$\frac{S_{\text{四边形}BP_3F_2P_1}}{2S_{\triangle ABC}}=\frac{BF_1\cdot BF_2}{AB\cdot BC}\qquad②$$

$$\frac{S_{\text{四边形}CP_1F_2P_2}}{2S_{\triangle ABC}}=\frac{CF_1\cdot CF_2}{BC\cdot CA}\qquad③$$

①＋②＋③，得

$$\frac{AF_1\cdot AF_2}{BA\cdot AC}+\frac{BF_1\cdot BF_2}{AB\cdot BC}+\frac{CF_1\cdot CF_2}{BC\cdot CA}=1$$

上例中内切椭圆改为旁切椭圆同样有下列结论.

例 42　$\triangle ABC$ 的 BC 边上的旁切椭圆与 BC，CA，AB 的切点为 D，E，F，椭圆焦点为 F_1，F_2，则

$$\frac{AF_1\cdot AF_2}{CA\cdot AB}-\frac{BF_1\cdot BF_2}{AB\cdot BC}-\frac{CF_1\cdot CF_2}{BC\cdot CA}=1$$

证明　如图 47，F_1 关于 BC，CA，AB 的对称点分别为 P_1，P_2，P_3. 由例 41 的证明知 $\angle BAC=\angle F_2AP_2=\angle F_2AP_3$.

于是

$$\frac{S_{\text{四边形}F_2P_2AP_3}}{2S_{\triangle ABC}}=\frac{2S_{\triangle F_2AP_2}}{2S_{\triangle ABC}}=\frac{AF_1\cdot AF_2}{AB\cdot AC}$$

另外，因 $\triangle F_2BP_1\cong\triangle F_2BP_3$，所以，$\angle P_1BA+\angle ABC+\angle F_2BC=\angle F_1BF_2+2\angle P_3BF$，又 F_1，P_1 关于 BC 对称，故

$$\angle P_1BA+\angle ABC=\angle F_2BC+\angle F_1BF_2$$

代入上式得

$$\angle F_2BC=\angle P_3BF$$

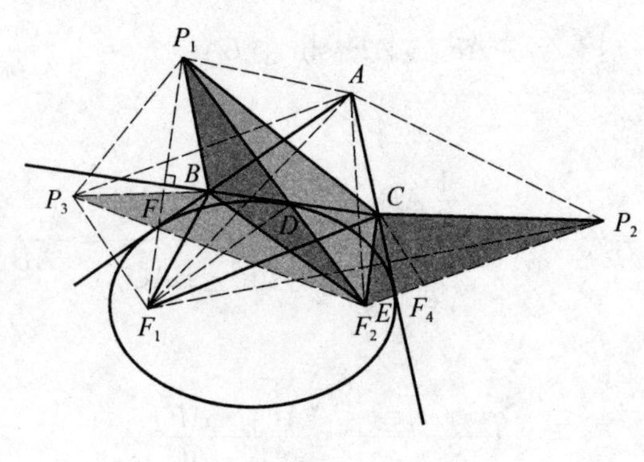

图 47

因为

$$\angle ABC+\angle F_2BC+\angle F_1BF_2=180^\circ$$

所以

$$\angle ABC+\angle P_3BF_2=180^\circ$$

同理

$$\angle ACB+\angle F_2CP_2=180^\circ$$

于是有

$$\frac{S_{\text{四边形}F_2P_1BP_3}}{2S_{\triangle ABC}}=\frac{2S_{\triangle F_2BP_1}}{2S_{\triangle ABC}}=\frac{BF_1\cdot BF_2}{BA\cdot BC}$$

$$\frac{S_{\text{四边形}F_2P_2AP_1}}{2S_{\triangle ABC}}=\frac{2S_{\triangle F_2BP_1}}{2S_{\triangle ABC}}=\frac{CF_1\cdot CF_2}{CA\cdot CB}$$

由以上等式可得

$$\frac{S_{\text{四边形}F_2P_2AP_3}-S_{\text{四边形}F_2P_1BP_3}-S_{\text{四边形}F_2P_2AP_1}}{2S_{\triangle ABC}}$$

$$=\frac{AF_1\cdot AF_2}{AB\cdot AC}-\frac{BF_1\cdot BF_2}{BC\cdot BA}-\frac{CF_1\cdot CF_2}{CA\cdot CB}$$

现考虑上述等式的左边

$$S_{\triangle F_2AP_2}-S_{\triangle F_2CP_2}=S_{\triangle ACP_2}+S_{\triangle ACF_2}$$

$$S_{\triangle F_2AP_3}-S_{\triangle F_2BP_3}=S_{\triangle ABP_3}+S_{\triangle ABF_2}$$

两式相加,得

$$S_{\text{四边形}F_2P_2AP_3}-S_{\triangle F_2CP_2}-S_{\triangle F_2BP_3}$$

$$=(S_{\triangle ACF_1}+S_{\triangle ABF_1})+(S_{\triangle ACF_2}+S_{\triangle ABF_2})$$

$$=2S_{\triangle ABC}+S_{\triangle BCF_1}+S_{\triangle BCF_2}$$
$$=2S_{\triangle ABC}+S_{\triangle BCP_1}+S_{\triangle BCF_2}$$
$$=2S_{\triangle ABC}+S_{四边形F_2BP_1C}$$
$$=2S_{\triangle ABC}+S_{\triangle F_2CP_1}+S_{\triangle F_2BP_1}$$

由此得

$$S_{四边形F_2P_2AP_3}-S_{四边形F_2P_1BP_3}-S_{四边形F_2P_2CP_1}=2S_{\triangle ABC}$$

所以

$$\frac{S_{四边形F_2P_2AP_3}-S_{四边形F_2P_1BP_3}-S_{四边形F_2P_2CP_1}}{2S_{\triangle ABC}}=1$$

于是

$$\frac{AF_1\cdot AF_2}{AB\cdot AC}-\frac{BF_1\cdot BF_2}{BC\cdot BA}-\frac{CF_1\cdot CF_2}{CA\cdot CB}=1$$

以上例子中椭圆的成果仅通过类比方法得到，而非由伸缩变换. 类比是创新的引路人.

圆心裂变为两个焦点，便成为椭圆，圆的性质可遗传给椭圆，使后者具有类似的性质，这叫“基因遗传”.

例 43　如图 48，取圆 O 的直径 AB，圆上异于 A,B 的另一点 P，点 P 的切线与 A,B 两点的切线交点分别为 C,D，则(1)$OP^2=CP\cdot PD$；(2)$\triangle CPO\backsim\triangle OPD\backsim\triangle COD$；(3)$OD^2=OP\cdot CD$；(4)$OC^2=CP\cdot CD$；(5)$OC^2+OD^2=CD^2$（证明略）.

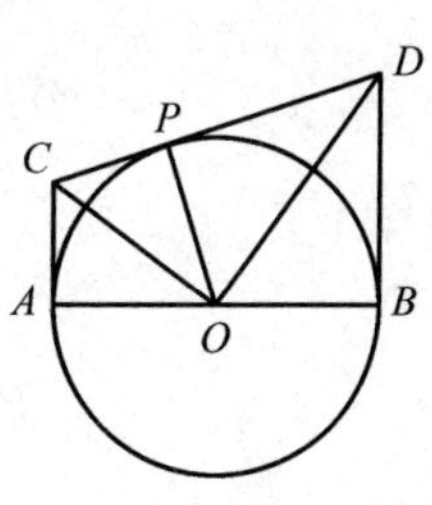

图 48

椭圆也有相应的性质.

例 44　已知椭圆 $b^2x^2+a^2y^2=a^2b^2(a>b>0)$ 的两焦点 F_1,F_2，AB 是椭圆的任意直径，椭圆上异于 A,B 的另外一点 P，点 P 的切线与 A,B 两点的切线交点分别为 C,D，则

(1)$PF_1\cdot PF_2=PC\cdot PD$；

(2)$\triangle CPF_1\backsim\triangle DPF_2\backsim\triangle CDE$；

(3)$CD\cdot CP=CE\cdot CF_1$；

(4)$DC\cdot DP=DE\cdot DF_2$；

(5)$CD^2=CE\cdot CF_1+DE\cdot DF_2$.

证明 (1) 如图 49,设 $P(a\cos\theta_0, b\sin\theta_0)$,$A(a\cos\theta, b\sin\theta)$,则 $B(-a\cos\theta, -b\sin\theta)$,则 A,B,P 三点的切线方程分别为

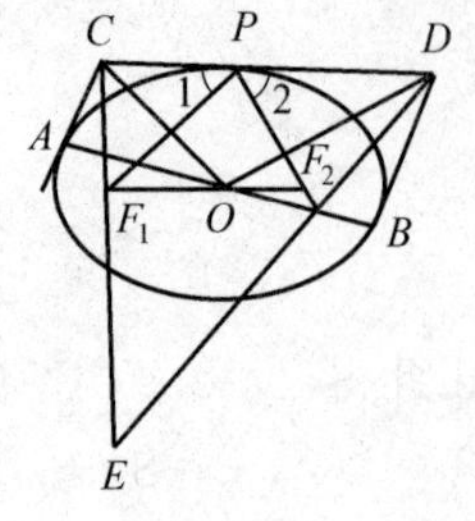

图 49

$$bx\cos\theta + ay\cos\theta = ab \quad ①$$

$$bx\cos\theta + ay\sin\theta = -ab \quad ②$$

$$bx\cos\theta_0 + ay\sin\theta_0 = ab \quad ③$$

由 ①,③ 和 ②,③ 解得

$$C\left(\frac{a\cos\dfrac{\theta+\theta_0}{2}}{\cos\dfrac{\theta-\theta_0}{2}}, \frac{b\sin\dfrac{\theta+\theta_0}{2}}{\cos\dfrac{\theta+\theta_0}{2}}\right), D\left(\frac{a\sin\dfrac{\theta+\theta_0}{2}}{\sin\dfrac{\theta-\theta_0}{2}}, \frac{b\cos\dfrac{\theta+\theta_0}{2}}{\sin\dfrac{\theta-\theta_0}{2}}\right)$$

则

$$PC^2 = a^2\left(\frac{\cos\dfrac{\theta+\theta_0}{2}}{\cos\dfrac{\theta_1-\theta_0}{2}} - \cos\theta_0\right)^2 + b^2\left(\frac{\sin\dfrac{\theta+\theta_0}{2}}{\cos\dfrac{\theta-\theta_0}{2}} - \sin\theta_0\right)^2$$

$$= \frac{\sin^2\dfrac{\theta-\theta_0}{2}}{\cos^2\dfrac{\theta-\theta_0}{2}}(a^2\sin^2\theta_0 + b^2\cos^2\theta_0)$$

同样

$$PD^2 = \frac{\cos^2\dfrac{\theta-\theta_0}{2}}{\sin^2\dfrac{\theta-\theta_0}{2}}(a^2\sin^2\theta_0 + b^2\cos^2\theta_0)$$

于是

$$PC \cdot PD = a^2\sin^2\theta_0 + b^2\cos^2\theta_0$$

又

$$PF_1 = a + ea\cos\theta_0$$

$$PF_2 = a - ea\cos\theta_0$$

则

$$PF_1 \cdot PF_2 = a^2 - c^2\cos^2\theta_0 = a^2 - (a^2 - b^2)\cos^2\theta_0 = a\sin^2\theta_0 + b^2\cos^2\theta_0$$

故

$$PC \cdot PD = PF_1 \cdot PF_2$$

(2) 由椭圆光学性质知 $\angle 1=\angle 2$，由(1) 得 $PF_1 : PC=PD : PF_2$，所以，$\triangle CPF_1 \backsim \triangle DPF_2$，则 $\angle DCE=\angle DF_2P$，$\angle CDE=\angle CDE$，所以，$\triangle DPF_1 \backsim \triangle CDE$，故 $\triangle CPF_1 \backsim \triangle DPF_2 \backsim \triangle CDE$.

(3) 由 $\triangle CPF_1 \backsim \triangle CDE$，得 $CP : CE=CF_1 : CD$，即 $CD \cdot CP=CE \cdot CF_1$.

(4) 由 $\triangle DPF_2 \backsim \triangle CDE$，得 $DP : DE=DF_2 : DC$，即 $DC \cdot DP=DE \cdot DF_2$.

(5) 由(3)(4) 中两式相加 $DC(CP+DP)=CE \cdot CF_1+DE \cdot DF_2$，即

$$DC^2=CE \cdot CF_1+DE \cdot DF_2$$

§4　习题一

1. 两长轴互相平行且相似的椭圆 O,O_1 内切于点 P，过椭圆 O 上任意一点 A 作两条弦 AB,AC 与椭圆 O_1 相切于点 E,F，联结 AO_1 与 BC,EF 分别交于点 D,H，与椭圆 O 交于点 T，则 $AH : AT=HD : HT$(图 1).

2. PN 与椭圆 O 切于点 N，M 为 PN 的中点，过 P,M 的椭圆 O_1 与椭圆 O 的长轴平行且相似，椭圆 O,O_1 交于 A,B 两点，直线 AB 与 PN 交于点 Q，则 $MQ : QN : PM : PQ=1 : 2 : 3 : 4$(图 2).

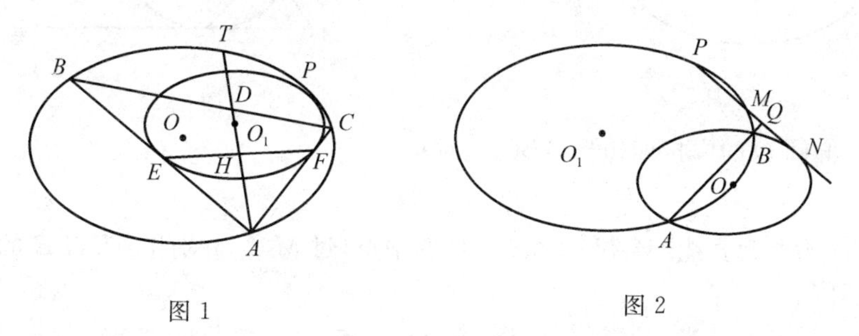

图 1　　　　图 2

3. 椭圆 O 的内接四边形 $ABCD$，AC 与 BD 为共轭直线，AC 为直径，$\overset{\frown}{CD}$ 上一点 P，PB,PD 交 AC 于点 N,M，则 M,A,C,N 为调和点列(图 3).

4. 长轴互相平行且相似的两椭圆 O,O_1 相交，过公共弦延长线上任一点 P 作椭圆 O_1 的切线 PC，C 为切点，且与椭圆 O 交于 A,B 两点，则 $PA \cdot PB=PC^2$(图 4).

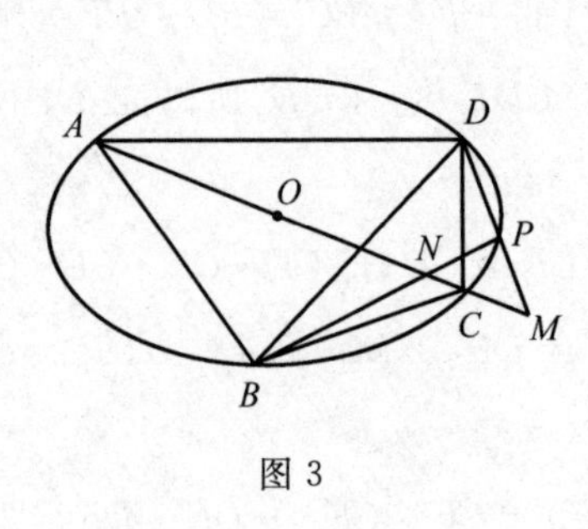

图 3

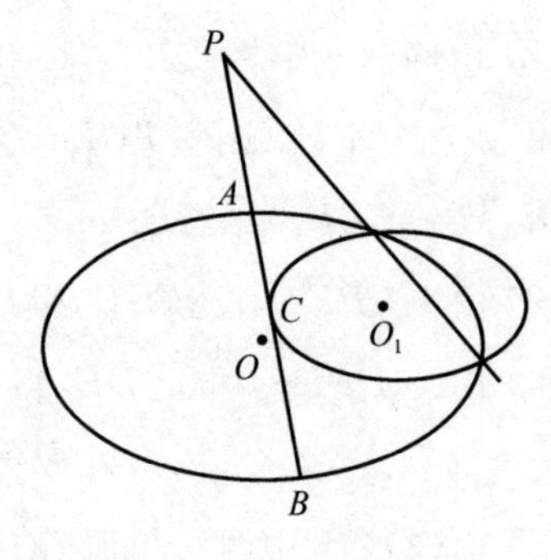

图 4

5. 椭圆的弦 CD 的中点 P，联结 OP（O 为中心）与过点 C 的切线交于点 E，过点 P 的割线与椭圆交于 A，B 两点，与过点 E 且平行于 CD 的直线交于点 Q，则点 P，Q 调和分割 AB（图 5）。

6. 椭圆外切 $\triangle ABC$，三边上的切点依次为 D，E，F，且

$$EF \cap BC = G$$

则 B，D，C，G 为调和点列（图 6）。

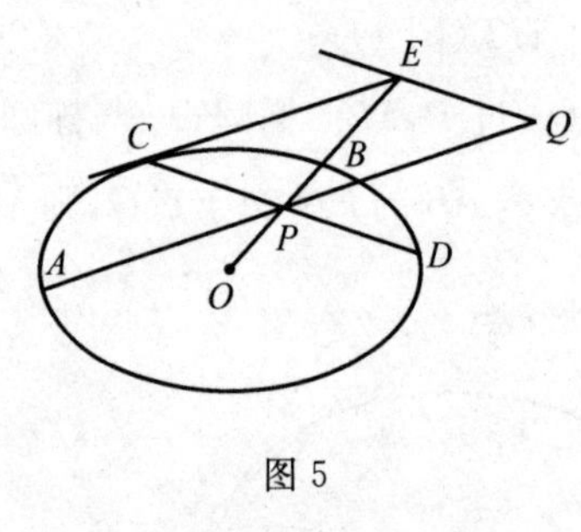

图 5

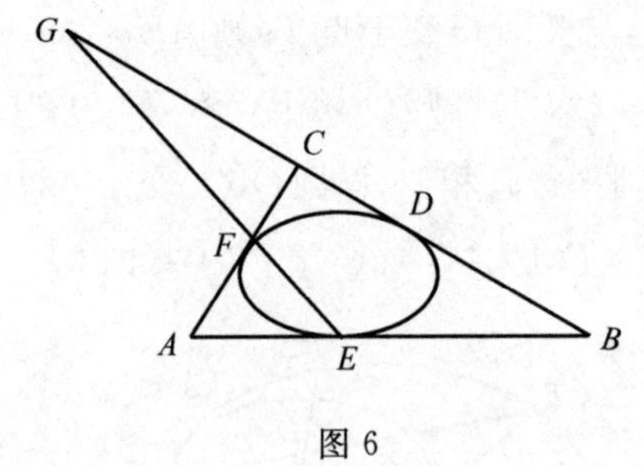

图 6

7. 椭圆 O 的内接四边形 $ABCD$，对角线

$$AC \cap BD = E$$

AC，BD 为共轭直线. M，N 为 AE，DE 的中点，过 M，N 分别作 AE，DE 的共轭直线，且

$$OE \cap AD = P$$

则 PE 与 BC 为共轭直线（图 7）。

8. 过椭圆 O 外一点 P 作切线 PA，PB，A，B 为切点. 椭圆的直径 CD，若

$$AD \cap BC = H$$

则 PH 与 CD 为共轭直线（图 8）。

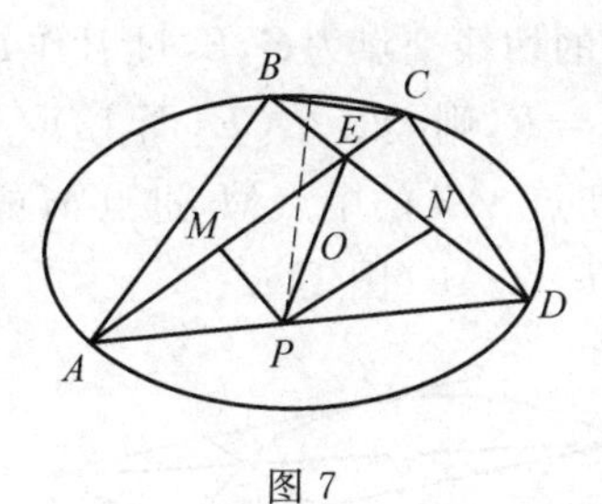

图 7

图 8

9. 椭圆 O 内接 $\triangle ABC$ 的共轭心为 H，则以 BC，AH 为直径的两长轴与 O 的长轴平行且与 O 相似的两个椭圆，它们交点处的两条切线为共轭直线(图 9).

10. 过椭圆 O 外一点 E 作两切线 EA，EB，A，B 为切点. 过 AB 的中点 M 的弦 CD，过点 C，D 分别作椭圆的切线交于点 F，则 $EF \parallel AB$(图 10).

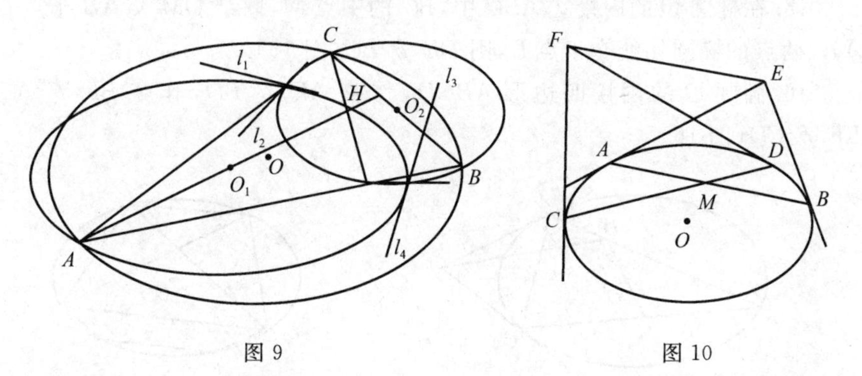

图 9　　　　图 10

11. 四边形 $ABCD$ 中 $AB \nparallel CD$，过 A，B 的椭圆与 CD 切于点 P，过 C，D 的椭圆与 AB 切于点 Q，两椭圆长轴平行且相似，它们交点为 E，F，则 EF 平分 PQ 的充要条件是 $AD \parallel BC$(图 11).

12. 椭圆 O 内接 $\triangle ABC$ 的共轭心为 H，椭圆上任意一点 P，作两个平行四边形 $PBQA$ 和 $PCRA$，AQ 交 HR 于点 F. 若 BH 交 AC 于点 E，则 $EF \parallel AP$(图 12).

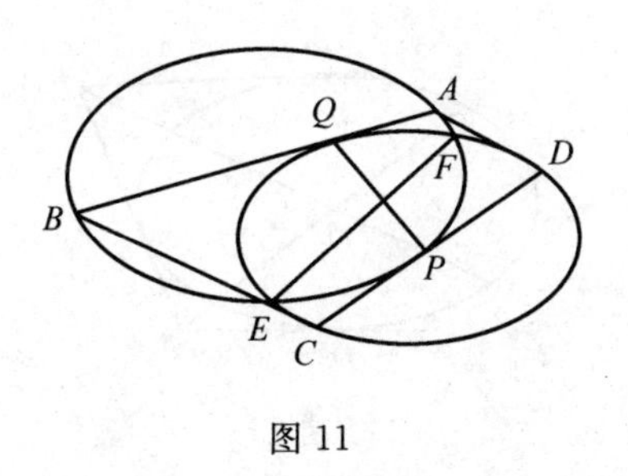

图 11

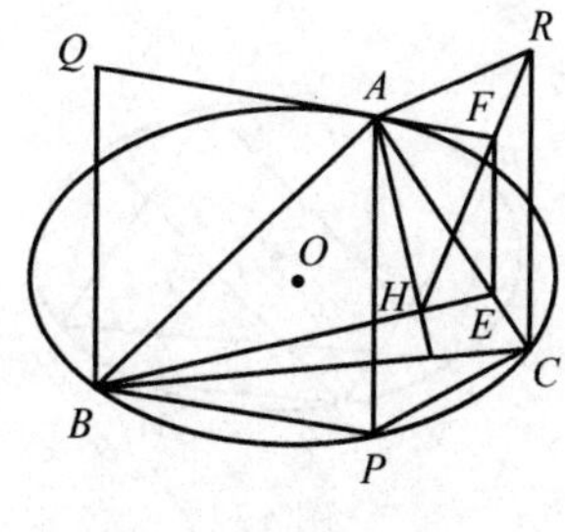

图 12

13. 过椭圆 O 上三点 A，P，B 分别作椭圆的切线交点为 C，E，过 P 作 $PQ \parallel BE$，$PQ \cap OB = Q$，作 $PR \parallel CA$，$PR \cap OA = R$，则 $QR \parallel CE$（图 13）.

14. 过椭圆 O 外一点 A 引切线 AB，B 为切点，AB 的中点 M，过点 M 的割线 MCD，AC，AD 分别与椭圆交于点 E，F，则 $EF \parallel AB$（图 14）.

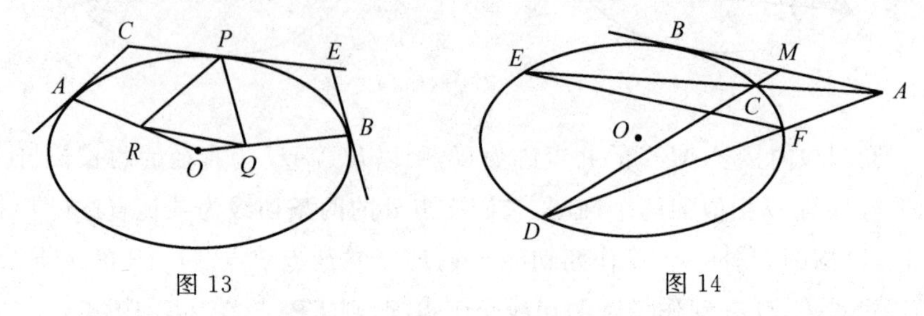

图 13　　图 14

15. 在椭圆 O 的内接 $\triangle ABC$ 中，BC 的中点 M，联结 OM 交 AB 于点 D，过 A，C 两点的椭圆切线交于点 E，则 $DE \parallel BC$（图 15）.

16. 椭圆 O 的内接四边形 $ABCD$，作弦 $AE \parallel BD$，作弦 $BF \parallel AC$，则 $EF \parallel CD$（图 16）.

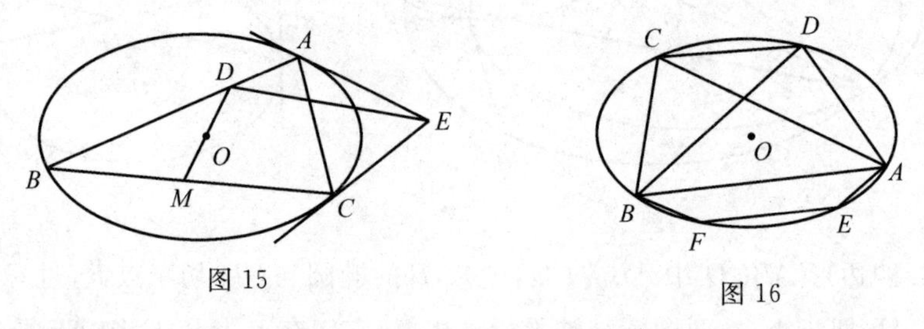

图 15　　图 16

17. 椭圆 O 的内接 $\triangle ABC$，过椭圆上一点 P 作弦 $PA' \parallel BC$，$PB' \parallel AC$，$PC' \parallel AB$，则 $AA' \parallel BB' \parallel CC'$（图 17）.

18. 过椭圆 O 上一点 E 的切线与椭圆的两条共轭直径分别交于 A，B 两点，则过 A，B 两点作椭圆的两切线平行（图 18）.

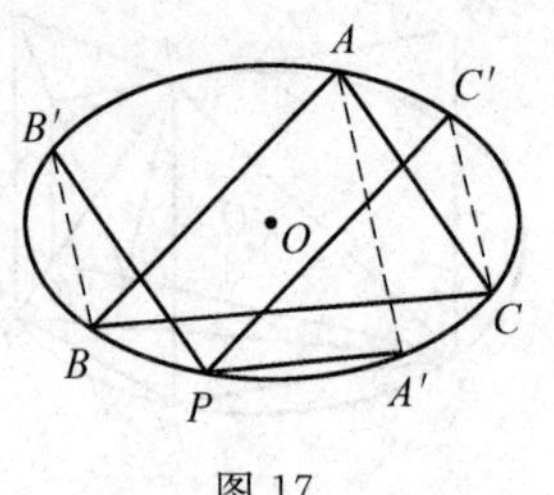

图 17

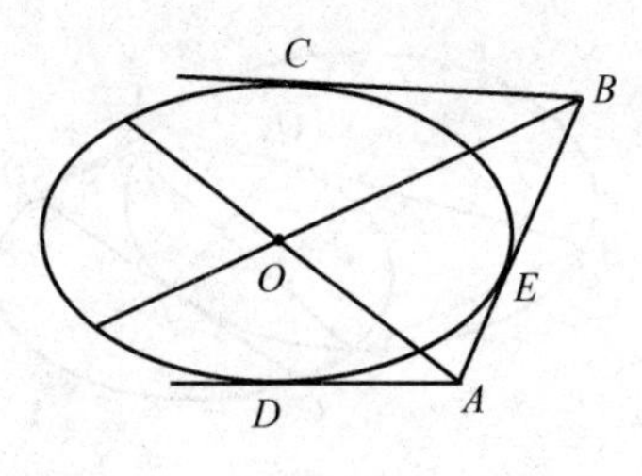

图 18

19. 过椭圆 O 外一点 P 作椭圆的两条切线 PA，PB，A，B 为切点，过点 B 作直径 BC，则 $AC \parallel PO$（图 19）.

20. 两长轴互相平行且相似的椭圆 O，O_1 相交于点 P，Q，过点 P，Q 的直线与椭圆 O，O_1 的交点为 A，B 和 C，D，则 $AB \parallel CD$（图 20）.

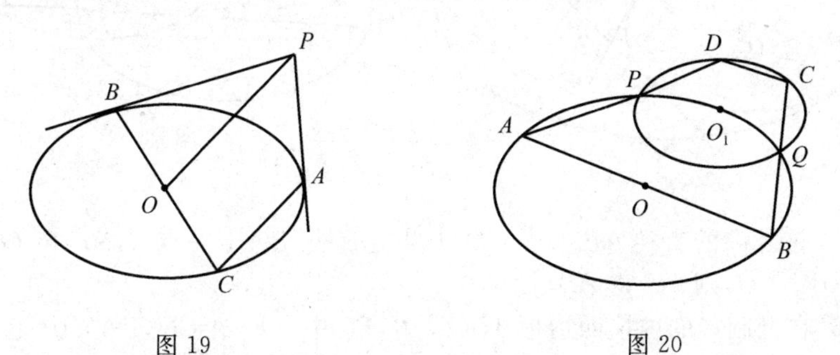

图 19　　　　图 20

21. 两长轴互相平行且相似的椭圆 O，O_1 相交于 P，Q 两点，过点 P 作椭圆 O_1 的直径 PA 与椭圆 O 交于点 C，过点 Q 作椭圆 O 的直径 QB 与椭圆 O_1 交于点 D，则 $AD \parallel BC$（图 21）.

22. 两长轴平行且相似的椭圆 O，O_1，椭圆 O_1 上一点 A，联结 PA，QA 与椭圆 O 交于 B，C 两点，则 BC 平行于点 A 处椭圆 O_1 的切线（图 22）.

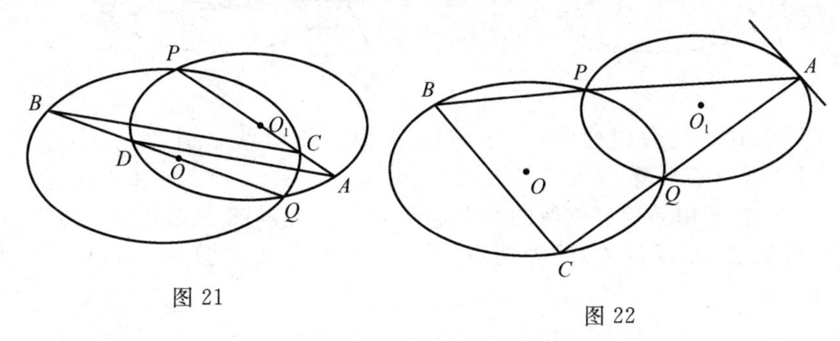

图 21　　　　图 22

23. 长轴互相平行且相似的三个椭圆 O，O_1，O_2，O_1，O_2 与 O 均内切. 椭圆 O 的弦 AB，CD 恰是椭圆 O_1，O_2 的两条内公切线，椭圆 O_1，O_2 的外公切线为 EF，GH，则 $EF \parallel AC$，$GH \parallel BD$（图 23）.

24. 长轴互相平行且相似的两椭圆 O，O_1 相交于 E，F 两点，过公共弦上一点 P 作直线与椭圆 O，O_1 的交点依次为 A，C，B，D，则 $PA \cdot PB = PC \cdot PD$（图 24）.

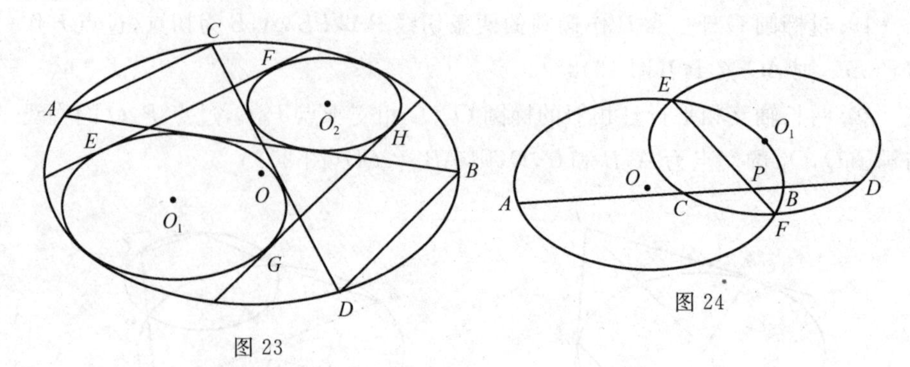

图 23

图 24

25. 椭圆 O 的直径 AB 与弦 CD 为共轭直线，$\overset{\frown}{BC}$ 上一点 E，$AE \cap OC = F$，$DE \cap BC = G$，则 $FG \parallel AB$(图 25).

26. 在椭圆 O 的内接四边形 $ABCD$ 中，BC 中点 E，在 CD，DA，AB 上各取一点 F，G，H，使 EF 与 CD，EG 与 AD，EH 与 AB 分别为共轭直线，若 $EG \cap FH = M$，则 M 必是 FH 的中点(图 26).

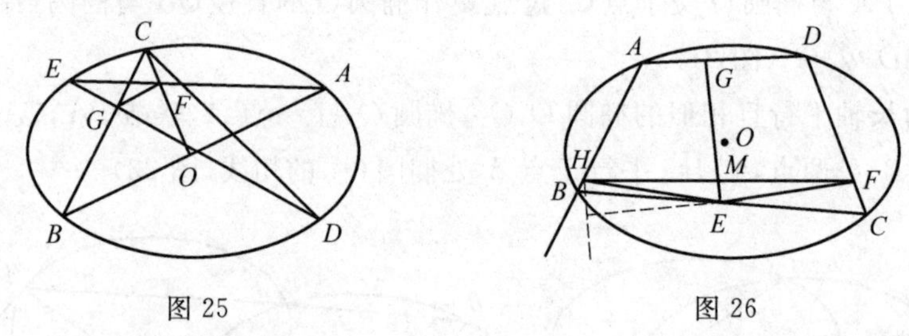

图 25

图 26

27. $\triangle ABC$ 的旁切椭圆 O 与 BC，CA，AB 的切点分别为 D，F，E，$OD \cap EF = K$，则 AK 平分 BC(图 27).

28. 长轴互相平行且相似的两个椭圆 O，O_1，在椭圆 O 上任取一点 P，作椭圆 O_1 的切线 PC，PD，C，D 为切点，椭圆 O，O_1 的公共弦为 AB，则 AB 平分 CD(图 28).

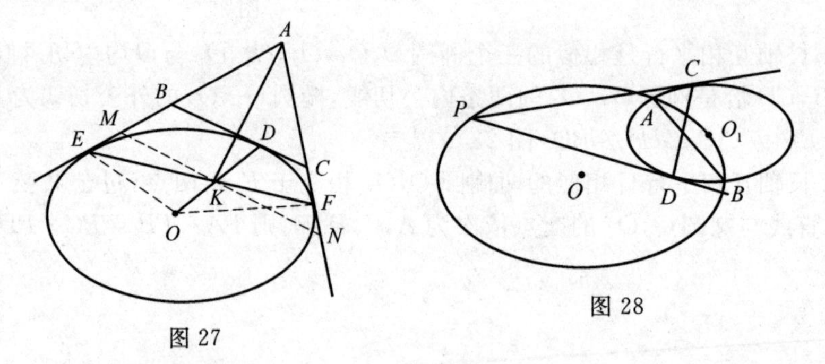

图 27

图 28

29. 椭圆内接四边形 $ABCD$，对角线 $AC \cap BD = M$，过点 M 作 OM 的共轭直线与 AB，CD 分别交于 E，F 两点，则 M 是 EF 的中点(图 29).

30. 在椭圆 O 的内接 $\triangle ABC$ 中，AB，AC 为共轭直线，BC 为椭圆直径，BC 的共轭直线与 CA 交于点 F，过点 A 的椭圆的切线与 OF 交于点 G，若 $AB \cap OF = E$，则 G 是 EF 的中点(图 30).

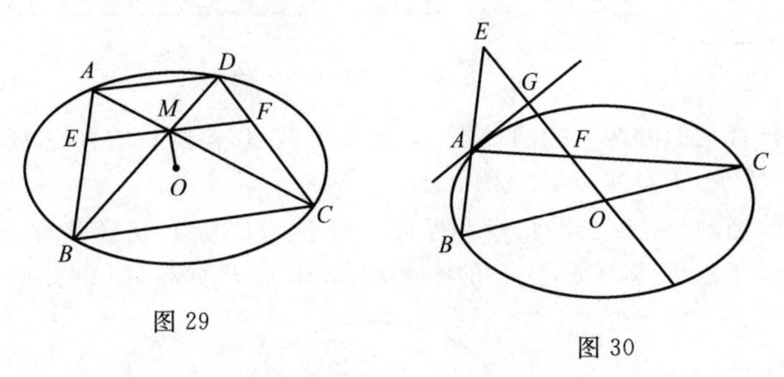

图 29　　图 30

31. 椭圆 O 与直线 l 相离，过点 O 作 l 的共轭直线与 l 交于点 A，过点 A 作直线与椭圆交于 B，C 两点，过 B，C 分别作椭圆的切线与 l 分别交于点 D，E，则点 A 必为 DE 的中点(图 31).

32. 椭圆 O 的切线 PA，PB，A，B 为切点，割线 PCD，过点 B 作弦 $BE \parallel CD$，$AE \cap CD = M$，则 M 是 CD 的中点(图 32).

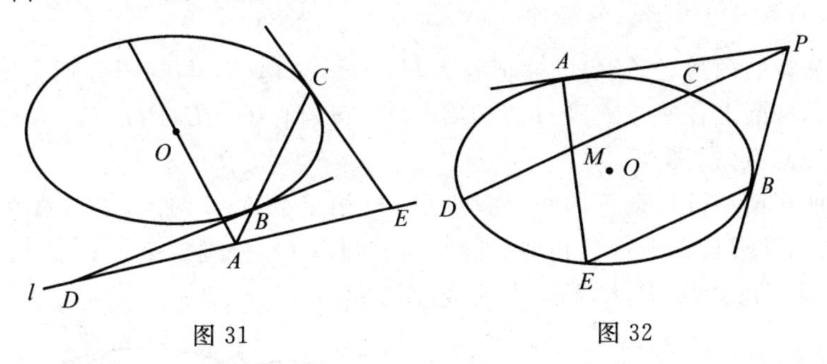

图 31　　图 32

33. 椭圆 O 的切线 PA，PB，A，B 为切点，过 $\overset{\frown}{AB}$ 上一点 C 作切线 CE，联结 OC 与椭圆交于点 D，$CD \cap AB = F$，$PD \cap CE = E$，$PF \cap CE = M$，则 M 是 CE 的中点(图 33).

34. 椭圆 O 的外切 $\triangle ABC$，BC 边上的切点为 D，直径 DG，联结 AG 与 BC 交于点 H，则 $BD = HC$(图 34).

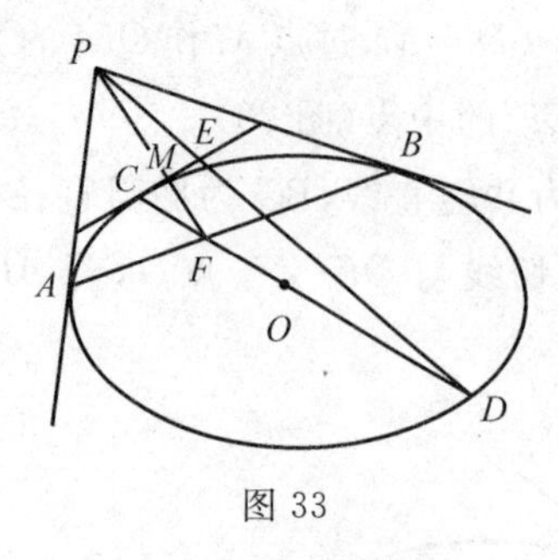

图 33

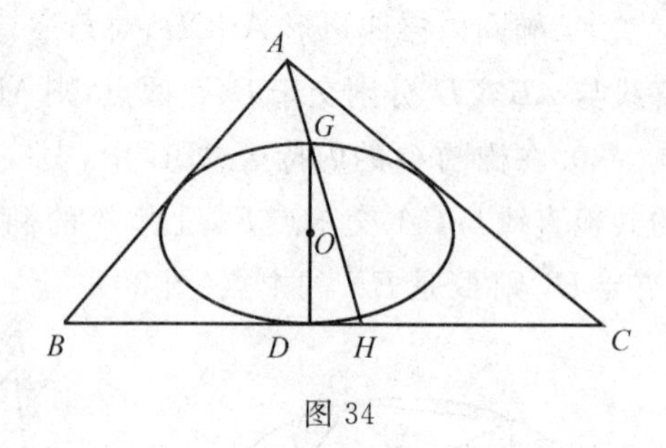

图 34

35. 长轴平行且相似的两个椭圆 O,O_1 交于 E,F 两点,椭圆 O 的直径 AB 与椭圆 O_1 切于点 D,则 O_1D 平分 EF(图 35).

36. 两全等的椭圆 O,O_1 长轴互相平行且外切于点 P,O_1F 切椭圆 O 于点 F,OE 切椭圆 O_1 于点 E,则 OE,O_1F 的中点 M,N 与点 P 共线(图 36).

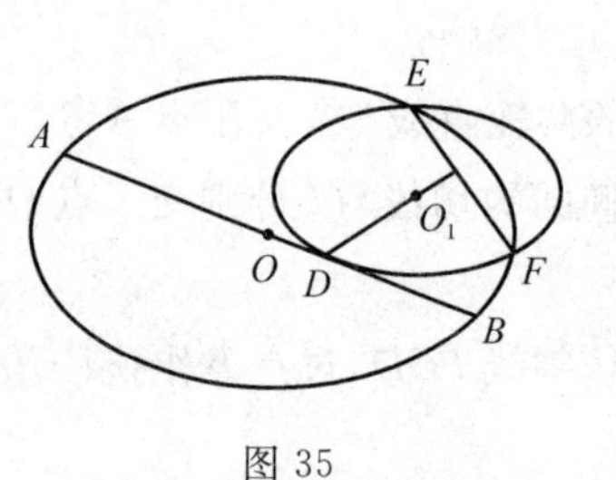

图 35

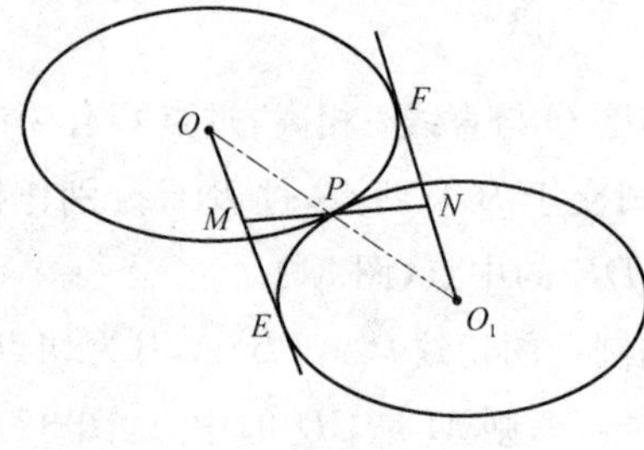

图 36

37. 椭圆 O 的内接 $\triangle ABC$ 的共轭心为 H,AH,BH,CH 与椭圆分别交于点 H_1,H_2,H_3,椭圆上任一点 P,$PH_1 \cap BC=D$,$PH_2 \cap AC=E$,$PH_3 \cap AB=F$,则 D,E,F 三点共线(图 37).

38. 长轴互相平行且全等的两个椭圆 O,O_1 相交于 A,B 两点,以点 A 为中心长轴与已知椭圆长轴平行且相似的椭圆与椭圆 O,O_1 分别交于点 C,F 和 D,E,则 B,C,D 三点共线;B,E,F 三点共线(图 38).

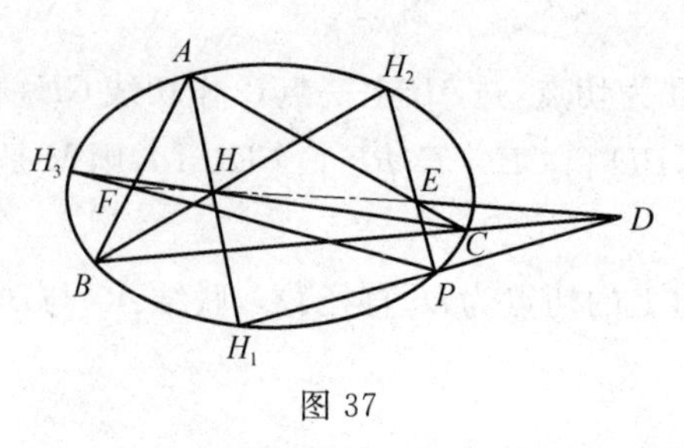

图 37

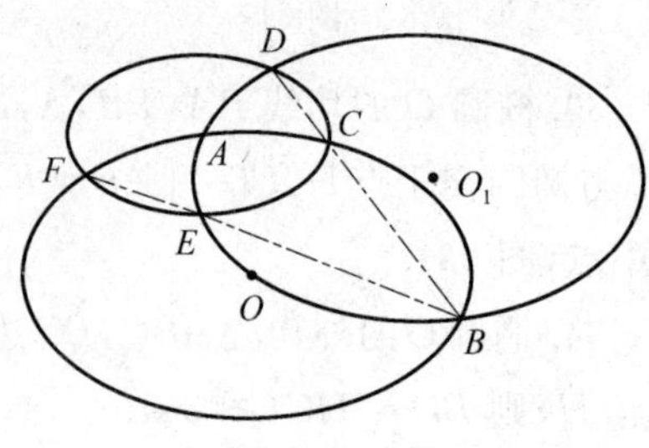

图 38

39. 长轴平行且相似的两个椭圆 O,O_1 交于 P,Q 两点，直径 POA 与椭圆 O_1 相切，直径 PO_1B 与椭圆 O 相切，则点 A,Q,B 共线(图 39).

40. 椭圆 O 的内接四边形 $ABCD$，$BC\cap AD=F$，$AB\cap DC=E$，过点 B,C,E 和点 C,D,F 分别作长轴与椭圆 O 长轴平行且相似的椭圆另有一个交点 G，则 E,G,F 三点共线(图 40).

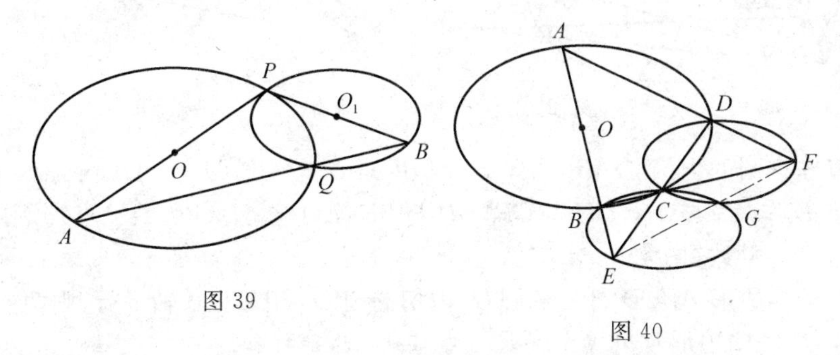

图 39

图 40

41. 椭圆 O 的三条弦 PA,PB,PC，以 PA,PB,PC 为直径作长轴与椭圆 O 长轴平行且相似的三个椭圆并两两相交，另外三个交点为 L,M,N，则 L,M,N 三点共线(称为沙尔孟线)(图 41).

42. 椭圆 O 与直线 l 相离，过点 O 作与 l 共轭的直线交 l 于点 A，在 l 上取 $AE=AF$，过 E,F 分别作椭圆 O 的切线 BE,FC,B,C 为切点，则 A,B,C 三点共线(图 42).

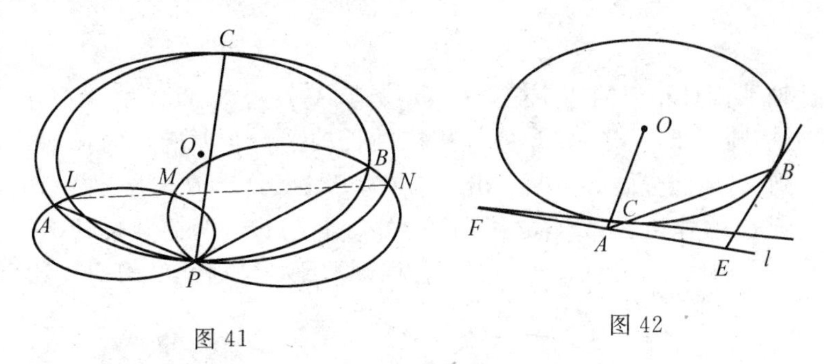

图 41

图 42

43. 椭圆 O 与 $\triangle ABC$ 三边有六个交点 D,D_1,E_1,E,F_1,F. 若 AD,BE,CF 三线共点，则 AD_1,BE_1,CF_1 也三线共点(图 43).

44. 椭圆的内接四边形 $ABCD$，$CA\cap BD=E$，过点 E 分别作各边的平行线，与对边相交得三个交点，则这三点共线(图 44).

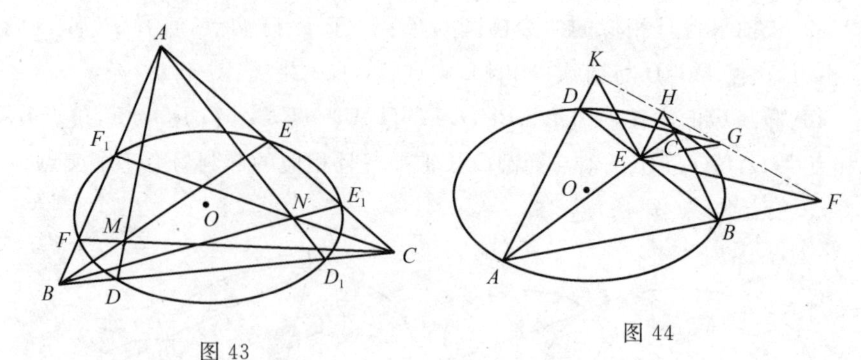

图 43

图 44

45. 在椭圆的内接 $\triangle ABC$ 中,AD 与 BC,BE 与 AC,CF 与 AB 均为共轭直线,过点 D 作 DG 与 AC,DH 与 CF,DP 与 BE,DQ 与 AB 均为共轭直线,则 G,H,P,Q 四点共线(图 45).

46. 若四边形 $ABCD$ 外接椭圆 O,内切椭圆 O_1 相似且长轴平行,则两椭圆中心 O,O_1 和四边形对角线交点 E 三点共线(图 46).

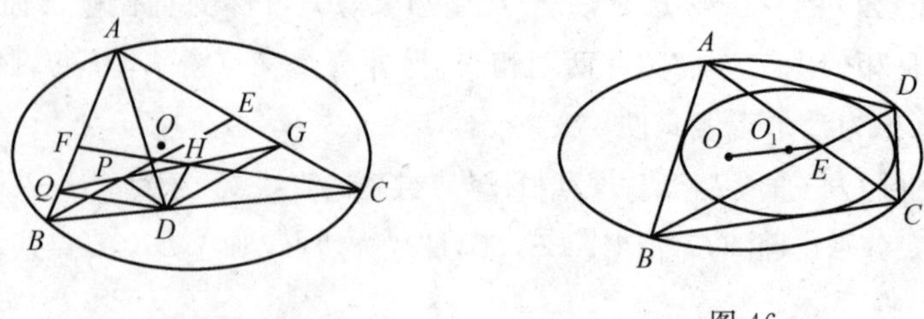

图 45

图 46

47. 长轴平行且相似的两个椭圆 O,O_1 交于 A,B 两点,点 A 处 O,O_1 的切线分别交对方椭圆于 E,F,$\triangle AEF$ 的外接椭圆长轴平行于原椭圆的长轴且与原椭圆相似,则 E,F 处椭圆 EFA 的切线交点为 P,则 A,B,P 三点共线(图 47).

48. 椭圆 O 的外切 $\triangle ABC$,$\triangle OBC$ 的外接椭圆 O_1,两椭圆长轴平行且相似,椭圆 O_1 与 AB,AC 分别交于 D,E 两点,则 DE 必是椭圆 O 的切线(图 48).

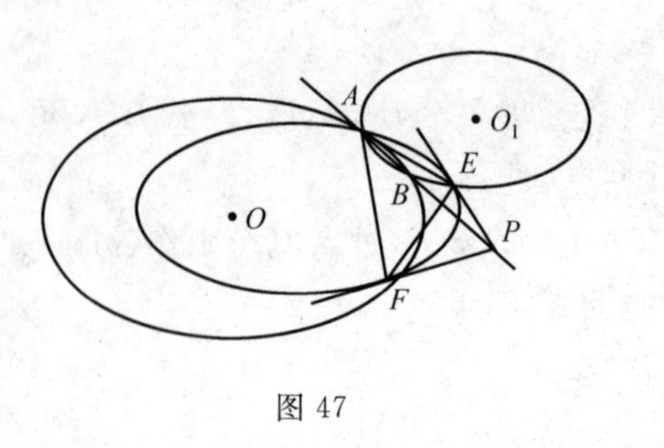

图 47

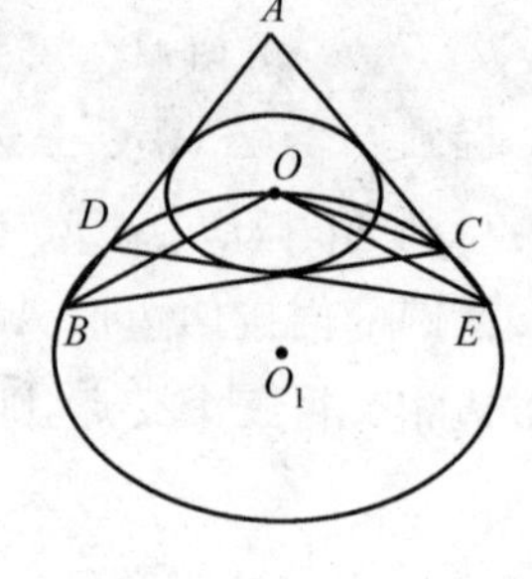

图 48

49. 椭圆 O 的内接四边形 $ABCD$，$AB\cap CD=P$，$AD\cap BC=Q$，过点 Q 作椭圆的切线 QE，QF，E，F 为切点，则 P，E，F 三点共线(图 49)。

50. 椭圆的外切 $\triangle ABC$，边 AB，AC 上的切点为 E，F，将中线 BM，CN 延长一倍得点 Q，P，过点 P 作椭圆的切线 PG，PH，过点 Q 作椭圆的切线 QK，QL，H，G，K，L 为切点，则 EF，GH，KL 三线共点(图 50)。

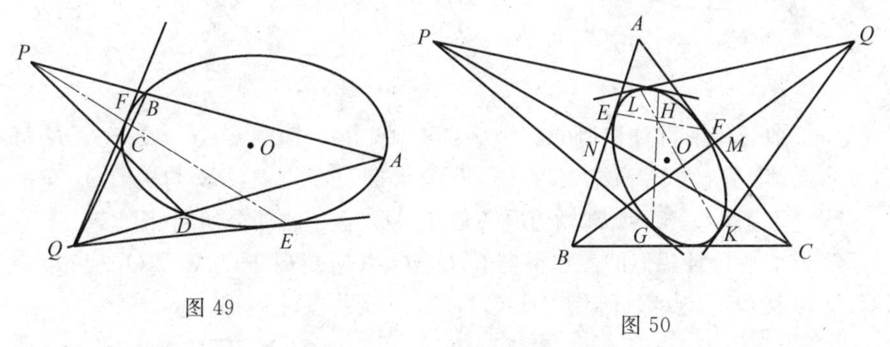

图 49　　图 50

51. 椭圆 O_1 的外切 $\triangle ABC$，AC，BC 为共轭直线，AB 上的中线 CM，以 CM 为直径作长轴与 O_1 的长轴平行且相似的椭圆 O. 求证：O，O_1 必相内切(图 51)。

52. 相似且长轴平行的椭圆 O，O_1，O_1 是 $\triangle ABC$ 的内切椭圆，O 是 $\triangle ABC$ 的 BC 边上的旁切椭圆，AB 上的切点 E，H，AC 与椭圆 O_1 的切点 F，BC 与椭圆 O_1 的切点 G，$GH\cap EF=D$，则 AD 与 BC 为共轭直线(图 52)。

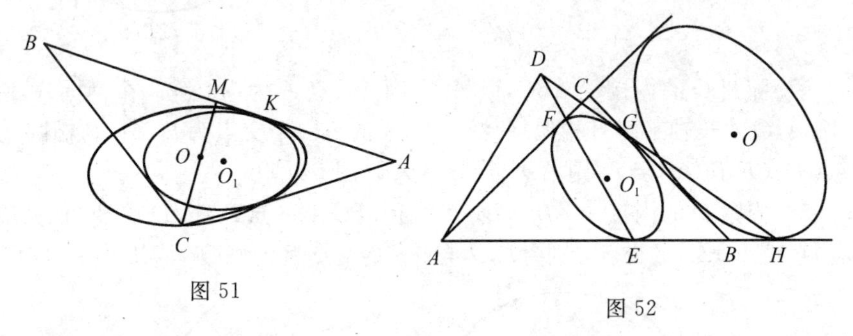

图 51　　图 52

53. 椭圆 O 的内接 $\triangle ABC$，AC，AB 的中点分别为 M，N，联结 $OM\cap AB=F$，联结 $ON\cap AC=E$，则 E，B，O，C，F 五点在一个长轴与椭圆 O 的长轴平行且与椭圆 O 相似的椭圆上(图 53)。

54. 过椭圆 O 的短轴延长线上一点 P，作椭圆的切线 PA，PB，A，B 为切点，作过 AB 中点 M 的弦 CD，联结 PC，PD，则 $\angle DPO=\angle CPO$(图 54)。

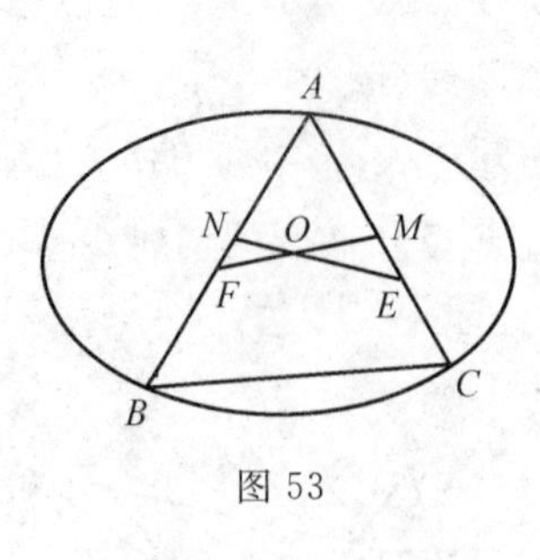

图 53

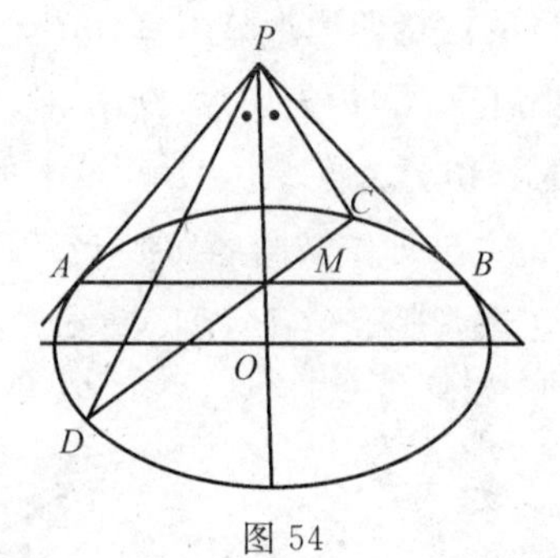

图 54

55. 长轴互相平行且相似的三个椭圆 O,O_1,O_2. 椭圆 O_1,O_2 交于 C,D 两点,且与椭圆 O 内切于点 M,N,直线 CD 交椭圆 O 于点 P,PM 与椭圆 O_1 交于点 E,FN 交椭圆 O_2 于点 F,则 EF 必是椭圆 O_1,O_2 的外公切线(图 55).

56. 长轴平行且相似的三个椭圆 O,O_1,O_2,O_1 交 O 于点 A,B,O_1 交 O_2 于点 C,D,O 交 O_2 于点 E,F,则 AB,CD,EF 三线共点(图 56).

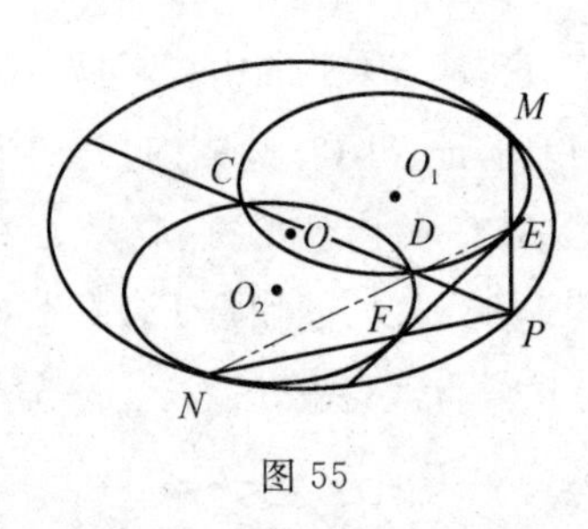

图 55

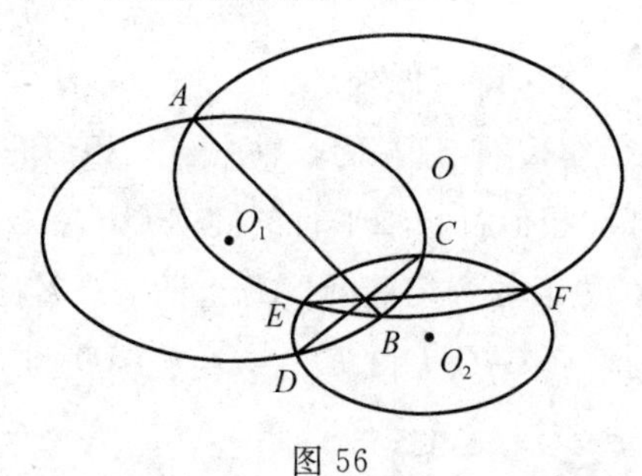

图 56

57. 椭圆 O 的内接 $\triangle ABC$,以 AC 为半径,点 A 为中心作一个椭圆 A,使两椭圆 A,O 的长轴平行且相似. 两椭圆 O,A 的另一个交点为 E,AB 与椭圆 A 交于点 D,$CE\cap AB=F$,则 $AD^2=AF\cdot AB$(图 57).

58. 椭圆 O 的内接 $\triangle ABC$,BC 为直径,BC 上一点 D,过 D 作 BC 的共轭直线与直线 AC,AB 的交点分别为 E,G,与椭圆的交点为 F,则 $DF^2=DE\cdot DG$(图 58).

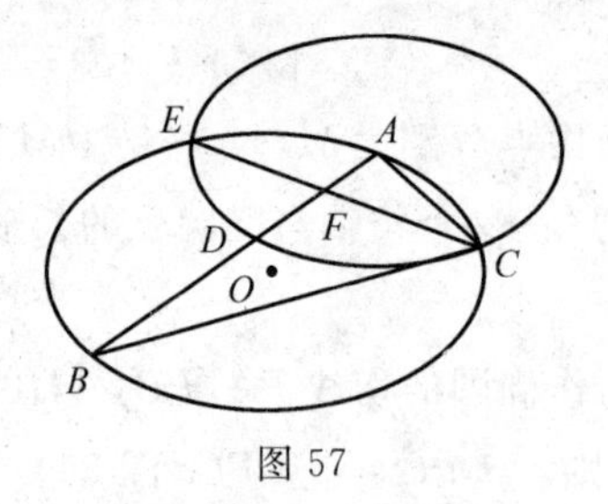

图 57

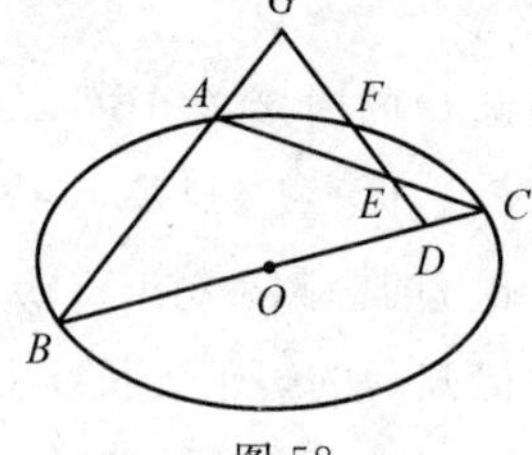

图 58

59. $\triangle ABC$ 的边 AB 是椭圆 O 的直径，AC，BC 与椭圆分别交于点 E，F，E，F 处的切线交于点 D，则 CD 与 AB 为共轭直线(图 59).

60. $\triangle ABC$ 的边 BC 上的旁切椭圆 O 与 BC，CA，AB 的切点依次为 D，E，F，则 AD，BE，CF 三线共点(图 60).

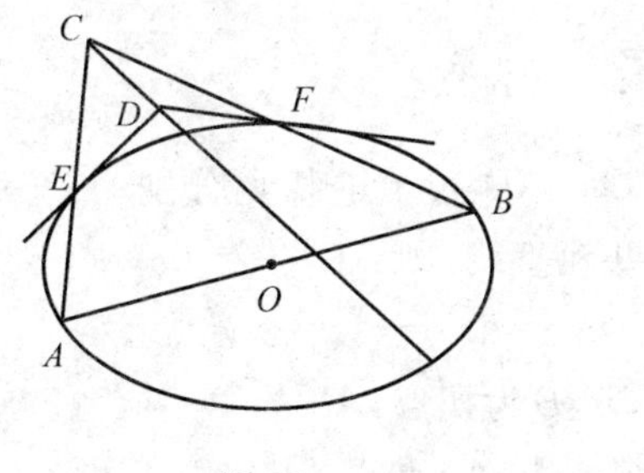

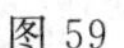
图 59

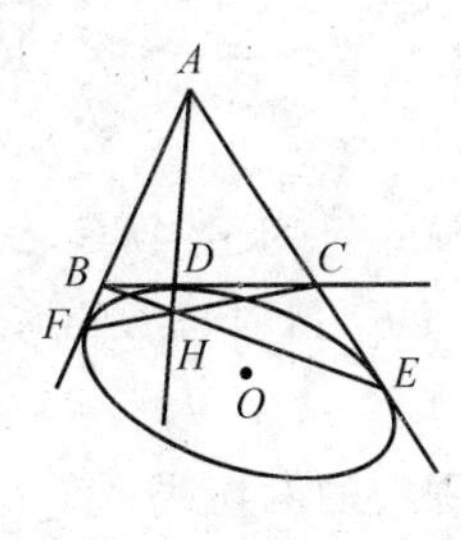

图 60

61. 椭圆 O 的内接四边形 $ABCD$ 中 $AC\cap BD=G$，AG，DG 的中点分别为 E，F，过 E，F 分别作 AC，BD 的共轭直线交于点 P，则 OP 与 BC 为共轭直线(图 61).

62. 长轴互相平行且相似的两个椭圆相交于 P，Q 两点，过点 P 的直线与两椭圆分别交于 A，D 两点，过点 Q 的直线与两椭圆交于 B，C 两点(A，B 在同一个椭圆上)，则 $AB\parallel CD$(图 62).

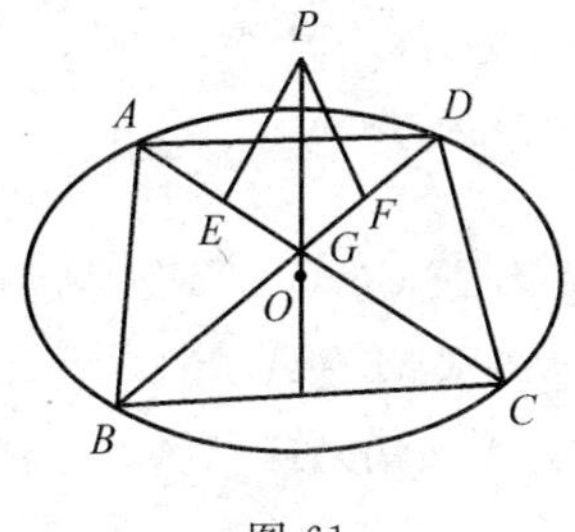

图 61

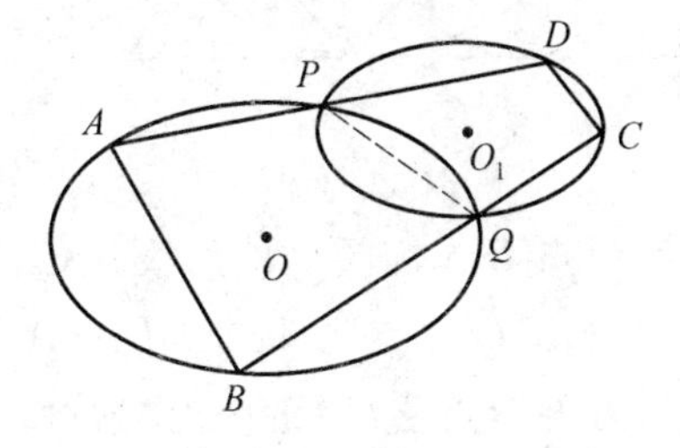

图 62

63. 椭圆 O 的内接四边形 $ABCD$，$AC\cap BD=G$，过点 A 作 BD 的共轭直线与 DC 交于点 N，过点 D 作 AC 的共轭直线与 AB 交于点 M，则 $MN\parallel BC$(图 63).

64. 长轴平行且相似的两个椭圆 O，O_1 内切于点 P，过 P 作两直线与椭圆 O 交于 A，B 两点，与椭圆 O_1 交于 C，D 两点，则 $AB\parallel CD$(图 64).

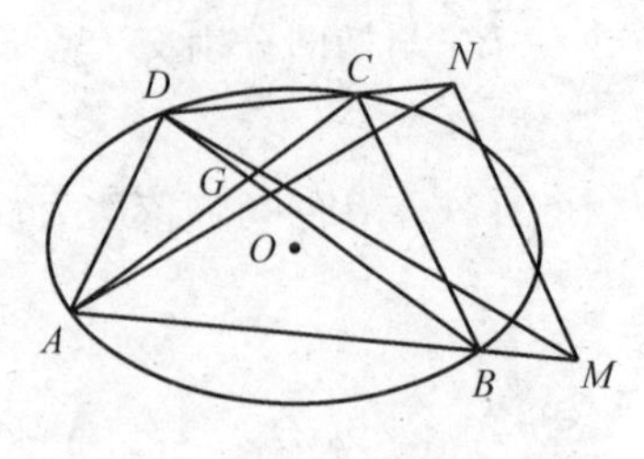

图 63

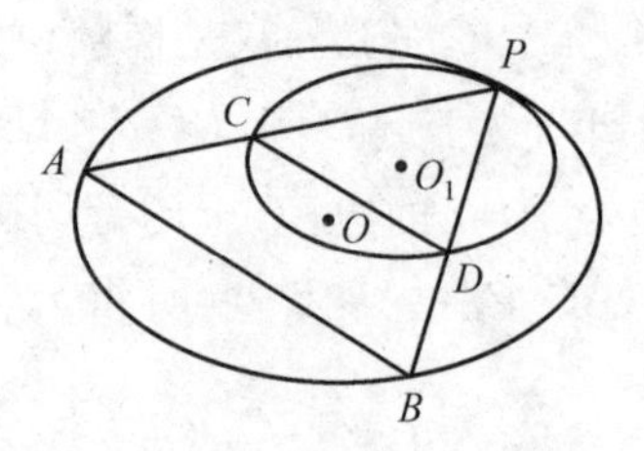

图 64

65. 椭圆的外切 $\triangle ABC$，BC，CA，AB 边上的切点分别为 D，E，F，DA_1 与 EF，EB_1 与 DF，FC_1 与 DE 均为共轭直线，则 $AB \parallel A_1B_1$，$BC \parallel B_1C_1$，$CA \parallel C_1A_1$（图 65）.

66. 椭圆 O 的两切线 PA，PB，A，B 为切点，AB 的中点 M，过点 M 的直线与椭圆交于 C，D 两点，过点 P 作平行于 AB 的直线与 CD 交于点 Q，则 $QC : QD = MC : MD$（图 66）.

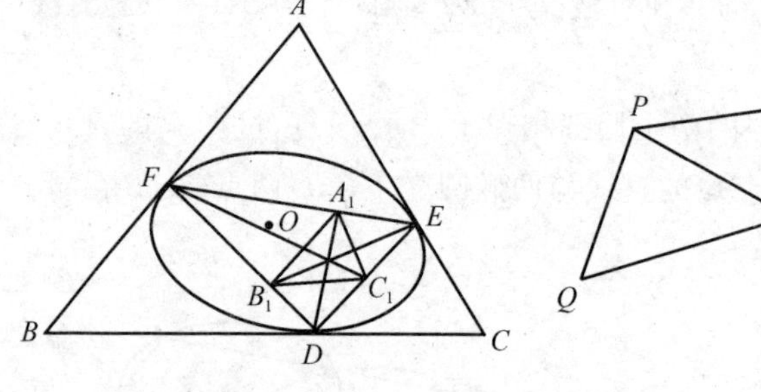

图 65

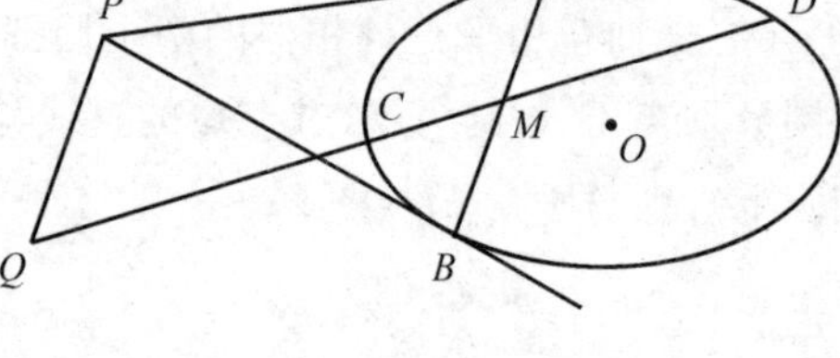

图 66

67. 过点 B 作椭圆 O 的切线 BA，割线 BCD，作弦 $CE \parallel AB$（A 为切点）联结 BE 交椭圆 O 于点 F，联结 DF 与 AB 交于点 M，则 M 是 AB 的中点（图 67）.

68. 椭圆 O 的弦 PQ 的中点 M，过 M 作两条弦 AC，BD，联结 $AB \cap PQ = E$，$CD \cap PQ = F$，则 M 是 EF 的中点（图 68）.

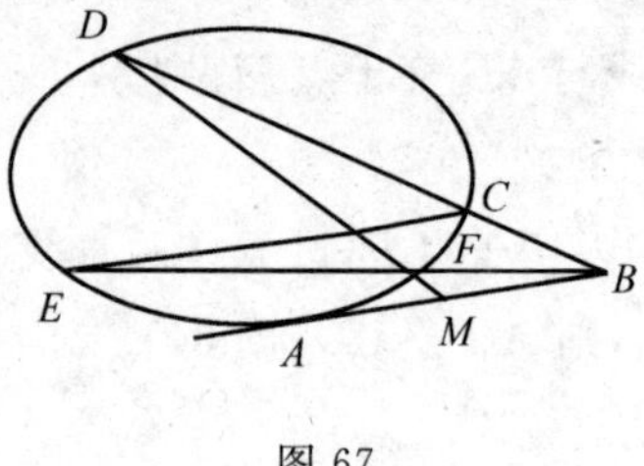

图 67

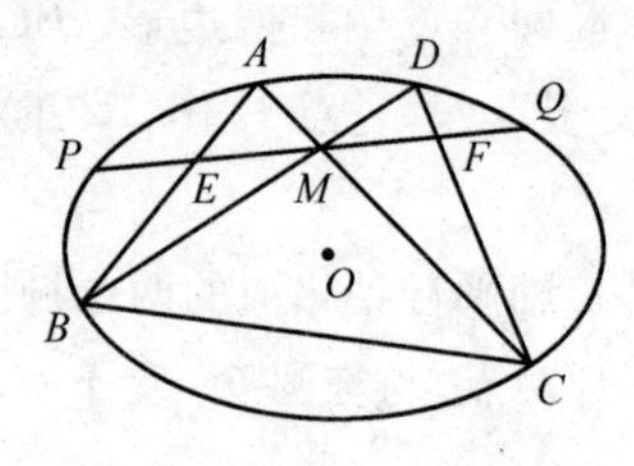

图 68

69. AB 是椭圆 O 的直径，弦 CD 与 AB 为共轭直线，E 是椭圆上一点，$EA \cap BC = F$，$ED \cap BC = G$，则 $BG \cdot CF = FG \cdot BC$（图 69）.

70. 长轴平行且相似的两个椭圆 O，O_1 外切于 P，过点 P 的直线与 O，O_1 分别交于 A，B，外公切线 MN，$AM \cap BN = C$，则 AC 与 BC 为共轭直线（图 70）.

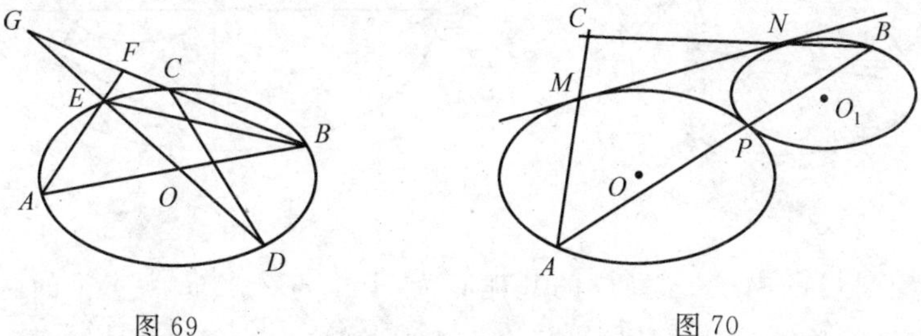

图 69　　　　图 70

71. 椭圆 O 的内接 $\triangle ABC$，以 AB，AC 为边分别作两个平行四边形 $ABDE$ 和 $ACFG$，AB 与 BD，AC 与 CF，AD 与 BE，AF 与 GC 分别为共轭直线，且 $BD : AB = m_1$，$CF : AC = m_2$. 又作等腰 $\triangle BCH$，使 BH，CH 为共轭直线，两平行四边形和 $\triangle BCH$ 的外接椭圆分别为 O_1，O_2，O_3，它们的长轴与椭圆 O 的长轴平行且相似，则椭圆 O_1，O_2，O_3 共点（图 71）.

72. 相似且长轴平行的椭圆 O，O_1 相交于 P，Q 两点，过点 O 作直线与椭圆 O_1 交于点 C，D，椭圆 O 上取任意一点 M，MC，MD 分别与椭圆 O_1 交于点 E，F，则 $EF \parallel OM$（图 72）.

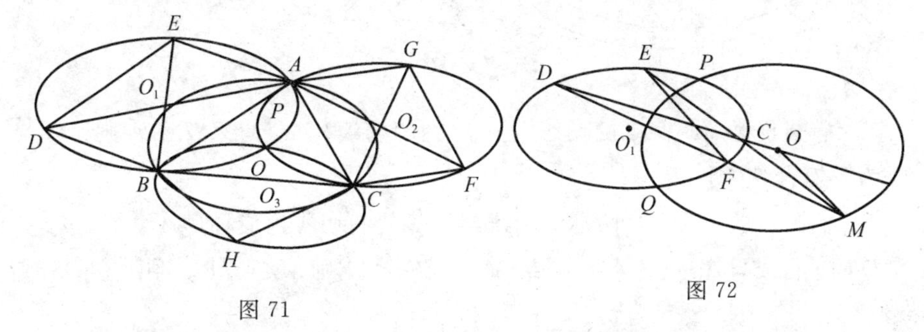

图 71　　　　图 72

73. 椭圆 O 的直径 AB，弦 AC，BD 交于点 E，作过 $\triangle CDE$ 三顶点且长轴平行于椭圆 O 的长轴且相似的椭圆 O_1，则点 C 处两椭圆的切线为共轭直线（图 73）.

74. 椭圆 O 的长轴 BC，短轴 AB_1，在 OC 上取一点 P，作 $PD \parallel AC$，$PE \parallel AB$，以 OE，OD 为直径的两个椭圆 O_1，O_2，它们的长轴与椭圆 O 的长轴平行且

相似,则 O_1,O_2 两椭圆交点处的两切线为共轭直线(图 74).

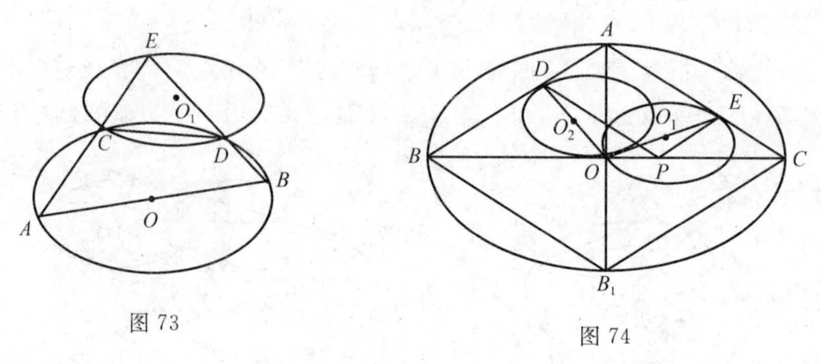

图 73

图 74

75. 椭圆 O 的内接 $\triangle ABC$ 的共轭心为 H. 以 BC,AH 为直径的两个椭圆 O_1,O_2 它们的长轴与 O 的长轴平行且都相似,则 O_1,O_2 两椭圆交点处的切线为共轭直线(图 75).

76. $\square ABCD$ 有三个顶点 A,D,C 在椭圆 O 上,AB,CB 的延长线与椭圆交于点 M,N,点 D 处的切线 DE,则 $DE \parallel MN$(图 76).

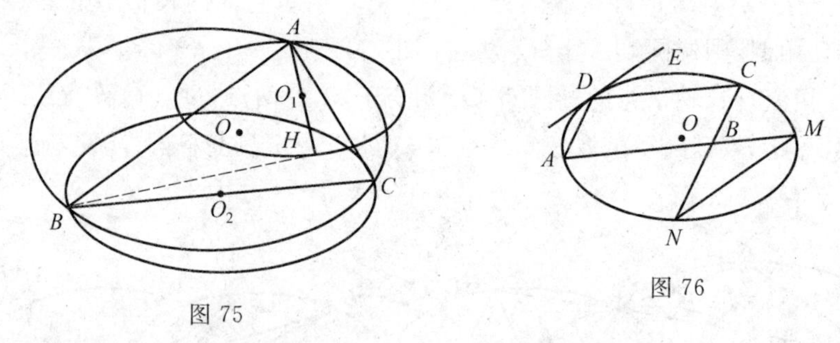

图 75

图 76

77. 椭圆直径 AB 两端的切线与点 P 处的切线构成梯形 $ABCD$,则 OC 与 OD 为共轭直线(图 77).

78. 椭圆 O 的直径 AB 两端的切线与点 E 处的切线构成梯形 $ABCD$,过点 E 作 AD 的平行线与 AB 交于点 F,联结 $AC \cap EF = M$,则 M 必是 EF 的中点(图 78).

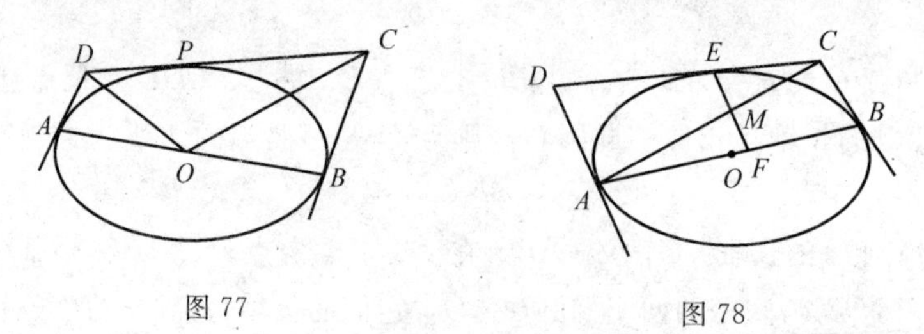

图 77

图 78

79. 椭圆 O 的内接 $\triangle ABC$ 三边的共轭直线 AD，BE，CF 交于点 H，且 $D \in BC$，$E \in AC$，$E \in AB$，则 OA 与 EF，OB 与 DF，OC 与 DE 均为共轭直线.

80. 椭圆 O 的内接四边形 $ABCD$ 的对角线 AC 与 BD 为共轭直线交点为 P，过点 P 作 AD 的平行线交 DC 于点 E，过点 O 作 AB 的平行线交 AD 于点 F，则 BD 与 EF 是共轭直线.

81. 椭圆 O 的内接 $\triangle ABC$，在 AB，AC 边上向外作两个平行四边形 $ABDE$ 和 $ACFG$，邻边为共轭直线，且 AD 与 BE，AF 与 CG 均为共轭直线，则 BG 与 EC 为共轭直线.

82. 长轴平行且相似的两个椭圆 O，O_1 交于 A，B 两点，过点 A，B 分别作椭圆 O 的弦 AD，BC，与椭圆 O_1 分别交于点 E，F，AC，BD 与椭圆 O_1 交于 G，H 两点，则 $EF \parallel GH \parallel AB$.

83. $\square ABCD$ 的对角线 AC 两端在椭圆 O 上，且椭圆 O 与 AB，BC，CD，DA 分别交于点 E，F，G，H，则 $EF \parallel GH$.

84. 椭圆 O 的内接 $\triangle ABC$，三边的共轭直线分别为 AD，BE，CF 并交于点 H，三角形内一点 P，过 P 引 PA，PB，PC 的共轭直线依次与 BC，CA，AB 交于点 R，S，Q，则 R，S，Q 三点共线.

85. 椭圆 O 的内接四边形 $ABCD$ 中对角线 AC，BD 为共轭直线，则 $\triangle OAB$，$\triangle OBC$，$\triangle OCD$，$\triangle ODA$ 的共轭心四点共线.

86. 椭圆 O 的内接四边形 $ABCD$ 的对角线 AC，BD 为共轭直线，BC 中点 P，使 $PR=\frac{1}{2}BC$，点 R 在椭圆内，且 PR 与 BC 为共轭直线. 以 PR 为对角线作 $\square PQRS$，其邻边为共轭直线，联结 AQ，DS，在四边形 $PQRS$ 外作 $\square AQEF$ 和 $\square DSGH$，它们的邻边且其对角线为共轭直线，则 E，R，D 三点共线，Q，S，H 三点共线.

87.（布利安桑定理）椭圆 O 的外切六边形，三对对顶点的连线共点或相互平行.

88. 椭圆 O 与 $\triangle ABC$ 的边 AB，AC 切于点 D，E，与 BC 不相切，又过 B，C 分别作此椭圆的切线交于点 F，则 AF，CD，BE 共点.

89. 线段 AB 上一点 C，以 AB，BC，CA 为长轴作三个相似的半椭圆，（同侧）作 CD 与 AB 为共轭直线，与 $\overset{\frown}{AB}$ 交于点 D，又其他两半椭圆的外公切线 EF，E，F 为切点，则

(1)C,D,E,F 四点共在一个长轴平行于 AB 且与原三椭圆相似的椭圆上；

(2)A,E,D 和 B,F,D 均三点共线；

(3)A,B,E,F 四点共在一个长轴与 AB 平行且与原椭圆相似的椭圆上.

90. 椭圆 O 的内接 $\triangle ABC$ 的共轭心为 H，直线 l 与 BC,CA,AB 分别交于点 $P,Q,R,H \notin l$，作 AD 与 RH，BE 与 PH，CF 与 QH 均为共轭直线，D,E,F 分别为它们的交点，则 D,E,F 三点共线.

91. 椭圆 O 的内接 $\triangle ABC$ 中 BC,CA,AB 上各有一点 D,E,F，且 AD,BE,CF 交于一点 H，则 $\triangle ABC$ 与 $\triangle DEF$ 的对应边的中点连线三线共点.

92. 椭圆 O 的内接 $\triangle ABC$ 中，共轭心 H，$AH \cap BC = D$，$BH \cap AC = E$，$CH \cap AB = F$，$DF \cap AC = N$，$DE \cap AB = M$，$EF \cap BC = L$，则

(1)OB 与 DF，OC 与 DE，OA 与 EF 均为共轭直线；

(2)M,N,L 三点共线；

(3)(2001 年竞赛题)OH 与 MN 为共轭直线.

93.(39 届 IMO 试题) 椭圆 O 的内接 $\triangle ABC$，BC 为椭圆的直径，弦 AE 与 BC 为共轭直线，AF 与 BE 为共轭直线，AF 的中点 M，BM 与椭圆交于点 G，则过 $\triangle AMG$ 三顶点长轴与椭圆 O 的长轴平行且相似的椭圆 O_1 的切线为 BC.

94. 两长轴平行且相似的椭圆外离，作两椭圆的一条外公切线和一条内公切线，将属于每个椭圆的两个切点联结成直线，则此两直线的交点和两椭圆中心三点共线.

95. 三个长轴平行且相似的椭圆两两相外切，O_1，O_2 两椭圆的切点与其他两个切点联结成直线与椭圆 O_3 相交的两个交点，则这两个交点与点 O_3 三点共线.

96. 一个椭圆与 $\triangle ABC$ 的三边 BC,CA,AB 的交点(按顺时针排列)依次为 A_1,A_2,C_2,C_1,B_1,B_2，若过 A_1,B_1,C_1 分别作 BC,CA,AB 的共轭直线交于一点，则过 A_2,B_2,C_2 分别作 BC,CA,AB 的共轭直线也交于一点.

97. 椭圆 O 与直线 l 相离，$E \in l$，OE 与 l 为共轭直线，$M \in l$，过点 M 作椭圆的切线 MA,MB，过点 E 作 CE 与 MA，DE 与 MB 分别为共轭直线，$C \in MA$，$D \in MB$，则 $CD \cap OE = F$，必为定点.

98. 椭圆 O 的内接四边形 $ABCD$ 中，AB,CD,DA 的延长线与椭圆外的一条直线 l 分别交于点 E,F,G，当点 A 在该椭圆上移动时，若 E,F,G 为定点，则

BC 与 l 的交点 H 也为定点.

99. 椭圆 O 的内接 $\triangle ABC$ 的共轭心 H，BC，CA，AB 的中点依次为 M_1，M_2，M_3，$AH \cap BC = D$，$BH \cap CA = E$，$CH \cap AB = F$，D 关于 M_1 的对称点 D_1，E 关于 M_2 的对称点 E_1，F 关于 M_3 的对称点 F_1，则 AD_1，BE_1 和 CF_1 三线共点(此点称为倍位共轭心).

100. 椭圆 O 的直径 CD 与弦 AB 为共轭直线，BD 的中点 M，CM 与椭圆交于点 E，$AE \cap OD = F$，$CE \cap OB = N$，$CD \cap AB = G$，则 $S_{\triangle FBN} : S_{\triangle OMG} = BN : OG$.

101. 椭圆的内接 $\triangle ABC$，过三顶点 A，B，C 分别作其对边的共轭直线 AD，BE，CF，则 AD，BE，CF 共点(此点称共轭心).

102. 相似且对称轴分别平行的两椭圆 O，O_1 交于 E，F 两点，外公切线 AB(A，B 为切点)，$EF \cap AB = D$，DE 延长线上取一点 C，联结 AC 与椭圆 O 交于点 M，联结 BC 与椭圆 O_1 交于点 N，则 $\triangle CMN$ 的长轴与椭圆 O 的长轴平行且相似的外接椭圆与两已知椭圆均相外切.

103. 对称轴平行且相似的椭圆 O_1 与椭圆 O 内切于点 N，椭圆 O 上一点 B，过 B 作椭圆 O_1 的两条切线与椭圆 O 分别交于 A，C 两点，切点为 K，M，$\overset{\frown}{AB}$，$\overset{\frown}{BC}$ 的中点分别为 P，Q，则 $\triangle BQK$，$\triangle BMP$ 的长轴与椭圆 O 的长轴平行且相似，外接椭圆的另一个交点 B_1，则四边形 BPB_1Q 为平行四边形.

104. 椭圆 O 的外切四边形 $ABCD$ 中，AB 与 AD 为共轭直线，AB 上切点 E，CD 上的切点 H，$G \in CH$，$F \in BC$，若 $AG \parallel EF$，则 FG 与椭圆 O 相切.

105. 过椭圆 O 上两点 A，B 的切线交于点 P，过点 P 另作椭圆的割线 PCD，弦 $BH \parallel PA$，$BH \cap AD = F$，$BH \cap AC = E$，则 $BE = BF$.

106. 两长轴平行且相似的椭圆 O，O_1 相交于 P，Q 两点，过 P，Q 分别作直线 PAB，QCD. A，$C \in$ 椭圆 O，B，$D \in$ 椭圆 O_1，AC，BD，OO_1 的中点分别为 M，N，R，则 M，N，R 三点共线.

107. 两长轴平行且相似的椭圆 O，O_1 交于 A，B 两点，过点 A 的直线与 O，O_1 两椭圆分别交于点 R，Q，RQ 的中点 P，BP 与椭圆 O_1 交于点 S，与椭圆 O 交于点 N，则 $PN = PS$.

108. 两长轴平行且相似的椭圆 O，O_1 内切于点 P，椭圆 O 上一点 A，过点 A 作椭圆 O_1 的两条切线与椭圆 O 交于 B，C 两点，切点 E，F，联结 O_1A 与椭圆 O

交于点 T,$AT \cap EF = H$,$AT \cap BC = D$,则 $AH : AT = HD : HT$.

109.两长轴平行且相似的椭圆 O,O_1 交于 B,C 两点,过点 C 的椭圆 O_1 的切线交椭圆 O 于点 A,BA 与椭圆 O_1 交于点 E,CE 与椭圆 O 交于点 F,$H \in AF$,$HE \cap$ 椭圆 $O = G$,$EH \cap AC = C_1$,$AC \cap BG = D$,则 $AH : HF = AC_1 : C_1D$($DF /\!/ EH$).

110.过椭圆 O 上两点 C,D 的切线交于点 A.$B \in AD$,BC 的中点为 M,$AM \cap CD = N$,则 ON 与 BC 为共轭直线.

111.两长轴平行且相似的椭圆 O,O_1 交于 A,B 两点,椭圆 O 上一点 C,AC 与 BC 分别与椭圆 O_1 交于点 D,E,则 DE 平行于点 C 处椭圆 O 的切线.

112.椭圆 O 内接 $\triangle ABC$ 的共轭心 H,$AH \cap BC = D$,$BH \cap CA = E$,$CH \cap AC = F$,AH,BH,CH 的中点分别为 E_1,F_1,G_1,BC,CA,AC 的中点 E_2,F_2,G_2,则 D,E,F,E_1,F_1,G_1,E_2,F_2,G_2 九点共椭圆于长轴与椭圆 O 长轴平行且相似的椭圆 O_1 上(称九点椭圆).

113.过椭圆 O 的内接四边形 $EFGH$ 的四个顶点作四条切线得椭圆 O 的外切四边形 $ABCD$,则两四边形的对角线共点.

114.三个长轴互相平行且相似的椭圆 O,A,B,椭圆 A,B 交于 C,D 两点,且与椭圆 O 内切于点 M,N,CD 与椭圆 O 交于点 P,PM 与椭圆 A 交于点 E,PN 与椭圆 B 交于点 F,则 EF 是两椭圆 A,B 的公切线.

115.三个长轴平行且相似的椭圆 O_1,O_2,O,两椭圆 O_1,O_2 交于 M,N 两点,椭圆 O_1,O_2 与椭圆 O 分别内切于点 S,T,则 OM 与 MN 为共轭直线的充要条件为 S,N,T 三点共线.

116.两长轴互相平行且相似的椭圆 O,O_1 交于 C,D 两点,椭圆 O 上一点 B,BC 为椭圆 O_1 的切线,椭圆 O 的 $\overset{\frown}{CD}$ 上一点 A,$DA \cap BC = F$(DF 与椭圆 O_1 交于点 E),则 $BA /\!/ CE$.

117.两长轴互相平行且相似的椭圆 O,O_1 交于点 C,B,点 $O \in \overset{\frown}{CB}$,过点 C 的椭圆 O_1 的切线与 O 交于点 A,AB 与椭圆 O_1 交于点 E,CE 与椭圆 O 交于点 F,$H \in AF$,HE 与椭圆 O_1 交于点 G,则 $HC /\!/ FG$.

118.过椭圆 O 上的两点 B,C 的切线交于点 P,过点 A 的割线 PAD,$PD \cap BC = M$,则 $\frac{1}{PA} + \frac{1}{PD} = \frac{2}{PM}$.

119. 两长轴互相平行且相似的椭圆 O,O_1，联结 OO_1 与两椭圆的交点依次为 A,B,C,D. $A,C\in$ 椭圆 O，两椭圆交点 E,F 且 $P\in EF$，CP 与椭圆 O 交于点 M，BP 与椭圆 O_1 交于点 N，则 AM,EF 与 DN 三线共点.

120. 椭圆 O 的内接 $\triangle ABC$，AB，AC 上各一点 D，E，CD 与 AB，BE 与 AC 分别为共轭直线，DE 的中点 F，M 为 BC 的中点，则 $AO\parallel FM$.

121. 长轴互相平行且相似的三个椭圆 O,O_1,O_2，椭圆 O,O_1 外离，联结 OO_1 与两椭圆的交点依次为 C,C_1,D,D_1，椭圆 O_2 与椭圆 O,O_1 分别外切于 A，B，则过 A,B,C,D 四点存在长轴与椭圆 O 长轴平行且相似的椭圆.

122. 椭圆 O 的直径 AB，过点 B 的切线 PB，PO 与椭圆交于 C,D 两点，割线 PEF，$AE\cap OC=G$，$AF\cap OD=H$，则 $OH=OG$.

123. 两个长轴互相平行且全等的椭圆 O,O_1 相交于 A,B 两点，以 A 为中心的椭圆与椭圆 O 长轴平行且相似，椭圆 A 与椭圆 O,O_1 分别交于 P,Q(P,Q 在 AB 的同侧)，则 B,Q,P 三点共线.

124. 两长轴平行且相似的椭圆 O,O_1 相交于 A,B 两点，过 A 的直线与椭圆 O,O_1 分别交于点 C,D，$\overset{\frown}{AC}$ 上一点 E，BE 与 CD 交于点 G，与椭圆 O 交于点 F，则 $CE\parallel DF$.

125. 两轴互相平行且全等的椭圆 O,O_1 相交于 A,B 两点，过 A 的直线与椭圆 O,O_1 分别交于 C,D 两点，CD 的中点 E，则 BE 与 CD 为共轭直线.

126. 两长轴互相平行且相似的椭圆 O,O_1 相外离，外公切线 A_1A_2，内公切线 B_1B_2，$A_1,B_1\in$ 椭圆 O，$A_2,B_2\in$ 椭圆 O_1，则 O_1O_2，A_1B_1，A_2B_2 三线共点.

127. 椭圆 O 的共轭直径 AB，CD，G 是 OC 中点，H 是 OB 中点，弦 AE 过点 G，弦 CF 过点 H，则 AE，CF 为共轭直线.

128. 两长轴互相平行且相似的椭圆交于 P,S 两点，$R,A\in$ 椭圆 O，$D,E\in$ 椭圆 O_1，S,R,E 三点共线，A,D,S 三点共线，且 $DR\parallel AE$，$AR\cap DE=C$，联结 SC 与椭圆 O_1 交于 H，则 $PH\parallel DE$.

129. 两长轴平行且相似的椭圆 O,O_1 外切于点 C，过 C 作两椭圆的直径 CA，CB，AB 中点为 D，以 D 为中心长轴与椭圆 O 长轴平行且相似的椭圆 D 与椭圆 O 交于 E,E_1，与椭圆 O_1 交于 F,F_1，E,F 在 AB 两侧，E_1,F_1 在 AB 两侧，则 E,C,F_1 和 E_1,C,F 分别共线.

130. 椭圆 O 的弦 AB 的中点 M，过 M 的弦 CD，过 C,D 分别作椭圆 O 的切

线，与 AB 分别交于点 P，Q，则 $PA=QB$.

131. 椭圆 O 上两点 A，B 的切线交于点 P，直径 AC，过切点 B 作 DB 与 AC 交于点 D，且为共轭直线，$PC \cap BD=E$，则 E 是 BD 的中点.

132. 椭圆 O 的两条弦 $AB \cap CD=E$，过点 E 作 BC 的平行线与 AD 交于 F，过点 F 作椭圆的切线 FG，G 为切点，则 $FG=FE$.

133. 椭圆 O 的两条割线 PAB 和 PCD，$BC \cap AD=Q$，PQ 与椭圆交于点 E，F，弦 $DM \parallel EF$，则 BM 必平分 EF.

134. 两长轴互相平行且相似的椭圆 O，O_1，外切于点 A，外公切线 BC（B，C 为切点），BC 上一点 M，过 M 作 BM 的共轭直线 l，AC，AB 与 l 分别交于点 D，E，则 $AE=AD$.

135.（坎迪定理）椭圆 O 的弦 AB 上一点 M，过 M 作两条弦 CD，EF，ED，CF 与 AB 分别交于点 P，Q，DF，CE 与 AB 分别交于点 P_1，Q_1，则

(1) $\frac{1}{AM}-\frac{1}{BM}=\frac{1}{PM}-\frac{1}{QM}$；

(2) 当 P_1，Q_1 位于 CD 两侧时，$\frac{1}{AM}-\frac{1}{BM}=\frac{1}{P_1M}-\frac{1}{Q_1M}$；

(3) 当 P_1，Q_1 位于 CD 同侧时，$\frac{1}{AM}-\frac{1}{BM}=\frac{1}{P_1M}+\frac{1}{Q_1M}$.

136. 椭圆 O 的切线 AP，P 为切点，椭圆内一点 K，$AK=AP$，过点 A 的割线 ABC，BK 与 CK 与椭圆分别交于点 M，N，则 $MN \parallel AK$.

137. 两长轴平行且相似的椭圆 O，O_1 相交于 A，D 两点，过 A 分别作椭圆 O，O_1 的直径 AB，AC，则 B，D，C 三点共线.

138. 过椭圆 O 上两点 B，C 的切线交于点 A，$AO \cap BC=M$，过点 A 的割线 APQ，则过 P，Q，M，O 四点存在长轴与椭圆 O 长轴平行且相似的椭圆.

139. 过椭圆 O 上的两点 B，C 的切线交于点 A，割线 APQ，弦 $BR \parallel AQ$，$CR \cap AQ=M$，则过 A，B，C，O，M 五点存在长轴与椭圆 O 长轴平行且相似的椭圆.

140. 椭圆 O 的内接四边形 $A_1A_2A_3A_4$，H_1，H_2，H_3，H_4 分别是 $\triangle A_2A_3A_4$，$\triangle A_3A_4A_1$，$\triangle A_4A_1A_2$ 和 $\triangle A_1A_2A_3$ 的共轭心，则 H_1，H_2，H_3，H_4 必同在一个长轴与椭圆 O 长轴平行且相似的椭圆上.

141. 三个长轴平行且相似的椭圆 O，O_1，O_2 两两相离（不全等），每两个椭

圆的外公切线各有一个交点,则三交点共线.

142. $\triangle ABC$ 的内切椭圆 O,BC,CA,AB 上的切点分别是 D,N,M,过 BC 延长线上一点 P 作椭圆的切线 PG,G 为切点,$BG\cap DM=Q$,$CG\cap DN=R$,则 P,R,Q 三点共线的充要条件是 A,D,G 三点共线.

143. 三个长轴互相平行且相似的椭圆两两外切,则三条内公切线共点.

144. 上题中三椭圆两两相交,则三公共弦共点.

145. 长轴平行且相似的两个椭圆 O,O_1 外切于点 C,外公切线 AB,则 AC 与 BC 为共轭直线.

146. 长轴平行且相似的两个椭圆 O,O_1 外切于点 P,过 P 的直线与两椭圆 O,O_1 分别交于点 A,B,外公切线 CD,A,C 在椭圆 O 上,B,D 在椭圆 O_1 上,则 AC 与 BD 为共轭直线.

147. 长轴平行且全等的椭圆 O,O_1 交于 A,B 两点,过 AB 的中点 M 的两条直线与椭圆 O 交于 C,D 两点,与椭圆 O_1 交于 E,F 两点,则 C,D,E,F 四点在长轴与椭圆 O 的长轴平行且相似的椭圆上.

148. 椭圆 O 的内接 $\triangle ABC$ 的共轭心 H,$\triangle BCH$ 的外接椭圆 O_1 与以 AB 为直径的椭圆 O_2 的另一个交点为 D,$AD\cap CH=M$,则 M 为 CH 的中点(O,O_1,O_2 三椭圆长轴平行且相似).

149. 长轴平行且相似的两个椭圆 O,O_1 交于 A,B 两点,过大椭圆中心 O 作椭圆 O_1 的切线与椭圆 O 交于点 D,切点为 C,椭圆 O 的弦 AE 的中点 G 在 CD 上,过点 G 作 GF 与 DE 为共轭直线,$F\in DE$,则 GF 平分 AB.

150. 长轴平行且相似的两个椭圆 O,O_1 相交于点 R,Q,连心线与椭圆 O 交于点 A,C,与椭圆 O_1 交于点 B,D,RQ 上一点 P,CP 交椭圆 O 于点 M,BP 交椭圆 O_1 于点 N,D,A 两点在 RQ 两侧,则 RQ,AM,DN 三线共点.

151. 过椭圆内一定点 M 的弦两端的切线交点共线.

152. 椭圆 O 的内接 $\triangle ABC$ 的共轭心为 H,AC 的中点 M,$AH\cap BC=D$,$BH\cap AC=E$,$CH\cap AB=F$,$OB\cap AC=P$,$DF\cap BE=Q$,则 $PQ\parallel MH$.

153. 椭圆内接四边形 $ABCD$ 中,$AD\cap BC=F$,$AB\cap DC=E$,$AC\cap BD=T$,椭圆上任一点 P,PE,PF 与椭圆分别交于点 R,S,则 R,S,T 三点共线.

154. 长轴互相平行且相似的两椭圆 O,O_1 相内切于点 P,椭圆 O 上有一点

A,过 A 作椭圆 O 的弦 AB,AC 与椭圆 O_1 相切于 E,F 两点,过点 A 的弦 AT 与 EF,BC 分别交于点 H,D,则 $AH:AT=HD:HT$.

155. $\triangle ABC$ 的三边 BC,CA,AB 与椭圆 O 分别相切于点 D,E,F. $\overset{\frown}{EF}$ 上取一点 G,过 G 的切线与 BC 平行,$AG\cap BC=H$,则 $BD=HC$.

156. 长轴互相平行且相似的两个椭圆 O,O_1 外切于点 P,外公切线 QR,切点 $Q\in$ 椭圆 O,过点 Q 作 O_1Q 的共轭直线 QS,过点 R 作 OR 的共轭直线 RS(两直线交于 S),过点 S 作 OO_1 的共轭直线交 OO_1 于点 N,$SN\cap QR=M$,则 PM,OR,O_1Q 三线共点.

157. 椭圆 O 的直径 CH 延长线上一点 A,过 A 作射线 AB 与点 H 处椭圆的切线 l 平行,AB 上取任意一点 P,过 P 作椭圆的切线 PD,PE,D,E 为切点,则 DE 必过定点.

158. $\triangle ABC$ 的边 AB,BC,CA 上的三个长轴互相平行且相似的旁切椭圆 O,P,Q,直线 BC 与椭圆 O,P,Q 依次相切于点 C_1,D_1,B_1,直线 AC 与椭圆 O,Q,P 分别相切于点 A_1,D_2,C_2,直线 AB 与椭圆 O,P,Q 分别相切于点 A_2,D_3,B_2,$A_1A_2\cap BC=A_3$,$B_1B_2\cap AC=B_3$,$C_1C_2\cap AB=C_3$,则 A_3,B_3,C_3 三点共线.

159. 椭圆 O 的外切 $\triangle ABC$,AB,BC 边上的切点 E,F,$AO\cap EF=G$,则 CG 与 AG 为共轭直线.

160. 椭圆 O 的内接四边形 $ABCD$,且存在一个椭圆 P,其长轴与椭圆 O 的长轴平行且相似,椭圆 P 又是四边形 $ABCD$ 的内切椭圆,则四边形 $ABCD$ 的对边切点连线为共轭直线.

161. 椭圆 O 与等腰 $\triangle ABC$ 两腰切于 M,K 两点,点 A 在椭圆短轴延长线上,过点 C 作椭圆的切线 CN,切点为 N,则 MN 平分 BC.

162. 椭圆 O 外两定点 A,B,过 B 的割线 BPQ,作 AP,AQ 分别与椭圆交于 R,S,则过 R,S,A 三点的椭圆 M 必过定点,椭圆 M 与椭圆 O 的长轴互相平行且相似.

163. 椭圆 O 的外切 $\triangle ABC$,AC,BC 上的切点分别为 D,E,$BO\cap DE=F$,则 AF 与 BF 为共轭直线.

164. 三个长轴互相平行且相似的椭圆 O,P,Q,两两外切,椭圆 P,Q 切于点 A,另外两切点 B,C,AB,AC 的延长线与椭圆 O 分别交于点 D,E,则 D,O,E 三点共线.

165. 两长轴互相平行且相似的椭圆 O,P 相交于点 G,D,过点 G 的直线与椭圆 O,P 分别交于点 B,C. GD 延长线上一点 A,AB 与椭圆 O 交于点 F,AC 与椭圆 P 交于点 E,则必有一个椭圆过 A,E,D,F 四点,此椭圆的长轴与椭圆 O 长轴平行且相似.

166. 长轴互相平行且相似的两个椭圆 O,P 相外离,外公切线 EF,E,F 为切点,两内公切线 BH,GC,B,C,G,H 为切点,$BH\cap CG=A$,$EG\cap FH=P$,E,B,G 在椭圆 O 上,C,F,H 在椭圆 P 上,则 PA 与 BC 为共轭直线.

167. 椭圆 O 的内接 $\triangle ABC$,椭圆 P 与 AB,AC 分别切于点 E_1,F_1,椭圆 Q 与 BC,CA 切于点 E_2,F_2,椭圆 R 与 BC,AB 切于点 E_3,F_3,且椭圆 P,Q,R 均与椭圆 O 相内切,O,P,Q,R 四椭圆长轴互相平行且相似,则 E_1F_1,E_2F_2,E_3F_3 三线共点.

168. 两长轴平行且相似的椭圆 O,D 相交于点 P,Q,过 Q 的直线与 O,D 两椭圆分别交于点 A,B,过点 A,B 分别作它们所在椭圆的切线交于点 C,则 P,A,C,B 四点在同一椭圆上,此椭圆的长轴与椭圆 O 的长轴平行且相似.

169. 椭圆 O 的内接四边形 $ABCD$,$AC\cap BD=P$,$\triangle ABP$,$\triangle BCP$,$\triangle CDP$,$\triangle DAP$ 的外接椭圆的椭圆中心分别为 O_1,O_2,O_3,O_4(四个椭圆长轴平行且相似),则 OP,O_1O_3,O_2O_4 三线共点.

170. 椭圆 O 的内接五边形 $ABCDE$,A 为椭圆 O 短轴一端点,BD // 长轴,$BD\cap AC=P$,$AE\cap BD=Q$,则 C,P,E,Q 必在椭圆 O_1 上,且 O_1,O 两椭圆长轴平行且相似.

171.(密克点)四直线两两相交构成四个三角形,这四个三角形的外接椭圆的长轴互相平行且相似,则四椭圆共点.

172. 椭圆内接四边形 $ABCD$ 中,$AB\cap CD=P$,$AD\cap BC=Q$,PQ 中点 M,联结 CM 与椭圆 O 交于点 G,则 A,G,P,Q 四点在长轴与椭圆 O 的长轴平行且相似的椭圆 O_1 上.

173. 凸五边形 $ABCDE$,各边两端延长线的交点 F,G,H,I,K,则 $\triangle ABF$,$\triangle BCG$,$\triangle CDH$,$\triangle DET$,$\triangle EAK$ 各外接椭圆的中心共椭圆(所有椭圆的长轴平行且相似).

174. 椭圆内接 $\triangle ABC$ 的共轭心 H,$AH\cap BC=D$,$BH\cap AC=E$,$CH\cap$

$AB=F$,过点 D 作 EF 的平行线与 AB,AC 分别交于点 R,Q,$EF\cap BC=P$,$\triangle PQR$ 的外接椭圆 O_1 的长轴与椭圆 O 的长轴平行且相似,则椭圆 O_1 必经过 BC 的中点.

175. $\triangle ABD$ 的外接椭圆 O 与其内切椭圆的长轴平行且相似,AI 与椭圆 O 交于点 C,则 OI 是 $\triangle BDI$ 的长轴与椭圆 O 的长轴平行且相似的外接椭圆的切线.

176. 长轴互相平行且相似的三个椭圆 O,P,Q 共点于 B,点 A 是椭圆 P,Q 的交点,D 是椭圆 O,Q 的交点,C 是椭圆 O,P 的交点,过点 A 的直线与椭圆 P,Q 交于点 F,E,CE 与椭圆 O 交于点 G,则 F,D,G 三点共线.

177. 椭圆 O 的内接 $\triangle ABC$ 的共轭心 H,BC 中点 M,直径 AD,则 D,M,H 三点共线.

178. 椭圆 O 的内接四边形 $ABCD$,对边 $AB\cap CD=E$,$AD\cap BC=F$,AC 为直径,点 B,D 处的切线交于点 G,则 E,F,G 三点共线,且 AC 与 EF 为共轭直线.

179. 椭圆 O 的内接四边形 $ABCD$,对边 $BA\cap CD=E$,$CB\cap DA=F$,$AC\cap BD=P$,则 $\triangle PEF$ 的共轭心为点 O.

180. 椭圆 O 的内接四边形 $ABCD$,对边 $BA\cap CD=E$,$CB\cap DA=F$,过点 F 作椭圆的切线 FS,FR,S,R 为切点,则 S,R,E 三点共线.

181. 椭圆 O 的直径 BC,椭圆外一点 A,过 A 作椭圆的切线 AP,AQ,P,Q 为切点,若 $\triangle ABC$ 的共轭心为 H,则 P,H,Q 三点共线.

182. 椭圆 O 的内接四边形 $ABCD$,$AB\cap DC=P$,$AC\cap BD=G$,过点 P 作椭圆的切线 PE,PF,E,F 为切点,则 E,F,G 三点共点.

183. 过椭圆 O 上一点 A 作两条弦 AE,AF,E,F 两点的切线交于点 D,过 D 作直线与 AE,AF 分别交于 B,C 两点并使 D 为 BC 的中点,作直径 AG,则 B,G,F 与 C,G,E 分别三点共线.

184. 长轴互相平行且相似的两个椭圆 O,P 相交,过椭圆 O 上一点 A 作椭圆 P 的切线 AE(E 为切点)与椭圆 O 交于点 B,过点 B 作椭圆 P 的切线 BH(H 为切点)与椭圆 O 交于点 C,过点 E 作 BC 的平行线与椭圆 P 交于点 D,则 AD 必是椭圆 P 的切线.

185. 椭圆 O 的内接 $\triangle ABC$ 中,BC 边上一点 P,过 P 作 $PM\parallel AC$,$PN\parallel$

AB，$M \in AB$，$N \in AC$，定点Q满足A，M，Q，N四点在一个椭圆上，此椭圆与椭圆O长轴平行且相似，试确定点Q的位置.

186. 若过$\triangle ABC$顶点B，A的椭圆O与AC相切，过顶点A，C的椭圆P与AB相切，两椭圆长轴互相平行且相似，两椭圆的另一个交点Q必为定点.

187. 在椭圆O的内接四边形$ABCD$中，$AB \cap DC = P$，$AD \cap BC = Q$，PQ中点M，CM与椭圆O交于点G，则Q，P，A，G四点同在椭圆O_1上，且椭圆O_1与O的长轴平行且相似.

188. 凸四边形$ABCD$，椭圆O过A，B且与CD切于点R，椭圆P过C，D与AB切于点Q，椭圆$O \cap$椭圆$P = E, F$，两椭圆O，P长轴互相平行且相似，则EF，AC，BD三线共点.

189. 长轴互相平行的两全等椭圆交于A，B两点，AB中点为M，过M作两直线与两椭圆交于不共线的四点，则此四点共椭圆，此椭圆的长轴与已知两椭圆长轴平行且相似.

190. 椭圆O与定直线l相离，l上一点D，OD与l为共轭直线，l上任意一点P，过P作椭圆的切线PA，PB，A，B为切点，过点D分别作PA，PB的共轭直线得交点分别为M，N，则MN必过定点.

191. 椭圆O的内接六边形，有两组对边分别平行，则第三组对边也平行.

192. 长轴互相平行且相似的椭圆O，P外切于点A，过点A的直线与椭圆O，P分别交于点B，C，则过B，C所在椭圆的切线互相平行.

193. 长轴互相平行且相似的椭圆O，P内切于点R，过点R作椭圆O的两条弦RA，RB与椭圆P分别交于C，D，则$AB \parallel CD$.

194. $\triangle ABC$的内切椭圆O，BC，CA，AB上的切点分别为点D，E，F，$\triangle ABC$的长轴与椭圆O的长轴平行且相似的外接椭圆O_1，椭圆O_1与BO，DF分别交于点P，Q，则PQ必是椭圆O的切线.

195. 椭圆O的内接$\triangle ABC$，直径AA_1，BB_1，过点A_1的弦A_1D，联结$B_1D \cap AC = E$，$B_1D \cap BC = F$，则$OE \parallel BC$，且$B_1E = EF$.

196. $\square ABCD$的相对顶点A，C在椭圆O上，且椭圆O与AB，BC，CD，DA的交点依次为E，F，G，H，则$EF \parallel GH$.

197. 椭圆O的内接四边形$ABCD$，$AC \cap BD = E$，$\triangle EAB$，$\triangle EBC$，$\triangle ECD$，$\triangle EAD$的外接椭圆中心依次为O，P，Q，R，且它们的长轴互相平行且相似，则

四边形 $OPQR$ 为平行四边形,且邻边为共轭直线.

198. 椭圆 O 的外切 $\triangle ABC$,BC,CA,AB 上的切点依次为 D,E,F,$\triangle DEF$ 的共轭心 H,$DH \cap EF = D_1$,$EH \cap DF = E_1$,$FH \cap DE = F_1$,则 $\triangle D_1E_1F_1$ 的三边与 $\triangle ABC$ 的三边分别平行.

199. 长轴互相平行且相似的椭圆 O,P 相交于 A,B 两点,过点 A 作椭圆 O 的切线与椭圆 P 交于点 C,过点 B 的直线交椭圆 O,P 于 E,F 两点,$AC \cap EF = D$,则 $AE \parallel CF$.

200. 长轴平行且相似的椭圆 O,P 交于 A,B 两点,过 B 的直线与椭圆 O,P 分别交于点 C,D,点 A,C,D 同在椭圆 R 上,椭圆 R 的长轴与椭圆 O 的长轴平行且相似,求椭圆 R 的中心 R 的轨迹.

201. 过椭圆 O 上两点 D,E 的切线交于点 A,作椭圆的直径 BC 联结 AB,AC,过点 D,E 分别作 BC 的共轭直线交点分别为 F,G,$DC \cap BE = N$,$DG \cap EF = M$,则 A,M,N 三点共线.

202. 长轴互相平行且相似的椭圆 O,P 相离,外公切线 EF,E,F 为切点,过椭圆 O 上一点 G 作切线与 EF 交于点 C,椭圆 P 上一点 H 的切线与 EF 交于 B,$GC \cap BH = A$,$EG \cap FH = Q$,则 QA 与 EF 为共轭直线.

203. 线段 AC 上一点 B,分别以 AB,BC,CA 为长轴的三个椭圆 P,Q,R,过点 B 的直线与椭圆 P,Q 分别交于点 D,G,与椭圆 Q,R 分别交于点 E,F,则(1)$FD = EG$;(2)椭圆 P,Q 内公切线与椭圆 R 交于点 H,那么椭圆 P,Q 外公切线平行于点 H 处的椭圆 P 的切线(两直线在 AC 的同侧).

204. 椭圆 O 的短一端 M,MO 延长线上一点 A,过 A 作椭圆的两切线与点 M 处的切线围成 $\triangle ABC$,$CO \cap AB = D$,过点 M 作 AC 的平行线与椭圆 O 交于点 E,则 DE 是椭圆 O 的切线.

205. 长轴互相平行且相似的椭圆 P,O 相交于点 A,B,中心 P 在椭圆 O 上,椭圆 O 上一点 C,过 C 作椭圆 P 的切线 CE,CF,E,F 为切点,CF,CE 分别与椭圆 O 交于点 D,G,则 $DG \parallel AB$.

206. 椭圆 O 的内接 $\triangle ABC$,AB,AC 的中点分别为 N,M,$ON \cap AB = E$,$OM \cap AC = F$,则 M,N,E,F 四点同在长轴与椭圆 O 的长轴平行且相似的椭圆 O_1 上.

207. 椭圆 O 的外切四边形 $ABCD$,四边上的切点为 E,F,G,H,则 AC,BD,

EG,FH 四线共点.

208. 长轴互相平行且相似的椭圆 O,P 相交于 B,C 两点，椭圆 O 上一点 A，AB,AC 与椭圆 P 分别交于点 D,E，则 DE 与点 A 处椭圆 O 的切线平行.

209. 四边形 $ABCD$ 的长轴平行且相似的外接椭圆 O 和内切椭圆 P，则对边切点连线为共轭直线.

210. 椭圆 O 的内接 $\triangle ABC$，AB 为直径，过点 C 作 AB 的共轭直线交点为 H，$\triangle ACH$，$\triangle BCH$ 的内切椭圆 P,Q，它们的长轴与椭圆 O 的长轴互相平行且相似，椭圆 P,Q 的外公切线与 AC,BC 分别交于点 D,E，则 A,B,E,D 在同一椭圆上，此椭圆与 O 的长轴互相平行且相似.

211. 长轴互相平行且相似的椭圆 O,P，外切于点 C，椭圆 P 与椭圆 O 的直径 AB 切于点 D，过 A 作椭圆 P 的切线 AE 与椭圆 O 交于 F，E 为切点，$CE \cap BF = N$，与椭圆 O 交于点 G，则 N 为 EG 的中点.

212. 椭圆 O 是 $\triangle ABC$ 的边 BC 上的旁切椭圆与 BC,AC 和 AB 的延长线分别相切于点 D,E,F，过点 A 作 BC 的平行线 l 与 ED,FD 延长线分别交于点 M，N，DM,DN 的中点分别为 P,Q，则 A,E,F,O,P,Q 六点共椭圆，此椭圆与椭圆 O 的长轴互相平行且相似.

213. 对椭圆 O 做外切 $\triangle ABC$，边 BC,CA,AB 上的切点分别为 D,E,F，DD_1,EE_1,FF_1 均为椭圆直径，则 AD_1,BE_1,CF_1 三线共点.

214. 椭圆 O,P 长轴互相平行且相似并内切于点 D，过椭圆 O 上一点 A 作椭圆 P 的切线 AE,AF，E,F 为切点，且 AE,AF 与椭圆 O 交于点 B,C，$AP \cap EF = M$，当点 A 在椭圆 O 上运动时，求点 M 的轨迹.

215. 椭圆 O 的内接四边形 $ABCD$，$AB \cap CD = E$，$AD \cap BC = F$，椭圆上任意一点 P，PE,PF 分别与椭圆 O 交于点 R,S，又 $AC \cap BD = T$，则 R,S,T 三点共线.

216. 长轴互相平行且相似的椭圆 O,P 相交于 C,D 两点，且椭圆 O 上存在一点 E，联结 EC 与椭圆 P 交于点 A，则点 A 处椭圆 P 的切线与点 E 处椭圆 O 的切线为共轭直线. 试确定点 E 的位置.

217. 长轴互相平行且相似的椭圆 O,Q 外切于点 A，OA 的中点 M，过 M 作椭圆 O 的弦 GH 以 M 为中点，过 A 的直线 l 与椭圆 O,Q 分别交于点 B,C，$l \cap GH = P$，则 $AP \cdot BC$ 为定值.

218. 长轴互相平行且相似的三个椭圆 O,P,Q(P 中心在椭圆 O 上)共点于 A,且椭圆 P,Q 相切于点 A,又椭圆 P 与 O 另一交点是 B,椭圆 Q 与 O 的另一交点 C,BA 与椭圆 Q 交于点 D,DC 与椭圆 O 交于点 E,则 BE 是椭圆 P 的切线.

219. 椭圆 O 内接 $\triangle ABC$,BC 为直径,弦 AH 的中点 $D \in BC$,AH 与 BC 为共轭直线,$\triangle ABD$ 和 $\triangle ACD$ 的内切椭圆 I_1,I_2 长轴与椭圆 O 的长轴平行且相似,联结 I_1I_2 的直线与 AB,AD,AC 的交点依次为 E,F,G,则 $I_1F : I_2F = EF : GF$.

220. 两长轴平行且相似的同心椭圆 O,内椭圆上一点 P,任作内椭圆的弦 AP,外椭圆的弦 BPC(且 BPC 与 AP 为共轭直线),则 $\triangle ABC$ 的重心 G 为定点.

221. 长轴平行且相似的两椭圆 O,O_1 相交于 P,Q 两点,点 $M \in PQ$. 直线 l 与椭圆 O,O_1 的交点依次为 A,B,C,D,过 A,D 分别作 PQ 的平行线 AF,DE,$QC \cap DE = E$,$QB \cap AF = F$,则 $EF = AD$.

222. 两长轴互相平行且相似的椭圆 O,S 相交于 A,D 两点,过 D 的直线与椭圆 S,O 分别交于点 B,C,$E \in AD$,BE 与椭圆 O 交于点 M,N,CE 与椭圆 S 交于点 P,Q,则 M,N,P,Q 四点在同一椭圆上,此椭圆长轴与椭圆 O 的长轴平行且相似.

223. 任意五角心形 $A_1A_2A_3A_4A_5 - C_1C_2C_3C_4C_5$,五个小三角形的外接椭圆(长轴互相平行且相似)的交点分别为 B_1,B_2,B_3,B_4,B_5,则 B_1,B_2,B_3,B_4,B_5 五点在同一椭圆上,此椭圆与前面五椭圆长轴平行且相似.

224. 完全四边形 $ABCDEF$ 中,O_1,O_2,O_3,O_4 分别是 $\triangle ACF$,$\triangle ABE$,$\triangle DEF$,$\triangle BCD$ 的外接椭圆的中心,这四个椭圆长轴互相平行且相似,则点 O_1,O_2,O_3,O_4 在同一椭圆上,且此椭圆长轴与上述四椭圆长轴平行且相似.

225. 椭圆 O 的内接 $\triangle ABC$,椭圆 D 与椭圆 O 的长轴平行且相似并内切于点 N,椭圆 O 与 AB,AC 相切于 E_1,F_1,椭圆 R 与椭圆 O 长轴平行且相似并与椭圆 O 内切,与 AC,BC 切于 E_2,F_2 两点,椭圆 G 的长轴与椭圆 O 的长轴平行且与椭圆 O 内切,与 BC,AB 切于 E_3,F_3 两点,则 E_1F_1,E_2F_2,E_3F_3 三线共点.

226. 长轴互相平行且相似的两个椭圆 O,P 相交于 A,B 两点,中心 O 在椭圆 P 上,过点 O 的直线 l,$l \cap AB = C$,l 与椭圆 O 交于 D,T 两点,l 与椭圆 P 交于点 E,且 PT 恰好是椭圆 O 的切线,T 为切点,则 $OC = CT$.

227. 椭圆 O 外两定点 A,B,过 B 的椭圆割线 BPQ,联结 AP,AQ 交椭圆 O

于点 R,S，$\triangle ARS$ 的长轴与椭圆 O 的长轴平行且相似的外接椭圆过定点.

228. 椭圆 O 的两割线 PAB,PCD，过点 A,C 的切线交于点 R 过 B,D 的切线交于 S，$BC\cap AD=Q$，则 P,Q,R,S 四点共线.

229. 椭圆 O 的内接四边形 $ABCD$ 的对角线 $AC\cap BD=G$，$\triangle GAD$，$\triangle GBC$ 的外接椭圆交于另一个交点 M，直线 GM 与 $\triangle GAB$，$\triangle GCD$ 的外接椭圆分别交于点 T,S，且以上五个椭圆长轴互相平行且相似，则 $MT=MS$.

230. 椭圆 O 内接 $\triangle ABC$，BC 的中点为 M，OM 与 AB 交于点 D，与 CA 延长线交于点 E，ED 与椭圆交于点 P，则 $OP^2=OD\cdot OE$.

231. 椭圆上 A,B 两点的切线交于点 P，过 P 的割线 PCD，过 B 作 PA 的平行线分别交直线 AC,AD 于点 E,F，则 $BE=BD$.

232. 三个长轴互相平行且相似的椭圆 O,O_1,O_2，椭圆 O_1 与 O_2 交于 M,N 两点，椭圆 O 与椭圆 O_1,O_2 分别内切于点 S,T，三椭圆共点于 M，则 OM 和 MN 为共轭直线的充要条件是 S,N,T 三点共线.

233. 两个长轴互相平行且相似的椭圆 O,O_1 交于 X,Y，联结 OO_1 与椭圆 O 交于 A,C，与椭圆 O_1 交于 B,D(A,B,C,D 依次排列)，$AD\cap XY=Z$，XY 上异于点 Z 的另一点 P，CP 与椭圆 O 又交于点 M，BP 与椭圆 O_1 交于点 N，则 AM，DN 和 XY 三线共点.

234. 两长轴互相平行且全等的椭圆 A,B，两小圆 C,D 交于 P,Q 两点，而圆 C,D 同时与椭圆 A 内切，又同时与椭圆 B 外切，则 PQ 平分线段 AB.

235. 椭圆 O 的内接 $\triangle ABC$，直线 PQ，$PD\perp BC$ 于点 D，$PE\perp AC$ 于点 E，$PF\perp AB$ 于点 F，$QD_1\perp BC$ 于点 D_1，$QE_1\perp AC$ 于点 E_1，$QF_1\perp AB$ 于点 F_1，则直线 $DE=D_1E_1$ 且为共轭直线.

236. 椭圆 O 的内接四边形 $ABCD$ 中，$AB\cap CD=P$，$AC\cap BD=Q$，A,C 两点处椭圆的两切线交点为 E，B,D 两点处椭圆切线交点为 F，则 P,Q,E,F 四点共线.

237. 椭圆 O 的内接四边形 $CDFE$，$CD\cap EF=B$，CE 上一点 A，若 AF，BC 为共轭直线，则 AD 与 CF 也为共轭直线.

238. 椭圆 O 的弦 $BC\,/\!/\,x$ 轴，椭圆短轴顶点 A，$\angle ABC$ 平分线，$\angle ACB$ 的平分线分别与椭圆 O 交于 E,F 两点，$BE\cap AC=D$，$CF\cap AB=G$，若 $DE=FG$，则 $AB=AC$.

239. 椭圆上 A,B 两点的切线交于点 P，弦 $CD \mathbin{/\!/} AB$，CD 在 $\triangle PAB$ 内，联结 PC 与椭圆交于点 E，联结 PD 与椭圆交于点 F，$OE \cap DF = M$. 求证：M 是 DF 的中点.

240. $\triangle ABC$ 内一点 P，过 P 作三边的共轭直线 PD,PE,PF，$D \in BC$，$E \in AC$，$F \in AB$，过点 D,E,F 的椭圆 O 与 BC,CA,AB 分别交于另外的三点 D_1，E_1，F_1，过 D_1 作直线 $l_1 \mathbin{/\!/} PD$，过 E_1 作直线 $l_2 \mathbin{/\!/} PE$，过 F_1 作直线 $l_3 \mathbin{/\!/} PF$，则 l_1,l_2,l_3 必共点.

241. 椭圆 O 的内接 $\triangle ABC$ 中 BH 是 AC 的共轭直线，$H \in AC$，AB,BC 的中点分别为 M,N，过 A,H,N 三点的椭圆 O_1，过 C,H,M 三点的椭圆 O_2，椭圆 O_1,O_2 与椭圆 O 的长轴互相平行且相似，且这两个椭圆交于另一点 P，MN 的中点 S，则 P,S,H 三点共线.

242. 两椭圆 O 与 O_1 长轴平行且相似，它们的交点 A,B. 外公切线 PQ 和 RS，P,R 两点在椭圆 O 上，若 $SB \mathbin{/\!/} PQ$，射线 SB 与椭圆 O 交于点 C，则 $SB : BC$ 为定值.

243. $\triangle ABC$ 的边 BC 是椭圆的一条直径，AB,AC 与椭圆交于 F,E 两点. $BE \cap CF = H$，过点 A 作椭圆的两条切线 AP,AQ，P,Q 为切点，则 P,Q,H 三点共线.

244. 椭圆 O 与 $\triangle ABC$ 的边 BC,CA,AB 分别切于点 D,E,F，$OD \cap EF = G$，$AG \cap BC = H$，则 $BH = CH$.

245. 椭圆 O 的直径 AB，椭圆外一点 C，AC,BC 与椭圆分别交于点 F,E. E,F 两点处椭圆切线交于点 P，则 CP 与 AB 为共轭直线.

246. 椭圆 O 的内接四边形 $ABCD$，$BA \cap CD = E$，过 A,D 两点的椭圆的切线交于点 F，$AC \cap BD = G$，则 E,F,G 三点共线.

247. 椭圆 O 的外切 $\triangle ABC$，BC,AC 上的切点为 D,E. $BO \cap DE = G$，则 AG 与 BG 为共轭直线.

248. 椭圆 O 的一条直径 AB，弦 CD 与 AB 为共轭直线，OC 的中点为 E，联结 AE 与椭圆交于点 P，$DP \cap BC = F$，则 F 为 BC 的中点.

249. 椭圆 O 的短轴延长线上一点 A，过点 A 作椭圆的切线 AE,AF，E,F 为切点，过点 O 的直线与 AE,AF 交于点 B,C，且点 O 是 BC 的中点，在 $\overset{\frown}{EF}$ 上取一点 D，过 D 的椭圆切线与 AB,AC 交于点 P,Q，$CP \cap EF = R$，则 $QR \mathbin{/\!/} AB$.

250. 椭圆 O 的内接 $\triangle ABC$，过点 A 的切线 $AP \cap BC = P$，AC 延长线上一点 D，使 $BD \parallel AP$，$OP \cap BD = M$，BD 中点为 N，则 ON 与 AM 为共轭直线.

251. 四条直线两两相交形成四个三角形，它们的长轴平行且相似的外接椭圆共点.

252. 椭圆 O 的外切 $\square ABCD$，邻边为共轭直线，椭圆的一切线与 BC，CD 分别交于点 E，F，AB 上的切点为 G，则 $AF \parallel GE$.

253. 过椭圆 O 外一点 P 作切线 PA，PB，A，B 为切点，$AB \cap PO = D$，过点 A 作直径 AE. 联结 PE 与椭圆交于点 C，则 AE 必是 $\triangle ACD$ 的长轴与椭圆 O 的长轴平行且相似的外接椭圆 O_2 的切线.

254. 椭圆 O 与 $\triangle ABC$ 的边 BC 切于点 D，且与 AB，AC 的延长线分别切于点 M，N，过点 D 的直径 DE，$AE \cap BC = F$，则 $BF = CD$.

255. 椭圆 O 的直径 AB，过点 B 的切线 BC，作 $AD \parallel OC$，点 D 在椭圆上，$AC \cap DB = P$，则 $PB = PC$.

256. 椭圆 O 的外切 $\triangle ABC$ 边 BC，AC，AB 上的切点分别为 D，E，F，过点 F 作 BC 的平行线交 DA，DE 于点 H，G，则 $FH = HG$.

257. 椭圆 O 外一点 P，切线 PA，A 为切点，割线 PBC，过点 B 作 AP 的平行线交 AC 于点 D，$OP \cap BD = N$，BD 的中点为 M，则 ON 与 AM 为共轭直线.

258. 椭圆 O 的内接四边形 $ABCD$，$AC \cap BD = S$，过点 S 分别作 AB，CD 的共轭直线 SE，SF，$E \in AB$，$F \in CD$，若 EF 中点为 M，则过点 M 且与 EF 共轭的直线必平分 BC 和 AD.

259. 椭圆 O 的直径 AB 延长线上一点 C，过点 C 作椭圆的割线 CDE，过 B，O，D 三点的椭圆 O_1 长轴与椭圆 O 的长轴平行且相似，椭圆 O_1 的直径 OF，联结 CF 与椭圆 O_1 交于另一点 G，则过 O，A，E，G 四点必存在椭圆 O_3，且椭圆 O_3 与椭圆 O 长轴平行且相似.

260. 椭圆 O 的内接四边形 $AEFG$，$AE \cap GF = B$，$AG \cap EF = C$，BC 中点为 D，$AD \cap BG = M$，$CM \cap AB = N$，AD 与椭圆 O 交于点 H，GN 与椭圆 O 交于点 L，则 C，H，L 三点共线.

261. 椭圆 O 的长轴 AB 上一点 P，以 AP 为半长轴点 A 为中心的椭圆 A，以 BP 为半长轴的椭圆 B（B 为中心），A，B，O 三椭圆长轴平行且相似，椭圆 A 与 O 交于点 C，椭圆 B 与 O 交于点 D，CD 中点为 M，则 PM 是椭圆 A，B 的公切线.

262. 椭圆 O 的弦 AB，过点 O 作 AB 的共轭直线与椭圆 O 交于点 M，椭圆 O 外一点 C，过 C 作椭圆 O 的两条切线 CS，CT，TS 为切点，$MS \cap AB = E$，$MT \cap AB = F$，过 E，F 两点分别作 AB 的共轭直线分别与 OS，OT 交于 Z，F 两点，再过 C 作割线 CPQ，联结 MP 交 AB 于点 R，过点 P，Q，R 的椭圆中心 Z，椭圆 Z 与椭圆 O 长轴平行且相似，则 Z，F，Z 三点共线.

263. 椭圆 O 内两条弦 $AC \cap BD = P$，点 $E \in AB$，点 $F \in CD$，且 AB 与 PE，CD 与 PF 分别为共轭直线，$CE \cap BF = Q$，则 PQ 与 EF 为共轭直线.

264. 椭圆 O 外一点 P，过 P 作椭圆 O 的切线 PA，PB，A，B 为切点，过 P 作椭圆 O 的割线 PCD，与 AB 交于点 E，$EF \perp PA$ 于点 F，则 FE 平分 $\angle CFD$.

265. 椭圆 O 的两条割线 PAB 和 ACD，$AD \cap BC = Q$，割线 PEF 过点 Q，过点 B，D 作 EF 的平行弦 BM，DN，则 BN，DM，EF 三线共点.

266. 椭圆 O 的内接四边形 $ABCD$，其对边不平行，且四边均不过中心 O，AD，BC 的中点分别为 M，N，$\triangle OAB$ 和 $\triangle OCD$ 的外接椭圆长轴与椭圆 O 的长轴平行且相似，两椭圆交于 O，E 两点，则过 O，E，M，N 四点存在一个长轴与椭圆 O 的长轴平行且相似的椭圆.

267. 过椭圆 O 外一点 P 作切线 PS，PT，$\overset{\frown}{ST}$ 上一点 C，过 C 作椭圆 O 的切线与 PS，PT 分别交于点 A，B. $\triangle PAB$ 的内切椭圆 I，长轴与椭圆 O 长轴平行且相似，又与 BC 边切于点 D，过点 A 作 PO 的共轭直线，交点为 E，过点 B 作 AE 的平行线与 PO 交于点 F，则过 C，E，D，F 四点存在一个与椭圆 O 长轴平行且相似的椭圆.

268. 椭圆内接 $\triangle ABC$，点 A 处椭圆的切线与 BC 交于点 D，过 AB 中点 H 作 AB 的共轭直线与过点 B 作 BC 的共轭直线交于点 E，过 AC 中点 K 作 AC 的共轭直线与过点 C 作 BC 的共轭直线交于点 F，则 D，E，F 三点共线.

269. 长轴互相平行且相似的两个椭圆 O_1，O_2 的一个交点为 P，外公切线 AB，A，B 为切点，过点 A 作 O_1O_2 的共轭直线与 O_1O_2 交于点 C，A，P 两点在 O_1O_2 两侧，则 AP 与 PC 为共轭直线.

270. 椭圆 O 与椭圆 O_1 长轴互相平行且相似，相交于 A，B 两点，椭圆 O_1 的弦 AC 与椭圆 O 切于点 A，BO 恰是椭圆 O_1 的切线且与椭圆 O 交于点 D，过点 A 作 CD 的共轭直线与椭圆 O 交于点 E，过点 A 且与 DE 共轭的直线与 DE 交于点 F，则 O_1D 平分线段 AF.

271. 椭圆 O 的内接四边形 $ABCD$，$BA \cap CD = P$，$BC \cap AD = Q$，$AC \cap BD = M$，则点 O 是 $\triangle PMQ$ 共轭心.

272. 长轴平行且相似的椭圆 O 和椭圆 O_1 分别是 $\triangle ABC$ 的外接椭圆和内切椭圆，与 BC，CA，AB 分别切于点 D，E，F，椭圆 O_2 与椭圆 O_1，O 分别切于点 D，K，椭圆 O_3 与椭圆 O_1，O 分别切于点 E，M，椭圆 O_4 与椭圆 O_1，O 分别切于点 F，N，以上所有椭圆长轴均平行且相似，则 DK，EM，FN 三线共点于 P.

273. 椭圆 O 上两点 A，B 的切线交于点 P，作两条割线 PCD 和 PEF，$DE \cap CF = G$，则 A，G，B 三点共线.

274. 椭圆 O 上两点 A，B 的切线交于点 P，$\overset{\frown}{AB}$ 上一点 C，过点 C 的椭圆的切线与 PA，PB 分别交于点 D，E，过 P，D，E 三点的椭圆 O_1 与椭圆 O 的长轴互相平行且相似，$\triangle ABC$ 的重心为 G，则 O，G，O_1 三点共线.

275. 椭圆 O 的内接 $\triangle ABC$ 为不等边三角形，H 为其共轭心，$BH \cap AC = E$，$CH \cap AB = F$，$AH \cap BC = D$，$\triangle BDE$ 和 $\triangle CDF$ 的两外接椭圆另一个交点 G，这两个椭圆长轴平行且相似，直线 AG 与 $\triangle BDE$，$\triangle CDF$ 的外接椭圆分别交于点 M，N，则 ME，NC，AH 三线共点.

276. 椭圆 O 的内接 $\triangle ABC$ 中 $AB > AC$，$\triangle ABC$ 的内切椭圆 O_1 切 BC 于点 E，O，O_1 两椭圆长轴平行且相似，联结 AE 交内切椭圆于点 D，在线段 AE 上取一异于点 E 的另一点 F，使 $CE = CF$，CF 的延长线与 BD 交于点 G，则 F 为 CG 的中点.

277. 椭圆 O 的内接 $\triangle ABC$ 的共轭心 H，以 BC 中点 A_0 为中心，作椭圆 A_0 过点 H，椭圆 A_0 与 BC 交于 A_1，A_2 两点，以 CA 中点 B_0 为中心作椭圆 B_0 过点 H，椭圆 B_0 与 AC 交于 B_1，B_2 两点，以 AB 中点 C_0 为中心过点 H 作椭圆 C_0 与 AB 交于 C_1，C_2 两点，且三椭圆长轴平行且相似，则过点 A_1，A_2，B_1，B_2，C_1，C_2 必存在一个椭圆，此椭圆与前四个椭圆长轴平行且相似.

278.（朗古莱定理）从椭圆上四个点 A_1，A_2，A_3，A_4 中任意取三点作三角形，椭圆上任意一点 P，作点关于这四个三角形的西姆松线，再从点 P 分别作这四条西姆松线的共轭直线，则四个交点共线.

279. O，O_1，O_2 为三个长轴平行且相似的椭圆，椭圆 O，O_1 外切于点 A，椭圆 O_2 与 O_1，O 分别外切于 B，C 两点，联结 AC 与椭圆 O_1 交于点 E，联结 AB 与椭圆 O 交于点 D，则(1) $BE \parallel CD$；(2) BE 与 BC 为共轭直线；(3) 若 BE 与椭圆

O_2 交于点 F，DC 与椭圆 O_2 交于点 G，则 G，O_2，B 三点共线，C，O_2，F 三点共线.

280. 椭圆 O 的长轴 AB，椭圆上一点 C，以 AC，BC 的中点 M，N 为中心的椭圆 M，N. 椭圆 M 过 A，C 两点，椭圆 N 过 B，C 两点，点 C 处椭圆 O 的切线与椭圆 M，N 分别交于点 E，D，则 $CD = CE$.

281. 过椭圆上 A，B 两点的切线交于点 P，弦 $CD \parallel AB$，割线 PCE，则 DE 平分 AB.

282. 椭圆外切 $\triangle ABC$，边 BC，CA，AB 上的切点分别为 D，E，F，AD 与椭圆交于另一点 P，过 P 作 AD 的共轭直线与 EF 交于点 Q，DE，DF 与 AQ 分别交于点 M，N，则 A 是 MN 的中点.

283. 三个长轴互相平行且相似的椭圆，每两个椭圆的外公切线交于一点，则这三个交点共线.

284. 过椭圆外一点 P 作椭圆的切线 PC 和割线 PBA，C 为切点，联结 OC 与椭圆交于点 D，$BD \cap PO = E$，则 AC 与 CE 必为共轭直线.

285. 椭圆的直径 BC，椭圆外一点 A，过 A 作椭圆的切线 AP，AQ，Q，P 为切点，H 是 $\triangle ABC$ 的共轭心，则 P，H，Q 三点共线.

286. 椭圆 O 的内接 $\triangle ABC$ 的 AB，AC 边上的旁切椭圆 O_1，O_2，BC 上的两切点 E，F，AB 与椭圆 O_2 切于点 H，椭圆 O_1 与 AC 切于点 G，$EG \cap FH = P$，则 PA 与 BC 为共轭直线.

287. 椭圆内接 $\triangle ABC$，椭圆上一点 P，四边形 $PAQB$ 和 $PCRA$ 均为平行四边形，H 为 $\triangle ABC$ 的共轭心，$BH \cap AC = E$，若 $AQ \cap HR = S$，则 $SE \parallel AP$.

288. 椭圆内接四边形 $ABCD$，$AB \cap DC = P$，$AD \cap BC = Q$，过点 Q 作椭圆的两切线，E，F 为切点，则 P，E，F 三点共线.

289. 椭圆 O 的内接 $\triangle ABC$，再过 A，C 两点作椭圆 O_1 与 AB，BC 分别交于点 K，N，$\triangle BRN$ 的外接椭圆 O_2 与椭圆 O 交于点 M，椭圆 O_1，O_2 长轴与椭圆 O 的长轴互相平行且三椭圆相似，则 BO 与 OM 必为共轭直线.

290. 三椭圆 O，O_1，O_2 中，O_1，O_2 交于点 M，N，O_1，O_2 与 O 分别内切于点 S，T. 若 ST 与 MN 为共轭直线，则 S，N，T 三点共线；反之，若 S，N，T 三点共线，则 ST 与 MN 为共轭直线.

291. 椭圆 O 内一点 P（异于 O），过点 P 的 n 条弦 M_1N_1，M_2N_2，$\cdots$，M_nN_n，其中任意两条弦的四个端点均在一个椭圆上，共有 $\frac{1}{2}n(n-1)$ 个椭圆或 $\frac{1}{2}n(n-1)$

个四边形(这些椭圆长轴与椭圆 O 长轴平行且相似),每个四边形的对边延长得到两个交点 $E_i,F_i(i=1,2,\cdots,\frac{1}{2}n(n-1))$,则

$$E_1,E_2,\cdots,E_{\frac{1}{2}n(n-1)},F_1,F_2,\cdots,F_{\frac{1}{2}n(n-1)}$$

这 $n(n-1)$ 个点共线.

292. 椭圆的一条直径 AB,AB 延长线上一点 P,$BP=\frac{1}{2}AB$,过点 P 作切线 PD,D 为切点,过点 A 作 PD 的共轭直线与 PD 交于点 C,AC 与椭圆交于点 E,联结 PE 与椭圆交于点 F,$AF\cap PC=G$,过点 C 作 AB 的共轭直线交 AB 于点 H,则 EH 和 GH 为共轭直线.

293. 给定七个椭圆,长轴互相平行且相似,六个小椭圆与大椭圆都内切,且相邻两个小椭圆均外切,小椭圆与大椭圆的切点依次为 A_1,A_2,A_3,A_4,A_5,A_6,则 A_1A_4,A_2A_5,A_3A_6 三线共点.

294. 两长轴互相平行且相似的椭圆 O,O_1 相交于 M,N 两点,外公切线与两椭圆 O_1,O 分别切于点 A,B,过点 M 作直线 l 与椭圆 O_1,O 分别交于 C,D 两点,$AC\cap BD=E$,则 EM 与 CD 为共轭直线.

295. 椭圆内接 $\triangle ABC$,BC 为长轴,过点 A 的切线与 BC 延长线交于点 D,点 A 关于 BC 的对称点 E,过 A 作 BE 的共轭直线交点为 G,AG 的中点 H,BH 与椭圆交于点 M,过 A,D,M 三点的椭圆 O_1 长轴与椭圆 O 长轴平行且相似,则 BD 即是 $\triangle ADM$ 外接椭圆 O_1 的切线.

296. 五边形 $ABCDE$,延长其各边在外部得五个三角形:$\triangle FAB$,$\triangle GBC$,$\triangle HCD$,$\triangle KDE$,$\triangle LCE$,这五个三角形的外接椭圆长轴平行且相似,那么五个椭圆的交点 A_1,B_1,C_1,D_1,E_1 必在一个长轴与前面两椭圆长轴平行且相似的一个椭圆上.

297. 椭圆 O 的外切 $\triangle ABC$,边 BC,CA,AB 上的切点 D,E,F,过点 A 作 BC 的平行线 l,$DE\cap l=M$,$DF\cap l=N$,DM,DN 的中点分别为 P,Q,则 A,E,F,O,P,Q 六点在一个椭圆上,且此椭圆与原椭圆长轴平行且相似.

298. $\triangle ABC$ 的内切椭圆 O,BC 上的切点 K,AD 与 BD 为共轭直线,$D\in BC$,AD 的中点是 M,KM 与椭圆 O 交于点 N,则椭圆 O 与 $\triangle BCN$ 的外接椭圆相切于点 N($\triangle BCN$ 的外接椭圆与椭圆 O 长轴平行且相似).

299. 两长轴平行且相似的椭圆 O,O_1 相交于 A,B 两点,$M\in CD$,$N\in BC$,

$K \in BD$,C 在椭圆 O 上,D 在椭圆 O_1 上,且 A,C,D 三点共线,$MN \parallel BD$,$MK \parallel BC$,过点 N 作 BC 的共轭直线与椭圆 O 的交点为 E,过点 K 作 BD 的共轭直线与椭圆 O_1 交于点 F,则 ME 与 MF 必为共轭直线.

300. 椭圆 O 的内接 $\triangle ABC$,A,B 为定点,C 为动点,AB 的中点 M,过点 M 分别作 AC,BC 的共轭直线得交点 E,F,过 EF 的中点作 EF 的共轭直线 l,则直线 l 必过定点.

301. 椭圆 O,O_1,O_2 长轴平行且相似,椭圆 O_1,O_2 包含在椭圆 O 内,且与椭圆 O 分别相切于点 M,N,过椭圆 O_1,O_2 的交点的直线与椭圆 O 交于 A,B 两点,MA 与椭圆 O_1 交于点 C,MB 与椭圆 O_1 交于点 D,且椭圆 O_2 的中心在椭圆 O_1 上,则 CD 与椭圆 O_2 必相切.

302. 椭圆 O 与 $\triangle ABC$ 的三边 BC,CA,AB 的交点依次为 D_1,D_2,E_1,E_2,F_1,F_2,$D_1E_1 \cap D_2F_1 = L$,$E_1F_1 \cap E_2F_2 = M$,$F_1D_1 \cap F_2D_2 = N$,则 AM,BL,CN 三线共点.

303. 相似的两椭圆 O,O_1,长轴在一条直线上,椭圆 O 长轴为 AC,椭圆 O_1 长轴为 BD,且相交于点 E,F,$EF \cap BC = G$,P 为 EF 上异于点 G 的另一点,BP 与椭圆 O_1 交于点 N,CP 与椭圆 O 交于点 M,M,N 在 AD 同侧,则 AM,EF,DN 三线共点.

304. 椭圆 O 的内接 $\triangle ABC$,BC 上一点 D,AD 与 BC 为共轭直线. AB,AC 的中点分别为 M,N,$\triangle BDM$,$\triangle CND$ 的长轴与椭圆 O 的长轴平行且相似的外接椭圆 I_1,I_2 的另一个交点 K,则 A,M,K,N 四点在同一个长轴与椭圆 O 的长轴平行且相似的椭圆 I_3 上.

305. 椭圆内接 $\triangle ABC$ 的共轭心 H,AH 交 BC 于点 D,CH 交 AB 于点 E,BH,AC 的中点分别为 M,N,则 MN 与 DE 为共轭直线.

306. 椭圆 O 内接 $\triangle ABC$,椭圆的直径 PQ,则 P,Q 两点的西姆松线为共轭直线.

307. 椭圆 O 的长轴上一点 G,过 G 作长轴的垂线 l 上一点 P,过 P 作椭圆的两条切线 PA,PB,A,B 为切点,l 与椭圆交于点 C,点 C 处椭圆切线与 PA,PB 交于点 M,N. 则 $\angle PGM = \angle PGN$,且 $\dfrac{PA}{AM} \cdot \dfrac{MC}{CN} \cdot \dfrac{NB}{BP} = 1$.

308. 椭圆 O 的内接 $\triangle ABC$ 中,$AB > AC$,BC 中点为 M,联结 OM 与 $\overset{\frown}{BC}$ 交于点 D,AB,AC 的中点分别为 E,F,联结 OE 与直线 BD 交于点 G,联结 OF 与

CD 交于点 H，过点 C 作 GH 的共轭直线与 AB 交于点 K，则 $DK \parallel AG$.

309.(康托尔定理推广) 椭圆 O 上任意五点，其中任意三点的重心向余下两点的连线作共轭直线. 则这 10 条共轭直线共点.

310. 椭圆上任意 n 个点，任意 $(n-2)$ 个点的重心向余下的两点的连线引共轭直线共点.

311. 椭圆 O 外一点 P，切线 PA，PB(A，B 为切点)，割线 $PCD \cap AB = Q$，则 $PQ^2 = PC \cdot PD - QC \cdot QD$.

312. $\triangle ABC$ 的内切椭圆 O 与 BC，CA，AB 切于点 D，E，F. P 为椭圆 O 内一点，PA，PB，PC 与椭圆 O 交于点 G，H，K，则 DG，EH，FK 三线共点.

313. 椭圆 O 的长轴上一点 F，过点 F 作直线 l 垂直于长轴，l 上任一点 P，直线 PA，PB 与椭圆相切于 A，B 两点，过点 F 作 OA 的平行线与 PA 交于点 D，过点 F 作 OB 的平行线与 PB 交于点 E，则 DE 必过定点.

314. 椭圆 O 的外切 $\triangle ABC$，BC，CA，AB 上的切点分别为 D，E，F，直径 DD_1，EE_1，FF_1，则 AD_1，BE_1，CF_1 三线共点.

315. 椭圆 O 的内接四边形 $ABCD$，$CD \parallel AB$，$AC \cap BD = M$，$AD \cap BC = N$，过点 N 作椭圆的切线 NE，NF，E，F 为切点，则 E，M，F 三点共线.

316. 椭圆 O 外一点 A，作切线 AB，AC，B，C 为切点，AB 上一点 D，作切线 DE，E 为切点，$BC \cap AE = K$，$OE \cap BC = F$，$AF \cap DE = G$，又作 $AH \parallel OG$，$H \in DE$，则 $GE = GH$.

317. 椭圆内接 $\triangle ABC$ 内一点 P，过 P 分别作 BC，CA，AB 的共轭直线交点依次为 D，E，F，过点 A 分别作 PB，PC 的共轭直线，交点依次为 M，N，则 ME，NF，BC 三线共点.

318. 椭圆长轴 BC，椭圆外一点 A，AB，AC 与椭圆 O 分别交于点 C_1，B_1，过点 A 作 BC 的垂线与椭圆 O 交于点 D，E，与 BC 交于点 A，以 AC 为直径作长轴与椭圆 O 的长轴平行且相似的椭圆 O_1，BC_1 与椭圆 O_1 交于点 G，F，则 E，F，D，G 四点在长轴与椭圆 O 长轴平行且相似的椭圆 O_2 上，并确定此椭圆 O_2 中心的位置.

319. 椭圆 O 的内接 $\triangle ABC$，过 A，B，C 三点分别作三条直线使它们交于点 P，且与椭圆分别交于点 A_1，B_1，C_1. 又在椭圆上任取一点 Q，则 QA_1，QB_1，QC_1 与 BC，CA，AB 的对应交点 D，E，F 共线.

320. 椭圆O的内接$\triangle ABC$的边BC,CA,AB上的中点依次为D,E,F,椭圆上任一点P,联结PD,PE,PF与椭圆交于点D_1,E_1,F_1,则AD_1,BE_1,CF_1围成的$\triangle A_0B_0C_0$的面积为定值.

321. 椭圆O的内接四边形$ABCD$,长轴与椭圆O的长轴平行且相似的椭圆O_1与椭圆O内切,又与BC相交且与BD,AC相切于点P,Q,$\triangle ABC$和$\triangle BCD$的内切椭圆,其长轴与椭圆O的长轴平行且相似,则这两椭圆中心都在直线PQ上.

322. 椭圆O的一条直径AB,椭圆上一点C,AC,BC与椭圆O分别交于点P,Q. P,Q两点处椭圆的切线交于点R,A,B两点处的椭圆切线交于点S,则R,C,S三点共线.

323. 椭圆O的内接$\triangle ABC$,长轴与椭圆O的长轴平行且相似的椭圆O_1,与椭圆O内切于点D,且与AB,AC相切于点P,Q. DQ,DP与椭圆O分别交于点K,H,则PQ的中点M就是$\triangle ABC$的长轴与椭圆O的长轴平行且相似的内切椭圆的中心.

324. 椭圆短轴$AB\perp$直线l,l与椭圆相离,椭圆上异于点A,B的另一点C,$AC\cap l=D$,DE与椭圆切于点E,$BE\cap l=F$,AF与椭圆交于点G,弦$GH\parallel l$,则F,C,H三点共线.

325. 椭圆O的焦点F,过点F作直线l与长轴垂直,l上一点P,过P作椭圆的切线PA,PB,A,B为切点,l与椭圆的交点C(点C在较短的$\overset{\frown}{AB}$上),过C作椭圆的切线与PA,PB分别交于点M,N,则$\angle AFM=\angle MFC=\angle CFN=\angle NFB$.

326. $\triangle ABC$的边BC,CA,AB与椭圆O分别交于D,D_1,E,E_1,F,F_1. $\triangle ABC$内一点P,PD与BC,PE与AC,PF与AB为三对共轭直线,过D_1,E_1,F_1三点分别作它们所在直线的共轭直线l_1,l_2,l_3,则l_1,l_2,l_3共点.

327. 椭圆I的外切$\triangle ABC$的边AB,AC上的旁切椭圆O_1,O_2. 三个椭圆的长轴互相平行且相似,BC的中点M,$MI\cap AB=P$,$MI\cap AC=Q$,则$O_1P\parallel O_2Q\parallel IC$.

328. 椭圆O短轴AD,过点D的切线l,l上两点B,C,联结AB,AC与椭圆分别交于点E,F,AF的中点M,过点B作OM的平行线,与AC交于点G,$EF\cap BG=N$,$DE\cap BG=P$,延长$DN\cap AB=Q$,则$PQ\parallel AD$.

329. 椭圆 O 的内接四边形 $ABCD$，边 AB，CD 的中点为 F，G，过点 F 作 BD 的共轭直线与 BD 交于点 N，过点 G 作 AC 的共轭直线与 AC 交于点 K. $FN \cap GK = H$，$AC \cap BD = E$，$HE \cap AD = M$，则 AD 与 HM 必为共轭直线.

330. 椭圆 O 的内接 $\triangle ABC$，过点 A 作椭圆的切线与 BC 的延长线交于点 D，过 DA 的延长线上一点 P 的直线与椭圆，AB，BD，AC 的交点依次为 Q，R，S，T，U，若 $QR = ST$，则 $PQ = UT$.

331. 椭圆 O 内有一个椭圆 O_1，椭圆 O_1 以椭圆 O 的半短轴 OC 为短轴，且与椭圆 O 相似，椭圆 O 的长轴 AB，过点 A 作椭圆 O_1 的切线 AE，E 为切点，$AE \cap OC = D$，AE 与椭圆 O 交于点 F，则 BF 平分 CE.

332. 椭圆 O 的外切 $\triangle ABC$ 的三边 BC，CA，AB 上的切点为 D，E，F，过点 D，E，F 作直径 DD_1，EE_1，FF_1，则 AD_1，BE_1，CF_1 三线共点.

333. 长轴平行且相似的两个椭圆 O，O_1 交于 A，F 两点，椭圆 O 的弦 AB 与椭圆 O_1 交于 D，椭圆 O_1 内弦 AC 与椭圆 O 交于点 E，联结 BE 与 CD 交于点 G，联结 AG 与椭圆 O_1 交于点 H，则 $FH \parallel BD$.

334. 椭圆 O 的长轴 AB，矩形 $ABCD$ 且 $AB = \sqrt{2} BC$，P 为椭圆上任一点，PC，PD 与 AB 交于 E，F 两点，则 $AE^2 + BF^2 = AB^2$.

335. 椭圆 O 的内接 $\triangle ABC$ 边 AB，BC 的中点为 P，Q，$\triangle ABC$ 的共轭心 H，射线 PH，QH 与椭圆分别交于点 M，N，且 $MN \cap PQ = T$，则 OB 与 BT 为共轭直线.

336. 过椭圆上 A，B 两点的切线交于点 P，PA，PB 的中点分别为 M，N，M，N 的连线与椭圆切于点 C，联结 PC 与 AB 交于点 D，则 $ND \parallel PA$.

337. 长轴互相平行且相似的两个椭圆 O_1，O_2 内切于点 A，椭圆 O_1 的弦 BC 与 O_2 切于点 M. 联结 AM 与椭圆 O_1 交于点 D，AB，AC 与椭圆 O_2 分别交于点 E，F，$EF \cap AD = G$，联结 BG 的延长线与椭圆 O_2 交于点 H，则(1) D 为 $\overset{\frown}{BC}$ 的中点；(2) D，F，H 三点共线.

338. 椭圆 O 的外切等腰 $\triangle ABC$，$AB = AC$，BC 上的切点 M，过 M 作 AC 的平行线与椭圆交于点 E，$CO \cap AB = D$，则 DE 为椭圆的切线.

339. 椭圆 O 的长轴 AB，弦 $CD \parallel AB$，AC 与点 B 切线交于点 E，过点 E 作 BD 的平行线与 AB 交于点 F，则 $AE = EF$.

340. 椭圆 O 的内接 $\triangle ABC$ 的共轭心 H，中心 O，边 AB，BC，CA 中点依次

为M_1,M_2,M_3,射线HM_3,HM_1与椭圆交于M,N两点,$HM_2\cap MN=P$,则OB与PB为共轭直线.

341.长轴互相平行且相似的椭圆O,O_1交于P,Q两点,PA是椭圆O_1的切线,$A\in O$,PB是椭圆O的切线,$B\in O_1$,AB与椭圆O,O_1分别交于点D,C,$PQ\cap AB=E$,则$AE:BE=AD:BC$.

342.椭圆O的内接四边形$ABCD$,$AC\cap BD=E$,$AD\cap BC=F$,AB,DC的中点分别为G,H,则EF必是$\triangle EGH$的长轴与原椭圆长轴平行且相似的外接椭圆的切线.

343.椭圆O的外切四边形$ABCD$,过点A的直线l与线段BC,DC分别交于点M,N,$\triangle ABM$,$\triangle MNC$,$\triangle NDA$的三个内切椭圆I_1,I_2,I_3的长轴与椭圆O长轴平行且相似,则$\triangle I_1I_2I_3$的共轭心在直线l上.

344.椭圆O的内接$\triangle ABC$,$\angle C$的平分线与椭圆交于点D,且$CD\perp$长轴AB.BC,AC的中点分别为E,F,联结$OE\cap CD=G$,联结$OF\cap CD=H$,则$S_{\triangle DFH}=S_{\triangle DEG}$.

345.椭圆O的切线AE,AF,E,F为切点,$\overset{\frown}{EF}$上一点D作椭圆O的切线与AE,AF分别交于B,C两点,$OD\cap EF=K$,$AK\cap BC=M$,则M为BC中点.

346.$\triangle ABC$的BC边上的旁切椭圆O与BC切于点D,BC上一点E,$\triangle ABE$,$\triangle ACE$的AB,AC边上的旁切椭圆I_1,I_2,其长轴与椭圆O的长轴平行且相似,则I_1D与I_2D必为共轭直线.

347.$\triangle AEF$的内切椭圆O,点A在短轴延长线上,与AE,AF与椭圆的长轴分别交于B,C两点,AE上取点G,使$BE=BG$,AF上取点H使$CH=CF$,则GH必为椭圆O的切线.

348.$\triangle ABC$的BC边上的旁切椭圆O,与BC切于点M,点$D\in AB$,点$E\in AC$,$DE\parallel BC$,再作$\triangle ADE$的长轴与椭圆O的长轴平行且相似的内切椭圆O_1,$O_1C\cap OE=G$,$O_1B\cap OD=F$,若椭圆O_1与DE相切于点N,则MN平分EF.

349.椭圆O长轴AB,AB上一点C,过点C作长轴垂线与椭圆交于点D.以点D为中心,CD为半短轴作一个椭圆D与椭圆O相似,且与椭圆O交于E,F两点,$EF\cap CD=M$,则$CM=MD$.

350.椭圆O的直径AB,弦$DE\cap AB=C$,且DE与AB为共轭直线,椭圆

D以点D为中心，长轴与椭圆O长轴平行且相似，且过点C，两椭圆交于E，F两点. 若$EF \cap CD = M$，则$CM = MD$.

351. 椭圆O的内接$\triangle ABC$中，BC上一点P，过A，B，P三点的椭圆O_1长轴与椭圆O的长轴平行且相似，椭圆O_1上取一点H，AH与椭圆O交于点Q，则点H为$\triangle ABC$共轭心的充要条件为$BQ \parallel CH$.

352. 椭圆O的内接$\triangle ABC$的共轭心为H，椭圆O上一点P，BC，AB上各取一点D，E，PD与BC，PE与AB均为共轭直线，则ED平分PH.

353. $\triangle ABC$的内切椭圆O，切BC于点D，$K \in AD$，BK，CK与椭圆O交于点E，F，则BF，AD，CF三线共点.

354. 椭圆O的内接$\triangle ABC$的共轭心为H，BC中点M，$\triangle HBC$的外接椭圆O_1长轴与椭圆O长轴平行且相似，AM延长线与椭圆O_1交于点G，则$AM = MG$.

355. 椭圆O内接$\triangle ABC$的共轭心H，AH上一点K，且BK与CK为共轭直线，则$S_{\triangle BCK}^2 = S_{\triangle ABC} \cdot S_{\triangle BCH}$.

356. 椭圆O的内接四边形$ABCD$，$AB \cap CD = P$，$AD \cap BC = Q$，PQ的中点M，MC与椭圆交于点E，则A，E，P，Q共椭圆O_1，其长轴与原椭圆长轴平行且相似.

357. 两长轴平行且相似的椭圆O，O_1交于P，Q两点，椭圆O的弦AP与椭圆O_1切于点P，椭圆O_2的弦BP与椭圆O切于点P，延长PQ到E使$QE = PQ$，则联结EA与椭圆O交于点C，联结EB与椭圆O_1交于点D，则C，Q，D三点共线且点Q为CD中点.

358. 椭圆O上一点B的切线BA，过AB上一点C作椭圆的切线CD，D为切点，过点B的直线与OD交于点E，且BE与OA为共轭直线，联结$AE \cap CD = F$，过点A作OF的平行线与CD交于点G，则$CG = FG$.

359. 过椭圆O外一点P作切线PA，PB，且A，B为切点，过点P的两割线PCD，PEF，$DE \cap CF = Q$，$BC \cap PF = M$，$BD \cap PF = N$，$AE \cap CD = G$，$AF \cap CD = H$. 则(1)A，B，Q三点共线；(2)G，N，Q三点共线；(3)M，H，Q三点共线.

360. 椭圆O的内接四边形$ABCD$，$AC \cap BD = E$，$AB \cap CD = F$，$BC \cap AD = G$，则$k_{OE} \cdot k_{FG}$为定值.

361.(布勃卡定理)椭圆O的内接四边形$ABCD$,$\triangle BCD$,$\triangle CDA$,$\triangle DAB$,$\triangle ABC$的共轭心依次为H_1,H_2,H_3,H_4,则此四点同在椭圆O_1上,椭圆O与O_1长轴平行且相似(全等).

362.椭圆O的内接$\triangle ABC$,AB,AC共轭,AD,BC共轭.$\triangle ABD$,$\triangle ACD$的内切椭圆中心I_1,I_2,椭圆I_1,I_2的长轴与椭圆O的长轴平行且相似,联结I_1I_2与AB,AD,AC分别交于点M,K,N,则$MK:NK=I_1K:I_2K$.

363.椭圆O的内接$\triangle ABC$内一点D,作$\triangle ABD$,$\triangle BCD$,$\triangle CAD$的外接椭圆O_1,O_2,O_3,它们的长轴与椭圆O的长轴平行且相似,过点D的直线与O_1,O_2,O_3分别交于点E,F,G,点L是椭圆O上任意一点,LE,LF,LG相应与AB,BC,CA交于点M,N,S,则M,N,S三点共线.

364.长轴平行且相似的两个等椭圆A,B交于M,N两点,$AB\cap MN=G$,椭圆A的直径PQ,联结GP,GQ与椭圆B交于C,D,联结BC,BD与PQ分别交于点E,F,求$\frac{1}{AE}+\frac{1}{AF}$的值.

365.椭圆O的内接四边形$ABCD$,椭圆O外一点P作切线PE,PF,E,F为切点,$AD\cap BC=P$,$PA\cap EF=M$,$PB\cap EF=N$,则(1)$PA\cdot DM=PD\cdot MA$;(2)AB,EF,CD三线共点.

366.$\triangle ABC$的外接椭圆O的一条切线l,AA_1,BB_1,CC_1与切线l分别为共轭直线,且AA_1,BB_1,CC_1的中点都在切线l上,则$\triangle A_1B_1C_1$的长轴与椭圆O的长轴平行且相似的外接椭圆O_1与$\triangle ABC$的外接椭圆O相切.

367.$\triangle ABC$的外接椭圆O,BC上一点D,椭圆O_1与CD,AD和椭圆O分别切于点M,K,L;椭圆O_2与CD,BD和椭圆O分别相切于点R,P,Q.若A,B,O_2,O_1同在一个椭圆O_3上,椭圆O_1,O_2,O_3的长轴与椭圆O的长轴平行且相似,则$\triangle ABC$的边BC上长轴与椭圆O的长轴平行且相似的旁切椭圆与BC切于点D.

368.$\triangle ABC$的边AB,AC上的旁切椭圆O_1,O_2,AB内切椭圆I与BC,CA,AB分别切于点M,P,E和点F,G,N,$O_1P\cap O_2N=Q$,若椭圆O_1,O_2,I的长轴平行且相似,则IQ与BC为共轭直线.

369.三个长轴平行且相似的椭圆都经过A,C两点,A,C同侧的三段椭圆弧依次为L_1,L_2,L_3,点$B\in AC$,过点B作三条射线自左到右为l_1,l_2,l_3.l_1与L_1,L_2,L_3依次交于A_1,B_1,C_1,l_2与L_1,L_2,L_3的交点依次为B_1,B_2,B_3,l_3与

L_1, L_2, L_3 的交点依次为 C_1, C_2, C_3. 若曲边四边形 $A_1B_1B_2A_2$, $A_2B_2B_3A_3$ 和 $B_1C_1C_2B_2$ 都存在一个内切椭圆 I_1, I_2, I_3, 与四边形的两边及两弧相切, I_1, I_2, I_3 三椭圆的长轴与原三个椭圆的长轴平行且相似, 则曲边四边形 $B_2C_2C_3B_3$ 也存在一个长轴与前面的椭圆长轴平行且相似的椭圆 I_4 与两边及两弧均相切.

370.(牛顿定理) 椭圆 O 的外切四边形 $ABCD$ 中, 边 AB, BC, CD, DA 上的切点依次为 E, F, G, H, 则 AC, BD, EG, FH 共点.

371. 椭圆 O 的一条直径 BC, 椭圆外一点 A, AB, AC 与椭圆分别交于点 E, F, 切线 AP, AQ, PQ 为切点, $D \in BC$, AD 与 BC 为共轭直线, H 是 $\triangle ABC$ 的共轭心, 则 P, H, Q 三点共线.

372. 椭圆 O 的切线 PA, PE, 割线 PBC, E, A 为切点, $AE \cap PO = D$, 则 AC 是 $\triangle ABD$ 的长轴与椭圆 O 的长轴平行且相似的外接椭圆的切线.

373. 四边形 $ABCD$ 中, $E \in AD$, $F \in BC$, 且 $AE : ED = BF : FC$, 射线 FE 分别与射线 BA, CD 交于点 S, T, 则 $\triangle SEA, \triangle SBF, \triangle TCF, \triangle TDE$ 外接椭圆有公共点(所有椭圆长轴平行且相似).

374. 四边形 $ABCD$ 中, 点 $E \in AD$, 点 $F \in BC$, 且 $AE : ED = BF : FC$, 射线 FE 分别与射线 BA, CD 交于点 S, T, $BA \cap CD = Q$, 则 $\triangle SAE, \triangle SBF$, $\triangle TDE, \triangle TCF, \triangle QAD, \triangle QBC$ 的外接椭圆共点, 且所有椭圆长轴平行且相似.

375. 四边形 $ABCD$ 中, 射线 $BA \cap CD = Q$, 射线 $DA \cap CB = J$, 点 $E \in AD$, 点 $F \in BC$, 射线 FE 与射线 BA, CD 分别交于点 S, T, $\triangle TDE, \triangle AES$ 外接椭圆交于另一点 M, $\triangle SBF, \triangle TCF$ 的外接椭圆的另一交点 M', $\triangle SBF, \triangle SAE$ 的外接椭圆另一点 P_1, $\triangle TDE, \triangle TCE$ 外接椭圆另一交点 P', 则 M, M', P, P' 四点共椭圆或四点共线, 以上所有椭圆的长轴平行且相似.

376.(密克定理) 四边形 $ABCD$, 对边延长线交于点 E, F, 则 $\triangle ADE$, $\triangle ABF, \triangle BCE, \triangle DCF$ 的长轴平行且相似的四个外接椭圆共点于 M(密克点).

377. 四边形 $ABCD$, 对边延长线交于点 E, F, 则 $\triangle ADE, \triangle ABF, \triangle BCE$, $\triangle CDF$ 的长轴平行且相似的外接椭圆中心及密克点 M 同椭圆, 此椭圆的长轴与前面四椭圆长轴平行且相似.

378. 椭圆 O 上四点 A, B, C, D, 每一点对于其他三点的椭圆西姆松线共点.

379. 椭圆 O 上四点 A,B,C,D. A,B 两点对于其余三点的两条西姆松线交于点 F,$\triangle ABD$ 的共轭心为 H,$AH \cap BD=E$,$BH \cap AD=G$,$DH \cap AB=K$,则 E,F,G,K 四点共椭圆,此椭圆与椭圆 O 长轴平行且相似.

380. 平面内任意四点,每一点向其他三点构成的三条直线引共轭直线的交点确定了一个椭圆(称共轭交点椭圆). 过椭圆 O 上四点 A,B,C,D 的四条西姆松线交于一点 F,$\triangle ABC$,$\triangle BCD$,$\triangle CDA$,$\triangle DAB$ 每个三角形的每个顶点与它的共轭心连线与对边的交点的共轭交点椭圆都经过点 F.

381. (Anning 定理) 椭圆 O 的内接四边形 $ABCD$,每一顶点对于其他三顶点的三条西姆松线和 $\triangle ABC$,$\triangle BCD$,$\triangle CDA$,$\triangle DAB$ 的九点椭圆共点(所有椭圆长轴平行且相似).

382. 长轴平行且相似的椭圆 O,O_1 内切于点 S,椭圆 O_1 的弦 AB 与椭圆 O 切于点 T,直线 AO 上一点 P,则 PB 与 AB 为共轭直线的充要条件是 PS 与 TS 为共轭直线.

383. 椭圆 O 的内接 $\triangle ABC$ 中,点 $D \in BC$,$E \in AC$,$F \in AB$,$BE \cap CF = P$,过点 P 作 BC 的平行线,DF,AD,DE 依次交于点 G,H,K,则 $GP = HK$.

384. 椭圆 O 的内接 $\triangle ABC$ 的共轭心为 H,$BH \cap AC=E$,$CH \cap AB=F$,D 为 BC 的中点,$DH \cap AC = P$,$DH \cap BA = Q$,点 $G \in BE$,$K \in CF$,且 $GH = HE$,$KH = HF$,$QG \cap HF = M$,$PK \cap HE = N$,则 $MN \parallel BC$.

385. 椭圆 O 的直径 AB,长轴与椭圆 O 的长轴平行且相似的椭圆 O_1 与 AB 切于点 M_1 与椭圆 O 切于点 E,椭圆 O_1 上一点 F 的切线与 AB 交于点 D,与椭圆 O 交于点 C,若 CD 与 AB 为共轭直线,则 A,E,O_1 三点共线.

386. 椭圆 O 的切线 PA,PB,A,B 为切点,PA,AB 的中点 M,N,联结 MN 与椭圆 O 交于点 C,PC 与椭圆 O 交于点 D,$ND \cap PB=Q$,则四边形 $MNQP$ 为菱形.

387. 椭圆 O 的内接 $\triangle ABC$,PQ 为椭圆直径,则 P,Q 关于 $\triangle ABC$ 的椭圆西姆松线 $l_1 \cap l_2 = E$,则点 E 必在 $\triangle ABC$ 的长轴与椭圆 O 的长轴平行且相似的九点椭圆上.

388. 椭圆 O 的切线 PA,割线 PB_1B_2,A 为切点,另一条割线 PCD,过点 B_1,B_2 分别作 PA 的平行线分别交 AC,AD 于 E_1 和 F_1,E_2 和 F_2,则 $B_1E_1 \cdot B_2E_2 = B_1F_1 \cdot B_2F_2$.

389. 椭圆的切线 PA, PB, A, B 为切点，割线 PCD, $AC \cap BD = E$, $PD \cap AB = F$, $EF \cap PB = K$, $FE \cap BC = G$, $AG \cap DE = S$，则 CS 是椭圆 O 的切线，且切点为 C.

390. 长轴平行且相似的两椭圆 O, O_1 交于 A, P 两点，椭圆 O 的弦 AB 交椭圆 O_1 与点 D，且点 D 为 AB 中点，椭圆 O_1 的弦 AC 与椭圆 O 交于点 E，且点 E 为 AC 的中点，$BE \cap CD = G$, AG 与椭圆 O_1 交于点 L，求证：$PL \parallel CD$.

391. $\triangle ABC$ 的内切椭圆 I，外接椭圆 O，两椭圆长轴平行且相似，AI, BI, CI 与椭圆 O 分别交于点 L, M, N, DL, EM, FN 与椭圆 O 分别交于点 P, Q, R，过点 P 作 PA 的共轭直线 l_1，过点 B 作 BQ 的共轭直线 l_2，过点 R 作 CR 的共轭直线 l_3，则 l_1, l_2, l_3 三线共点.

392. 长轴平行且相似的椭圆 O, O_1 内切于点 A，椭圆 O 的弦 BC 与椭圆 O_1 切于点 D, AB, AC 与椭圆 O_1 分别交于点 E, F, AG, EH 均为椭圆 O_1 的直径，$BO \cap BH = M$，求证：四边形 $BEHM$ 为平行四边形.

393. $\triangle ABC$ 的外接椭圆 O，共轭心为 H, AB, BC 的中点为 P, Q，射线 PH, QH 与椭圆 O 分别交于点 M, N, $PQ \cap MN = T$，则 OB 与 TB 为共轭直线.

394. $\triangle ABC$ 的内切椭圆 I，外接椭圆 O，两椭圆长轴平行且相似，CI 与椭圆 O 交于点 R. K, L 分别是 BC, AC 中点，$OK \cap CR = P$, $OL \cap CR = Q$，则 $S_{\triangle RPK} = S_{\triangle RQL}$.

395. 椭圆 O 的内接四边形 $ABCD$ 中，$AC \cap BD = E$, $BC \cap AD = F$, AB, CD 的中点分别为 G, H，则 EF 是 $\triangle EGH$ 的长轴与椭圆 O 的长轴平行且相似的外接椭圆的切线且切点为 E.

396. 椭圆 O 的内接四边形 $ABCD$ 中，$AD \cap BC = P$, $AB \cap CD = Q$, $\triangle ABP$ 和 $\triangle CDP$ 的外接椭圆 O_1, O_2，两椭圆长轴与椭圆 O 的长轴平行且相似，又 $\triangle ABP$ 和 $\triangle CDP$ 的共轭心分别为 H_1, H_2, O_1H_1, O_2H_2 的中点分别为 E, F，过点 E 且与 CD 共轭的直线 l_1，过点 F 且与 AB 共轭的直线 l_2，则 l_1, l_2, H_1H_2 三线共点.

397. 四边形 $ABCD$ 的内切椭圆 O，过点 A 的直线 l 与 BC, CD 分别交于点 M, N. 点 I_1, I_2, I_3 分别是 $\triangle ABM$, $\triangle MNC$, $\triangle DNA$ 的内切椭圆中心，且 I_1, I_2, I_3 三椭圆的长轴与椭圆 O 的长轴平行且相似，则 $\triangle I_1I_2I_3$ 的共轭心 H 在直线 l 上.

398. 长轴平行且相似的两个椭圆 O,O_1 内切于点 P，切点为 C 的椭圆 O 的弦 AB，PC 与椭圆 O 交于点 G，PA，PB 与椭圆 O_1 交于点 E,F，$PC \cap AO_1 = D$，则 E,D,F 三点共线.

399. 椭圆 O 的内接四边形 $ABCD$，$\overset{\frown}{CD}$ 上一点 E，过点 D 分别作 BC，CA，AB 的共轭直线 DD_1，DD_2，DD_3，且这三线段的中点分别在 BC，CA，AB 上，联结 ED_1，ED_2，ED_3 分别交 BC，CA，AB 于点 E_1，E_2，E_3，则(1)D_1，D_2，D_3 三点共线；(2)E_1，E_2，E_3 三点共线.

400. 长轴平行且相似的椭圆 O,O_1 交于 M,N 两点，椭圆 O 的弦 AM 切椭圆 O_1 于点 M，椭圆 O_1 的弦 MB 与椭圆 O 切于点 M，AB 与椭圆 O，椭圆 O_1 分别交于点 C,D，$MN \cap CD = P$，则 $AP : BP = AD : BC$.

401. 凸四边形 $ABCD$ 中 $AC \cap BD = E$，$\triangle ABD$ 外接椭圆 O，$\triangle OBC$ 的外接椭圆 O_1，直线 OO_1 与 $\triangle OAB$，$\triangle OCD$ 的外接椭圆 O_2，O_3 分别交于点 T,S，若所有椭圆的长轴平行且相似且 $ST \cap BD = M$，则 M 是 TS 的中点.

402. 长轴平行且相似的两椭圆 O,O_1 相离，过点 O 作椭圆 O_1 的切线 OC，C 为切点，OC 与椭圆 O_1 交于 A_1，A_2 两点，过点 O_1 作椭圆 O 的切线 O_1D，D 为切点，O_1D 与椭圆 O_1 交于 B_1，B_2 两点，则 $A_1B_1 \parallel A_2B_2$.

403. 椭圆 O 的内接 $\triangle ABC$，P 是 $\triangle ABC$ 内一点，射线 AP，BP，CP 与椭圆 O 分别交于点 A_1，B_1，C_1，若 A_1，B_1，C_1 分别关于边 BC，CA，AB 的中点的对称点分别为 A_2，B_2，C_2，则 $\triangle A_2B_2C_2$ 的长轴与椭圆 O 的长轴平行且相似的外接椭圆过 $\triangle ABC$ 的共轭心.

404. 椭圆 O 的内接 $\triangle ABC$，$K \in BC$，AK 延长线上一点 D，$BD \cap AC = N$，$CD \cap AB = M$，若 OK 与 MN 是共轭直线，则点 D 必在椭圆 O 上.

405. 椭圆 O 的内接四边形 $BCFE$，$FC \cap EB = A$，$\triangle ABC$ 的长轴与椭圆 O 的长轴平行且相似的外接椭圆 O_1，则 AO_1 与 EF 是共轭直线.

406. 椭圆 O 的外切四边形 $ABCD$，$\triangle ABC$ 的内切椭圆 O_1，与 AB，BC 相切于点 P,Q，$\triangle ACD$ 的内切椭圆 O_2 与 CD，DA 相切于点 R,S，若椭圆 O,O_1,O_2 的长轴平行且相似，则三条直线 PQ，RS，AC 共点或平行.

407. 椭圆 O 的外切 $\triangle ABC$，边 BC，CA，AB 上的切点 D,E,F，椭圆内一点 P，AP，BP，CP 与椭圆分别交于点 G,H,I，则 DG，EH，FI 三线共点.

408. $\triangle ABC$ 中 BC，CA，AB 边上各取一点 D,E,F，$\triangle AEF$，$\triangle BDF$，

$\triangle CDE$ 的外接椭圆 O_1，O_2，O_3，若三个椭圆长轴平行且相似，则三椭圆交于一点(密克点).

409. $\triangle ABC$ 中 BC，CA，AB 边上各取一点 D，E，F，其密克点为 M(见 408 题)，AD 与 BC 是共轭直线，若 $M \in AD$，$\triangle BDF$，$\triangle CDF$ 的外接椭圆中心分别为 O_1，O_2(椭圆 O_1，O_2 长轴平行且相似)，则 E，F，O_1，O_2 四点同在长轴与椭圆 O_1，O_2 长轴平行且相似的椭圆上的充要条件是 M 为 $\triangle ABC$ 的共轭心.

410. 椭圆 O 的弦 $AB \perp$ 短轴 CD 于 M，OB 中点 E，DF 与椭圆 O 交于点 F，$AF \cap CD = N$，$AF \cap BC = G$，则 $S_{\triangle EOM} : S_{\triangle ECN} = MO : CN$.

411. $\triangle ABC$ 的 AB，AC 边上的长轴平行且相似的旁切椭圆 O，O_1，椭圆 O 上三切点 E，G，J，椭圆 O_1 上三切点 F，K，H，J，$H \in AB$，K，$G \in AC$，E，$F \in BC$，$EJ \cap FK = I$，$EG \cap FH = P$，$FG \cap EH = D$，则 P，A，I，D 四点共线，且 AD 与 BC 为共轭直线.

412. $\triangle ABC$ 中，$D \in BC$，$E \in AC$，$F \in AB$，若 AD 与 BC 为共轭直线，且点 M 在 AD 上，则点 E，F 与 $\triangle BDF$，$\triangle DCF$ 的外接椭圆中心 O_1，O_2 四点共椭圆的充要条件是 M 为 $\triangle ABC$ 的共轭心，所有椭圆的长轴平行且相似.

413. $\triangle ABC$ 的内切椭圆 I 与 BC，CA，AB 边上的切点分别为 D，E，F，$\triangle ABC$ 的外接椭圆 O，与 $\triangle AEF$ 的外接椭圆 O_1，$\triangle BDF$ 的外接椭圆 O_2，$\triangle CDE$ 的外接椭圆 O_3 分别交于点 A 和 P，B 和 Q，C 和 R. 若所有椭圆的长轴互相平行且相似，则(1) 三椭圆 O_1，O_2，O_3 交于一点；(2) PD，QE，DF 三线共点.

414. 长轴平行且相似的椭圆 O，O_1 相交于 A，B 两点，椭圆 O 的弦 AC 与椭圆 O_1 交于点 D，联结 O_1D 与椭圆 O_1 交于点 E，BD 与椭圆 O 交于点 P，联结 CP，$CP \cap DE = P$，CP 与椭圆 O_1 交于点 G，则 PE 和 CD 为共轭直线.

415. 椭圆 O 的内接 $\triangle ABC$ 的共轭心 H，$AH \cap BC = D$，$BH \cap AC = E$，$CH \cap AB = E$，BC 的中点为 G，联结 OG 与椭圆 O 交于点 M，则(1) AM 平分 OH；(2) AM 与 OH 是共轭直线.

416. 椭圆 O 的两切线 PA，PB，A，B 为切点. 割线 PCD，作弦 $CE \parallel PA$，$CE \cap AB = E$，联结 $DE \cap PA = M$，则 M 是 PA 的中点.

417. 椭圆 O 的外切 $\triangle ABC$，BC，CA，AB 边上的切点分别为 D，E，F. AO 的连线与 DE，DF 交于点 K，L，$H \in BC$，若 AH 与 BC 为共轭直线，BC 的中点 M，则 M，L，H，K 四点同在长轴与椭圆 O 的长轴平行且相似的椭圆上.

418. 椭圆 O 的长轴 AB，点 F_1 在 OA 上，点 F_2 在 AB 的延长线上，且 $|OF_1|=|BF_2|$，C,D 为椭圆的上下顶点，直线 CF_1，CF_2 与椭圆分别交于 E_1，E_2 两点，直线 AE_1，AE_2 与 y 轴分别交于点 M_1，M_2 且 $\overline{DM_1}=\lambda_1\overline{M_1C}$，$\overline{DM_2}=\lambda_2\overline{M_2C}$，则 $\lambda_1+\lambda_2=1$.

419. 椭圆 O 的内接四边形 $ABCD$，$AB\cap CD=M$，$BC\cap AD=N$，过 $AC\cap BD=E$ 的平行于 MN 的直线分别与 BC，DA，AB，CD（或延长线）交于点 E，F，G，H，则 $OE=OF$，$OG=OH$.

420. 椭圆 O 的内接四边形 $ABCD$，$AC\cap BD=P$，$\angle APB=\theta$，$\triangle ABP$，$\triangle BCP$，$\triangle CDP$，$\triangle DAP$ 的外接椭圆中心依次为 O_1，O_2，O_3，O_4，则四边形 $O_1O_2O_3O_4$ 为平行四边形，且 $S_{四边形ABCD}=2\sin^2\theta S_{\square O_1O_2O_3O_4}$（上述所有椭圆的长轴平行且相似）.

421. 椭圆 O 的内接四边形 $AB\cap DC=P$，$AC\cap BD=Q$，BP，CQ 的中点分别为 E，F，则 OD 与 EF 为共轭直线.

422. 椭圆 O 的两焦点 F_1，F_2 任意一条弦 AB，椭圆 O 上任一点 P（异于 A，B 两点）处椭圆切线与 A，B 两点处椭圆的切线分别交于 C，D 两点，且 A，B 两点的切线交于点 E，则(1) $PF_1\cdot PF_2=CP\cdot PD$；(2) $\triangle CPF_1\backsim\triangle DPF_2\backsim\triangle CDE$；(3) $CE\cdot CF_1=CD\cdot CP$；(4) $DF_2\cdot DE=DP\cdot DC$；(5) $CF_1\cdot CE+DF_2\cdot DE=CD^2$.

423. 椭圆 O 的内接 $\triangle ABC$ 中 BC，CA，AB 边上各有一点 D，E，F. 一点 P，且 PD 与 BC，PE 与 AC，PF 与 AB 分别为共轭直线，若 D，E，F 三点共线，则点 P 必在椭圆 O 上.

424. 椭圆 O 的内接 $\triangle ABC$，椭圆上任一点的西姆松线平分此点与 $\triangle ABC$ 的共轭心的连线.

425. 椭圆 O 的内接 $\triangle ABC$，椭圆 O_1 与 BC，AC 分别切于点 G，H，且与椭圆 O 切于点 I，椭圆 O_2 与 BC，AB 分别切于点 D，E，且与椭圆 O 切于点 F，$CO\cap GH=P$，$BO\cap DE=Q$，则 DF，BI，PQ 共点于 R，三椭圆长轴平行且相似.

426. 椭圆 O 的外切四边形 $ABCD$，且 $AC\cap BD=P$，$\triangle PAB$，$\triangle PBC$，$\triangle PCD$，$\triangle PDA$ 的内切圆圆心分别为 I_1，I_2，I_3，I_4，则(1) I_1，I_2，I_3，I_4 四点共椭圆；(2) 若 I_1，I_2，I_3，I_4 的外接椭圆中心为 I，则 P，I，O 三点共线的充要条件为 A，B，C，D 四点共椭圆（以上所有椭圆的长轴平行且相似）.

427. 椭圆O的内接$\triangle ABC$，椭圆O_1与AB，AC切于点G，H与椭圆O外切于点D，椭圆O_2与BC，AB分别切于点I，J，与椭圆O_1外切于点E；椭圆O_3与BC，AC切于点L，K，与椭圆O切于点F，则(1) $\frac{AJ}{AK}\cdot\frac{BL}{BG}\cdot\frac{CH}{CI}=1$(或$\frac{AJ}{BG}\cdot\frac{BL}{CI}\cdot\frac{CH}{AK}=1$)；(2)$AD$，$BE$，$CF$三线共点；(3)$BC$，$HI$，$O_1O_2$三线共点(所有椭圆长轴平行且相似).

428. 椭圆O的内接三角形ABC，椭圆O_1与BC，AC分别切于点D，E，与椭圆O外切于点M，椭圆O_2与AB，BC分别切于点F，G，与椭圆O外切于点N；椭圆O_3与AC，AB分别切于点H，I，与椭圆O外切于点P，CM与椭圆O_1交于点J，BN与椭圆O_2交于点K，AP与椭圆O_3交于点L，$JB\cap KC=Q$，$LB\cap KA=R$，$JA\cap LC=S$，则AQ，BS，CR共点(所有椭圆长轴平行且相似).

429. 椭圆O的内接$\triangle ABC$，椭圆O_1与BC，AC切于点D，E与椭圆O外切；椭圆O_2与AB，BC分别切于点F，G，且与椭圆O外切；椭圆O_3与AB，AC分别切于点H，I，且与椭圆O外切. L，M，N分别是GH，ID，EF的中点，则(1)NA，MB，LC三线共点；(2)若$EF\cap GH=R$，$GH\cap ID=P$，$EF\cap ID=Q$，则PA，BR，CQ三线共点.

430. 三个等椭圆O_1，O_2，O_3长轴平行且相似，它们交于一点G，包含在$\triangle ABC$内且分别与三角形的两边相切. 若$\triangle ABC$的外接椭圆O，内切椭圆I且两椭圆与前面的椭圆长轴平行且相似，则(1)O，I，G三点共线；(2)三等椭圆的中心构成的$\triangle O_1O_2O_3\backsim\triangle ABC$(所有椭圆长轴平行且相似).

431. 椭圆O的内接$\triangle ABC$，椭圆O_1与BC，AC切于点D，E且与椭圆O外切；椭圆O_2与BC，AB分别切于点G，F，且与椭圆O外切；椭圆O_3与AC，AB分别切于点H，I，且与椭圆O外切，以上椭圆长轴平行且相似，$BH\cap CI=P$，$AG\cap CF=Q$，$AD\cap BE=R$，则AP，BQ，CR三线共点.

432. 椭圆O的内接$\triangle ABC$，椭圆O_1与AB，AC切于点G，H，且与椭圆O外切；椭圆O_2与BC，AB切于点I，J，且与椭圆O外切；椭圆O_3与AC，BC切于点K，L，且与椭圆O外切；$GK\cap HI=M$，$KI\cap LH=N$，$IG\cap JL=P$，四个椭圆长轴平行且相似，则MA，NC，PB三线共点.

433. 椭圆O的内接$\triangle ABC$，椭圆O_1与BC，AC切于点D，E，且与椭圆O外切于点J；椭圆O_2与AB，BC切于点F，G，且与椭圆O外切于点K；椭圆O_3与

AC,AB 切于点 H,I. 四个椭圆长轴平行且相似. $DJ \cap GK = P$,$EK \cap IL = Q$,$HL \cap EJ = R$,则 PL,QJ,RK 三线共点.

434. 椭圆 O 的内接 $\triangle ABC$,椭圆 O_1 与 BC,AC 切于点 D,E,且与椭圆 O 外切于点 M;椭圆 O_2 与 AB,BC 切于点 F,G,且与椭圆 O 外切于点 N;椭圆 O_3 与 AC,AB 切于点 H,I,且与椭圆 O 外切于点 P. 四个椭圆长轴平行且相似,DE,FG,HI 分别交于点 Q,R,S,$CO_1 \cap DE = J$,$BO_2 \cap FG = K$,$AO_3 \cap HI = L$,则(1)Q,P,L 三点共线;(2)R,M,J 三点共线;(3)S,N,K 三点共线.

435. 椭圆 O 的内接 $\triangle ABC$,椭圆 P 与 AB,AC 切于点 G,H,且与椭圆 O 外切于点 J,AP 与椭圆 O 交于点 R,$CB \cap HG = S$,则 S,J,R 三点共线(两个椭圆长轴平行且相似).

436. 椭圆 O 的内接 $\triangle ABC$,椭圆 O_1 与 AC,BC 切于点 D,E,且与椭圆 O 外切于点 M;椭圆 O_2 与 AB,BC 切于点 F,G,且与椭圆 O 外切于点 N;椭圆 O_3 与 AC,AB 切于点 H,I,且与椭圆 O 切于点 P. DE,FG,HI 分别交于点 Q,R,S. L,J,K 分别是 HI,DE,FG 的中点,$LD \cap SK = U$,$LG \cap RJ = V$,四个椭圆长轴平行且相似,则(1)U,V,P 三点共线;(2)UV 与 QL 为共轭直线且交于点 P.

437. 椭圆 O 的内接 $\triangle ABC$,椭圆 O_1 与 BC,AC 切于点 D,E,且与椭圆 O 外切;椭圆 O_2 与 AB,BC 切于点 F,G,且与椭圆 O 外切;椭圆 O_2 与 AB,BC 切于点 F,G,且与椭圆 O 外切;椭圆 O_3 与 AC,AB 切于点 H,I,且与椭圆 O 外切. 四个椭圆长轴平行且相似,$BH \cap CI = P$,$AG \cap CF = Q$,$AD \cap BE = R$,则 AP,BQ,CR 三线共点.

438. 椭圆 I 的外切 $\triangle ABC$,椭圆 O_1 为 AC 边上的旁切椭圆,且与 BC 切于点 D,与 AB 切于点 E;椭圆 O_2 为 AB 边上的旁切椭圆,且与 BC 切于点 G,与 AC 切于点 F. $O_1E \cap O_2F = K_1$,三个椭圆长轴平行且相似,则 KI 与 BC 为共轭直线.

439. $\triangle ABC$ 三边 AB,AC,BC 上的旁切椭圆分别为 O_1,O_2,O_3. 椭圆 O_1 与 BC 切于点 D,椭圆 O_2 与 BC 切于点 G,椭圆 O_3 与 AB,AC 切于点 M,K. 三椭圆长轴平行且相似,$O_1D \cap O_3M = P$,$O_2G \cap O_3K = Q$,则四边形 PQO_2O_1 是平行四边形.

440. $\triangle ABC$ 三边 BA,CA,BC 上的长轴平行且相似的旁切椭圆 O_1,O_2,O_3. 椭圆 O_1 与 BC_1,AC 切于点 D,F,椭圆 O_2 与 BC,AB 切于点 G,E,椭圆 O_3

与 AB,AC 切于点 M,K,$O_1F \cap O_2E=R$,$O_1D \cap O_3M=P$,$O_2G \cap O_3K=Q$,则(1)O_1Q,O_2P,O_3R 三线共点;(2)AR,BP,CQ 三线共点;(3) 若 $AU \cap EF=U$,$BV \cap DM=V$,$CW \cap KG=W$,且以上为三对共轭直线,则 AU,BV,CW 三线共点;(4) 若 $GK \cap DM=S$,则 AS 与 BC 为共轭直线;(5) 若 $GK \cap EF=T$,$EF \cap MD=R$,则 AS,BT,CR 的公共点为 $\triangle ABC$ 的共轭心.

441. 椭圆 O 的内接 $\triangle ABC$ 的共轭心为 H,AH,BH,CH 分别与其对边交点为 D,E,F,过这三点分别作其他两边的共轭直线,则各交点(八个) 在长轴与椭圆 O 的长轴平行且相似的椭圆上(泰勒椭圆).

442. 椭圆 O 的内接 $\triangle ABC$,过 BC 的椭圆 O_1 与 AB 切于点 B,过 CA 的椭圆 O_2 与 BC 切于点 C,过 AB 的椭圆 O_3 与 AC 切于点 A. 若椭圆 O_1,O_2,O_3 长轴与椭圆 O 的长轴平行且相似,则三椭圆 O_1,O_2,O_3 共点(负布洛卡点).

443. 椭圆 O 的内接 $\triangle ABC$,过点 B,C 的椭圆 O_1 与 AC 切于点 C,过点 A,C 的椭圆 O_2 与 AB 切于点 A,过点 A,B 的椭圆 O_3 与 BC 切于点 B. 若椭圆 O_1,O_2,O_3 长轴与椭圆 O 的长轴平行且相似,则三椭圆 O_1,O_2,O_3 共点(布洛卡点).

444. 椭圆 O 内接 $\triangle ABC$,椭圆 O_1 与 BA 相切于点 A 且过点 C;椭圆 O_2 与 AC 切于点 A 且过点 B;过点 A 作 BC 的平行线,与椭圆 O_1,O_2 分别交于 D,E 两点,联结 BD 与椭圆 O_1 交于点 Q,联结 CE 与椭圆 O_2 交于点 Q_1,则点 Q,Q_1 分别是 $\triangle ABC$ 的正负布洛卡点(所有椭圆的长轴平行且相似).

445. 椭圆 O 的内接 $\triangle ABC$,点 O 与 $\triangle ABC$ 的倍位重心连线为直径的椭圆 O_1,长轴与椭圆 O 的长轴平行且相似. 过点 K 分别作 BC,CA,AB 的平行线与椭圆 O_1 交于点 A',B',C' 交其他两边于点 F',E,D',F,E',D,则(1)AC',BA',CB' 共点于 Q,此点为 $\triangle ABC$ 的布洛卡点;(2)AB',BC',CA' 共点于 Q_1,此点是 $\triangle ABC$ 的负布洛卡点.

446. 椭圆 O 的内接 $\triangle ABC$ 的九点椭圆与其内切椭圆 O_1,三个旁切椭圆均相切(所有椭圆长轴平行且相似).

447. 五边形 $ABCDE$,延长各边相交于 F,G,H,I,K 五点成 $\triangle ABF$,$\triangle BCG$,$\triangle CDH$,$\triangle DEI$,$\triangle EAK$ 五个三角形,这五个三角形的外接长轴平行且相似的椭圆必在同一个长轴与前面椭圆长轴平行且相似的椭圆上.

448. 椭圆 O 的内接 $\triangle ABC$ 内一点 M,与各顶点相连. MA,MB,MC 各与其

对边分别交于点 D,E,F. 过 $\triangle FDE$ 的外接椭圆 O_1 与 $\triangle ABC$ 三边 BC,CA,AD 交于点 D',E',F', 若椭圆 O 与椭圆 O_1 长轴平行且相似, 则 AD',BE',CF' 三线共点.

449. 长轴平行且相似的三个椭圆 O_1,O_2,O_3 两两相离, O_1 与 O_2, O_2 与 O_3, O_3 与 O_1 的公切线交点分别为 A,B,C. O_1 与 O_2, O_2 与 O_3, O_3 与 O_1 的内公切线交点依次为 D,E,F, 则(1) A,B,C 三点共线; (2) B,D,E 三点共线; (3) C,F,D 三点共线; (4) A,E,F 三点共线.

450. 椭圆 O 的内接 $\triangle ABC$, 共轭心 H, $\triangle HBC$, $\triangle HAC$, $\triangle HAB$ 的长轴与椭圆 O 的长轴平行且相似的外接椭圆 O_1,O_2,O_3, 则 $\triangle ABC$, $\triangle O_1O_2O_3$, $\triangle HBC$, $\triangle HAC$, $\triangle HAB$, $\triangle O_2OO_3$, $\triangle O_3OO_1$, $\triangle O_1OO_2$ 八个三角形有同一个九点椭圆(长轴与椭圆 O 的长轴平行且相似).

451. 椭圆 O 的内接 $\triangle ABC$, 任一直径两端点的西姆松线为共轭直线, 且它们的交点轨迹是原 $\triangle ABC$ 的九点椭圆(长轴与椭圆 O 的长轴平行且相似).

452. 椭圆 O 的内接 $\triangle ABC$ 三边上的三个旁切椭圆 O_1,O_2,O_3, 则 $\triangle O_1O_2O_3$ 的九点椭圆(长轴平行且相似) 就是椭圆 O.

453. 椭圆 O 上一点 M 作三条弦 MA,MB,MC, 以 MA,MB,MC 分别为直径作长轴与椭圆 O 的长轴平行且相似的椭圆得交点 D,E,F, 则 D,E,F 三点共线(沙孟尔线).

454. 椭圆 O 的内接四边形 $ABCD$ 中, AC,BD 为共轭直线, 则 $\triangle OAB$, $\triangle OBC$, $\triangle OCD$, $\triangle ODA$ 的共轭心共线.

455. (卡诺定理) 椭圆与 $\triangle ABC$ 的三边都有两个交点 BC 上 A_1,A_2, CA 上 B_1,B_2, AB 上 C_1,C_2, 则(1) 若 AA_1,BB_2,CC_2 三线共点, 则 AA_2,BB_1,CC_1 三线共点; (2) $\dfrac{BA_1\cdot BA_2}{CA_1\cdot CA_2}\cdot\dfrac{CB_1\cdot CB_2}{AB_1\cdot AB_2}\cdot\dfrac{AC_1\cdot AC_2}{BC_1\cdot BC_2}=1$.

456. 椭圆 O 的内接四边形 $ABCD$, 每边的两端点分别作邻边的共轭直线而得的四个交点, 这四点与椭圆中心 O 和对角线的交点六点共线.

457. 椭圆 O 的内接四边形 $ABCD$, 过 AB 作长轴与椭圆 O 平行且相似的椭圆 O_1, 与 AD,BC,AC,BD 分别交于点 E,F,G,H, 则 $CD\parallel EF\parallel GH$.

458. 椭圆 O 的直径 BC, 椭圆与 $\triangle ABC$ 的边 AB,AC 分别交于点 D,E, 椭圆在点 D,E 处的切线交于点 F, 则 AF 与 BC 为共轭直线.

459. 椭圆 O 的内接四边形 $ABCD$, AC,BD 为共轭直线, $AC\cap BD=E$, 过

点E作四边的共轭直线且与其对边相交于八个交点，这八个点必在一个长轴与椭圆O的长轴平行且相似的椭圆上.

460. 椭圆O的内接$\triangle ABC$，椭圆O_1,O_2,O_3是$\triangle ABC$的三个旁切椭圆，所有椭圆长轴平行且相等，椭圆O_1与BC切于点D，椭圆O_2与BC切于点G，椭圆O_3与AB,AC分别切于点M,K，$O_1D\cap O_3M=P$，$O_2G\cap O_3K=Q$，则四边形PQO_2O_1是平行四边形.

461. 椭圆O的内接$\triangle ABC$的三个旁切圆O_1,O_2,O_3，四椭圆长轴平行且相似. 椭圆O_1与BC,AC切于点D,F，椭圆O_2与AB,BC切于点E,G，椭圆O_3与AB,AC切于点M,K. $O_1D\cap O_3M=P$，$O_2G\cap O_3K=Q$，$O_1F\cap O_2G=R$，则(1)O_1Q,O_2P,O_3R三线共点；(2)RA,PB,QC三线共点.

462. 椭圆O的内接$\triangle ABC$的三边上的旁切椭圆，四椭圆长轴平行且相似，椭圆O_1与BC,AC切于点D,F，椭圆O_2与AB,BC切于点G,J，椭圆O_3与AC，AB切于点M,K. AU与FG，BV与DM，CW与JK分别为共轭直线，U,V,W为交点，则AU,BV,CW三线共点.

463. 椭圆O的内接$\triangle ABC$三边上的旁切椭圆O_1,O_2,O_3，椭圆O_1与BC，AC切于点D,F，椭圆O_2与AB,BC切于点G,J，椭圆O_3与AC,AB切于点K，M，$DM\cap JK=S$，则(1)AS与BC为共轭直线；(2)若直线FG,DM,JK两两相交于点R,S,T，则AS,BT,CR三线共点，且此点为$\triangle ABC$的共轭心.

464. 椭圆O的内接$\triangle ABC$，O_1,O_2,O_3是三边上的旁切椭圆，四椭圆长轴平行且相似，三边上切点$G,H\in BC,AC$，$K,L\in BC,AB$，$I,J\in AB,AC$，直线LK,IJ,FG两两相交，交点为M,N,P. 则(1)BN,CP,MA三线共点；(2)BN，CP,MA交于一点U，那么U为$\triangle ABC$的共轭心又是$\triangle PMN$的外接椭圆心(此椭圆与椭圆O的长轴平行且相似).

465. 完全四边形$ABCDEF$，过点A,E,D分别引它们所在$\triangle ABF$，$\triangle EBC$，$\triangle DFC$外接椭圆的切线和直径，则三切线共点于P，三直径共点于Q. P,Q都在$\triangle ADE$的外接椭圆上，所有椭圆长轴平行且相似.

466. 椭圆O的内接$\triangle ABC$，O_1,O_2,O_3是三边上的旁切椭圆，所有椭圆的长轴平行且相似. 椭圆O_1与BC,AC切于点H,G，椭圆O_2与BC,AB切于点K,L，O_3与AB,AC切于点I,J，LK,IJ,FG两两相交，交点为M,N,P，则BN，CP,AM三线共点.

467. 椭圆 O 的内接 $\triangle ABC$ 三边上三个旁切椭圆 O_1, O_2, O_3，椭圆 O_1 与 BC, AC 切于点 H, G，椭圆 O_2 与 BC, AB 切于点 K, L，椭圆 O_3 与 AB, AC 切于点 I, J，椭圆 O_3 与 BC 切于点 S，则 $MS \parallel AO_3$（所有椭圆长轴平行且相似）.

468. 椭圆 O 的内接 $\triangle ABC$，AB, AC 边上的旁切椭圆 O_1, O_2，椭圆 O_1 与 BC, AC, AB 分别切于点 G, K, F，椭圆 O_2 与 BC, AC, AB 分别切于点 D, E, J. $O_1K \cap O_2J = M$，则 AM 与 EF 为共轭直线（所有椭圆长轴平行且相似）.

469. 椭圆 O 的内接 $\triangle ABC$ 三边上的三个旁切椭圆 O_1, O_2, O_3，椭圆 O_1 与 BA, AC 切于点 H, I，椭圆 O_2 与 BC, AB 切于点 D, E，椭圆 O_3 与 BC, AC 切于点 G, F. 直线 FG, HI, ED 两两相交于点 K, L, J，$O_2E \cap O_3F = Z$，$O_3G \cap O_1H = Y$，$O_1I \cap O_2D = Z$，若所有椭圆长轴平行且相似，则 JZ, KY, LZ 三线共点.

470. 椭圆 O 的内接 $\triangle ABC$，AB, AC 边上的旁切椭圆 O_1, O_2，椭圆 O_1 与 BC, CA, AB 切于点 G, H, I，$CA \cap O_1D = S$，$AB \cap O_2G = R$（所有椭圆长轴平行且相似），则 BC, RS, FI 三线共点.

471. 椭圆 O 的内接 $\triangle ABC$ 三边上的三个旁切椭圆 O_1, O_2, O_3，且椭圆 O_1 与 AB, AC 切于点 H, I，椭圆 O_2 与 BC, AB 切于点 D, E，椭圆 O_3 与 BC, AC 切于点 G, F，$AD \cap BI = L$，$CE \cap BF = J$，$AG \cap CH = K$. 若所有椭圆长轴平行且相似，则 AJ, BK, CL 三线共点.

472. 椭圆 O 的内接 $\triangle ABC$，AC, AB 边上的旁切椭圆 O_1, O_2，椭圆 O_1 与 BC, AB 切于点 D, E，椭圆 O_2 与 BC, AC 切于点 G, F. $O_1G \cap AC = Q$，$O_2D \cap AB = S$，$O_1S \cap O_2Q = P$，若所有椭圆长轴平行且相似，则 A, P, O 三点共线.

473. 若完全四边形 $ABCDEF$ 中 $D \in BC$，$E \in AC$，$F \in AB$，$\triangle ABF$，$\triangle BEC$，$\triangle CDF$，$\triangle AED$ 的外接椭圆分别为 O_1, O_2, O_3, O_4，则 $\triangle AO_1O_4$，$\triangle BO_1O_2$，$\triangle CO_2O_3$，$\triangle DO_3O_4$，$\triangle FO_1O_3$ 的外接椭圆为等椭圆且与 $\triangle ABC$ 的九点椭圆全等，所有椭圆长轴平行且相似.

474. 完全四边形 $ABCDEF$ 的九点椭圆 O 上一点 P（见 473 题），$\triangle ABF$，$\triangle ADE$，$\triangle CDF$ 的外接椭圆中心为 O_1, O_3, O_4，联结 PA, PD, PF 分别与 O_1O_4, O_4O_3, O_3O_1 交于点 Q, R, S，则 Q, R, S 三点共线.

475. 完全四边形 $ABCDE$ 中，EB 与过 DF 中点的共轭直线，AE 与过 CF 中点的共轭直线，AB 与过 CD 中点的共轭直线，BC 与过 AD 中点的共轭直线，BF

与过 DE 中点的共轭直线，EC 与过 AE 中点的共轭直线分别交于点 Q_1，Q_2，Q_3，Q_4，Q_5，Q_6，都在完全四边形的九点椭圆上（所有椭圆长轴平行且相似）.

476. 椭圆 O_1，O_2 交于点 A，B，$\triangle BO_1O_2$ 外接椭圆 O_3 上一点 P，以点 P 为中心，BP 延长线上一点 B'，$B'P=BP$，以 BB' 为直径作椭圆 O_4 与椭圆 O_1，O_2 分别交于点 M，N，若所有椭圆长轴平行且相似，则(1)M，A，N 三点共线；(2)M，E，C 三点共线；(3)C，N，F 三点共线.

477. $\triangle ABC$ 的外接椭圆 O，共轭心 G，$AG\cap BC=H$，BC 边上的旁切椭圆 O_1 与 BC，CA，AB 切于点 D，E，F，$AO\cap DF=L$，$AO\cap DE=K$，$CO\cap EF=M$，则 M，L，H，K 四点共椭圆（所有椭圆长轴平行且相似）.

478. 椭圆 O 的内接 $\triangle ABC$，AB，AC 倾角互补，点 $M,Q\in BC$，$N\in AC$，$P\in AB$，且 $MN\parallel AB$，$PQ\parallel AC$，$\triangle CMN$，$\triangle BPQ$ 的内切椭圆 O_1，O_2. 三椭圆 O，O_1，O_2 长轴平行且相似. AC 切椭圆 O_1 于点 E，AB 切椭圆 O_2 于点 F，且 $AE=AF$，EM 与 AB，FQ 分别交于点 R，S，$\triangle AEF$ 的内切椭圆 O_3，$\triangle ARS$ 外接椭圆 O_4，若 O_1，O_2，O_3，O_4，O 五椭圆长轴平行且相似，则点 O_3 在椭圆 O_4 上.

479. 椭圆 O 的内接 $\triangle ABC$，过点 O 的直线与 AB，AC 交于点 E，F，且 AO 与 EF 为共轭直线，B，C 两点椭圆的切线交于点 P，则 AP 平分 EF.

480. 椭圆 O 的内接 $\triangle ABC$，BC 边上的旁切椭圆 O_1，椭圆 O_1 与 BC，CA，AB 的切点为 M，L，K. $ML\cap BO_1=E$，$KM\cap CO_1=F$，$AF\cap BC=S$，$AE\cap BC=T$，若椭圆 O，O_1 的长轴平行且相似，则 M 必是 ST 的中点.

481. 完全四边形 $ABCDEF$，密克点为 O，$\triangle ABF$，$\triangle BEC$，$\triangle CDF$，$\triangle AED$ 的外切椭圆（长轴平行且相似）的中心分别为 O_1，O_2，O_3，O_4. OH，EO_2，DO_3 共点于 P_1，OA_4，O_2B，O_3F，共点于 P_2，O_1B_1，O_3C，O_4E 共点于 P_3，O_4D，O_2C，O_1F 共点于 P_4，则 O，O_1，O_2，O_3，O_4，P_1，P_2，P_3，P_4 九点共椭圆（以上椭圆长轴平行且相似）.

482. 椭圆 O 的内接 $\triangle ABC$，点 $D\in AB$，点 $E\in AC$，$CD\cap BE=G$，$\triangle ABE$ 和 $\triangle ACD$ 的外接椭圆 O_1，O_2 切于点 P，椭圆 O_1，O_2 与椭圆 O 的长轴平行且相似，AG 延长线与椭圆 O_2 交于点 Q（异于 A），则 $PQ\parallel CD$ 的充要条件为 $DE\parallel BC$.

483. 长轴平行且相似的两椭圆 O，O_1 内切于点 D，过椭圆 O 上一点 A 作椭圆 O_1 的两切线 AP，AQ 与椭圆 O 分别交于点 B，C，切点为 P，Q，AB，AC 倾角互补，$AO_1 \cap PQ = M$，则点M必为长轴与椭圆O的长轴平行且相似的内切椭圆的中心.

484. 椭圆O的内接$\triangle ABC$的BC边上的旁切圆O_1与BC，AC，AB切于点D，F，过点A引BC的平行线与ED，FD分别交于点M，N. P，Q分别是DM，DN的中点，则A，E，F，O_1，P，Q六点共椭圆，以上所有椭圆长轴平行且相似.

485. 椭圆O的内接四边形$ABCD$，$AB \cap CD = P$，AB，CD倾角互补，$\triangle ABC$和$\triangle BCD$的内切椭圆O_1，O_2与椭圆O长轴平行且相似，$O_1O_2 \cap AB = E$，$O_1O_2 \cap CD = F$，则$PE = PF$.

486. 椭圆O的共轭直径AB，CG. 过BA延长线上一点P作切线PD，D为切点，$\angle BPD$的平分线与AC，BC交于点E，F，则ED与FD为共轭直线.

487. 椭圆O的内接$\triangle ABC$，过点A的切线与BC交于点D，DA延长线上一点P，过点P作割线与椭圆O交于点Q，T，交AB，AC，BC于点R，S，U. 若$QR = ST$，则$PQ = UT$.

488. 椭圆O的内接$\triangle ABC$，边BC，CA，AB上的旁切椭圆D，E，F，$\triangle BCD$，$\triangle CAE$，$\triangle ABF$的内切椭圆O_1，O_2，O_3，所有椭圆长轴平行且相似，则(1)$\triangle O_1O_2O_3$的边与$\triangle ABC$三边对应平行；(2)椭圆O_1，O_2，O_3的另三条外公切线共点.

489. 椭圆O的内接$\triangle ABC$，$\angle A$的旁切椭圆与AB，AC切于点A_1，A_2，$A_1A_2 \cap BC = A_3$，相仿所有B_1，B_2，B_3和C_1，C_2，C_3，则A_3，B_3，C_3三点共线(所有椭圆长轴平行且相似).

490. 长轴平行且相似的两椭圆O_1，O_2，QR为外公切线，$Q \in O_1$，$R \in O_2$为切点，过点Q作O_2Q的共轭直线，过点R作O_1R的共轭直线，两共轭直线交于点I，IN与O_1O_2为共轭直线，交点为N，$IN \cap QR = M$，则IM，RO_1，QO_2三线共点.

491. 长轴平行且相似的两椭圆O_1，O_2内切于点P，过椭圆O_1上一点A作椭圆O_2的切线AE，AF切点为E，F，且与椭圆O交于点B，C. 联结AO_2与椭圆O_1交于点T，$AT \cap BF = H$，$AT \cap BC = D$，则$AH : AT = HD : HT$.

492. 椭圆O_1，O_2，O_3长轴平行且相似，两两外切，三椭圆内公切线共点于G，则点G是$\triangle O_1O_2O_3$的长轴与椭圆O_1的长轴平行且相似的内切椭圆的中心.

493. 椭圆 O 的内接 $\triangle ABC$ 内任意一点 M，过点 M 分别作 AM，BM，CM 的共轭直线，此三直线分别与 BC，CA，AB（或延长线）交于点 P，Q，R，则 P，Q，R 三点共线.

494. 椭圆 O 的内接四边形 $ABCD$ 中，$\triangle ABD$，$\triangle BCA$，$\triangle CDB$，$\triangle DAC$ 的内接椭圆分别为 $O_1O_2O_3O_4$，若五个椭圆长轴平行且相似，则四边形 $O_1O_2O_3O_4$ 为平行四边形，四邻边为共轭直线.

495. 椭圆 O 的内接 $\triangle ABC$，BC 中点 M，OM 与椭圆交于点 P，AC，AB 中点分别为 N，S，ON，OS 与椭圆分别交于点 Q，R，$PQ \cap AC = E$，$PR \cap AB = D$，则 $DE \parallel BC$.

496. 椭圆 O 的直径 AB，直线 l 与椭圆交于 C，D 两点，过 A，B 两点分别作 CD 的共轭直线，交点分别为 E，F，则 $DE = CF$.

497. 两长轴平行且相似的椭圆 O_1，O_2 交于 P，Q 两点，椭圆 O_1 的弦 PA 与椭圆 O_2 相切，椭圆 O_2 的弦 AB 与椭圆 O_1 相切，$\triangle PAB$ 的长轴与椭圆 O_1 长轴平行且相似的外接椭圆 O_3，则 O_3Q 与 AB 为平行直线.

498. 椭圆 O 的直径 AB，同侧椭圆上两点 C，D，$AC \cap BD = P$，过 C，D 两点分别作椭圆切线交于点 Q，则 PQ 与 AB 为共轭直线.

499. 椭圆 O 的直径 AD，过点 D 作切线，切线上两点 B，C，AB，AC 与椭圆交于点 E，F，点 $G \in AC$. AC，BG 为共轭直线，$BG \cap DE = H$，$BG \cap EF = I$，$BG \cap AD = M$，又 $DI \cap AB = J$，则 $HJ \parallel AD$.

500. 椭圆 O 的内接 $\triangle ABC$，以 AB，BC，CA 为直径作椭圆 O_1，O_2，O_3 使四个椭圆长轴平行且相似，过顶点作对边椭圆的切线得六个切点，则此六点必在长轴与椭圆 O 的长轴平行且相似的椭圆上.

501. 椭圆 O 的外切完全四边形，三对角线中点及椭圆中心 O 四点共线.

502. 椭圆 O 的内接四边形 $ABCD$ 中，对角线 AC，BD 为共轭直线，点 A_1，$C_1 \in AC$，B_1，$D_1 \in BD$，若四边形 $A_1B_1C_1D_1$ 的三边与四边形 $ABCD$ 的对应三边分别为共轭直线，则第四条对应边也是共轭直线.

503.（朗古来定理）椭圆 O 上四点 A_1，A_2，A_3，A_4，任取三点作一个三角形，椭圆上再任取一点 P，P 关于四个三角形的四条西姆松线，再过点 P 引这四条直线的共轭直线，则四个交点共线.

504. 椭圆 O 的内接四边形 $ABCD$，$AC \cap BD = S$，过点 S 作 AB，CD 的共轭

直线交点分别为E,F,过EF的中点M作EF的共轭直线l,则l平分BC和DA.

505.四个长轴平行且相似的椭圆O_1,O_2,O_3,O_4,O_1与O_2,O_3外切于点A,C,O_2与O_3外切于点B,O_4与O_1,O_2,O_3分别切于点D,E,F,则$\triangle ADE$,$\triangle BEF$,$\triangle CDF$的外接椭圆两两外切,且与$\triangle ABC$外接椭圆均内切(所有椭圆长轴平行且相似).

506.$\triangle ABC$外接椭圆O,内切椭圆I,射线AI,BI,CI与椭圆O分别交于点$D,E,F,EF\cap AD=P,DF\cap BE=M,DE\cap CF=N$,则$I$是$\triangle PMN$内切椭圆的中心,所有椭圆长轴平行且相似.

§5 伸缩变换在平面几何中的应用

前面我们详细介绍了伸缩变换φ的有关性质及应用,由伸缩变换还可推出如下的重要结论.

三角形等腰化定理 任何一个三角形一定可以通过有限次变换后变成一个腰长为1,且直角顶点任意确定的等腰直角三角形.

证明 如果已知$\triangle ABC$为锐角三角形,则直接经若干次伸缩变换(纵向与横向的伸缩变换).如果是钝角三角形或直角三角形,则应经下列变换步骤.

(1)设$\angle A\geqslant 90^\circ$,先将$\triangle ABC$变为锐角三角形,如图1,点$A$应在$BC$为直径的圆内或圆上,过点$A$作$AD\perp BC'$于点$D$,在$DA$的延长线上取一点$A_1$使点$A$在圆外,只需一次纵向伸缩变换,将$A\xrightarrow{\varphi}A_1$,若点$A$的纵坐标为$y_0$,则$A_1$的纵坐标应为$y=\frac{|A_1D|}{|AD|}y_0$,这样将或为钝角三角形或为直角三角形的$\triangle ABC$映射为锐角三角形.

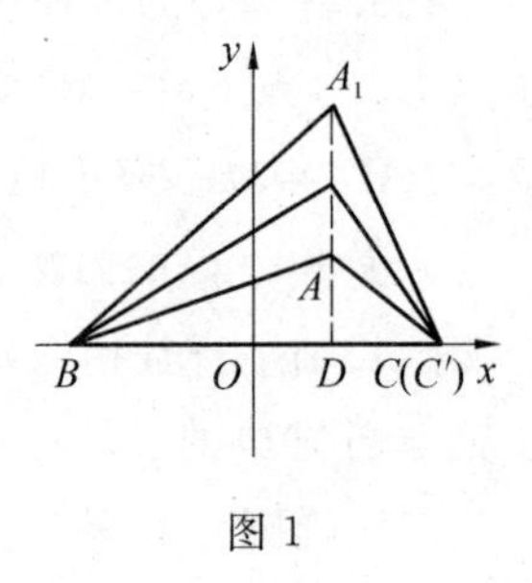

图1

(2)第二步再将$\triangle ABC$按指定的角度变为直角,例如将$\angle C$变为直角.

如图2,点C应在AB为直径的圆外,只需进行纵向伸缩变换就能将$\angle C$变为直角,作$CE\perp AB$于点E,与圆交于点C_1,若点C纵坐标为y_C,则点C_1的纵坐标$y=\frac{|C_1E|}{|CE|}y_0$,于是点C变成点C_1,$\angle C$变成90°的$\angle C_1$.

(3)再将$\angle C_1$的两边AC_1,BC_1的长度变成1,若$A(0,y_0)$,$B(x,y)$,则$x=$

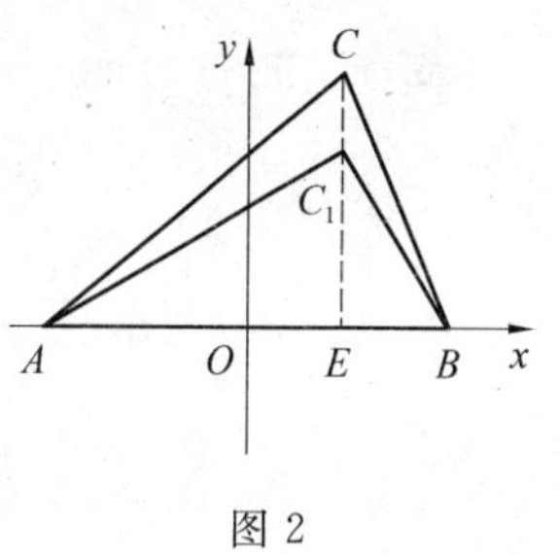

图 2

$\dfrac{|x_0|}{|BC_1|}=1, y=\dfrac{|y_0|}{|AC_1|}=1$，则 $\triangle A_1B_1C_1$ 中 $\angle C_1=90^\circ$，$|A_1C_1|=|B_1C_1|=1$.

推论　任意三角形可经有限次伸缩（纵向或横向）变换，使它变为与任意给定的一个三角形全等.

$\triangle ABC$ 和 $\triangle BCD$，先将 $\triangle ABC$ 变成腰长为 1 的等腰直角三角形 $\triangle A_1B_1C_1$（定理）后用逆过程把 $\triangle A_1B_1C_1$ 变化为 $\triangle A_2B_2C_2\cong\triangle BCD$（图 3）.

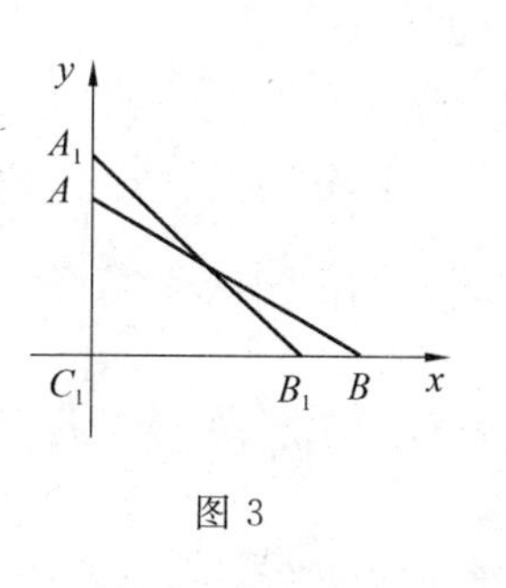

图 3

下面举例说明如何利用上述定理及伸缩变换的性质来解直线形几何题.

例 1　$\triangle ABC$ 中，BC 边上有两点 A_1, A_2，CA 边上有两点 B_1, B_2，AB 边上有两点 C_1, C_2，且 $\dfrac{BA_1}{BC}=\dfrac{CB_1}{CA}=\dfrac{AC_1}{AB}=\dfrac{CA_2}{CB}=\dfrac{AB_2}{AC}=\dfrac{BC_2}{BA}=\lambda$，$BB_1\cap CC_2=P$，$CC_1\cap AA_2=Q$，$AA_1\cap BB_2=R$，求证：$\triangle ABC\backsim\triangle PQR$，且相似比为 $\left|\dfrac{2\lambda-1}{\lambda-2}\right|$.

证明　如图 4，将 $\triangle ABC$ 变换成 $\triangle ABC$，使 $\angle A=90^\circ$ 且 $AC=AB$. 并建立直角坐标系，则 $A(0,0)$，$B(1,0)$，$C(0,1)$，由条件得 $B_2(0,\lambda)$，$A_1(1-\lambda,\lambda)$，则直线 AA_1，BB_1 的方程分别为 $y=\dfrac{\lambda}{1-\lambda}x$，$x+\dfrac{y}{\lambda}=1$，由两方程解得点 R 的坐标 $\left(\dfrac{1-\lambda}{2-\lambda},\dfrac{\lambda}{2-\lambda}\right)$.

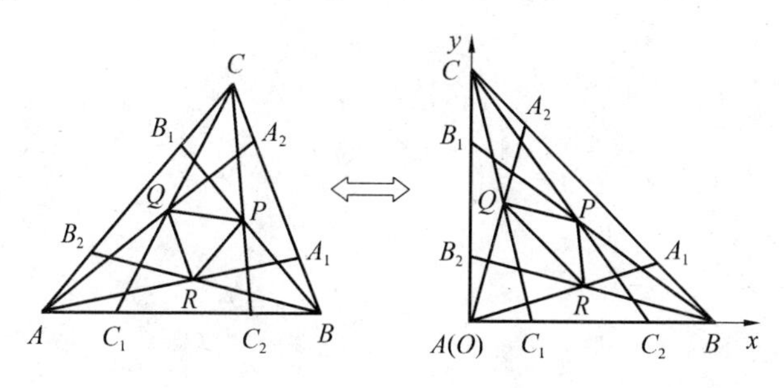

图 4

同样可得点 Q 的坐标 $\left(\frac{\lambda}{2-\lambda},\frac{1-\lambda}{2-\lambda}\right)$，则 $k_{QR}=k_{BC}=-1$，$QR\ /\!/\ BC$，且可求得

$$
\begin{aligned}
|QR| &= \sqrt{\left(\frac{1-\lambda}{2-\lambda},\frac{\lambda}{2-\lambda}\right)^2+\left(\frac{\lambda}{2-\lambda},\frac{1-\lambda}{2-\lambda}\right)^2} \\
&= \sqrt{2}\left|\frac{2\lambda-1}{\lambda-2}\right| \\
&= |BC|\cdot\left|\frac{2\lambda-1}{\lambda-2}\right|
\end{aligned}
$$

再分别把 $\angle B$，$\angle C$ 变为直角得 $\mathrm{Rt}\triangle ABC$，其中 $\angle B=90^\circ$，$BC=AB=1$ 或 $\mathrm{Rt}\triangle ABC$ 中 $\angle C=90^\circ$，$AC=BC=1$，同上知 $PQ\ /\!/\ AB$，且 $|PQ|=\left|\frac{2\lambda-1}{\lambda-2}\right|\cdot|AB|$，或 $PR\ /\!/\ AC$，且 $|PR|=\left|\frac{2\lambda-1}{\lambda-2}\right||AC|$，故 $\triangle PQR\backsim\triangle ABC$，其相似比为 $\left|\frac{2\lambda-1}{\lambda-2}\right|$.

本例可用解析法求解，但经变换后，运算简化了，凡题中条件和结论满足伸缩变换性质的均可用这种方法解题.

例 2 凸四边形 $ABCD$ 的边 AB 和 BC 上取点 F，E，使线段 DE，DF 把 AC 三等分，若 $\triangle ADF$ 和 $\triangle CDE$ 的面积等于四边形 $ABCD$ 面积的 $\frac{1}{4}$，求证：四边形 $ABCD$ 为平行四边形.

证明 如图5，将 $\triangle ABC$ 变换成直角三角形，设 $|AB|=|BC|=3$，则 $A(3,0)$，$C(3,0)$，$P(2,1)$，$Q(1,2)$，设 $D(x_D,y_D)$，则 DE 的直线方程为 $y-1=\frac{y_0-1}{x_0-2}(x-2)$，令 $y=0$ 得点 E 的坐标 $\left(\frac{2-x_0}{y_0-1}+2,0\right)$，所以

$$
S_{\triangle ADE}=\frac{1}{2}|AE|\cdot|y_0|=\frac{1}{2}\left(3-\frac{2-x_0}{y_0-1}-2\right)y_0=\frac{1}{2}\ \frac{x_0+y_0-3}{y_0-1}\cdot y_0
$$

同理得

$$
S_{\triangle CDF}=\frac{1}{2}\cdot\frac{x_0+y_0-3}{x_0-1}\cdot x_0
$$

$$
S_{\text{四边形}ABCD}=S_{\triangle ABD}+S_{\triangle BCD}=\frac{1}{2}\times 3\times y_0+\frac{1}{2}\times 3\times x_0
$$

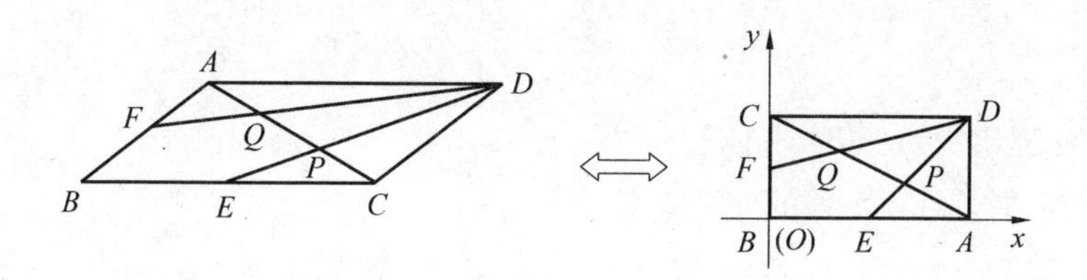

图 5

$$=\frac{3}{2}(x_0+y_0)$$

由已知条件知

$$\frac{1}{2}\cdot\frac{x_0+y_0-3}{y_0-1}\cdot y_0=\frac{1}{2}\cdot\frac{x_0+y_0-3}{x_0-1}\cdot a=\frac{1}{4}\cdot\frac{3}{2}(x_0+y_0)$$

解得 $x_0=y_0=3$，即 $D(3,3)$，说明四边形 $ABCD$ 再逆换成原来的四边形 $ABCD$，由保平行性知 $AD \parallel BC$，$AB \parallel AD$，故原四边形为平行四边形.

例 3　四边形 $ABCD$ 中 $BC \parallel AD$，M 是 CD 的中点，P 是 AM 的中点，Q 是 BM 的中点，$DM \cap CQ=N$，中位线 MR. 求证：点 N 不在 $\triangle ABM$ 外部的充要条件是上、下底边长的比值 λ 满足 $\frac{1}{3}\leqslant\lambda\leqslant 3$.

证明　如图 6，设 AB 的中点为 R，建立如图 6 所示的直角坐标系.

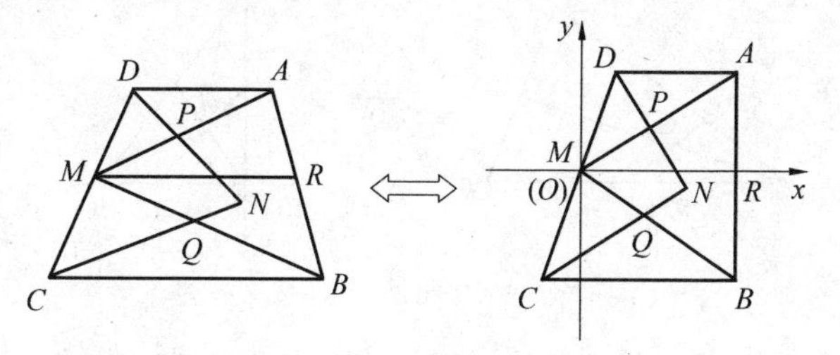

图 6

将 $\triangle AMR$ 变换成以 R 为直角顶点的等腰三角形即 $AR=MR$.

设 $A(2,2)$，$R(2,0)$，$B(2,-2)$，$D(x_0,2)$，$P(1,1)$，$Q(1,-1)$，则 PD 和 CQ 的直线方程分别为

$$y-1=\frac{2-1}{x-1}(x_0-1)$$

和

$$y+1=\frac{-2-(-1)}{-x_0-1}(x-1)$$

由上述方程组得点 N 的坐标$(2-x_0^2,-x_0)$.

点 N 在 $\triangle AMB$ 外的充要条件是

$$\begin{cases}x_N\leqslant x_R\\ y_N\leqslant x_N\\ y_N\geqslant -x_N\end{cases}\Leftrightarrow\begin{cases}2-x_0^2\leqslant 2\\ -x_0\leqslant 2-x_0^2\\ -x_0\geqslant x_0^2-2\end{cases}\Leftrightarrow$$

$$-1\leqslant x_0\leqslant 1\Leftrightarrow \frac{1}{3}\leqslant\frac{2-x_0}{2-(-x_0)}\leqslant 3\Leftrightarrow\frac{1}{3}\leqslant\frac{|AD|}{|BC|}\leqslant 3$$

即

$$\frac{1}{3}\leqslant\lambda\leqslant 3$$

例 4 在 $\triangle ABC$ 中,$AB=12$,$AC=16$,M 是 BC 中点,$E\in AB$,$F\in AC$,$EF\cap AM=G$,且 $AE=2AF$,求比 $EG:GF$.

解 如图 7,设 $AF=a$,$AE=2a$,则 $AF:AC=a:16$,$AE:AB=2a:12=a:6$.

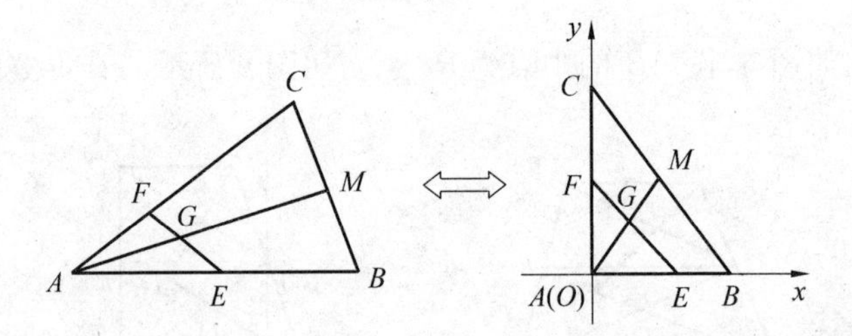

图 7

将 $\triangle ABC$ 变换成直角三角形 $\angle A=90°$. 如图 7 中右图.

设 $B(6,0)$,$C(0,16)$,$M(3,8)$,则 AM,EF 的直线方程分别为

$$y=\frac{8}{3}x \text{ 和 } x+y=a$$

解得点 G 的坐标$\left(\frac{3a}{11},\frac{8a}{11}\right)$,于是

$$\frac{EG}{GF}=\frac{y_G}{y_F-y_G}=\frac{\frac{8}{11}}{1-\frac{8}{11}}=\frac{8}{3}$$

这就是所求的比值.

例 5　任意四边形 $ABCD$,对边 $BA\cap CD=M$,过点 M 的直线 $l\cap AD=H$,$l\cap BC=L$,$l\cap AC=H_1$,$l\cap BD=L_1$,则

$$\frac{1}{MH}+\frac{1}{ML}=\frac{1}{MH_1}+\frac{1}{ML_1}$$

证明　如图 8,由于 M,H,L,H_1,L_1 共线,故具有保比例性.

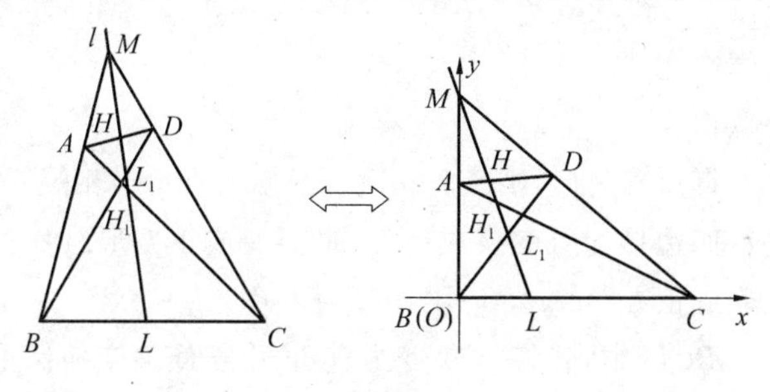

图 8

将 $\triangle BCM$ 变换成等腰直角三角形 $|BC|=|BM|=1$.

设 $M(0,1)$,$C(1,0)$,$A(0,a)$,$L(b,0)$,$D(x_0,1-x_0)$,则各直线方程分别为

$$ML:\frac{x}{b}+y=1 \qquad ①$$

$$BD:y=\frac{1-x_0}{x_0}x \qquad ②$$

$$AC:x+\frac{y}{a}=1 \qquad ③$$

$$AD:y=\frac{1-x_0-a}{x_0}x+a \qquad ④$$

由 ①,② 得 L_1 的横坐标为

$$x_{L_1}=\frac{bx_0}{x_0-bx_0+b}$$

由 ①,③ 得

$$x_{H_1}=\frac{ab-b}{ab-1}$$

由 ①,④ 得

$$x_H=\frac{(1-a)bx_0}{x_0+b-bx_0-ab}$$

于是得

$$\frac{1}{MH}+\frac{1}{ML}=\frac{x_0+b-bx_0-ab}{bx_0(1-a)}+\frac{1}{b}=\frac{x_0(2-a-b)+b(1-a)}{bx_0(1-a)}$$

$$\frac{1}{MH_1}+\frac{1}{ML_1}=\frac{x_0-bx_0+b}{bx_0}+\frac{ab-1}{b(a-1)}=\frac{x_0(a+b-2)+b(a-1)}{bx_0(a-1)}$$

$$\frac{1}{MH}+\frac{1}{ML}=\frac{1}{MH_1}+\frac{1}{ML_1}$$

这是梯形中的蝴蝶定理.

最后请注意:

1.如果已知直角三角形,则只需一次变换使两直角边相等.

2.凡是平行四边形均可变换成矩形,最后变成正方形.但一般四边形不可能经伸缩变换变成正方形.

事实上,$\square ABCD$ 中,若将 $\angle A$ 变为直角,由于伸缩变换保平行性,变换后仍有 $AD \parallel BC$,$AB \parallel DC$,故此时四边形为矩形,再将 $|AB|=|AD|$,则经变换变成正方形.

3.任意三角形,经伸缩变换必可变成正三角形.

4.这里想提醒思考一个问题:圆 $x^2+y^2=a^2$ 的内接 $\triangle A_1B_1C_1$ 的外心、内心、重心、垂心经伸缩变换后它们变成什么?

(1) 设 $\triangle A_1B_1C_1$ 的外心为点 O,经伸缩变换后它的位置在何处.

圆 O:$x^2+y^2=a^2$ 的内接 $\triangle A_1B_1C_1 \xrightarrow{\varphi}$ 椭圆 O 的内接 $\triangle ABC$,$\triangle A_1B_1C_1$ 的外心变成了 $\triangle ABC$ 的外接椭圆中心,而 $\triangle ABC$ 又产生了自身的新外接圆心 O_1,一般情况下,点 O 与 O_1 不全重合,为什么?设 $\triangle ABC$ 三边与坐标轴均不平行,AB 的中点是 M,则 $O_1M \perp BC$,而 OM 与 BC 为共轭直线

$$k_{BC}\cdot k_{OM}=-\frac{b^2}{a^2}\neq -1$$

故 O,O_1 两点不重合.

当且仅当 $\triangle ABC$ 中有两边与坐标轴分别平行时,此时 $\triangle ABC$ 的外心 O 与 $\triangle ABC$ 外接椭圆中心 O 重合(图 9).

结论 $\triangle A_1B_1C_1$ 的外接圆 $x^2+y^2=a^2$ 的圆心 O,经伸缩变换后变成 $\triangle ABC$ 的外接椭圆 $b^2x^2+a^2y^2=a^2b^2$ 的中心 O,而 $\triangle ABC$ 又产生了自身新的外心 O_1,O,O_1 两点一般不重合,特殊状态可以重合.

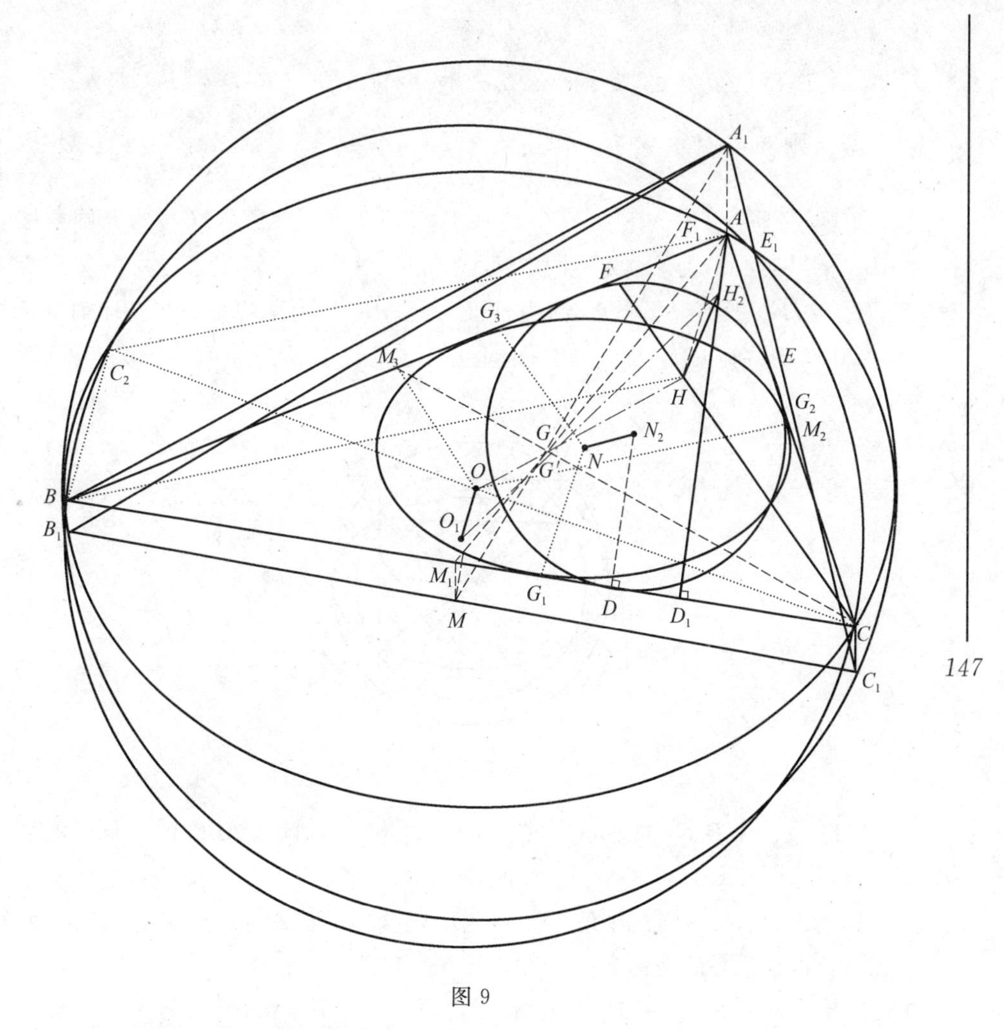

图 9

(2)$\triangle A_1B_1C_1$ 的重心,经伸缩变换后的位置.

$\triangle A_1B_1C_1$ 的三边 B_1C_1,C_1A_1,A_1B_1 的中点$\xrightarrow{\varphi}\triangle ABC$ 的三边 BC,CA,AB 的中点M_1,M_2,M_3,$\triangle A_1B_1C_1$ 三中线交点 G_1(重心)$\xrightarrow{\varphi}\triangle ABC$ 的重心G.

结论　$\triangle ABC$ 和 $\triangle A_1B_1C_1$ 的重心为不同的两点,若 $\triangle A_1B_1C_1$ 中 $A_1(x_1,y_1)$,$B_1(x_2,y_2)$,$C_1(x_3,y_3)$,　则 $G_1\left(\frac{x_1+x_2+x_3}{3},\frac{y_1+y_2+y_3}{3}\right)$ 而 $G\left(\frac{x_1+x_2+x_3}{3},\frac{a(y_1+y_2+y_3)}{3b}\right)$,$G$,$G_1$ 两点的横坐标相等.

(3)$\triangle A_1B_1C_1$ 的垂心 H_1,经伸缩变换后的位置

$\triangle A_1B_1C_1$ 三边上的高$\xrightarrow{\varphi}\triangle ABC$ 的高 $AD,BE,CF,D\in BC,E\in AC$, $F\in AB$，则 $k_{BC}\cdot k_{AD}=k_{CA}\cdot k_{BE}=k_{AB}\cdot k_{CF}=-\dfrac{b^2}{a^2}$ 为三对共轭直线，故 $\triangle A_1B_1C_1$ 的垂心 $H_1\xrightarrow{\varphi}\triangle ABC$ 的 AD,BE,CF 的交点 H（H 称为椭圆内接 $\triangle ABC$ 的共轭心），与 H_1 为不同的两个点. 且 $\triangle ABC$ 又产生了自身的新垂心 H_2，H_2 与 H 一般情况下不重合，当且仅当 $\triangle ABC$ 中有两边分别与坐标轴平行时，$\triangle ABC$ 的共轭心 H 与 $\triangle ABC$ 的垂心 H_2 重合于 $\mathrm{Rt}\triangle ABC$ 的直角顶 C（图 10）.

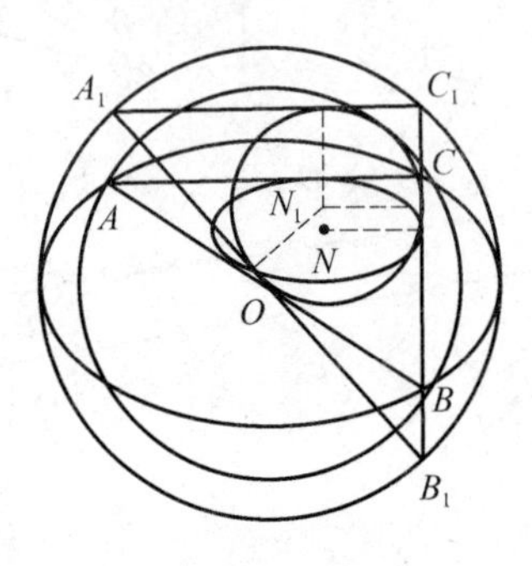

图 10

结论 $\triangle A_1B_1C_1$ 的垂心$\xrightarrow{\varphi}\triangle ABC$ 的共轭心，且 $\triangle ABC$ 产生自身的新垂心 H_2.

若 $\triangle A_1B_1C_1$ 中三内角 $\angle A_1,\angle B_1,\angle C_1$，且 $A_1(x_1,y_1),B_1(x_2,y_2)$, $C_1(x_3,y_3)$，则垂心的坐标为

$$H_1\left(\frac{x_1\tan A_1+x_2\tan B_1+x_3\tan C_1}{\tan A_1+\tan B_1+\tan C_1},\frac{y_1\tan A_1+y_2\tan B_1+y_3\tan C_1}{\tan A_1+\tan B_1+\tan C_1}\right)$$

经伸缩变换后，$\triangle ABC$ 的共轭心坐标为

$$\left(\frac{x_1\tan A_1+x_2\tan B_1+x_3\tan C_1}{\tan A_1+\tan B_1+\tan C_1},\frac{a(y_1\tan A_1+y_2\tan B_1+y_3\tan C_1)}{b(\tan A_1+\tan B_1+\tan C_1)}\right)$$

或

$$a(\cos\theta_1+\cos\theta_2+\cos\theta_3),b(\sin\theta_1+\sin\theta_2+\sin\theta_3)$$

其中，$\theta_1,\theta_2,\theta_3$ 为 A,B,C 三点的离心角.

(4) $\triangle A_1B_1C_1$ 的内心 N_1，经伸缩变换后的位置.

$\triangle A_1B_1C_1$ 的三边 B_1C_1,C_1A_1,A_1B_1 与其内切圆的切点$\xrightarrow{\varphi}\triangle ABC$ 的边

BC,CA,AB 与其内切椭圆的切点 G_1,G_2,G_3，$\triangle A_1B_1C_1$ 的内心 $N_1 \xrightarrow{\varphi} \triangle ABC$ 的内切椭圆中心 N，但 $\triangle ABC$ 又产生新的内切圆的圆心 N_2. 一般状况下，N,N_2 两点不重合，当且仅当 $\triangle ABC$ 为以它外接椭圆的长轴为底边，短轴一个端点为顶点的等腰三角形时，此时 $\triangle ABC$ 的内切圆圆心 N_2 与其内切椭圆中心 N 重合. 图 11 中，若将 $\triangle ABC$ 旋转 90°，此结论仍成立.

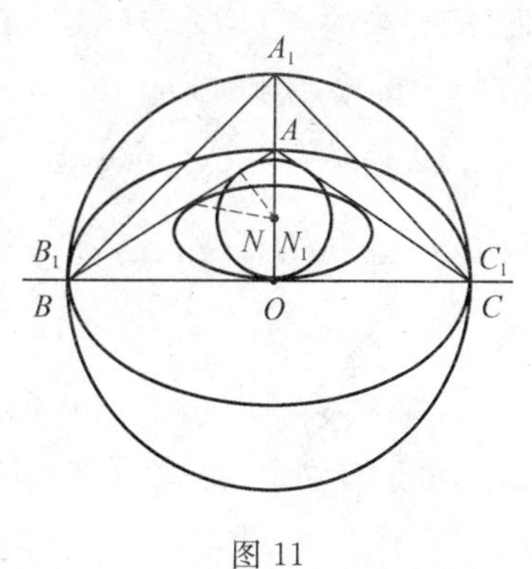

图 11

结论　$\triangle A_1B_1C_1$ 的内心 $N_1 \xrightarrow{\varphi} \triangle ABC$ 的内切椭圆中心 N，而 $\triangle ABC$ 又产生自身的新内心 N_2.

$\triangle A_1B_1C_1$ 的内心的坐标

$$N_1\left(\frac{ax_1+bx_2+cx_3}{a+b+c},\frac{ay_1+by_2+cy_3}{a+b+c}\right)$$

经伸缩变换后，$\triangle ABC$ 的内切椭圆中心的坐标

$$N\left(\frac{ax_1+bx_2+cx_3}{a+b+c},\frac{a(ay_1+by_2-cy_3)}{b(a+b+c)}\right)$$

以上可看到圆 $x^2+y^2=a^2$ 的内接 $\triangle A_1B_1C_1$，经伸缩变换后的位置变化状况，这样 $\triangle ABC$ 内有外接椭圆中心 O，垂心 H_2，共轭心 H，内切椭圆中心 N 及内切圆圆心 N_2，外接圆圆心 O_1，重心 G 和 G_1 是 $\triangle A_1B_1C_1$ 和 $\triangle ABC$ 的两个葛尔刚点.

下面介绍有关六心的简单性质：

(1)$\triangle ABC$ 中 $OM_1 // NG_1 // AD$(图 9).

(2)$\triangle ABC$ 三边 BC,CA,AB 与内切椭圆相切于点 G_1,G_2,G_3，则 AG_1,AG_2,AG_3 三线共点(即椭圆内接三角形葛尔刚点). 又 $\triangle ABC$ 内切圆与 BC,CA,AB 三边的切点与相对顶点的连线也共点，此点是圆的葛尔刚点，故有两个葛尔刚点.

(3)$\triangle ABC$ 外接椭圆中心 O，重心 G，和共轭心 H 三点共线且(1)$OG:GH=1:2$；(2)$OO_1 \underline{\underline{//}} \frac{1}{2}HH_2$.

因为$\triangle ABC$中，点O,G,H是由原$\triangle A_1B_1C_1$的外心、重心及垂心变化而来的. 而原来的点O,G_1,H_1共线(称尤拉线)，故O,G,H三点共线，且原来$OG_1:GH_1=1:2$，所以$OG:OH=1:2$，又$\triangle ABC$又产生新的尤拉线，其外心O_1，重心G，垂心H_2三点共线，且$O_1G:GH=1:2$，由此推知$\triangle OO_1G\backsim\triangle HH_2G$，故$OO_1\mathrel{\underline{\underline{/\!/}}}\frac{1}{2}HH_2$(当$\triangle ABC$为正三角形时，$G,O_1,H_1$重合于一点，但结论(1)仍成立).

(4) 若以圆$x^2+y^2=a^2$的内接$\triangle A_1B_1C_1$底边B_1C_1为圆的直径的等腰直角三角形经伸缩变换后$\triangle ABC$仍为等腰三角形，且底边不变(图11)，在$\triangle ABC$中外心、重心、垂心、内心和$\triangle A_1B_1C_1$中的外接椭圆中心、内切椭圆中心(两椭圆长轴平行且相似)、内心、垂心、共轭心这九点共线(证略)(图11).

(5) 圆$x^2+y^2=a^2$的内接$\triangle A_1B_1C_1$经伸缩变换后它的外接圆和内切圆变成了$\triangle ABC$的外接椭圆和内切椭圆，它们的长轴互相平行且相似.

(6)$\triangle ABC$中，当其重心与外接椭圆中心重合时，其面积为定值$\frac{3\sqrt{3}}{4}ab$.

事实上，$\triangle A_1B_1C_1\xrightarrow{\varphi}\triangle ABC$，现在$\triangle ABC$的重心与外接圆中心重合说明在$\triangle MB_1C_1$中重心与外心重合，此时$\triangle A_1B_1C_1$为正三角形，则$S_{\triangle A_1B_1C_1}=\frac{3\sqrt{3}}{4}a^2$，经伸缩变换后$S_{\triangle ABC}=\frac{b}{a}S_{\triangle A_1B_1C_1}=\frac{3\sqrt{3}}{4}ab$.

也就是说凡是圆$x^2+y^2=a^2$的内接正$\triangle A_1B_1C_1$经伸缩变换后所得的$\triangle ABC$的面积均为$\frac{3\sqrt{3}}{4}ab$.

(7) 若圆$x^2+y^2=a^2$的内接正$\triangle A_1B_1C_1$，且$A_1C_1\perp x$轴，经伸缩变换后得到椭圆$b^2x^2+a^2y^2=a^2b^2(a>b>0)$的内接等腰$\triangle ABC$，则$\triangle ABC$的外接椭圆中心、重心、共轭心、内切椭圆中心及椭圆葛尔刚点五点重合.

如图12，易知，点O是$\triangle A_1B_1C_1$和$\triangle ABC$的公共中心，公共重心M_1'是正$\triangle A_1B_1C_1$的边B_1C_1的中点，也是边B_1C_1上高的垂足，又是其内切圆的切点，$M'_1\xrightarrow{\varphi}M_1$，则$M_1$是$\triangle ABC$边$BC$的中点，是$\triangle ABC$内切椭圆与$BC$的切点，又$A_1M'_1\perp B_1C_1\xrightarrow{\varphi}AM_1$与$BC$为共轭直线.

又AM_1过点O，同理BM_2与CA，CM_3与AB也为共轭直线，且都是$\triangle ABC$

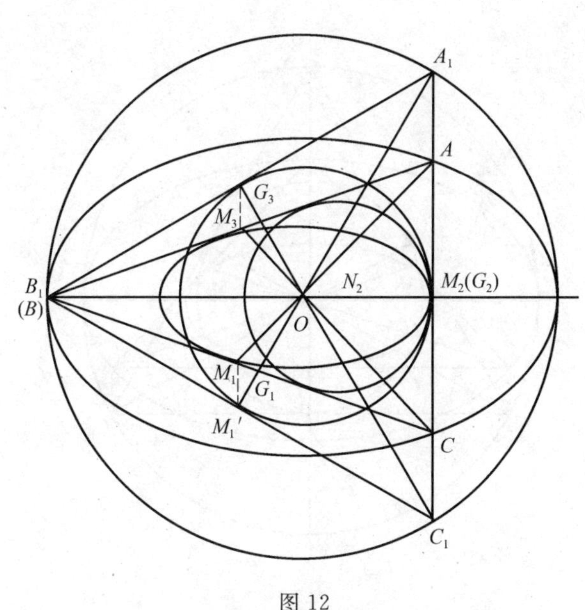

图 12

内切椭圆与 AC，BA 的切点，且 BM_2，CM_3 均过点 O，故 O 为共轭心，且点 O 同为椭圆内接 $\triangle ABC$ 的葛尔刚点.

又 OM_1 与 BC，OM_2 与 CA，OM_3 与 AB 均为共轭直线，且 M_1，M_2，M_3 又是 $\triangle ABC$ 与内切椭圆与 BC，CA，AB 上的切点，故点 O 是 $\triangle ABC$ 内切椭圆中心.

由以上可知，点 O 是 $\triangle ABC$ 外接圆中心，内切椭圆中心，垂心，共轭心及葛尔刚点的聚合点.

当 $\triangle A_1B_1C_1$ 绕点 O 旋转 90° 时，得到图 13，此时(7) 仍成立.

最后介绍椭圆内接 $\triangle ABC$ 与共轭心有关的性质.

前文我们已经说过，椭圆 O 的内接 $\triangle ABC$，过顶点 A，B，C 分别作其对边的共轭直线（特殊情况为垂线）与对边的交点（称共轭足）分别为 D，E，F，则 AD，BE，CF 共点于 H，称点 H 为椭圆内接三角形的共轭心（图 14）.

我们可从伸缩变换去考察共轭心（见前文）也可直接给予证明，这里提供两个证明方法. 也提供圆的问题转换成椭圆问题的一些解题思考方向.

证法 1(解析法)　设 $A(a\cos\theta_1, b\sin\theta_1)$，$B(a\cos\theta_2, b\sin\theta_2)$，$C(a\cos\theta_3, b\sin\theta_3)$，则直线 BC，CA，AB 的斜率为

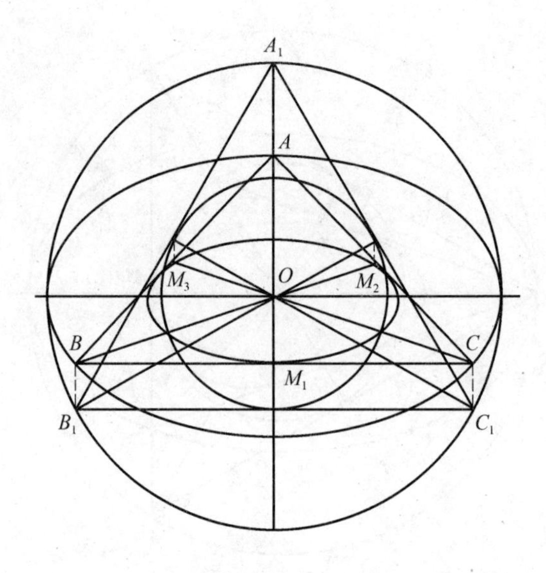

图 13

$$k_{BC}=-\frac{b}{a}\cot\frac{\theta_2+\theta_3}{2}$$

$$k_{CA}=-\frac{b}{a}\cot\frac{\theta_3+\theta_1}{2}$$

$$k_{AB}=-\frac{b}{a}\cot\frac{\theta_1+\theta_2}{2}$$

因 AD 与 BC，BE 与 AC，CF 与 AB 为共轭直线，则直线 AD，BE，CF 的斜率分别为

$$k_{AD}=\frac{b}{a}\tan\frac{\theta_2+\theta_3}{2}$$

$$k_{BE}=\frac{b}{a}\tan\frac{\theta_3+\theta_1}{2}$$

$$k_{CF}=\frac{b}{a}\tan\frac{\theta_1+\theta_2}{2}$$

则 AD，BE，CF 的直线方程为

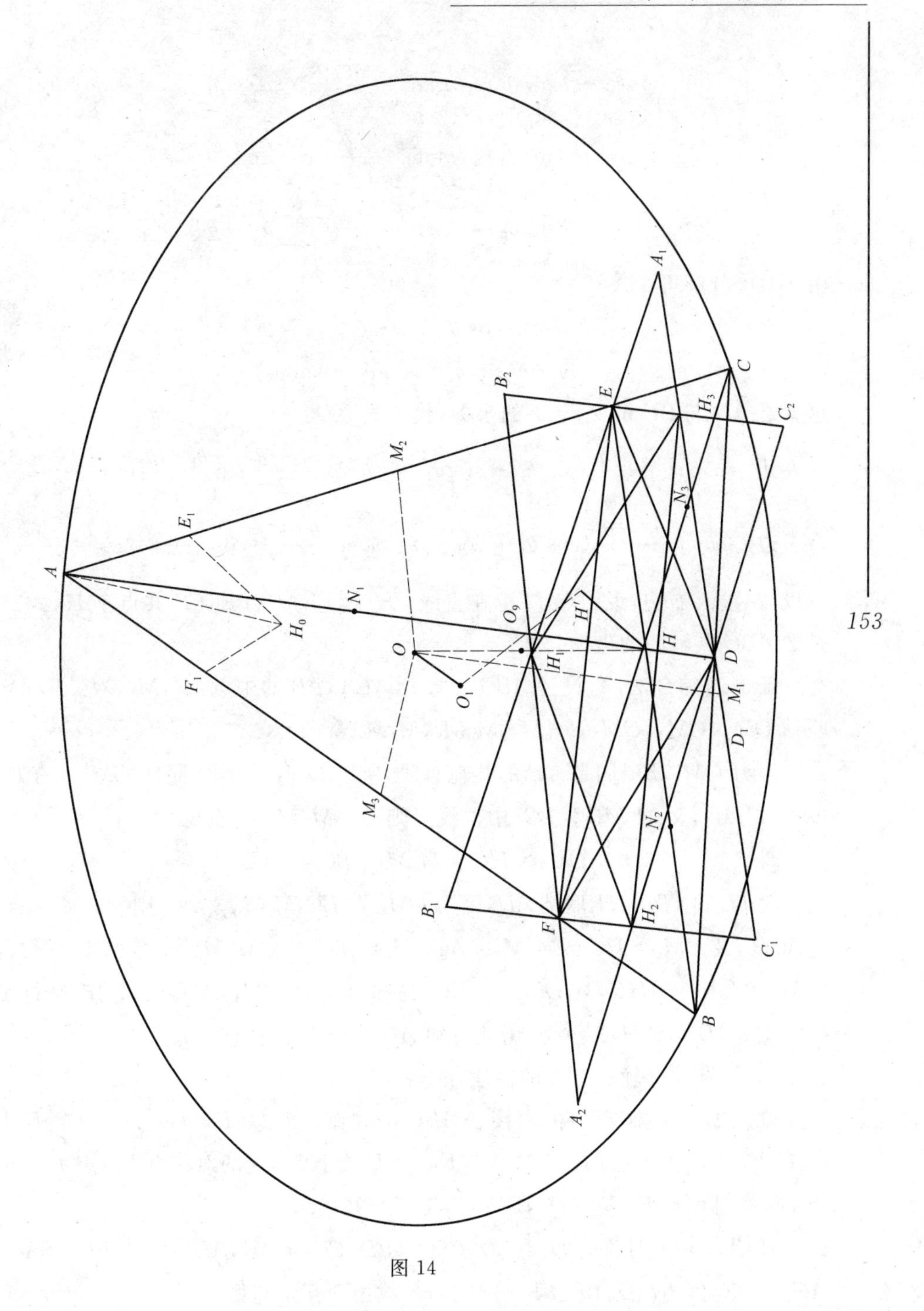
A
E_1
M_2
B_2
E
A_1
C
H_3
C_2
N_3
N_1
H_0
O_9
H'
H
D
O
H_1
O_1
M_1
F_1
D_1
M_3
N_2
B_1
F
H_2
C_1
B
A_2

图 14

$$a(y-b\sin\theta_1)=b\tan\frac{\theta_2+\theta_3}{2}(x-a\cos\theta_1) \quad ①$$

$$a(y-b\sin\theta_2)=b\tan\frac{\theta_3+\theta_1}{2}(x-a\cos\theta_2) \quad ②$$

$$a(y-b\sin\theta_3)=b\tan\frac{\theta_1+\theta_2}{2}(x-a\cos\theta_3) \quad ③$$

由式 ①,② 解得

$$\begin{cases}x=a(\cos\theta_1+\cos\theta_2+\cos\theta_3)\\ y=b(\sin\theta_1+\sin\theta_2+\sin\theta_3)\end{cases} \quad ④$$

这就是 AD 与 BE 的交点 H 的坐标,代入式 ③ 得

$$左边=ab\cos\frac{\theta_1+\theta_2}{2}(\sin\theta_1+\sin\theta_2)=ab\cos\frac{\theta_1+\theta_2}{2}\sin\frac{\theta_1+\theta_2}{2}\cos\frac{\theta_1-\theta_2}{2}$$

$$右边=ab\sin\frac{\theta_1+\theta_2}{2}(\cos\theta_1+\cos\theta_2)=ab\sin\frac{\theta_1+\theta_2}{2}\cos\frac{\theta_1+\theta_2}{2}\cos\frac{\theta_1-\theta_2}{2}$$

所以,左边 = 右边,说明点 H 也在直线 CF 上,即 AD,BE,CF 共点于 H,式 ④ 是 $\triangle ABC$ 共轭心的坐标公式.

证法 2(综合法) 设 $\triangle ABC$ 三边 BC,CA,AB 的中点 M_1,M_2,M_3(下同),联结 $OM_1,OM_2,OM_3,M_1M_2,M_2M_3,M_3M_1$.

因为 OM_2,BE 同是 AC 的共轭直线,所以 $OM_2 /\!/ BE$,同理 $OM_3 /\!/ CF$,$OM_1 /\!/ AD$,又 $M_2M_3 /\!/ BC$(中位线). 则 $\triangle OM_2M_3 \backsim \triangle BCH$,有

$$OM_3 : HC=M_2M_3 : BC=1 : 2$$

设 $BE\cap CF=H$,联结 AH,因为 $OM_3 /\!/ HC,M_1M_3 /\!/ AC$,则 $\angle OM_3A_1=\angle ACH$,又 $OM_3 : HC=M_1M_3 : AC=1 : 2$,则 $\triangle OM_1M_3\backsim\triangle ACH$. 那么,$\angle M_1OM_3=\angle AHC$,且 $OM_3 /\!/ HC$,易知 $AH /\!/ OM_1$,AD,AH 同时平行于 OM_1,故 AD 与 AH 必重合,由此可知 AD,BE,CF 共点于 H.

与 $\triangle ABC$ 共轭心有关的性质如下:

性质 1.12 椭圆 O 的内接 $\triangle ABC$ 的共轭心为 H,BC,CA,AD 共轭足为 D,E,F,点 D 关于点 M_1 的对称点 D_1,点 E 关于点 M_2 的对称点 E_1,点 F 关于点 M_3 的对称点 F_1,则 AD_1,BE_1,CF_1 三线共点.

证明 由条件知,$BD_1=CD,CD_1=BD,CE_1=AE,AE_1=CE,BF_1=AF$,$AF_1=BF$,因为 AD,BE,CF 共点于 H,故由西瓦定理得

$$\frac{BD \cdot CE \cdot AF}{DC \cdot EA \cdot FB}=1$$

经线段代换得

$$\frac{CD_1 \cdot BF_1 \cdot AE_1}{D_1B \cdot F_1A \cdot E_1C}=1$$

所以，AD_1，BE_1，CF_1 共点，记作 H_0. 可称 H_0 为椭圆内接三角形的陪位共轭心.

性质 1.13　椭圆 O 的内接 $\triangle ABC$ 的共轭心为 H，中心为 O，则 $AH=2OM$.

证明　由 $M_1M_2 /\!/ AB$，$OM_2 /\!/ BH$，$OM_1 /\!/ AH$，知 $\triangle ABH \backsim \triangle OM_1M_2$，则 $OM_1 : AH=M_1M_2 : AB=1 : 2$，即 $AH=2OM$，同理 $BH=2OM_2$，$CH=2OM_3$.

性质 1.14　椭圆 O 的内接 $\triangle ABC$ 的共轭心为 H，中心 O，重心 G，则 O，G，H 三点共线.

证明　联结 $AM_1 \cap OH=G$，由 $OM_1 /\!/ AH$，得 $AG : GM=AH : OM=2 : 1$，说明点 G 是 $\triangle ABC$ 的重心，所以，O，G，H 三点共线，此线可称为椭圆内接 $\triangle ABC$ 的第二尤拉线.

另 $\triangle ABC$ 的外接圆中心 O_1，垂心 H'，重心 G 三点共线为第一尤拉线.

性质 1.15　椭圆 O 的内接 $\triangle ABC$ 的共轭心 H，外心 O_1，垂心 H'，则(1) $OO_1 /\!/ HH'$；(2) $S_{\triangle HGH'}=4S_{\triangle OGO_1}$.

证明　因为 $OG : GH=O_1G : GH'=1 : 2$，则 $OO_1 /\!/ HH'$，且

$$\triangle OGO_1 \backsim \triangle HGH'$$

故 $S_{\triangle HGH'}=4S_{\triangle OGO_1}$.

性质 1.16　椭圆 O 的内接 $\triangle ABC$ 的共轭心为 H，点 D，E，F 分别是边 BC，CA，AB 上的共轭足，而 $\triangle AEF$，$\triangle BDF$，$\triangle CDE$ 的共轭心分别为 H_1，H_2，H_3(下同)，则 $\triangle DEF \cong \triangle H_1H_2H_3$.

证明　因为 $DH /\!/ EH_3 /\!/ FH_2$，$DH_3 /\!/ EH$，$DH_2 /\!/ FH$，则四边形 $DHEH_3$ 和四边形 $DFHF_2$ 均为平行四边形，故有 $EH_3 \underline{\underline{/\!/}} DH \underline{\underline{/\!/}} FH_2$，由此知四边形 EFH_2H_3 也是平行四边形. 所以，$EF=H_2H_3$，同理 $DE=H_1H_2$，$DF=H_1H_3$，于是 $\triangle DEF \cong \triangle H_1H_2H_3$(SSS).

性质 1.17　椭圆 O 的内接 $\triangle ABC$ 中，$EH_1 \cap DH_3=A_1$，$EH_1 \cap FH_2=$

B_1，$DH_3\cap FH_2=C_1$，$DH_2\cap FH_1=A_2$，$EH_3\cap FH_1=B_2$，$EH_1\cap EH_3=C_2$，则 $\triangle A_1B_1C_1\cong\triangle A_2B_2C_2$.

证明 易知，$B_1C_1 /\!/ B_2C_2$，$A_1B_1 /\!/ A_2B_2$，$A_1C_1 /\!/ A_2C_2$，由性质16知，$B_1C_1=B_2C_2$，$\triangle A_1B_1C_1\backsim\triangle A_2B_2C_2$ 且相似比为1，所以 $\triangle A_1B_1C_1\cong\triangle A_2B_2C_2$.

性质1.18 椭圆 O 的内接 $\triangle ABC$ 中，过点 D 分别作 AC，CF，BE，AB 的共轭直线，其共轭足依次为 S_1，S，K，K_1，则 S_1，S，K，K_1 四点共线.

证明 因为 DS，AF 同是 CF 的共轭直线，故 $SD /\!/ AF$，同理，$DK /\!/ AE$，则 $DS:FA=DH:HA$，$KH:HE=HD:HA$，则 $SS_1 /\!/ EF$，$KK_1 /\!/ EF$，由此证得 S_1，S，K，K_1 共线.

性质1.19 椭圆 O 的内接 $\triangle ABC$ 中共轭心为 H，AH，BH，CH 的中点依次为 N_1，N_2，N_3，则 M_1N_1，M_2N_2，M_3N_3 三线共点.

证明 因为 M_2N_3，M_3N_2 分别是 $\triangle ACH$，$\triangle ABH$ 的中位线，所以，$M_2N_3\underline{\underline{/\!/}}\frac{1}{2}AH_1=M_3N_2$，所以，四边形 $M_2M_3N_2N_3$ 为平行四边形. 同理 $M_1M_2N_1N_2$ 也为平行四边形，则 M_3N_3 与 M_2N_2，M_1N_1 与 M_2N_2 互相平分，即 M_1N_1，M_3N_3 均过 M_2N_2 的中点，说明 M_1N_1，M_2N_2，M_3N_3 三线共点，此点记作 O_9.

性质1.20 椭圆 O 的内接 $\triangle ABC$ 中，O_9 是第二尤拉线的中点.

证明 设 $M_1N_1\cap OGH=O_9'$，由性质1.13知，$OM_1\underline{\underline{/\!/}}\frac{1}{2}AH\underline{\underline{/\!/}}N_1H$，故四边形 OM_1HN_1 为平行四边形，故 OH 与 M_1N_1 互相平分. 又根据性质1.19，M_1N_1 的中点为 O_9，所以，点 O_9 与 O_9' 重合. 所以，O_9 是 OGH 的中点.

性质1.21 椭圆 O 的内接 $\triangle ABC$ 的第二尤拉线上有四点 O，G，O_9，H，则 $OG:GO_9:O_9H=2:1:3$.

性质1.22 椭圆 O 的内接 $\triangle ABC$ 中过点 D，E，F，M_1，M_2，M_3，N_1，N_2，N_3 存在一个长轴与 $\triangle ABC$ 外接椭圆长轴平行且相似的椭圆，椭圆中心为 O_9，此椭圆称为九点椭圆，其椭圆方程为

$$\frac{(x-x_{O_9})^2}{a^2}+\frac{(y-y_{O_9})^2}{b^2}=\frac{1}{4}$$

证明 由 $M_1\left(\frac{a(\cos\theta_2+\cos\theta_3)}{2},\frac{b(\cos\theta_2+\sin\theta_3)}{2}\right)$，可得

$$O_9\left(\frac{a(\cos\theta_1+\cos\theta_2+\cos\theta_3)}{2},\frac{b(\sin\theta_1+\sin\theta_2+\sin\theta_3)}{2}\right)$$

设以 O_9 为中心且与椭圆 O 的长轴平行且相似的椭圆方程为

$$b^2(x-x_{O_9})^2+a^2(y-y_{O_9})^2=a^2b^2\lambda$$

将点 M_1 的坐标代入上述方程 并化简得 $\lambda=\frac{1}{4}$，所以 $\triangle ABC$ 九点椭圆方程为

$$\frac{(x-x_{O_9})^2}{a^2}+\frac{(y-y_{O_9})^2}{b^2}=\frac{1}{4}$$

§6　练习二

1. $\triangle ABC$ 中，在 BC 边的中线 AD 上任取一点 P，联结 BP，CP 分别交 AB，AC 于点 M，N，求证：$MN \parallel BC$.

2. 点 O 是 $\triangle ABC$ 的重心的充要条件是 $S_{\triangle OAB}=S_{\triangle OBC}=S_{\triangle OCA}$.

3. 求证：$\triangle ABC$ 三边中线交于一点.

4. 设 O 是 $\triangle ABC$ 内一点，过点 O 作平行于 BC 的直线，与 AB，AC 分别交于点 J，P，过点 P 作直线 PE 平行于 AB，与 BD 的延长线交于点 E，求证：$CE \parallel AO$.

5. 设点 D，E，F 分别在 $\triangle ABC$ 的三边 BC，CA，AB 上，且

$$\frac{AF}{FB}=\frac{BD}{DC}=\frac{CE}{EA}=\frac{1}{m}$$

若 $AD\cap BE=N$，$BE\cap CF=M$，$CF\cap AD=P$，求 $\triangle MNP$ 的面积与 $\triangle ABC$ 面积之比.

6. 设 A，B，C，D 是任意三角形三边上的四个点，求证：A，B，C，D 四点当中必有三个点围成的三角形面积不超过原三角形面积的四分之一.

7. 求证：完全四边形 $ABCDEF$ 的三条对角线的中点 Z，F，E 在一条直线上.

8. 设 $\triangle ABC$ 和 $\triangle A_1B_1C_1$ 是欧氏平面上的两个三角形，则存在唯一的伸缩变换，将 A，B，C 分别变成 A_1，B_1，C_1.

9. 在 $\triangle ABC$ 的边 BC 上的中线 AD 上取一点 P，联结 BP，CP 使 $BP\cap AC=N$，$CP\cap AB=M$，求证：$MN \parallel BC$.

10. $\triangle ABC$ 中，D,E,F 是边 BC,CA,AB 上的点，且 $\frac{BD}{DC}=\frac{CE}{EA}=\frac{AF}{FB}=\frac{m}{n}$，$0<m,n<1,m+n=1$，联结 AD,BE,CF 构成 $\triangle A_1B_1C_1$，则 $\frac{S_{\triangle A_1B_1C_1}}{S_{\triangle ABC}}=\frac{(n-m)^2}{1-m-n^2}$.

11. 四边形 $ABCD$ 中，E,F,G,H 是边 AB,BC,CD,DA 上的点，又 $\frac{AE}{EB}=\frac{BF}{FC}=\frac{CG}{GD}=\frac{DH}{HA}=\frac{m}{n}$，$0<m,n<1,m+n=1$，则 $\frac{S_{\text{四边形}EFGH}}{S_{\text{四边形}ABCD}}=1-2mn$.

12. 在 $\square ABCD$ 中，E,F,G,H 为边 AB,BC,CD,DA 上的点，又 $\frac{AE}{EB}=\frac{BF}{FC}=\frac{CG}{GD}=\frac{DH}{HA}=\frac{m}{n}$，联结 AF,BG,CH,DE 构成 $\square A_1B_1C_1D_1$，则 $S_{\square A_1B_1C_1D_1}:S_{\square EFGH}:S_{\square ABCD}=\frac{m^2}{1+n^2}:(1-2mn):1$.

第二章　抛物旋转——π 变换

§1　抛物旋转及其性质

什么是抛物旋转？还得从一个轨迹题谈起.

已知椭圆 $b^2x^2+a^2y^2=a^2b^2(a>b>0)$ 中，弦 $AB\perp x$（长轴），长轴上两点 C,D，若 $AC\cap BD=P$，求点 P 的轨迹方程.

解　如图 1，设 $P(x,y)$，$A(x_0,y_0)$，则 $B(x_0,-y_0)$，而 $C(-a,0)$，$D(a,0)$，因 C,A,P 和 B,D,P 分别三点共线，故得

$$\frac{y}{x+a}=\frac{y_0}{x_0+a}$$

$$\frac{y}{x-a}=\frac{-y_0}{x_0-a}$$

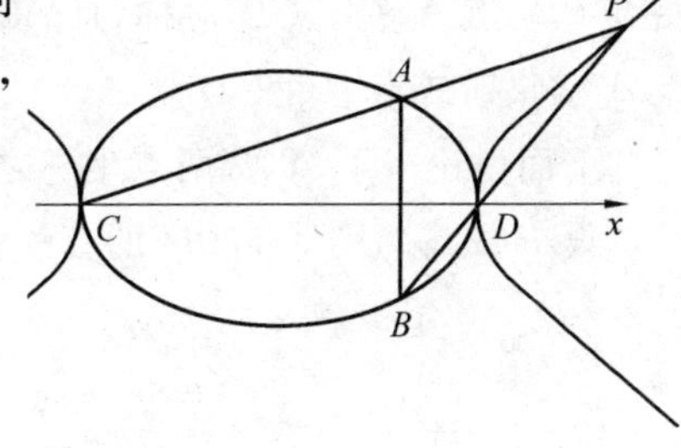

图 1

两式相除可求得 $x_0=\frac{a^2}{x}$，进而 $y_0=\frac{ay}{x}$. 因为 $A(x_0,y_0)$ 在椭圆上，将此坐标代入椭圆方程得

$$b^2\left(\frac{a^2}{x}\right)^2+a^2\left(\frac{ay^2}{x}\right)^2=a^2b^2$$

化简得

$$b^2x^2-a^2y^2=a^2b^2\quad(a>b>0)$$

这就是点 P 的轨迹方程，其轨迹是以椭圆的长轴为实轴，短轴为虚轴的双曲线.

上述问题说明，椭圆可以经过变换映射成双曲线，那么双曲线经变换后是否映射成椭圆呢？

设双曲线 $b^2x^2-a^2y^2=a^2b^2(a,b>0)$，弦 $AB\perp$ 实轴，实轴的两端点 C,D，$AC\cap BD=P$，求点 P 的轨迹方程.

解　如图 2，设 $P(x_0,y_0)$，$A(a\sec\theta,b\tan\theta)$，则 $B(a\sec\theta,-b\tan\theta)$，因为

C,A,P 和 B,D,P 分别三点共线，故有 $C(-a,0)$，$D(a,0)$

$$\frac{b\tan\theta}{a\sec\theta+a}=\frac{y}{x+a},\frac{-b\tan\theta}{a\sec\theta-a}=\frac{y}{x-a}$$

相除得 $x=a\cos\theta$，然后再求得 $y=b\sin\theta$，消去 θ 得

$$b^2x^2+a^2y^2=a^2b^2$$

这就是点 P 的轨迹方程，其轨迹是一个椭圆.

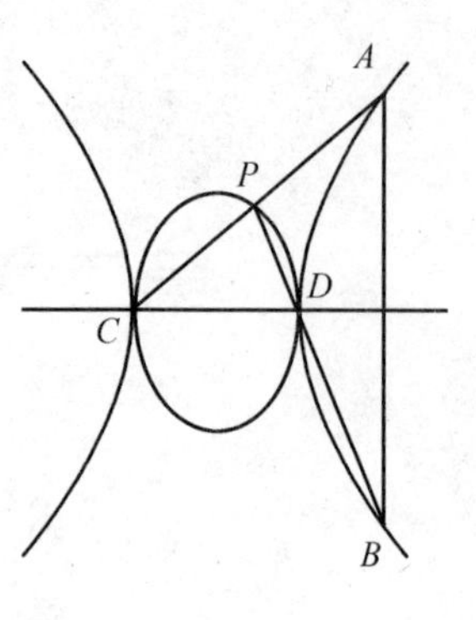

图 2

你看双曲线转化为椭圆，令人兴奋.

回看椭圆、双曲线互相转化的过程，它们有一个共同的变换过程.

已知两个定点 $C(-a,0)$，$D(a,0)$（这两点称为基点）和另一个点 $A(x_0,y_0)$. 过点 A 作 CD 的垂线 AB，使点 B 与点 A 关于 CD 对称，且 $AC\cap BD=P$，这样点 A 就映射成点 P（图 3）.

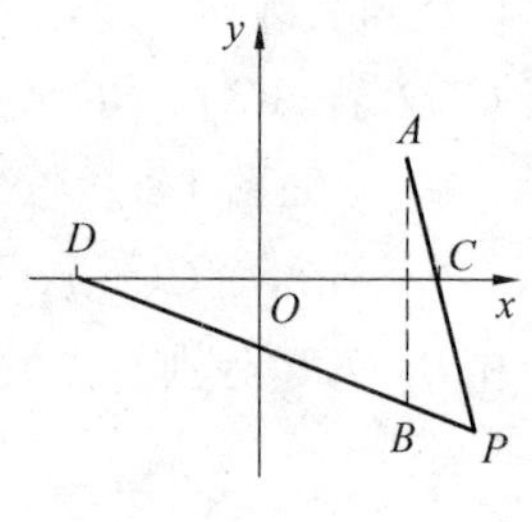

图 3

下面讨论一下 A,P 两点坐标之间关系.

设 $P(x,y)$，则 AC,BD 的直线方程分别为

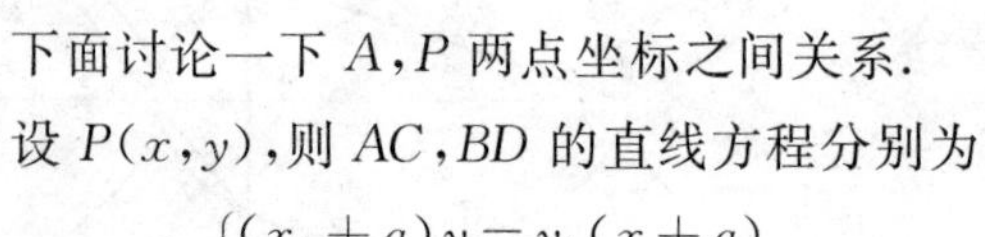

$$\begin{cases}(x_0+a)y=y_0(x+a)\\(x_0-a)y=-y_0(x-a)\end{cases}$$

解此方程得

$$\begin{cases}x=\dfrac{a^2}{x_0}\\y=\dfrac{y_0x}{a}\left(\text{或}\dfrac{ay_0}{x_0}\right)\end{cases}\qquad(\pi)$$

上两式就是 A 与 P 两点间的坐标变换公式，我们把这个变换叫作抛物旋转，记作 π 变换. 这是个新的几何变换，是数学中一个蕴藏量丰厚的矿藏，期待人们去开发.

这里先介绍 π 变换的一些基本问题.

π 变换下的直线

在 π 变换下，直线会发生什么变化？直线间的位置，又将有什么变化呢？它们的变化规律又是怎样的？

1. π 变换将直线映射成直线，变换后的直线斜率是原直线截距的 $\frac{1}{a}$ 倍，而其截距是原直线斜率的 a 倍，即

$$y=kx+m\xrightarrow{\pi}y_0=\frac{1}{a}mx_0+ak$$

证明　设原直线方程为 $y=kx+m$，将 π 变换的 x，y 的表达式代入此直线方程得

$$\frac{ay_0}{x_0}=k\cdot\frac{a^2}{x_0}+m$$

化简得

$$y_0=\frac{m}{a}x_0+ak$$

这是以 $\frac{m}{a}$ 为斜率，ak 为纵截距的斜截式直线方程，故结论成立.

2. π 变换将纵截距相等的不同直线映射成平行直线（非坐标轴的平行线）. 反之，平行直线经 π 变换后映射成截距相等的直线系，即

$$y-m=kx(m\text{ 为定值})\xrightarrow{\pi}y_0=\frac{m}{a}x_0+ak$$

证明　直线 $y-m=kx$，其中 m 为常数，经 π 变换得 $y_0=\frac{m}{a}x_0+ak$. 因为 $\frac{m}{a}$ 为定值，ak 为变量（纵截距），故所有这些直线互相平行，即过定点 $(0,m)$ 的直线系经 π 变换后变成平行直线系，如图 4 所示

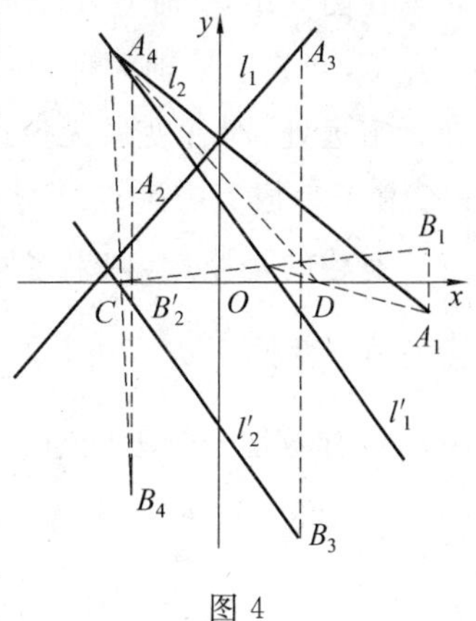

图 4

$$l_1\xrightarrow{\pi}l'_1,l_2\xrightarrow{\pi}l'_2$$

l_1，l_2 均过 $A(0,m)$，则 $l'_1\ /\!/\ l'_2$.

反之，$y=kx+m(k$ 为定值$)\xrightarrow{\pi}y_0=\frac{m}{a}x_0+ak$，其中 ak 为定值，故所有这些直线的纵截距相等.

在问题 2 中，若 $m=0$，即直线过原点时，则有下列结论.

3. π 变换把过原点的直线映射成与 x 轴平行的直线，即

$$y=kx(+0)\xrightarrow{\pi}y=0+ak$$

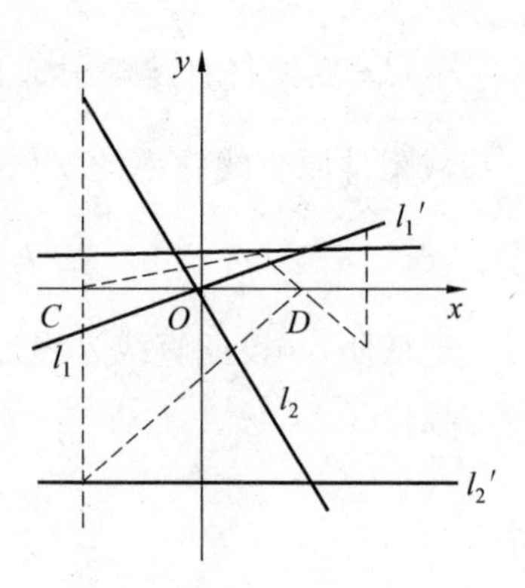

图 5

事实上，直线 $y=kx\xrightarrow{\pi}y=0+ak$，$k$ 取不同的值，表示有不同的直线，构成了与 x 轴平行的直线系(图 5).

由 3 还可推出如下结论：

x 轴经 π 变换仍为 x 轴，故 x 轴是 π 变换下的不动直线.

4. π 变换将与 y 轴平行的直线系映射成仍与 y 轴平行的直线系.

证明　设 $x=m\xrightarrow{\pi}x_0=\frac{a^2}{m}$，而 $\frac{a^2}{m}$ 为常数，故这些直线与 y 轴仍然平行，但位置移动了，平移了 $(\frac{a^2}{m}-m)$ 个单位.

值得注意的是 y 轴在 π 变换下，变成无穷远直线.

事实上，$x=0\xrightarrow{\pi}x=\frac{0}{0}$，分母为 0 无意义，即此为无穷远直线.

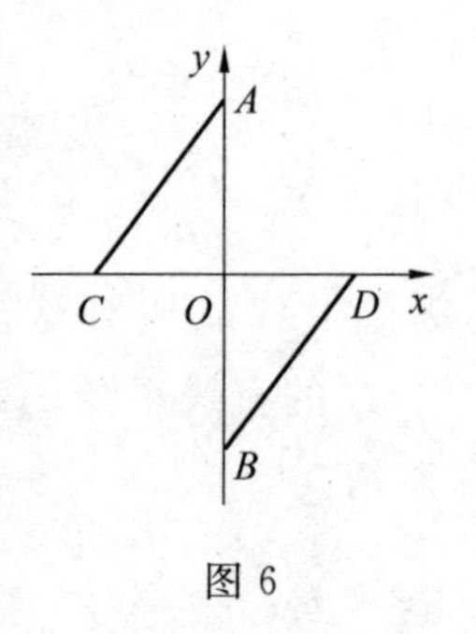

图 6

在图 6 中，y 轴上 A，B 两点关于 x 轴对称，x 轴上两基点 C，D 关于 y 轴对称，易知 $AC\parallel BD$，故它们的交点在无穷远处，即 A 变成无穷远点，则 y 轴上的每一点都在 π 变换下变成无穷远点.

有趣的是原点，如果将原点看作是 x 轴上的点 $y=0$，则它在 π 变换下是不动点，$y=0\xrightarrow{\pi}\frac{y_0x}{a}=0$，$y_0=0$；如果将原点看做是 y 轴上的点，则它在 π 变换下映射成无穷远点，$x=0\xrightarrow{\pi}\frac{a^2}{x_0}=0$，其中 $a^2\neq 0$ 为常数，故仅当 $x_0\longrightarrow\infty$ 时才成立，即此时原点在 π 变换下映射为无穷远点. 故原点在 π 变换下，具有双重身份！

要说明的是，$x=m\xrightarrow{\pi}x_0=\frac{a^2}{m}$，可改写为 $\frac{x_0}{a}=\frac{a}{m}$，故可通过作第四比例项的方法作出直线 $x_0=\frac{a^2}{m}$ 的位置.

5. (1) 直线 $x=a$(过基点的直线) 是 π 变换下的不动直线，且它上面的每一

点在 π 变换下都是不动点;(2) 直线 $x=-a$ 也是 π 变换下的不动直线,但它上面的每一点映射成关于 x 轴的对称点.

证明　(1) 图 7 中,$A(a,m)$,则 $x=a\xrightarrow{\pi}x_0=a$,$y=m\xrightarrow{\pi}y_0=\dfrac{ay}{x}=\dfrac{am}{a}=m$,故直线 $x=a$ 上的点 $A(a,m)\xrightarrow{\pi}A(a,m)$,均为不动点.

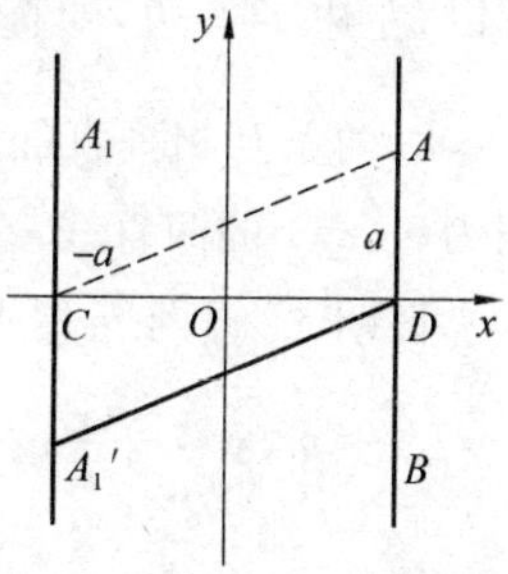

从变换过程看,若点 A 关于 x 轴的对称点为 B,则 $AC\cap BD=A$,故 A 是 π 变换下的不动点.

图 7

(2) 图 7 中,设直线 $x=-a$ 上一点 $A_1(-a,n)$,则

$$x=-a\xrightarrow{\pi}x_0=-a$$

$$y=n\xrightarrow{\pi}y_0=\frac{ay}{x}=\frac{am}{(-a)}=-n$$

即直线 $x=-a$ 上的点 $A_1(-a,n)\xrightarrow{\pi}A_1'(-a,-n)$,$A$ 与 A' 关于 x 轴对称.

从变换过程看,点 A_1 关于 x 轴的对称点为 A_1',则 $CA_1\cap DA_1=A_1$,即 $A_1\xrightarrow{\pi}A_1'$,两点关于 x 轴对称.

6. x 轴也是 π 变换下的不动直线,但它上面的每一点的横坐标 $x=m\xrightarrow{\pi}x_0=\dfrac{a^2}{m}$.

7. 共点于 P 的直线系($P\notin y$ 轴),经 π 变换后的直线系仍为共点直线系.

证明　经过 $P(x',y')(x'\neq 0)$ 的直线系方程为

$$y-y'=k(x-x')\xrightarrow{\pi}y_0=\frac{y'-kx'}{a}x_0+ak$$

另一方面

$$x'\xrightarrow{\pi}x_0=\frac{a^2}{x'},y'\xrightarrow{\pi'}y_0=\frac{ay'}{x'}$$

将 $\left(\dfrac{a^2}{x'},\dfrac{ay'}{x'}\right)$ 代入映射后的直线方程得

$$左边=\frac{ay'}{x'}$$

而

$$右边=\frac{y'-kx'}{a}\cdot\frac{a^2}{x'}+ak=\frac{1}{x'}(ay'-akx'+akx')=\frac{ay'}{x'}$$

所以，左边＝右边，即直线系 $y_0=\frac{y'-kx'}{a}x_0+ak$，通过定点 $\left(\frac{a^2}{x'},\frac{ay'}{x'}\right)$.

8. 两条互相垂直的直线（与 x，y 轴不平行），经 π 变换后映射成截距（纵）之积为 $(-a^2)$ 的两直线.

证明　设两互相垂直的直线方程分别为

$$y=kx+m,y=-\frac{1}{k}x+n\xrightarrow{\pi}y_0=\frac{m}{a}x_0+ak,$$

$y_0=\frac{n}{a}x_0-\frac{a}{k}$（图 8），两直线纵截距之积

$$ak\cdot\left(-\frac{a}{k}\right)=-a^2$$

反之，如果两直线的纵截距之积为 $-a^2$ 时，经 π 变换后得到的两直线互相垂直.

图 8

事实上，$y=k_1x+m,y=k_2x+\left(-\frac{a^2}{m}\right)\xrightarrow{\pi}$

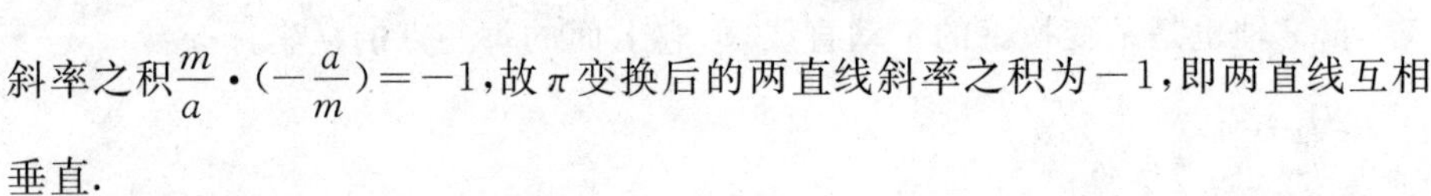

$y_0=\frac{m}{a}x_0+ak_1,y_0=\frac{1}{a}\left(-\frac{a^2}{m}\right)x_0+ak_2$，两直线斜率之积 $\frac{m}{a}\cdot\left(-\frac{a}{m}\right)=-1$，故 π 变换后的两直线斜率之积为 -1，即两直线互相垂直.

关于点的变换

点在 π 变换下的变换规律有如下结论：

9. 满足 $|x|<a$ 的点，经 π 变换后的点满足 $|x_0|>a$；反之，满足 $|x|>a$ 的点，经 π 变换后的点满足 $|x_0|<a$；点 $(\pm a,0)$ 为变换不动点.

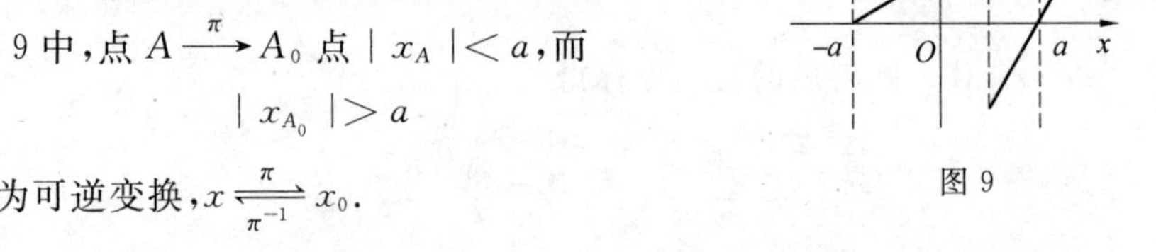

图 9 中，点 $A\xrightarrow{\pi}A_0$ 点 $|x_A|<a$，而 $|x_{A_0}|>a$

图 9

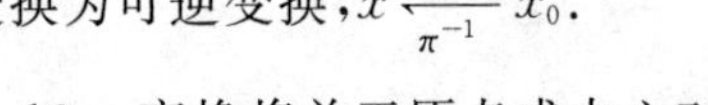

π 变换为可逆变换，$x\underset{\pi^{-1}}{\overset{\pi}{\rightleftharpoons}}x_0$.

10. π 变换将关于原点成中心对称的两个点映射成关于 y 轴对称的两个点.

反之,π将关于y轴对称的两个点映射成关于原点成中心对称的两个点.

证明　如图10,P与Q关于y轴对称,P,Q关于x轴的对称点分别为R,R_0,经π变换后$P\xrightarrow{\pi}P_0,Q\xrightarrow{\pi}Q_0$.

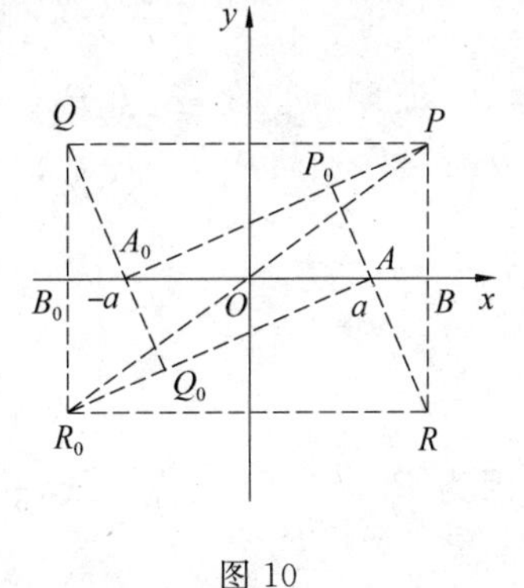

图10

设点P的横坐标为x,则点Q的横坐标为$-x$,经π变换后$x\xrightarrow{\pi}\dfrac{a^2}{x_0},-x\xrightarrow{\pi}\dfrac{a^2}{-x_0}$.又$PQ$的纵坐标相等,$y$经$\pi$变换后分别得$\dfrac{ay_0}{x_0}$和$\dfrac{ay_0}{-x_0}$,综上可知$P_0\left(\dfrac{a^2}{x_0},\dfrac{ay_0}{x_0}\right),Q_0\left(-\dfrac{a^2}{x_0},-\dfrac{ay_0}{x_0}\right)$,可见两点关于原点成中心对称,反之也成立.

从平面几何考察也很容易理解上述变换.

实际上$P_0A_0Q_0A$这个四边形的对角线P_0Q_0必过原点,易证$\triangle PP_0R\cong\triangle QQ_0R_0$和$\triangle ABR\cong\triangle QA_0B_0$,可推得$AP_0=A_0Q_0$,同理$A_0P_0=AQ_0$,故四边形$P_0A_0Q_0A$为平行四边形,故对角线$AA_0$与$P_0Q_0$互相平分于原点$O$.

反之,$P_0\xrightarrow{\pi}P,Q_0\xrightarrow{\pi}Q$,点$P,Q$关于$y$轴对称.

11. 关于x轴对称的两个点P,Q,经过π变换后得到的两个点P_0,Q_0仍关于x轴对称.

证明　设$P(x,y),Q(x,-y)\xrightarrow{\pi}P_0(x_0,y_0),Q_0(x_0,-y_0)$(图11),其中

$$y_0=\frac{ay}{x},-y_0=-\frac{ay}{x}$$

可见P_0,Q_0关于x轴对称(横坐标相等,纵坐标互为相反数).

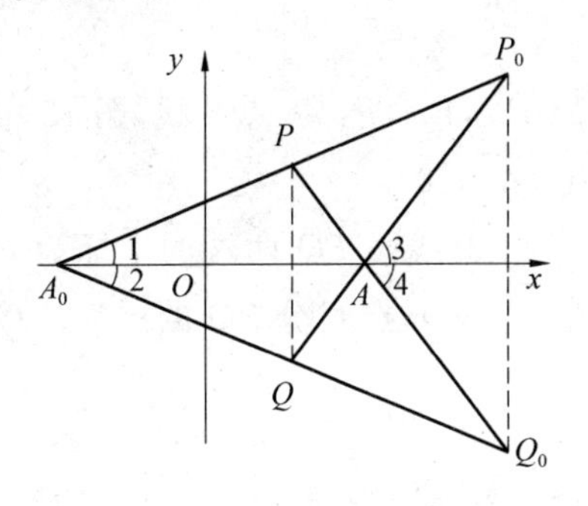

图11

从作图过程也很容易理解上述变换.$P\xrightarrow{\pi}P_0$的作图过程:联结$A_0P\cap QA=P_0$.$Q\xrightarrow{\pi}Q_0$的作图过程:联结$QA_0\cap PA=Q_0$,其中$A_0(-a,0),A(a,0)$.

由P,Q关于x轴对称,故$\angle 1=\angle 2,PA_0=QA_0,AA_0$为公共边,故

$\triangle AP_0A_0 \cong \triangle AQ_0A_0$，则 $AP_0 = AQ_0$，且 $\angle 3 = \angle 4$. 所以，P_0，Q_0 关于 x 轴对称.

12. 三个不在 y 轴（或 x 轴）上的点共线，经 π 变换后所得的三个点仍共线.

证明　设三点 $P_1(x_1, y_1)$，$P_2(x_2, y_2)$，$P_3(x_3, y_3) \xrightarrow{\pi} P_{10}(x_{10}, y_{10})$，$P_{20}(x_{20}, y_{20})$，$P_{30}(x_{30}, y_{30})$，其中

$$\begin{cases} x_{10} = \dfrac{a^2}{x_1} \\ y_{10} = \dfrac{ay_1}{x_1} \end{cases}, \begin{cases} x_{20} = \dfrac{a^2}{x_2} \\ y_{20} = \dfrac{ay_2}{x_2} \end{cases}, \begin{cases} x_{30} = \dfrac{a^2}{x_3} \\ y_{30} = \dfrac{ay_3}{x_3} \end{cases}$$

因为 P_1，P_2，P_3 三点共线，故有

$$\begin{vmatrix} x_1 & y_1 & 1 \\ x_2 & y_2 & 1 \\ x_3 & y_3 & 1 \end{vmatrix} = 0$$

则

$$\begin{vmatrix} \dfrac{a^2}{x_1} & \dfrac{ay_1}{x_1} & 1 \\ \dfrac{a^2}{x_2} & \dfrac{ay^2}{x_2} & 1 \\ \dfrac{a^2}{x_3} & \dfrac{ay_3}{x_3} & 1 \end{vmatrix} = a^3, \begin{vmatrix} 1 & y_1 & x_1 \\ 1 & y_2 & x_2 \\ 1 & y_3 & x_3 \end{vmatrix} = 0$$

故 P_{10}，P_{20}，P_{30} 三点共线，图 12 中 $A_0(-a, 0)$，$A(a, 0)$.

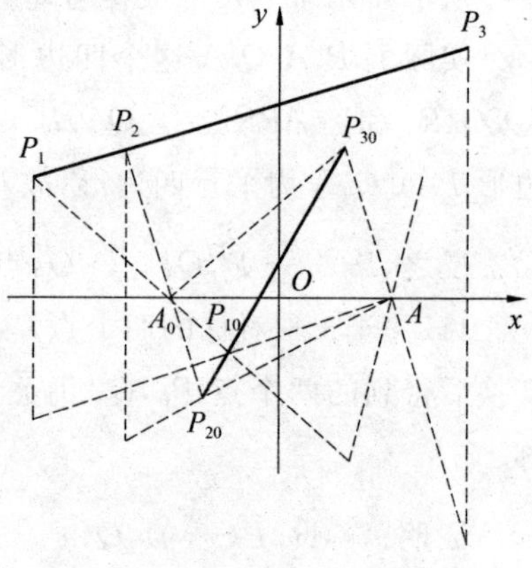

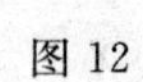

图 12

13. 线段 PQ 两端的坐标为 $P(x_1, y_1)$，$Q(x_2, y_2)$，点 C 分 PQ 的比为 λ，$C(x, y)$，则

$$x = \frac{x_1 + \lambda x_2}{1 + \lambda}, y = \frac{y_1 + \lambda y_2}{1 + \lambda}$$

经 π 变换后得到 $P_0(x_{10}, y_{10})$，$Q_0(x_{20}, y_{20})$，$C_0(x_0, y_0)$，则

$$x_0 = \frac{(1 + \lambda)x_{10}x_{20}}{x_{20} + \lambda x_{10}}, y_0 = \frac{x_{20}y_{10} + \lambda x_{10}y_{20}}{x_{20} + \lambda x_{10}}$$

证明　$x_0 = \dfrac{a^2}{x}$，$x_{10} = \dfrac{a^2}{x_1}$，$x_{20} = \dfrac{a^2}{x_2}$，即 $x = \dfrac{a^2}{x_0}$，$x_1 = \dfrac{a^2}{x_{10}}$，$x_2 = \dfrac{a^2}{x_{20}}$，则

$$\frac{x_1 + \lambda x_2}{1 + \lambda} = \frac{\dfrac{a^2}{x_{10}} + \lambda \dfrac{a^2}{x_{20}}}{1 + \lambda} = \frac{a^2(x_{20} + \lambda x_{10})}{(1 + \lambda)x_{10}x_{20}} = \frac{a^2}{x_0}$$

取倒数

$$x_0=\frac{(1+\lambda)x_{10}x_{20}}{x_{20}+\lambda x_{10}}$$

又 $y_0=\frac{ay}{x}$，$y_{10}=\frac{ay_1}{x_1}$，$y_{20}=\frac{ay_2}{x_2}$，即 $y=\frac{xy_0}{a}$，$y_1=\frac{x_1y_{10}}{a}$，$y_2=\frac{x_2y_{20}}{a}$，则

$$\frac{y_1+\lambda y_2}{1+\lambda}=\frac{\frac{x_1y_{10}}{a}+\lambda\frac{x_2y_{20}}{a}}{1+\lambda}=\frac{\frac{a^2y_{10}}{x_{10}}+\lambda\frac{a^2y_{20}}{x_{20}}}{a(1+\lambda)}$$

$$=\frac{a(x_{20}y_{10}+\lambda x_{10}y_{20})}{(1+\lambda)x_{10}x_{20}}=\frac{xy_0}{a}$$

$$=\frac{\frac{a^2}{x_0}y_0}{a}=\frac{ay_0}{x_0}$$

所以

$$y_0=\frac{(x_{20}y_{10}+\lambda x_{10}y_{20})x_0}{(1+\lambda)x_{10}x_{20}}=\frac{x_{20}y_{10}+\lambda x_{10}y_{20}}{(1+\lambda)x_{10}x_{20}}$$

$$=\frac{(1+\lambda)x_{10}y_{10}}{x_{20}+\lambda x_{10}}=\frac{x_{20}y_{10}+\lambda x_{10}y_{20}}{x_{20}+\lambda x_{10}}$$

所以，结论成立.

特别当 $\lambda=1$ 时，点 C 为 PQ 的中点，经 π 变换后 C_0 坐标为

$$x_0=\frac{2x_{10}x_{20}}{x_{10}+x_{20}},y_0=\frac{x_{10}y_{20}+x_{20}y_{10}}{x_{10}+x_{20}}$$

14. 线段 PQ 两端点的坐标为 $P(x_1,y_1)$，$Q(x_2,y_2)$，则

$$|PQ|=\sqrt{(x_1-x_2)^2+(y_1-y_2)^2}$$

经 π 变换后得 $P_0(x_{10},y_{10})$，$Q_0(x_{20},y_{20})$，则

$$|P_0Q_0|=\frac{a}{x_1x_2}\sqrt{\frac{a^2|PQ|^2}{1+k^2}+(x_1y_2-x_2y_1)^2}$$

证明　因 $|P_0Q_0|=\sqrt{(x_{10}-x_{20})^2+(y_{10}-y_{20})^2}$，其中

$$x_{10}=\frac{a^2}{x_1},x_{20}=\frac{a^2}{x_2},y_{10}=\frac{ay_1}{x_1},y_{20}=\frac{ay_2}{x_2}$$

代入上式得

$$|P_0Q_0|=\sqrt{\frac{a^4(x_2-x_1)^2}{(x_1x_2)^2}+\frac{a^2(x_2y_1-x_1y_2)^2}{(x_1x_2)^2}}$$

$$=\frac{a}{x_1x_2}\sqrt{a^2(x_2-x_1)^2+(x_1y_2-x_2y_1)^2}$$

而 $|PQ|^2=(x_1-x_2)^2(1+k^2)$ 代入上式得

$$|P_0Q_0|=\frac{a}{x_1x_2}\sqrt{\frac{a^2|PQ|^2}{1+k^2}+(x_1y_2-x_2y_1)^2}$$

由 13 可知，π 变换不具有(共线) 保比例性，由 14 知 π 变换下，线段长度也是改变的.

π 变换是否具有保平行性呢？

设直线 $l_1: y=kx+b_1$，$l_2: y=kx+b_2$，经 π 变换后两直线的斜率分别为$\frac{b_1}{a}$和$\frac{b_2}{a}$，$b_1\neq b_2$，则$\frac{b_1}{a}\neq\frac{b_2}{a}$，故原平行线经 π 变换后两直线不再平行.

至此，我们介绍了 π 变换关于点和直线的映射规律. 讨论时，我们以直线方程斜截式 $y=kx+b$ 作为讨论的出发点，如果以一般式直线方程 $Ax+By+C=0$，作为讨论的出发点，又将得到什么结果呢？由

$$Ax+By+C=0$$

$$A\frac{a^2}{x_0}+B\frac{ay_0}{x_0}+C=0$$

化简为

$$Cx_0+Bay_0+Aa^2=0$$

这个表达式没有 $y_0=\frac{m}{a}x_0+ak$ 简单明了.

在直线变换的讨论中，还有两条过基点的直线需给予关注，即过$(-a,0)$ 和$(a,0)$ 的直线 $y=k(x+a)$ 和 $y=k(x-a)$，经 π 变换后得

$$\frac{ay_0}{x_0}=k\left(\frac{a^2}{x_0}+a\right)$$

和

$$\frac{ay_0}{x_0}=k\left(\frac{a^2}{x_0}-a\right)$$

化简得

$$y_0=ka+kx_0=k(x_0+a)$$

$$y_0=ka-kx_0=-k(x_0-a)$$

$y=k(x+a)$ 与 $y_0=k(x_0-a)$ 为同一条直线吗？事实上，$y=k(x-a)$ 与 $y_0=-k(x_0-a)$ 表示为同过点$(a,0)$，但倾角互补的两条直线，故应有下列结论.

15. 过 $D(-a,0)$ 的直线，经 π 变换后得到的直线与原直线重合，但原直线上的每一点坐标$(x,y)\xrightarrow{\pi}\left(\dfrac{a^2}{x_0},\dfrac{ay_0}{x_0}\right)$.

特别当过点 $D(-a,0)$ 且与 x 轴垂直的直线，经 π 变换后的直线仍与 x 轴垂直且仍过点 A_0（见 5）.

16. 过点 $A(a,0)$ 的直线，经 π 变换后的直线仍过点 $A(a,0)$ 且它的倾角与原直线的倾角互补.

特别当过点 A 的直线与 x 轴垂直时，经 π 变换后的直线与原直线重合，且直线上的每一点是 π 变换下的不动点（见 5）.

设过 $C(a,0)$ 的直线上一点 $P(a,y)$ 经 π 变换后得 $a=\dfrac{a^2}{x_0}$，$y=\dfrac{ay_0}{x_0}$，经化简得 $x_0=a$，$y_0=y$，这证明此直线上的点$(a,y)\xrightarrow{\pi}(a,y)$，故此直线上的每一点都是 π 变换下的不动点，也可从点 P 的变换过程来说明.

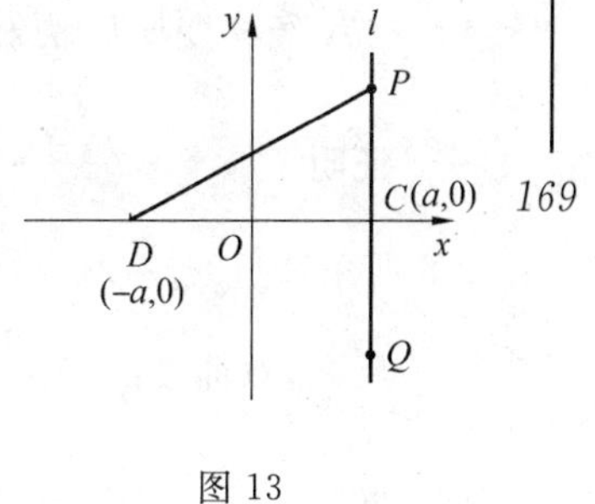

图 13

如图 13，直线 $l\perp x$ 轴且过 $C(a,0)$，$P\in l$，$C(-a,0)$，P 关于 x 轴的对称点 Q，则 $DP\cap QC=P$，故点 P 是 π 变换下的不动点.

π 变换下的圆锥曲线

17. π 变换将椭圆$\dfrac{x^2}{a^2}+\dfrac{y^2}{b^2}=1(a>b>0)$ 映射成双曲线$\dfrac{x^2}{a^2}-\dfrac{y^2}{b^2}=1$，反之将双曲线$\dfrac{x^2}{a^2}-\dfrac{y^2}{b^2}=1$ 映射成椭圆$\dfrac{x^2}{a^2}+\dfrac{y^2}{b^2}=1$.

特别，π 变换将圆 $x^2+y^2=a^2$ 映射成等轴双曲线 $x^2-y^2=a^2$，反之也成立.

18. π 变换将椭圆$\dfrac{x^2}{a^2}+\dfrac{y^2}{b^2}=1(a>b>0)$ 上一点 $P(x_1,y_1)$ 处的切线映射成双曲线$\dfrac{x^2}{a^2}-\dfrac{y^2}{b^2}=1$ 上对应点 $P_0(x_{10},y_{10})$ 处的切线.

证明 设 $P \xrightarrow{\pi} P_0$，则 $x=\frac{a^2}{x_0}$，$y=\frac{ay_0}{x_0}$. 代入椭圆，点 P 处的切线方程 $\frac{x_1x}{a^2}+\frac{y_1y}{b^2}=1$，得

$$\frac{1}{a^2}\cdot\frac{a^2}{x_0}\cdot\frac{a^2}{x_{10}}+\frac{1}{b^2}\cdot\frac{ay_0}{x_0}\cdot\frac{ay_{10}}{x_{10}}=1$$

化简得

$$\frac{x_0x_{10}}{a^2}-\frac{y_0y_{10}}{b^2}=1$$

这就是双曲线上 $P_0(x_{10},y_{10})$ 点处的切线方程.

19. 椭圆 $\frac{x^2}{a^2}+\frac{y^2}{b^2}=1(a>b>0)$ 上两点 $C(0,b)$，$D(0,-b)$ 的两条切线 $y=\pm b$，经 π 变换后映射成双曲线 $\frac{x^2}{a^2}-\frac{y^2}{b^2}=1$ 的两条渐近线 $y_0=\pm\frac{b}{a}x_0$.

证明 $y=\pm b \xrightarrow{\pi} \frac{ay_0}{x_0}=\pm b$，所以 $y_0=\pm\frac{b}{a}x_0$，这就是双曲线 $\frac{x^2}{a^2}-\frac{y^2}{b^2}=1$ 的两条渐近线.

反之，双曲线的渐近线 $y=\pm\frac{b}{a}x \xrightarrow{\pi} \frac{ay_0}{x_0}=\pm\frac{b}{a}\cdot\frac{a^2}{x_0}$，化简为 $y_0=\pm b$，这便是椭圆 $\frac{x^2}{a^2}+\frac{y^2}{b^2}=1$ 的短轴两端点的切线.

20. 双曲线 $\frac{x^2}{a^2}-\frac{y^2}{b^2}=1$ 的渐近线 $y=\pm\frac{b}{a}x$，经 π 变换后映射成椭圆

$$\frac{x^2}{a^2}+\frac{y^2}{b^2}=1$$

的短轴两端点的切线.

21. 椭圆 $\frac{x^2}{a^2}+\frac{y^2}{b^2}=1$ 长轴两端点的切线 $x=\pm a$，经 π 变换后映射成双曲线

$$\frac{x^2}{a^2}-\frac{y^2}{b^2}=1$$

两顶点 $(-a,0)$，$(a,0)$ 处的切线.

事实上，$x=\pm a$ 是 π 变换下的不动直线，上述椭圆和双曲线在 x 轴上的顶点是相同的点，故它们顶点处的切线是同一直线.

特别地，圆 $x^2+y^2=a^2$ 的切线 $y=\pm a$，经 π 变换后，映射成等轴双曲线

$x^2-y^2=a^2$ 的两条渐近线 $y=\pm x$.

此圆的切线 $x=\pm a$ 经 π 变换后映射成等轴双曲线的顶点处的切线.

22. 椭圆 $\frac{x^2}{a^2}+\frac{y^2}{b^2}=1$ 的直径两端的切线,经 π 变换后映射成双曲线

$$\frac{x^2}{a^2}-\frac{y^2}{b^2}=1$$

的两条关于 y 轴对称的切线.

证明　设椭圆直径 PQ 两端 $P(x_1,y_1)$,$Q(-x_1,-y_1)$,则过点 P,Q 的切线方程分别为

$$\frac{x_1x}{a^2}+\frac{y_1y}{b^2}=1$$

$$\frac{-x_1x}{a^2}+\frac{-y_1y}{b^2}=1$$

$$P\xrightarrow{\pi}P_0,Q\xrightarrow{\pi}Q_0$$

即

$$x_1=\frac{a^2}{x_{10}},y_1=\frac{ay_{10}}{x_{10}},-x_1=\frac{a^2}{-x_{10}},-y_1=\frac{ay_{10}}{-x_{10}}$$

且 $x=\frac{a^2}{x_0}$,$y=\frac{ay_0}{x_0}$,将它们代入两切线方程得

$$\frac{1}{a^2}\cdot\frac{a^2}{x_{10}}\cdot\frac{a^2}{x_0}+\frac{1}{b^2}\cdot\frac{ay_0}{x_0}\cdot\frac{ay_{10}}{x_{10}}=1$$

即

$$\frac{x_{10}x_0}{a^2}-\frac{y_{10}y_0}{b^2}=1$$

$$\frac{1}{a^2}\cdot\frac{a^2}{x_0}\cdot\frac{a^2}{-x_{10}}+\frac{1}{b^2}\cdot\frac{ay_0}{x_0}\cdot\frac{ay_{10}}{-x_{10}}=1$$

即

$$\frac{x_{10}x_0}{a^2}+\frac{y_{10}y_0}{b^2}=-1$$

这两条切线的斜率互为相反数,且截距相等,故两切线关于 y 轴对称(图 14).

如图 14,椭圆直径 AB 两端的切线 l_1,$l_2\xrightarrow{\pi}$ 双曲线上点 A_0,B_0 处的切线 l_{10},l_{20},根据 3 知,A_0B_0 // x 轴,故点 A_0,B_0 关于 y 轴对称,则这双曲线上的两点

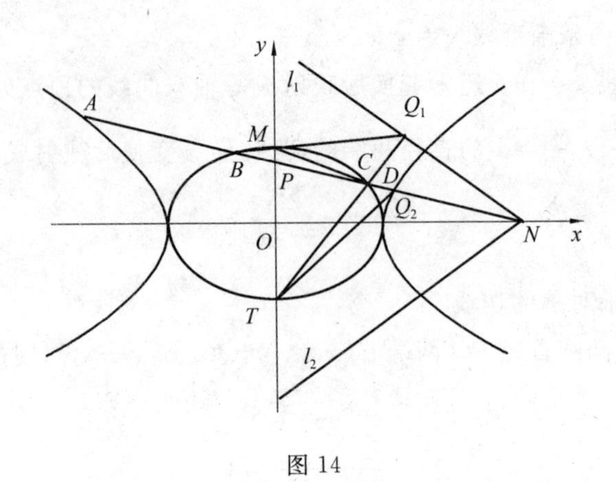

图 14

A_0,B_0 的切线关于 y 轴对称.

23. 双曲线$\frac{x^2}{a^2}-\frac{y^2}{b^2}=1$的直径两端的切线经 π 变换后映射成椭圆

$$\frac{x^2}{a^2}+\frac{y^2}{b^2}=1$$

的两条切线,且关于 y 轴对称.

24. 双曲线的两条关于 y 轴对称的切线,经 π 变换后,映射成椭圆直径两端点的切线.

25. 椭圆上关于 y 轴对称的两条切线,经 π 变换后,映射成双曲线直径两端点的切线.

24,25 是 22,23 的逆命题,由于 π 变换后的一一映射是可逆映射,故 24,25 显然成立.

26. 椭圆$\frac{x^2}{a^2}+\frac{y^2}{b^2}=1(a>b>0)$的两条通径所在的直线,经 π 变换后,映射成该椭圆的两条准线.

证明 椭圆的通径所在的直线方程为 $x=\pm c\xrightarrow{\pi}\frac{a^2}{x_0}=\pm c$,所以 $x_0=\pm\frac{a^2}{c}$,这恰是椭圆的准线方程.

反之,椭圆的两条准线,经 π 变换后,映射成椭圆的通径所在的直线.

27. 双曲线$\frac{x^2}{a^2}-\frac{y^2}{b^2}=1$的两条通径所在的直线,经 π 变换后,映射成该双曲

线的两条准线,反之也成立.

28.椭圆的两条共轭直径经π变换后映射成双曲线的两条弦,且这两条弦所在的直线的截距之积为$-b^2$且互相平行.

证明　设椭圆的两共轭直径的直线方程分别为$y=k_1x$,$y=k_2x$,且

$$k_1k_2=-\frac{b^2}{a^2}$$

经π变换后,两直线的方程变为

$$\frac{ay_0}{x_0}=k_1\frac{a^2}{x_0},\frac{ay_0}{x_0}=k_2\frac{a^2}{x_0}$$

即

$$y_0=ak_1,y_0=ak_2$$

则

$$ak_1-ak_2=a^2(-\frac{b^2}{a^2})=-b^2$$

椭圆共轭直径所在直线的斜率之积为$-\frac{b^2}{a^2}$,如果把概念引申一下,椭圆的两条弦的斜率之积为$-\frac{b^2}{a^2}$,则称这两条弦为共轭弦(直线).

29.椭圆$\frac{x^2}{a^2}+\frac{y^2}{b^2}=1(a>b>0)$的两条共轭弦,经$\pi$变换后映射成双曲线的两条平行弦,则它们纵截距之积为$-b^2$,且都平行于x轴.

30.双曲线$\frac{x^2}{a^2}-\frac{y^2}{b^2}=1$的两条共轭直径,经$\pi$变换后映射成椭圆的两条平行于$x$轴的弦,且它们纵截距之积为$b^2$.

31.双曲线$\frac{x^2}{a^2}-\frac{y^2}{b^2}=1$的两条共轭弦(斜率之积为$\frac{b^2}{a^2}$)经$\pi$变换后,映射成椭圆的两条弦,其纵截距之积为$b^2$.

32.π变换将抛物线$y^2=2px(p>0)$映射成抛物线

$$y_0^2=2px_0(y^2=-2px\xrightarrow{\pi}y_0^2=-2px_0)$$

证明　$y^2=2px\xrightarrow{\pi}\left(\frac{ay_0}{x_0}\right)^2=2p\frac{a^2}{x_0}$,化简得$y_0^2=2px_0$.这说明抛物线上的点$(x,y)\xrightarrow{\pi}(x_0,y_0)$,$(x_0,y_0)$仍在抛物线上;这说明了一个事实,$\pi$变换将

抛物线 $y^2=2px$ 上的点 (x,y) 沿此抛物线移动到另一点 (x_0,y_0). 正像圆上一点沿着圆移动称为(圆)旋转一样. 据此,可把 π 变换称为抛物旋转. 可见旋转的概念有着非常广泛的含义:点沿椭圆移动称为椭圆旋转;点沿双曲线移动,称为双曲线旋转等. 一般说来,点沿着曲线 $f(x,y)=0$ 移动,应称为此曲线的旋转.

33. π 变换将抛物线 $y^2=2px(p>0)$ 上一点 (x_1,y_1) 处的切线映射成此抛物线上另一点 (x_0,y_0) 的切线,其方程 $y_{10}y_0=p(x_{10}+x_0)$.

证明 原抛物线的切线方程为

$$y_1y=p(x_1+x)\longrightarrow\frac{ay_{10}}{x_{10}}\cdot\frac{ay_{10}}{x_{10}}\cdot\frac{ay_0}{x_0}=p\left(\frac{a^2}{x_{10}}+\frac{a^2}{x_0}\right)$$

化简得

$$y_{10}y_0=p(x_{10}+x_0)$$

这是 (x_0,y_0) 处的抛物线切线方程.

34. π 变换将抛物线 $y^2=2px(p>0)$ 的准线映射成直线 $x_0=-\frac{2a^2}{p}$,把通径所在的直线映射成 $x_0=\frac{2a^2}{p}$,把焦点 $(\frac{p}{2},0)$ 映射成点 $(\frac{2a^2}{p},0)$.

因为 $\pm\frac{p}{2}=x\xrightarrow{\pi}\pm\frac{p}{2}=\frac{a^2}{x_0}$,所以 $x_0=\pm\frac{2a^2}{p}$,故上述结论成立.

有趣的是如果我们将基点的横坐标取为 $a=\frac{p}{2}$,则抛物线 $y^2=2px(p>0)$ 的准线就变成不动线,而焦点为不动点(见5及9).

35. π 变换将等轴双曲线 $xy=k(k\neq 0)$ 映射成抛物线 $y_0=\frac{k}{a^3}x_0^2$(或 $x_0^2=\frac{a^3}{k}y_0$),反之也成立.

证明 $xy=k\xrightarrow{\pi}\frac{a^2}{x_0}\cdot\frac{ay_0}{x_0}=k$,化简为 $x_0^2=\frac{a^3}{k}y_0$.

36. π 变换将抛物线 $x^2=2py$ 映射成等轴双曲线 $xy=\frac{a^3}{2p}$.

证明 $x^2=2py\xrightarrow{\pi}\frac{a^4}{x_0^2}=2p\frac{ay_0}{x_0}$,化简为 $x_0y_0=\frac{a^3}{2p}$,则为等轴双曲线.

同理 $x^2=-2py\xrightarrow{\pi}xy=-\frac{a^3}{2p}$.

37. 抛物线 $x^2=2px$ 上一点 $P(x_1,y_1)$ 的切线,经过 π 变换,映射成等轴双

曲线 $x_0y_0=\frac{a^3}{2p}$ 上点 $P_0(x_{10},y_{10})$ 处的切线 $p(x_{10}y_0+y_{10}x_0)=a^3$.

证明　抛物线 $x^2=2py$ 在(x_1,y_1)处的切线方程为

$$x_1x=p(y_1+y)\xrightarrow{\pi}\frac{a^2}{x_{10}}\frac{a^2}{x_0}=p\left(\frac{ay_{10}}{x_{10}}+\frac{ay_0}{x_0}\right)$$

化简得

$$p(x_{10}y_0+y_{10}x_0)=a^3$$

证毕.

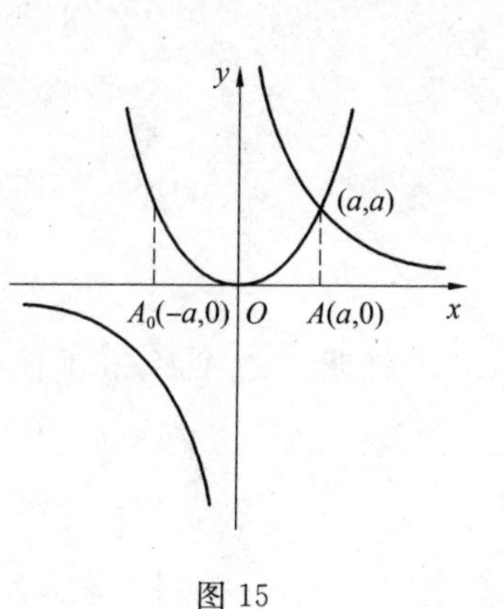

图 15

在 37 中抛物线改成 $x^2=-2py$ 也有类似结论.

38. 抛物线 $x^2=2py(p>0)$ 的准线 $y=-\frac{p}{2}$,经 π 变换后映射成直线$y_0=-\frac{p}{2a}x_0$.

39. 抛物线 $x^2=2py(p>0)$ 的通径所在的直线 $y=\frac{p}{2}$ 经 π 变换后映射成直线 $y_0=\frac{p}{2a}x_0$.

以上 38,39 中抛物线改为 $x^2=-2py$ 也有类似的结论成立.

以上我们分别以椭圆、双曲线、抛物线为对象,讨论了它们在 π 变换下的一些变化规律,如果统一起来考虑,一般圆锥曲线在 π 变换下,会发生什么变化呢?

40. 圆锥曲线 $Ax^2+Bxy+Cy^2+Dx+Ey+F=0$,经 π 变换后得

$$Fx_0^2+aEx_0y_0+a^2Cy^2+a^2Dx+a^2By+a^2A=0$$

当 $E^2-4CF=0$ 时,为抛物线;

当 $E^2-4CF>0$ 时,为双曲线;

当 $E^2-4CF<0$ 时,为椭圆.(证略)

最后考虑面积的变换.

41. $\triangle ABC$ 的三顶点 $A(x_1,y_1)$,$B(x_2,y_2)$,$C(x_3,y_3)$,则

$$S_{\triangle ABC}=\frac{1}{2}\begin{vmatrix}x_1 & x_2 & x_3 & x_1\\ y_1 & y_2 & y_3 & y_1\end{vmatrix}$$

$$=\frac{1}{2}\mid x_1y_2+x_2y_3+x_3y_1-x_1y_3-x_3y_2-x_2y_1\mid$$

经 π 变换得 $\triangle A_0B_0C_0$ 的面积为

$$S_{\triangle A_0B_0C_0}=\frac{a^3}{x_1x_2x_3}S_{\triangle ABC}$$

证明 $\triangle A_0B_0C_0$ 的面积

$$S_{\triangle A_0B_0C_0}=\frac{1}{2}\begin{vmatrix} x_{10} & x_{20} & x_{30} & x_{10} \\ y_{10} & y_{20} & y_{30} & y_{10}\end{vmatrix}$$

$$=\frac{1}{2}\begin{vmatrix} \frac{a^2}{x_1} & \frac{a^2}{x_2} & \frac{a^2}{x_3} & \frac{a^2}{x_1} \\ \frac{ay_1}{x_1} & \frac{ay_2}{x_2} & \frac{ay_3}{x_3} & \frac{ay_1}{x_1}\end{vmatrix}$$

$$=\frac{a^3}{2}\left|\frac{y_2}{x_1x_2}+\frac{y_3}{x_2x_3}+\frac{y_1}{x_3x_1}-\frac{y_3}{x_1x_3}-\frac{y_2}{x_2x_3}-\frac{y_1}{x_2x_1}\right|$$

$$=\frac{a^3}{2x_1x_2x_3}\mid x_1y_3+x_2y_1+x_3y_2-x_2y_3-x_1y_2-x_3y_1\mid$$

$$=\frac{a^3}{x_1x_2x_3}S_{\triangle ABC}$$

§2 抛物旋转的几何背景

众所周知,椭圆和双曲线的几何作图,可用同心圆法.不妨考察一下它们的作图过程.

设两同心圆外圆半径为 a,内圆半径为 b.

先作椭圆:

1.作任一半径 OA,与内圆交于点 B.

2.过点 A 作 x 轴的垂线,过点 B 作 y 轴的垂线,两垂线交于点 P,则点 P 为椭圆

$$b^2x^2+a^2y^2=a^2b^2$$

上的点.

重复上述作图过程,可作出类似于点 P 的其他点 $P_1,P_2,P_3,\cdots$,然后用光滑的曲线依次联结起来,便得到椭圆.

再作双曲线：

1.任作半径 OA 与内圆交于点 P.

2.过点 A 作外圆的切线与 x 轴交于点 C.

3.过点 C 作 x 轴的垂线 CQ.

4.过内圆与 x 轴的交点 D 作切线与 OA 交于点 E，过点 E 作 y 轴的垂线与 CQ 交于点 Q，则点 Q 必是双曲线 $b^2x^2-a^2y^2=a^2b^2$ 上的点.

重复上述作图过程，可作出类似于点 Q 的其他点 $Q_1,Q_2,Q_3,\cdots$，然后用光滑的曲线依次联结起来，便得到双曲线.

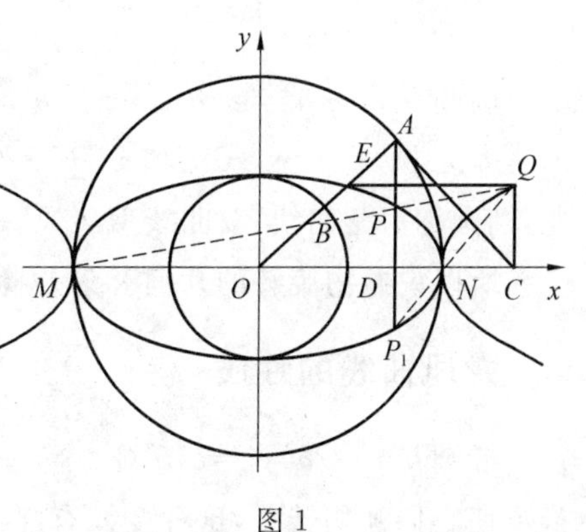

图 1

设椭圆长轴两端点为 M,N，可证明 M,P,Q 共线，若椭圆上点 P 关于 x 轴的对称点为 P_1，则 P_1,N,Q 也共线，记 $\angle AOC=\theta$(图 1).

点 P 的横坐标 $x_P=OA\cos\theta=a\cos\theta$，点 P 纵坐标与点 B 纵坐标相等，故 $y_P=b\sin\theta$，因为

$$\frac{x_P^2}{a^2}+\frac{y_P^2}{b^2}=1$$

故点 P 在椭圆 $b^2x^2+a^2y^2=a^2b^2$ 上.

又点 Q 的横坐标 $x_Q=\frac{a}{\cos\theta}=a\sec\theta$，点 Q 的纵坐标与点 E 纵坐标相等，则 $y_Q=b\tan\theta$，因为

$$\frac{x_Q^2}{a^2}-\frac{y_Q^2}{b^2}=1$$

故点 Q 是双曲线 $b^2x^2-a^2y^2=a^2b^2$ 上的点.

又 $M(-a,0),N(a,0)$，则

$$\begin{vmatrix}-a & a\cos\theta & a\sec\theta & -a\\ 0 & b\sin\theta & b\tan\theta & 0\end{vmatrix}$$

$$=|-ab\sin\theta+ab\cos\theta\tan\theta+ab\tan\theta-ab\sin\theta\sec\theta|$$

$$=|-ab\cos\theta+ab\cos\theta+ab\tan\theta-ab\tan\theta|=0$$

所以 M,P,Q 三点共线，又

$$\begin{vmatrix} a_1 & a\cos\theta & a\sec\theta & a \\ 0 & -b\sin\theta & b\tan\theta & 0 \end{vmatrix} = |-ab\sin\theta + ab\cos\theta - ab\tan\theta + ab\sin\theta\sec\theta| = 0$$

所以 M,P,Q 共线.

以上证明说明,椭圆上点 P 经过 π 变换映射为点 Q,即同心圆作法同时作出椭圆 $b^2x^2+a^2y^2=a^2b^2(a>b>0)$ 和双曲线 $b^2x^2-a^2y^2=a^2b^2(a>b>0)$,等价于 π 变换将椭圆 $b^2x^2+a^2y^2=a^2b^2(a>b>0)$ 映射成双曲线 $b^2x^2-a^2y^2=a^2b^2(a>b>0)$.

椭圆 $b^2x^2-a^2y^2=a^2b^2(a>b>0)$ 与双曲线 $b^2x^2-a^2y^2=a^2b^2(a>b>0)$ 是同心圆 $x^2+y^2=a^2$ 和 $x^2+y^2=b^2(a>b)$ 产生的龙凤双胞胎. 椭圆似蟠龙,椭圆称为龙曲线,双曲线似飞凤,双曲线称为凤曲线也不为过.

所以说抛物旋转的几何背景是椭圆双曲线的同心圆作图方法.

龙凤曲线的性质

椭圆 $b^2x^2+a^2y^2=a^2b^2(a>b>0)$ 与双曲线 $b^2x^2-a^2y^2=a^2b^2$ 通过 π 变换可使它们互相转化,这种变换有深刻的几何背景.

设同心圆,内圆半径为 b,外圆半径为 a,任作直线与外圆交于点 A_1,与内圆交于点 B_1.

(1) 过点 A_1 作 x 轴的垂线,过点 B_1 作 y 轴的垂线,两垂线的交点 C,C 就是椭圆

$$b^2x^2+a^2y^2=a^2b^2$$

上的一点,且 $C(a\cos\theta, b\sin\theta)$(其中 $\angle A_1OB=\theta$).

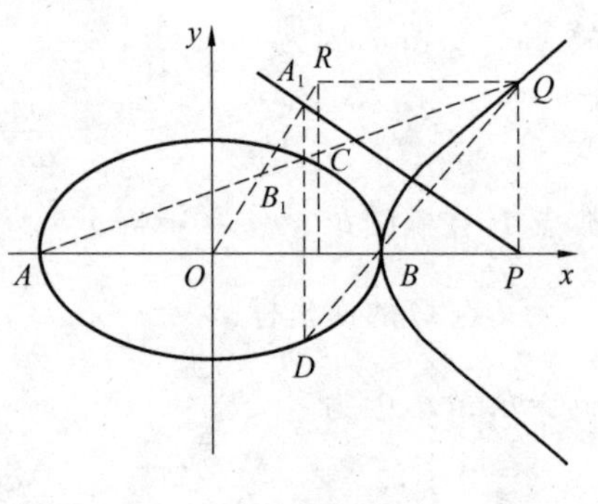

图 2

(2) 过点 A_1 作外圆的切线与 x 轴交于点 P,再作内圆与 x 轴垂直的切线与 OA_1 交于点 R. 过点 P 作 x 轴的垂线,过点 R 作 y 轴的垂线,两垂线交于点 Q,Q 就是双曲线

$$b^2x^2-a^2y^2=a^2b^2$$

上的一点,且 $Q(a\sec\theta, b\tan\theta)$.

以上就是椭圆与双曲线的同心圆作图方法,同时作出了椭圆和双曲线,是

一母所生的双胞胎，故可把它们称为龙凤曲线，椭圆为龙曲线，双曲线为凤曲线. 其方程分别为 $b^2x^2+a^2y^2=a^2b^2$，$b^2x^2-a^2y^2=a^2b^2(a>b>0)$（下文中均用这两个方程不再重复列出）.

若圆与 x 轴交点为 A，B，且点 C 关于 x 轴的对称点为 $D(a\sin\theta,-b\sin\theta)$，则 A，C，Q 三点共线，且 Q，B，D 三点共线.

证明　如图 3，则

$$k_{AC}=\frac{b\sin\theta}{a\cos\theta+a},k_{AQ}=\frac{b\tan\theta}{a\sec\theta+a}=\frac{b\sin\theta}{a\sin\theta+a}$$

所以，$k_{AC}=k_{AQ}$，则 A，C，Q 三点共线.

又

$$k_{BD}=\frac{-b\sin\theta}{a\cos\theta-a}=\frac{b\sin\theta}{a(1-\cos\theta)}$$

$$k_{BQ}=\frac{b\tan\theta}{a\sec\theta-a}=\frac{b\sin\theta}{a(1-\cos\theta)}$$

所以，$k_{BD}=k_{BQ}$，则 D，B，Q 三点共线.

上述两个三点共线，说明椭圆垂直 x 轴的弦 CD，与其长轴两端连线的交点 Q 的轨迹就是双曲线，因此可知，同心圆作图方法同时作出了椭圆 $b^2x^2+a^2y^2=a^2b^2$ 和双曲线 $b^2x^2-a^2y^2=a^2b^2$，这正是 π 旋转的几何背景.

龙凤曲线有以下性质：

性质 2.1　龙凤曲线，过定点 $M(m,0)$ 的直线 l 与龙曲线交于 A，B 两点，与凤曲线交于 C，D 两点，过 A，B 作龙曲线的切线交点为 P，过 C，D 作凤曲线的切线交点为 Q，则 $PQ\perp x$ 轴.

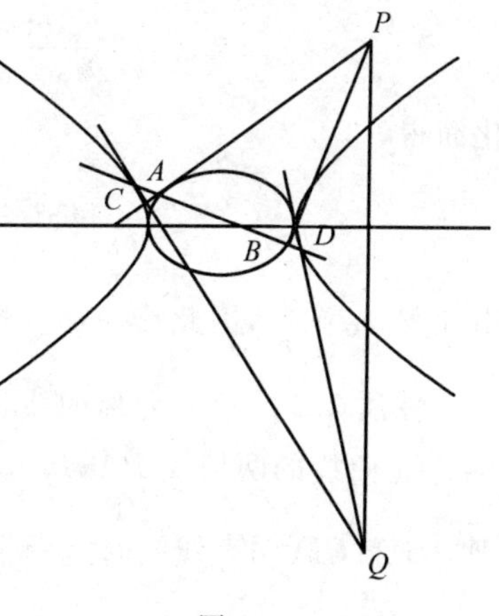

图 3

证明　如图 3，设 $A(a\cos\theta_1,b\sin\theta_1)$，$B(a\cos\theta_2,b\sin\theta_2)$，$A$，$B$ 两点的切线方程为

$$\begin{cases}bx\cos\theta_1+ay\sin\theta_1=ab\\bx\cos\theta_2+ay\sin\theta_2=ab\end{cases}$$

解得点 P 坐标为

$$\left(\frac{a\cos\dfrac{\theta_1+\theta_2}{2}}{\cos\dfrac{\theta_1-\theta_2}{2}},\frac{b\sin\dfrac{\theta_1+\theta_2}{2}}{\cos\dfrac{\theta_1-\theta_2}{2}}\right)$$

由 $k_{AM}=k_{BM}$ 得

$$\frac{b\sin\theta_1}{a\cos\theta_1-m}=\frac{b\sin\theta_2}{a\cos\theta_2-m}$$

化简得

$$m\cos\frac{\theta_1+\theta_2}{2}=a\cos\frac{\theta_1-\theta_2}{2}$$

则 $x_P=\dfrac{a^2}{m}$.

又设 $C(a\sec\alpha_1,b\tan\alpha_1)$，$D(a\sec\alpha_2,b\tan\alpha_2)$，则 C，D 两点的切线方程为

$$\begin{cases}bx-ay\sin\alpha_1=ab\cos\alpha_1\\bx-ay\sin\alpha_2=ab\cos\alpha_2\end{cases}$$

解得点 Q 的坐标为

$$\left(\frac{a\cos\dfrac{\alpha_1-\alpha_2}{2}}{\cos\dfrac{\alpha_1+\alpha_2}{2}},\frac{b\sin\dfrac{\alpha_1+\alpha_2}{2}}{\cos\dfrac{\alpha_1+\alpha_2}{2}}\right)$$

由 $k_{CM}=k_{DM}$，得

$$\frac{b\tan\alpha_1}{a\sec\alpha_1-m}=\frac{b\tan\alpha_2}{a\sec\alpha_2-m}$$

化简得

$$m\cos\frac{\alpha_1-\alpha_2}{2}=a\cos\frac{\alpha_1+\alpha_2}{2}$$

由此得 $x_Q=\dfrac{a^2}{m}$，因此 $x_P=x_Q$，即 $PQ\perp x$ 轴.

性质 2.2 已知龙凤曲线，过定点 $M(m,0)$ 的直线 $l\perp x$ 轴，l 上任取一点 P，作龙曲线的两切线 PA，PB，作凤曲线的两切线 PC，PD，切点为 A，B，C，D，则 AB 和 CD 两直线同时过一个定点 $N\left(\dfrac{a^2}{m},0\right)$.

证明 设 $P(m,y_0)$，则切点弦 AB，CD 的直线方程分别为 $b^2mx+a^2y_0y=a^2b^2$ 和 $b^2mx-a^2y_0y=a^2b^2$，令 $y=0$，得 $x=\dfrac{a^2}{m}$，这说明 AB，CD 同时过定点

$N\left(\frac{a^2}{m},0\right)$.

性质 2.3　已知龙凤曲线,定点 $M(m,0)$,$N(n,0)$,且 $m\cdot n=a^2$,过点 M,N 分别作 $l_1\perp x$ 轴,$l_2\perp x$ 轴,l_1 上取一点 P,作凤曲线的切线 PA,PB,l_2 上取一点 Q,作龙曲线的切线 QC,QD,A,B,C,D 为切点,则直线 AB 过点 N,直线 CD 过 M 点.

证法 1　如图 4,设 $C(a\cos\theta_1,b\sin\theta_1)$,$D(a\cos\theta_2,b\sin\theta_2)$,则点 Q 的坐标为

$$\left(\frac{a\cos\frac{\theta_1+\theta_2}{2}}{\cos\frac{\theta_1-\theta_2}{2}},\frac{b\sin\frac{\theta_1+\theta_2}{2}}{\cos\frac{\theta_1-\theta_2}{2}}\right)$$

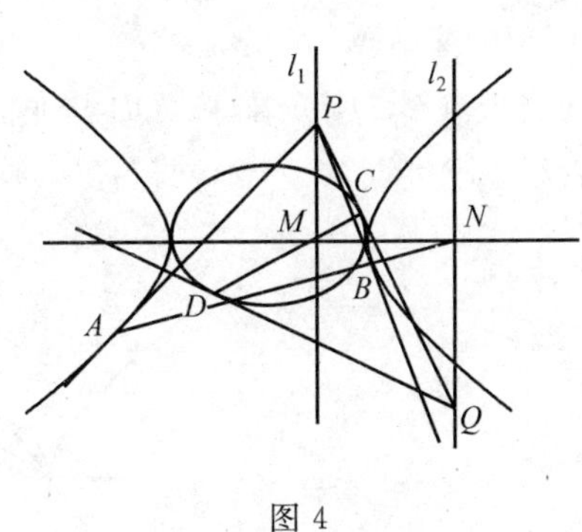

图 4

因为 $Q\in l_2$,且 $l_2\perp x$ 轴,故 $x_Q=n$,则

$$a\cos\frac{\theta_1+\theta_2}{2}=n\cos\frac{\theta_1-\theta_2}{2}$$

又直线 CD 的方程为

$$bx\cos\frac{\theta_1+\theta_2}{2}+ay\sin\frac{\theta_1+\theta_2}{2}=ab\cos\frac{\theta_1-\theta_2}{2}$$

令 $y=0$ 得 $x\cos\frac{\theta_1+\theta_2}{2}=a\cos\frac{\theta_1-\theta_2}{2}$,比较前式知,$x=\frac{a^2}{n}=\frac{mn}{n}=m$,这正是点 M 的横坐标,说明直线 CD 过 $M(m,0)$ 点.

又设 $A(a\sec\alpha_1,b\tan\alpha_2)$,$B(a\sec\alpha_2,b\tan\alpha_2)$,则点 P 的坐标为

$$\left(\frac{a\cos\frac{\alpha_1-\alpha_2}{2}}{\cos\frac{\alpha_1+\alpha_2}{2}},\frac{b\sin\frac{\alpha_1+\alpha_2}{2}}{\cos\frac{\alpha_1+\alpha_2}{2}}\right)$$

因为 $P\in l_1$,且 $l_1\perp x$ 轴,所以 $x_P=x_M=m$,则 $a\cos\frac{\alpha_1-\alpha_2}{2}=m\cos\frac{\alpha_1+\alpha_2}{2}$,而直线 AB 的方程为

$$bx\cos\frac{\alpha_1-\alpha_2}{2}-ny\sin\frac{\alpha_1+\alpha_2}{2}=ab\cos\frac{\alpha_1+\alpha_2}{2}$$

令 $y=0$ 得 $x\cos\frac{\alpha_1-\alpha_2}{2}=a\cos\frac{\alpha_1+\alpha_2}{2}$,与前式比较得 $x=\frac{a^2}{m}=\frac{mn}{m}=n$,这正是点 N 的横坐标,说明直线过定点 $N(n,0)$.

证法 2 设 $P(m,y_1)$，$Q(n,y_2)$，则切点弦 AB，CD 的直线方程分别为 $b^2mx-a^2y_1y=a^2b^2$，$b^2mx+a^2y_2y=a^2b^2$，令 $y=0$ 得 $x_N=\dfrac{a^2}{m}$，$x_M=\dfrac{a^2}{n}$，因为 $a^2=mn$，所以 $x_N=n$，$x_M=m$. 这说明直线 AB 过点 $N(n,0)$，直线 CD 过点 $M(m,0)$.

性质 2.4 已知龙凤曲线，定点 $M(m,0)$，$N(n,0)$ 且 $mn=a^2$，龙曲线的长轴 AB，过点 M，N 的直线 $l_1\perp x$ 轴，$l_2\parallel l_1$，l_1 上一点 P，联结 PA，PB 与凤曲线交于点 C，D，联结 QA，QB 与龙曲线交于点 E，F，$Q\in l_2$，则直线 CD 过点 N，直线 EF 过点 M.

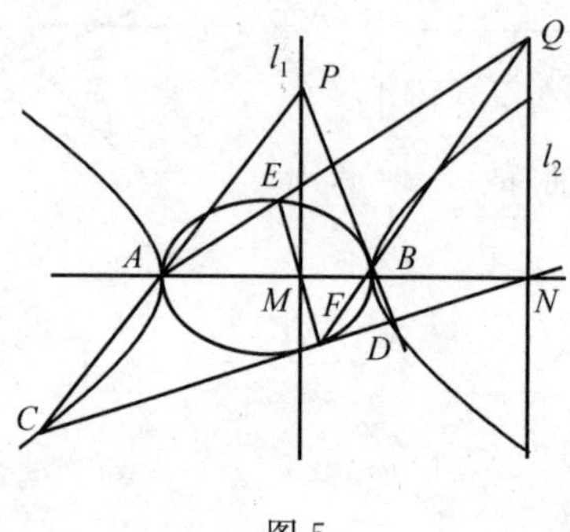

图 5

证明 如图 5，设

$$A(-a,0),B(a,0),E(a\cos\theta_1,b\sin\theta_1),F(a\cos\theta_2,b\sin\theta_2),Q(n,y_0)$$

由 $k_{AQ}=k_{EQ}$ 和 $k_{BF}=k_{QF}$，得

$$ay_0\cos\frac{\theta_1}{2}=b(n+a)\sin\frac{\theta_1}{2}$$

和

$$ay_0\sin\frac{\theta_2}{2}=b(a-n)\cos\frac{\theta_2}{2}$$

两式相除得

$$n\cos\frac{\theta_1-\theta_2}{2}=a\cos\frac{\theta_1+\theta_2}{2}$$

EF 的直线方程为

$$y-b\sin\theta_1=-\frac{b}{a}\cot\frac{\theta_1+\theta_2}{2}(x-a\cos\theta_1)$$

令 $y=0$ 得

$$x=a\frac{\cos\frac{\theta_1-\theta_2}{2}}{\cos\frac{\theta_1+\theta_2}{2}}=\frac{a^2}{n}=m$$

这正是点 M 的横坐标，说明直线 EF 过点 $M(m,0)$.

又设 $C(a\sec\theta_3,b\tan\theta_3)$，$D(a\sec\theta_4,b\tan\theta_4)$，$P(m,x_0)$，由

$$k_{CA}=k_{PA},k_{DB}=k_{PB}$$

得

$$ax_0\cos\frac{\theta_3}{2}=b(a+m)\sin\frac{\theta_3}{2}$$

和

$$ax_0\sin\frac{\theta_4}{2}=b(m-a)\cos\frac{\theta_4}{2}$$

两式相除得

$$m\cos\frac{\theta_3+\theta_4}{2}=a\cos\frac{\theta_3-\theta_4}{2}.$$

又 CD 的直线方程为

$$y-b\tan\theta_3=\frac{b}{a}\cdot\frac{\cos\frac{\theta_3-\theta_4}{2}}{\sin\frac{\theta_3+\theta_4}{2}}(x-a\cos\theta_3)$$

令 $y=0$ 得

$$x=a-\frac{\cos\frac{\theta_3+\theta_4}{2}}{\cos\frac{\theta_3-\theta_4}{2}}=\frac{a^2}{m}=n$$

这正是点 N 的横坐标，说明直线 CD 过点 $N(n,0)$.

性质 2.5　已知龙凤曲线，定点 $M(m,0)$，$N(n,0)$ 且 $mn=a^2$，过点 M，N 的直线 $l_1\perp x$ 轴，$l_2\perp x$ 轴，l_1 与龙曲线交于 A，B 两点，l_2 与凤曲线交于 C，D 两点，则 A，B 处龙曲线的两切线均过点 N，C，D 处凤曲线的两切线均过点 M.

证明　如图 6，设 $A(a\cos\theta_1,b\sin\theta_1)$，则点 A 处龙曲线的切线方程为

$$bx\cos\theta_1+ay\sin\theta_1=ab$$

令 $y=0$ 得 $x\cos\theta_1=a$，因 $A\in l_1$，$l_1\perp x$ 轴，故 $a\cos\theta_1=m$，代入上式得 $x=\dfrac{a^2}{m}=n$，这正是点 N 的横坐标，该点 A 处龙曲线的切线过点 N. 同理可证点 B 处龙曲线的切线也过点 $N(n,0)$.

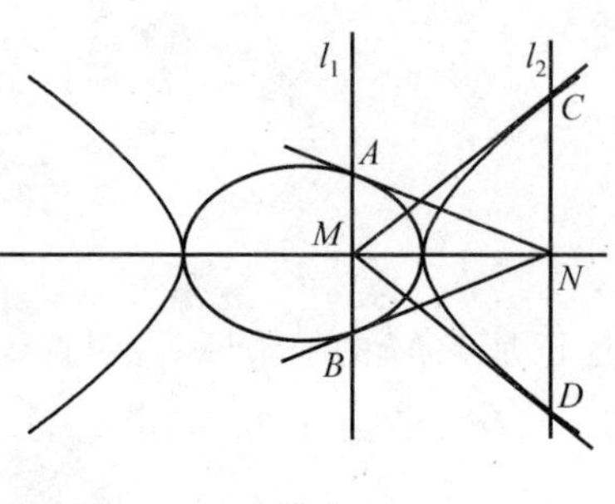

图 6

又设 $C(a\sec\theta,b\tan\theta)$，点 C 处凤曲线的切线方程为

$$bx-ay\sin\theta=ab\cos\theta$$

令 $y=0$ 得 $x=a\cos\theta$，因为 $C\in l_2$，$l_2\perp x$ 轴，所以 $a\sec\theta=n$，代入上式得 $x=\dfrac{a^2}{n}=m$，这正是点 M 的横坐标，说明过点 C 的凤曲线的切线过点 $M(m,0)$，同理可证，点 D 处凤曲线的切线也过点 M.

为继续讨论龙凤曲线的性质，这里介绍一下极线概念.

龙曲线的极线：过定点 $F(x_0,y_0)$ 的直线与龙曲线交于 A,B 两点，A,B 两点处龙曲线的切线交点的轨迹为一条直线，我们把此直线称为龙曲线的极线，点 F 称为极点.

设 $A(x_1,y_1)$，$B(x_2,y_2)$，A,B 两点处两切线交点 Q，坐标为 (x_3,y_3)，则切点弦 AB 的直线方程为 $b^2x_3x+a^2y_3y=a^2b^2$，因点 F 在 AB 上，故得 $b^2x_3x_0+a^2y_3y_0=a^2b^2$，此式说明点 Q 的坐标 (x_3,y_3) 是方程 $b^2x_0x+a^2y_0y=a^2b^2$ 的解，所以，点 Q 的轨迹方程为(图 7)

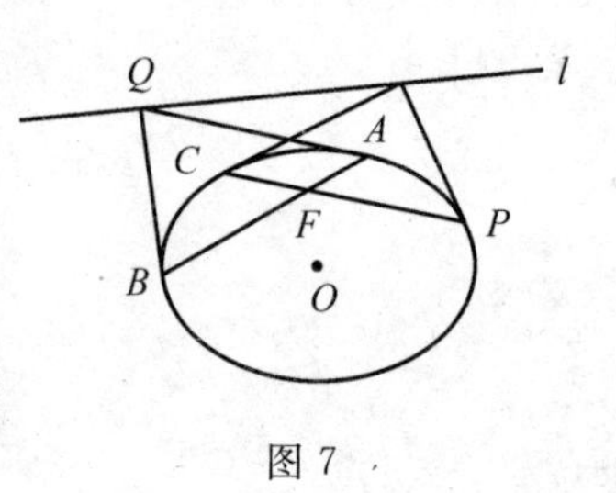

图 7

$$b^2x_0x+a^2y_0y=a^2b^2$$

这就是点 $F(x_0,y_0)$ 的龙曲线的极线方程.

凤曲线的极线：过定点 $F(x_0,y_0)$ 的直线与凤曲线交于 A,B 两点，A,B 两点处凤曲线的切线的交点轨迹为一条直线，我们把此直线称为凤曲线的极线，其方程为

$$b^2x_0x-a^2y_0y=a^2b^2$$

称点 F 为极点.

下面介绍有公共极点的龙凤曲线的极线性质.

性质 2.6　已知龙凤曲线,极点 $F(x_0,y_0)$,则龙凤曲线的极线关于 x 轴对称且都过定点 $N\left(\frac{a^2}{x_0},0\right)$.

证明　如图 8,极点 $F(x_0,y_0)$,则龙凤曲线的极线 l_1,l_2 的方程分别为

$$b^2x_0x+a^2y_0y=a^2b^2,b^2x_0x-a^2y_0y=ab$$

令 $y=0,x=\frac{a^2}{x_0}$ 和 $x=\frac{a^2}{x_0}$,这说明直线 l_1,l_2 均过定点 $N\left(\frac{a^2}{x_0},0\right)$,又 $k_{l_1}+k_{l_2}=-\frac{b^2x_0}{a^2y_0}+\frac{b^2x_0}{a^2y_0}=0$,这表明两直线 l_1,l_2 的倾角互补,且交点 N 在 x 轴上,所以,直线 l_1,l_2 关于 x 轴对称.

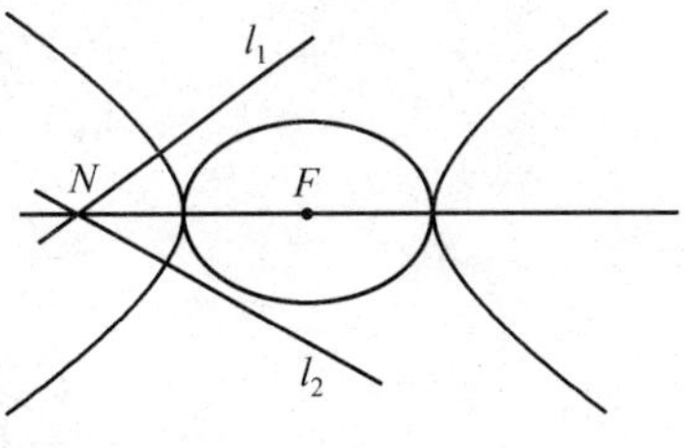

图 8

当极点在 x,y 轴上时,上述结论仍然成立.

性质 2.7　已知龙凤曲线,极点 $F(x_0,y_0)$,龙曲线上两点 A,B 的切线交点为 P,凤曲线上两点的切线交点为 Q,则 A,B,C,D 四点共线的充要条件是 P,Q 两点关于 x 轴对称.

证明　(必要性)若 A,B,C,D 四点共线,设 $P(m_1,n_1),Q(m_2,n_2)$,则切点弦 AB,CD 的直线方程分别为 $b^2m_1x+a^2n_1y=a^2b^2$ 和 $b^2m_2x-a^2y_2y=a^2b^2$,这两直线为同一直线,故有 $b^2m_1:b^2m_2=a^2n_1:(-a^2)n_2=1$. 由此得 $m_1=m_2$,$n_1=-n_2$,这说明 P,Q 两点关于 x 轴对称.

(充分性)若 P,Q 两点关于 x 轴对称,设 $P(m,n)$,则 $Q(m,-n)$,于是切点弦 AB,CD 的直线方程分别为 $b^2mx+a^2ny=a^2b^2$ 和 $b^2mx-a^2(-n)y=a^2b^2$,易知这两条直线为同一条直线,即 A,B,C,D 四点共线.

性质 2.8　已知龙凤曲线的离心率分别为 e_1,e_2,则 $e_1^2+e_2^2=2$.

证明　龙曲线的离心率为 $e_1=\frac{c^2}{a^2}=\frac{a^2-b^2}{a^2}$,凤曲线的离心率为 $e_2=\frac{a^2+b^2}{a^2}$,则 $e_1^2+e_2^2=2$.

性质2.9　已知龙凤曲线的极线分别为 l_1,l_2,极点 $F(x_0,y_0)$,l_1 上一点 P,作龙曲线的两条切线 PA,PB,A,B 为切点,直线 AB 与凤曲线交于 C,D 两点,过点 D 作凤曲线的切线与凤曲线的极线 l_2 交于点 Q,联结 OP,OQ(O 为原点). 若直线 OP,OQ 与龙曲线有四个交点 M_1,M_2,M_3,M_4,则这四点共圆.

证明 如图 9,因 A,B,C,D 四点共线,由性质 2.6,知 P,Q 两点关于 x 轴对称,设 $P(m,n)$,则 $Q(m,-n)$,于是 $k_{OP}+k_{OQ}=0$,说明 OP,OQ 两直线倾角互补,OP 的倾角为θ,则 OQ 的倾角为 $\pi-\theta$,故 OP,OQ 的直线参数方程分别为

$$\begin{cases}x=t\cos\theta\\y=t\sin\theta\end{cases}\text{和}\begin{cases}x=-t\cos\theta\\y=t\sin\theta\end{cases}$$

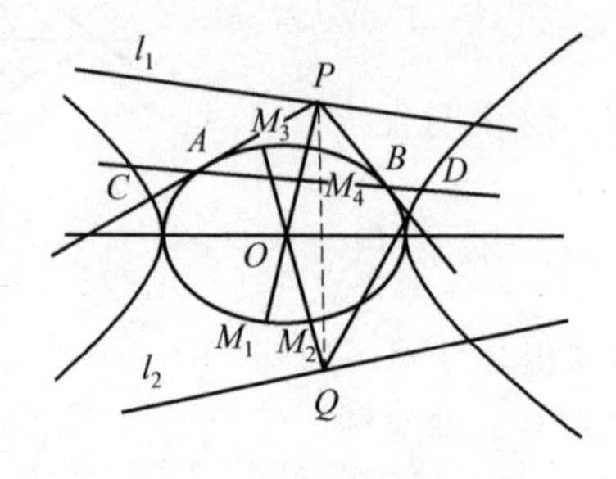

图 9

分别代入龙曲线方程得

$$(a^2\sin^2\theta+b^2\cos^2\theta)t^2=a^2b^2 \text{ 和}[a^2\sin^2\theta+(-b\cos\theta)^2]t^2=a^2b^2$$

由参数 t 的几何意义知

$$|OM_1|\cdot|OM_2|=|OM_3|\cdot|OM_4|=\frac{a^2b^2}{a^2\sin^2\theta+b^2\sin^2\theta}$$

由平面几何知识知,M_1,M_2,M_3,M_4 四点共圆.

性质 2.10 已知龙凤曲线的极线分别为 l_1,l_2,极点 $F(x_0,y_0)$,l_1,l_2 与龙曲线有四个交点 A_1,B_1,C_1,D_1,则这四点共圆.

证明 如图 10,因为 l_1,l_2 关于 x 轴对称,且椭圆本身关于 x 轴也对称,所以 A_1 与 D_1,B_1 与 C_1 关于 x 轴分别对称,故四边形 $A_1B_1C_1D_1$ 必有外接圆.

若 l_1,l_2 与凤曲线也有个交点,则 A_2,B_2,C_2,D_2 四交点共圆.

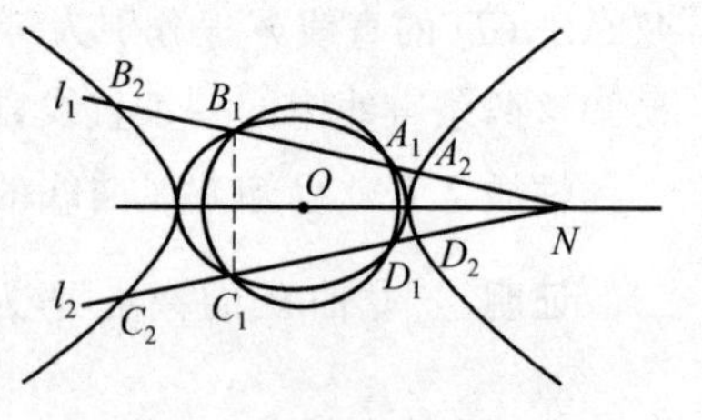

图 10

性质 2.11 已知龙凤曲线的极线分别为 l_1,l_2,极点 $F(x_0,y_0)$,$l_1\cap l_2=N$,则$\overrightarrow{OF}\cdot\overrightarrow{ON}=a^2$.

证明 $l_1\cap l_2=N\left(\frac{a^2}{x_0},0\right)$,则$\overrightarrow{ON}=\left(\frac{a^2}{x_0},0\right)$,又$\overrightarrow{OF}=(x_0,y_0)$,所以

$$\overrightarrow{OF}\cdot\overrightarrow{ON}=a^2$$

性质 2.12　已知龙凤曲线的极线分别为 $l_1,l_2,l_1\cap l_2=N$,极点 $F(x_0,y_0)$,过点 N 的直线 l_3 与龙曲线交于 A_1,B_1 两点,过点 F 的直线 l_4 与龙曲线交于 C_1,D_1 两点,且 l_3,l_4 两直线倾角互补.过点 N 的直线 l_5 与龙曲线交于 A_2,B_2 两点,过点 F 的直线与凤曲线交于 C_2,D_2 两点,且 l_5,l_6 两直线倾角互补,则 $\frac{FC_1\cdot FD_1}{NA_1\cdot NB_1}+\frac{FC_2\cdot FD_2}{NA_2\cdot NB_2}$ 为定值 $\frac{2x_0^2}{a^2}$.

证明　$l_1\cap l_2=N\left(\frac{a^2}{x_0},0\right)$,$l_3,l_4$ 的直线参数方程分别为

$$\begin{cases}x=\dfrac{a^2}{x_0}+t\cos\theta\\ y=t\sin\theta\end{cases}\text{和}\begin{cases}x=x_0-t\cos\theta\\ y=y_0+t\sin\theta\end{cases}$$

分别代入龙曲线方程得

$$(b^2\cos^2\theta+a^2\sin^2\theta)x_0^2t^2+2ta^2b^2x_0\cos\theta+a^2b^2(a^2-x_0^2)=0$$

$$(b^2\cos^2\theta+a^2\sin\theta)t^2+2(a^2y_0\sin\theta+b^2y_0\cos\theta)t+b^2x_0^2+a^2y_0^2-a^2b^2=0$$

由参数 t 的几何意义知

$$\frac{FC_1\cdot FD_1}{NA_1\cdot NB_1}=\frac{x_0^2(b^2x_0^2+a^2y_0^2-a^2b^2)}{a^2b^2(a^2-x_0^2)}$$

又直线 l_5,l_6 的参数方程分别为

$$\begin{cases}x=\dfrac{a^2}{x_0}+t\cos\alpha\\ y=t\sin\alpha\end{cases}\text{和}\begin{cases}x=x_0-t\cos\alpha\\ y=y_0+t\sin\alpha\end{cases}$$

分别代入凤曲线方程得 t 的二次方程为

$$(b^2\cos^2\alpha-a^2\sin^2\alpha)x_0^2t^2+2ta^2b^2x_0\sin\alpha+a^2b^2(a^2-x_0^2)=0$$

$$(b^2\cos^2\alpha-a^2\sin^2\alpha)t^2-2(b^2x_0\cos\alpha+a^2y_0\sin\alpha)t+b^2x_0^2-a^2y_0^2-a^2b^2=0$$

由参数 t 的几何意义知

$$\frac{FC_2\cdot FD_2}{NA_2\cdot NB_2}=\frac{x_0^2(b^2x_0^2-a^2y_0^2-a^2b^2)}{a^2b^2(a^2-x_0^2)}$$

所以

$$\left|\frac{FC_1\cdot FD_1}{NA_1\cdot NB_1}+\frac{FC_2\cdot FD_2}{NA_2\cdot NB_2}\right|=\left|\frac{2x_0^2(b^2x_0^2-a^2b^2)}{a^2b^2(a^2-x_0^2)}\right|=\frac{2x_0^2}{a^2}$$

性质 2.13　直线 l 与龙曲线交于 A,B 两点,与凤曲线交于 C,D 两点,两曲

线公共顶点 $E,G,AG\cap BE=P,CG\cap DE=Q$,则 $PQ\perp x$ 轴.

证明 如图 11,设 $A(a\cos\theta_1,b\sin\theta_1)$,$B(a\cos\theta_2,b\sin\theta_2)$,$P(x_1,y_1)$,$Q(x_2,y_2)$,$G(a,0)$,$E(-a,0)$,由 $k_{AG}=k_{PG}$,得

$$\frac{b\sin\theta_1}{a\cos\theta_1-a}=\frac{y_1}{x_1-a}$$

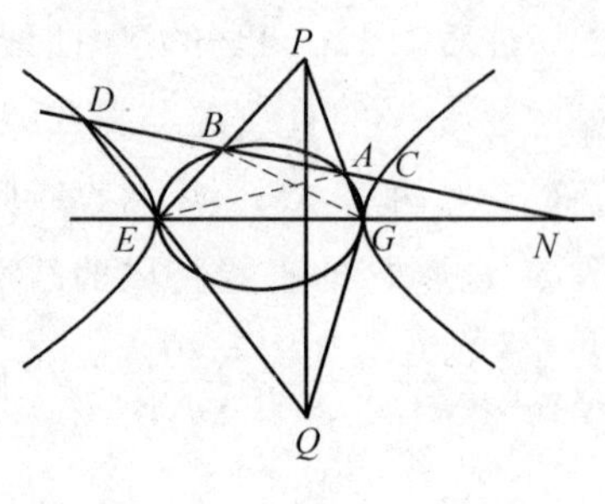

图 11

化简得

$$b(a-x_1)\cos\frac{\theta_1}{2}=ay_1\sin\frac{\theta_1}{2}$$

同理,由 $k_{BE}=k_{PE}$,得

$$b(a+x_1)\sin\frac{\theta_2}{2}=ay_1\cos\frac{\theta_2}{2}$$

由上述两方程解得点 P 的横坐标 $x_P=\dfrac{a\cos\dfrac{\theta_1+\theta_2}{2}}{\cos\dfrac{\theta_1-\theta_2}{2}}$.

又设 $C(a\sec\alpha_1,b\tan\alpha_1)$,$D(a\sec\alpha_2,b\tan\alpha_2)$,由 C,Q,G 和 D,Q,E 分别三点共线得 $b(a-x_2)\cos\dfrac{\alpha_1}{2}=ay_2\sin\dfrac{\alpha_1}{2}$ 和 $b(a+x_1)\sin\dfrac{\alpha_2}{2}=ay_2\cos\dfrac{\alpha_2}{2}$,解得点 Q 的横坐标 $x_Q=\dfrac{a\cos\dfrac{\alpha_1-\alpha_2}{2}}{\cos\dfrac{\alpha_1+\alpha_2}{2}}$,又设 AB 与 x 轴交于点 $N(x_0,0)$,由 $k_{AN}=k_{BN}$,得

$$\frac{b\sin\theta_1}{a\cos\theta_1-x_0}=\frac{b\sin\theta_0}{a\cos\theta_2-x_0}$$

化简得 $x_0=\dfrac{a\cos\dfrac{\theta_1-\theta_2}{2}}{\cos\dfrac{\theta_1+\theta_2}{2}}$, 则 $\overrightarrow{ON}=\left(\dfrac{a\cos\dfrac{\theta_1-\theta_2}{2}}{\cos\dfrac{\theta_1+\theta_2}{2}},0\right)$, 且 $\overrightarrow{OP}=\left(\dfrac{a\cos\dfrac{\theta_1+\theta_2}{2}}{\cos\dfrac{\theta_1-\theta_2}{2}},y_P\right)$,于是$\overrightarrow{OP}\cdot\overrightarrow{ON}=a^2$.

另一方面,由 $k_{CN}=k_{DN}$ 得

$$\frac{b\tan\alpha_1}{a\sec\alpha_1-x_0}=\frac{b\tan\alpha_2}{a\sec\alpha_2-x_0}$$

化简得

$$x_0=\frac{a\cos\dfrac{\alpha_1+\alpha_2}{2}}{\cos\dfrac{\alpha_1-\alpha_2}{2}}$$

所以

$$\overrightarrow{ON}=\left(\frac{a\cos\dfrac{\alpha_1+\alpha_2}{2}}{\cos\dfrac{\alpha_1-\alpha_2}{2}},0\right)$$

且 $\overrightarrow{OQ}=\left(\dfrac{a\cos\dfrac{\alpha_1-\alpha_2}{2}}{\cos\dfrac{\alpha_1+\alpha_2}{2}},y_Q\right)$，于是 $\overrightarrow{OQ}\cdot\overrightarrow{ON}=a^2$，由此得 $\overrightarrow{OP}\cdot\overrightarrow{ON}=\overrightarrow{OQ}\cdot\overrightarrow{ON}$，即 $\overrightarrow{ON}(\overrightarrow{OP}-\overrightarrow{OQ})=\overrightarrow{ON}\cdot\overrightarrow{QP}=0$，则 $ON\perp PQ$，即 $PQ\perp x$ 轴.

性质 2.14　已知龙凤曲线的极线分别为 l_1,l_2，极点 $F(x_0,y_0)$，联结 OF 与龙曲线交于点 A，与龙曲线的极线 l_1 交于点 B，直线 OF 又与凤曲线交于点 C，与 l_2 交于点 D，则 $OA^2:OC^2=OB:OD$.

证明　如图 12，直线 OF 的方程为 $y=\dfrac{y_0}{x_0}x$ 代入龙曲线方程，得 $x_A^2=\dfrac{a^2b^2x_0^2}{a^2y_0^2+b^2x_0^2}$，同样将 $y=\dfrac{y_0}{x_0}x$ 代入 l_1 的直线方程得 $x_B=\dfrac{a^2b^2x_0}{b^2x_0^2+a^2y_0^2}$，则

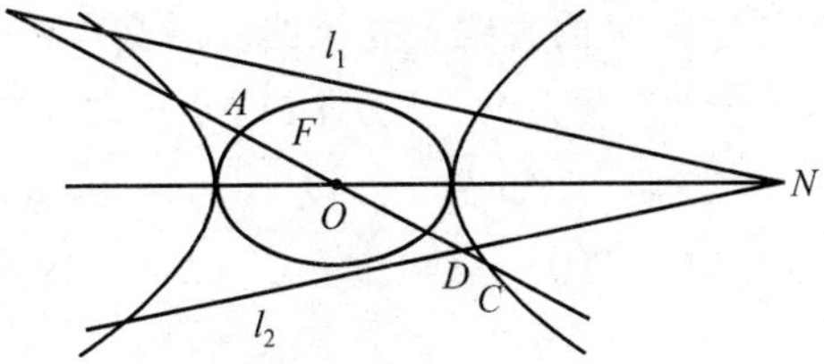

图 12

$$x_F\cdot x_B=\frac{a^2b^2x_0^2}{a^2y_0^2+b^2x_0^2}$$

同理可得

$$x_C^2=\frac{a^2b^2x_0^2}{b^2x_0^2-a^2y_0^2},x_D=\frac{a^2b^2x_0}{b^2x_0^2-a^2y_0^2}$$

则 $x_F\cdot x_D=\dfrac{a^2b^2x_0^2}{b^2x_0^2-a^2y_0^2}$，因为 O,A,B,C,D,F 共线，故由 $x_A^2=x_F\cdot x_B,x_C^2=x_F\cdot x_D$ 可推知 $OA^2=OF\cdot OB,OC^2=OF\cdot OD$，于是 $OA^2:OC^2=OB:OD$.

性质 2.15　已知龙凤曲线，过凤曲线上一点 P 作龙曲线的两条切线 PA，

PB,A,B 为切点,直线 AB 与凤曲线交于 C,D 两点,则 $S_{\triangle OCD}$ 为定值 ab.

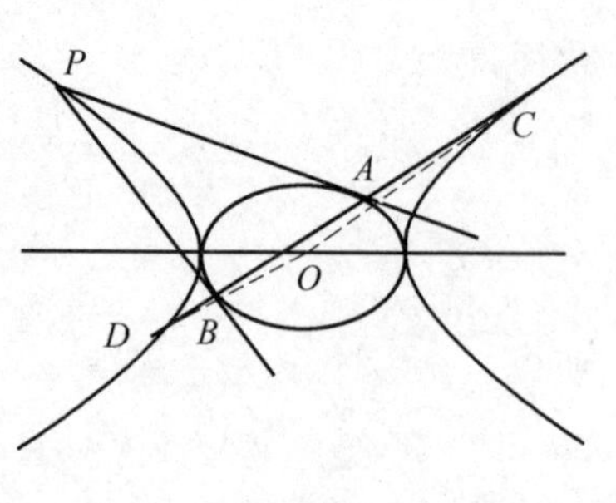

图 13

证明 如图 13,设 $P(a\sec\theta,b\tan\theta)$,切点弦 AB 的直线方程为 $bx+ay\sin\theta=ab\cos\theta$,代入凤曲线方程消去 x 得

$$y^2\cos^2\theta+2by\sin\theta\cos\theta+b^2\sin^2\theta=0$$

由韦达定理得

$$y_C+y_D=\frac{-2k\sin^2\theta}{\cos\theta},y_Cy_D=\frac{b^2\sin^2\theta}{\cos^2\theta}$$

则

$$\begin{aligned}CD^2&=[(y_C+y_D)^2-4y_Cy_D](1+\frac{1}{k^2})\\&=\frac{4(b^2+a^2\sin^2\theta)}{\cos^2\theta}\end{aligned}$$

又点 O 到 CD 的距离 $h^2=\dfrac{a^2b^2\cos^2\theta}{b^2+a^2\sin^2\theta}$,于是 $S_{\triangle OCD}=ab$ 为定值.

性质 2.16 已知龙凤曲线的极线分别是 l_1,l_2,极点 $F(x_0,y_0)$,$l_1\cap l_2=N$,过点 N 的直线与龙凤曲线的交点依次为 A,B,C,D 且与 y 轴交于点 P,龙曲线上下顶点为 M,T,$BM\cap CT=Q_1$,$CM\cap DT=Q_2$,则 $\overrightarrow{OP}(\overrightarrow{OQ_1}-\overrightarrow{OQ_2})=0$.

证明 如图 14,设 $B(a\cos\theta_1,b\sin\theta_1)$,$C(a\cos\theta_2,b\sin\theta_2)$,$Q_1(x_1,y_1)$,$M(0,b)$,$T(0,-b)$,由 $k_{BM}=k_{QM}$,$k_{CT}=k_{Q_1T}$,得

$$\begin{cases}a\cos\theta_1(b-y_1)=bx_1(1-\sin\theta_1)\\a\cos\theta_2(b+y_1)=bx_1(1+\sin\theta_2)\end{cases}$$

解得 $y_1=\dfrac{b\sin\dfrac{\theta_1+\theta_2}{2}}{\cos\dfrac{\theta_1-\theta_2}{2}}$,又

$$k_{BC}=-\frac{b\cos\dfrac{\theta_1+\theta_2}{2}}{a\sin\dfrac{\theta_1+\theta_2}{2}}$$

故直线 BC 的方程为

$$y-b\sin\theta_1=-\frac{b}{a}\cot\frac{\theta_1+\theta_2}{2}(x-a\cos\theta_1)$$

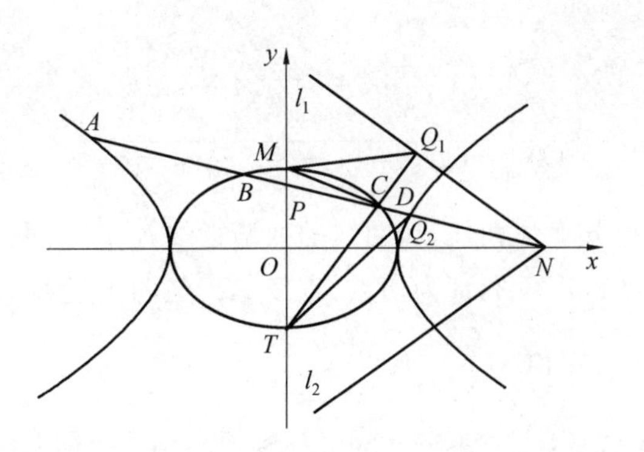

图 14

令 $x=0$，得 $y_P=\dfrac{b\cos\dfrac{\theta_1-\theta_2}{2}}{\sin\dfrac{\theta_1+\theta_2}{2}}$，则

$$\overrightarrow{OP}\cdot\overrightarrow{OQ}=\left(0,\frac{b\cos\dfrac{\theta_1-\theta_2}{2}}{\sin\dfrac{\theta_1+\theta_2}{2}}\right)\left(x_1,\frac{b\sin\dfrac{\theta_1+\theta_2}{2}}{\cos\dfrac{\theta_1-\theta_2}{2}}\right)=b^2$$

设 $A(a\sec\alpha_1,b\tan\alpha_1)$，$D(a\sec\alpha_2,b\tan\alpha_2)$，$Q_2(x_2,y_2)$ 仿前面的证明可得 $\overrightarrow{OP}\cdot\overrightarrow{OQ_2}=b^2$，故得 $\overrightarrow{OP}\cdot\overrightarrow{OQ_1}=\overrightarrow{OP}\cdot\overrightarrow{OQ_2}$，即 $\overrightarrow{OP}(\overrightarrow{OQ_1}-\overrightarrow{OQ_2})=0$.

性质 2.17　已知龙凤曲线，凤曲线渐近线分别为 l_1，l_2，过凤曲线上一点 P 作龙曲线的切线 PA，PB，A，B 为切点，直线 AB 与凤曲线的两渐近线 l_1，l_2 分别交于 C，D 两点，则 $|OC||OD|$ 为定值.

证明　如图 15，设 $P(a\sec\theta,b\tan\theta)$，则切点弦 AB 的直线方程为 $bx+ay\sin\theta=ab\cos\theta$，将 $y=\pm\dfrac{b}{a}x$ 分别代入上述方程，解得

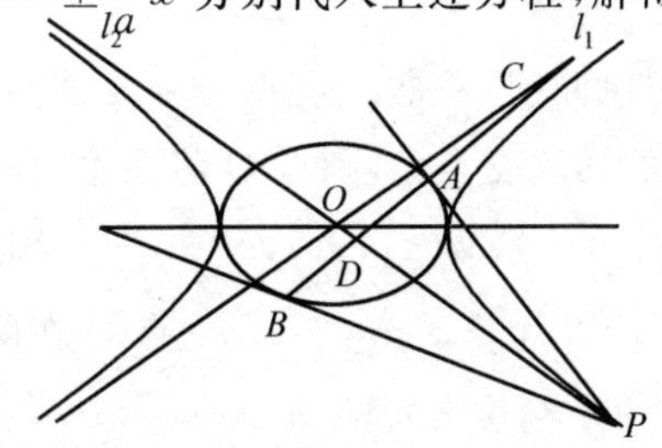

图 15

$$x_C=\frac{a\cos\theta}{1+\sin\theta},x_D=\frac{a\cos\theta}{1-\sin\theta}$$

则 $x_Cx_D=a^2$，所以，$|OC||OD|=(1+\frac{b^2}{a^2})x_Cx_D=a^2+b^2$ 为定值.

性质 2.18 已知龙凤曲线，凤曲线的两渐近线 l_1,l_2，过龙曲线上一点 P 作凤曲线的两切线 PA,PB，A,B 为切点，直线 AB 与两渐近线分别交于 C,D 两点，则 $\frac{1}{OC^2}+\frac{1}{OD^2}$ 为定值.

证明 如图 16，设 $P(a\cos\theta,b\sin\theta)$，则切点弦 AB 的直线方程为

$$bx\cos\theta-ay\sin\theta=ab$$

将 $y=\pm\frac{b}{a}x$ 分别代入上述方程得

$$x_C=\frac{a}{\cos\theta-\sin\theta},x_D=\frac{a}{\cos\theta+\sin\theta}$$

则 $\frac{1}{x_C^2}+\frac{1}{x_D^2}=\frac{2}{a^2}$，于是，$\frac{1}{|OC|^2}+\frac{1}{|OD|^2}=\frac{1}{(1+\frac{b^2}{a^2})}\left(\frac{1}{x_C^2}+\frac{1}{x_D^2}\right)=\frac{2}{a^2+b^2}$ 为定值.

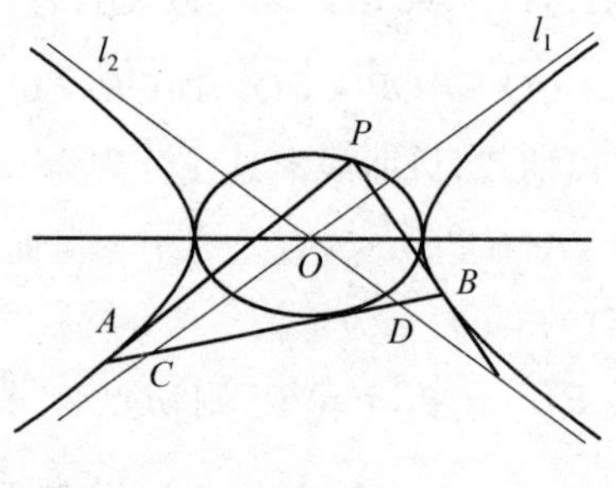

图 16

性质 2.19 已知龙凤曲线，龙曲线上点 P 的切线与凤曲线交于 M,N 两点，M,N 两点处凤曲线的切线交点 Q，则点 Q 落在龙曲线上.

证明 如图 17，$Q(x_0,y_0)$，$M(x_1,y_1)$，$N(x_2,y_2)$，则 MQ,NQ 的切线方程为 $b^2x_1x-a^2y_1y=a^2b^2$，$b^2x_2x-a^2y_2y=a^2b^2$，点 Q 在两切线上

$$b^2x_1x_0-a^2y_1y_0=a^2b^2,b^2x_2x_0-a^2y_2y_0=0$$

所以，MN 的直线方程为 $b^2x_0x-a^2y_0y=a^2b^2$，$k_{MN}=\frac{b^2x_0}{a^2y_0}$.

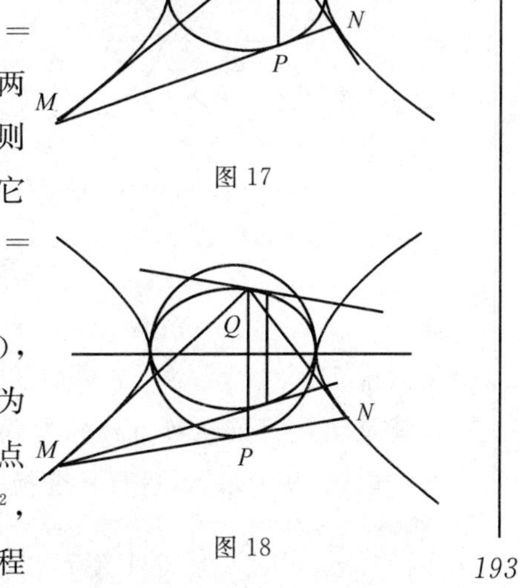

图 17

图 18

设 $P(x',y')$，切线 MN 的方程为 $b^2x'x+a^2y'y=a^2b^2$ 比较 MN 两个表达式得 $x_0=x'$，$y_0=y'$，易验证点 $Q(x_0,-y_0)$ 在龙曲线上.

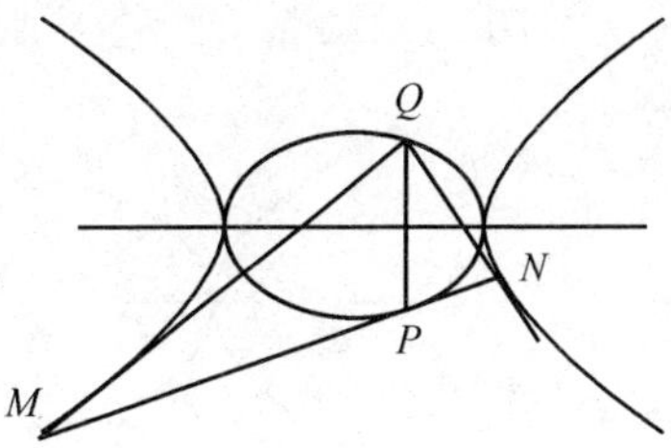

性质 2.20　已知凤曲线和圆 $O:x^2+y^2=a^2$，切圆于点 P 的直线与凤曲线交于 M,N 两点，M,N 两点处的切线交点 Q 的轨迹为 C，则曲线 C 为和凤曲线有公共顶点的龙曲线，且它在点 Q 处的切线斜率为 k，满足 $a^2k+b^2k_{MN}=0$.

证明　如图 18，设 $Q(x_0,y_0)$，$M(x_1,y_1)$，$N(x_2,y_2)$，则 MQ，NQ 的直线方程分别为 $b^2x_1x-a^2y_1y=a^2b^2$，$b^2x_2x-a^2y_2y=a^2b^2$，点 Q 在这两直线上，得 $b^2x_1x_0-a^2y_1y_0=a^2b^2$，$b^2x_2x_0-a^2y_2y_0=a^2b^2$. 所以，$MN$ 的直线方程为 $b^2x_0x-a^2y_0y=a^2b^2$，$k_{MN}=\dfrac{b^2x_0}{a^2y_0}$.

设 $P'(x',y')$，点 P 的切线方程 MN 的方程为 $x'x+y'y=a^2$ 比较 MN 的两个方程得 $x_0=x'$，$y_0=-\dfrac{b^2}{a^2}y'$，所以点 $Q(x_0,-\dfrac{a^2}{b^2}y_0)$ 在圆 $x^2+y^2=a^2$ 上，得 $\dfrac{x_0^2}{a^2}+\dfrac{a^2y_0^2}{b^4}=1$，所以曲线 C 的方程为 $\dfrac{x^2}{a^2}+\dfrac{a^2y_0}{b^4}=1$，它为龙曲线与凤曲线有公共顶点，且 $k=-\dfrac{a^4x_0}{a^4y_0}$，于是 $k+\dfrac{b^2}{a^2}k_{MN}=0$，即 $a^2k+b^2k_{MN}=0$.

§3　抛物旋转下形形式式的曲线

前面我们详细地讨论了 π 变换下的点，直线，圆锥曲线的变化规律. 除此之外，形形式式的曲线何其多也，它们在 π 变换下，会发生什么变化，下面选择部分曲线进行讨论.

1.（双纽线）平面内到两定点 $F_1(-c,0)$，$F_2(c,0)$ 的距离之积等于 c^2 的动点的轨迹($c>0$).

如图 1,设动点 $P(x,y)$,则

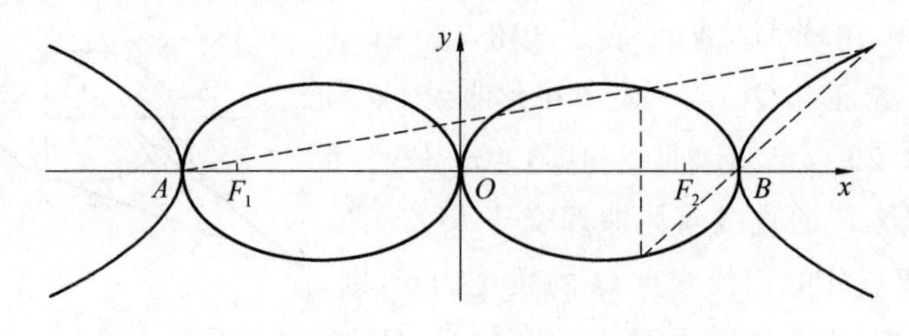

图 1

$$|PA|\cdot|PB|=c^2$$

即
$$[(x+c)^2+y^2][(x-c)^2+y^2]=c^4$$

化简得
$$(x^2+y^2)^2=2c^2(x^2-y^2)$$

这就是动点 P 的轨迹方程称为双纽线.

取 A,B 为基点,进行 π 变换,$A(-a,0)$,$B(a,0)$

$$\left(\frac{a^4}{x_0^2}+\frac{a^2y_0^2}{x_0^2}\right)^2=2c^2\left(\frac{a^4}{x_0^2}-\frac{a^2y_0^2}{x_0^2}\right)$$

化简得

$$a^2(a^2+y_0^2)^2=2c^2x_0^2(a^2-y_0^2)$$

它的图像见图 1,其形状像双曲线,故称为类双曲线,但原点保留在原处不动.

2.(星形线)其方程为 $x^{\frac{2}{3}}+y^{\frac{2}{3}}=a^{\frac{2}{3}}$,曲线与 x,y 轴的交点 $A(-a,0)$,$B(a,0)$,$C(0,-a)$,$D(0,a)(a>0)$.

以 A,B 为基点经 π 变换映射成什么曲线?将 $x=\frac{a^2}{x_0}$,$y=\frac{ay_0}{x_0}$ 代入曲线方程得

$$\left(\frac{a^2}{x_0}\right)^{\frac{2}{3}}+\left(\frac{ay_0^2}{x_0}\right)^{\frac{2}{3}}=a^{\frac{2}{3}}$$

化简得

$$x_0^{\frac{2}{3}}-y_0^{\frac{4}{3}}=a^{\frac{2}{3}}$$

其图像如图 2 所示.

3.(8 字线)其方程为 $x^4-4a^2(x^2-y^2)=0$,当 $y=0$ 时

$$x=0\text{ 或 }x=2a(a>0)$$

取 $a=2$,其方程为 $x^4=16(x^2-y^2)$ 可用描点法,作出其图像.

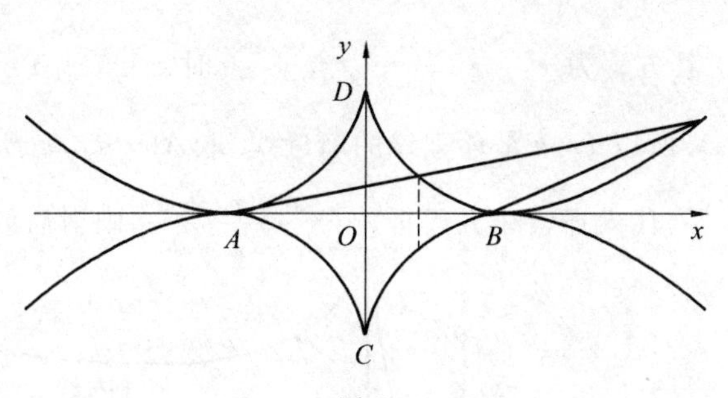

图 2

x	0	$\frac{1}{2}$	1	$\frac{3}{2}$	2	$\frac{5}{2}$	3	$\frac{7}{2}$	4	$\frac{9}{2}$	5
y	0	0.59	0.93	1.3	3	1.9	0.59	0.23	0	×	×

以 $A(-2a,0)$,$B(2a,0)$ 为基点进行 π 变换的映射,将 $x=\frac{4a^2}{x_0}$,$y=\frac{2xy_0}{x_0}$ 代入曲线方程为

$$\frac{(2a)^8}{x_0^4}-16\left[\frac{(2n)^4}{x_0^2}\ \frac{4a^2y_0^2}{x_0^2}\right]=0$$

化简得

$$x_0^2y_0^2=x_0^2-4a^6$$

映射后的图像如图 3.

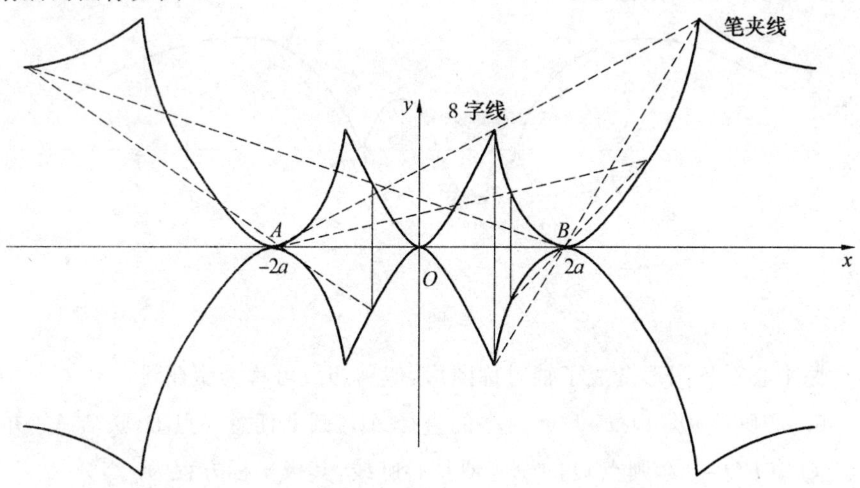

图 3

4.(环索线) 其方程为 $y^2 = x^2 \dfrac{a+x}{a-x}$. 当 $y=0$ 时 $x=0$ 或 $x=-a$,当 $x \to a$ 时 $y \to \infty (a>0)$. 所以 $x=a$ 是环索线的渐近线. 取 $A(-a,0)$,$B(a,0)$ 为基点,将 $x=\dfrac{a^2}{x_0}$,$y=\dfrac{ay_0}{x_0}$,代入环索线方程得 $y_0=\dfrac{a^3(x_0+a)}{x_0-a}$ 映射后的图像见图 4.

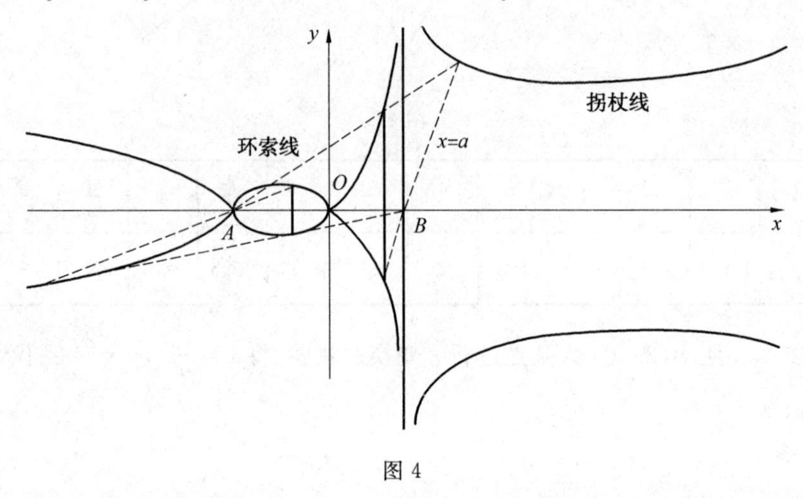

图 4

5.(鹏翅线) 正弦曲线 $y=\sin x$,我们考察正弦曲线在$[-\pi,\pi]$一段图像的变化状况,以 $A(-\pi,0)$,$B(\pi,0)$ 为基点进行映射,将 $x=\dfrac{\pi^2}{x_0}$,$y_0=\dfrac{2\pi y_0}{x_0}$ 代入正弦方程得映射后的图像如图 5.

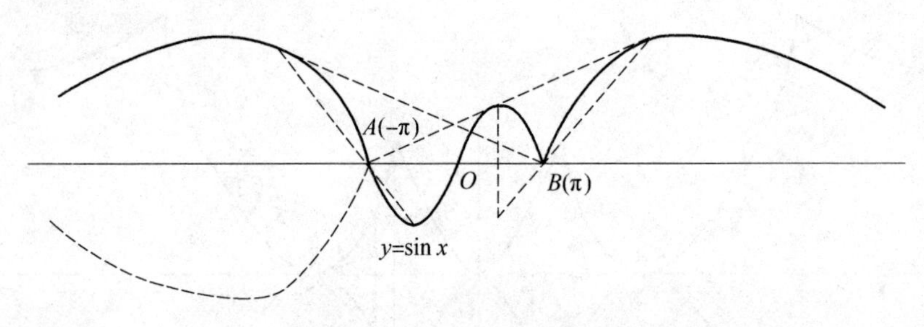

图 5

原中心对称图形变成了轴对称图形,似鸟翅故可称为鹏翅线.

6.(心脏线) 圆 $O: x^2+y^2=r^2$ 的直径 AB,圆上任意一点 P,联结 AP 并延长到 Q 使 $PQ=2r$,则点 Q 的轨迹便是心脏线,其极坐标方程为

$$\rho=2r(1+\cos\theta)$$

转化为直角坐标方程为 $x^2+y^2=2r(x-r)$，以 $A(-r,0)$，$B(r,0)$ 为基点，将 $x=\frac{r^2}{x_0}$，$y=\frac{2ry_0}{x_0}$ 代入其方程并化简得 $y_0^2=\frac{1}{4}(2x_0-x_0^2-r^2)$ 映射后的图形如图 6 所示.

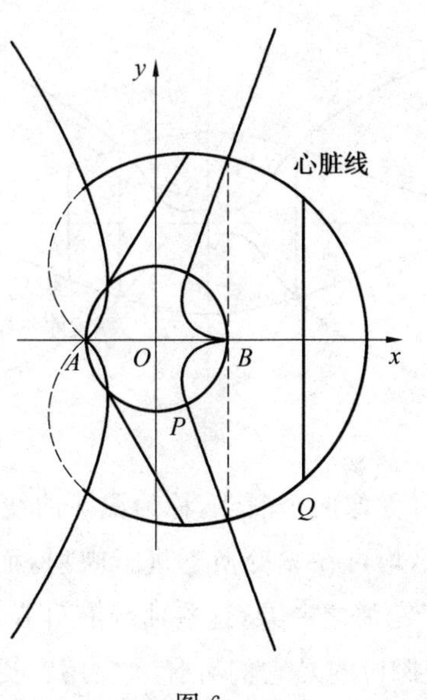

图 6

7.（蛇形线）其方程为 $y(x^2+a^2)=acx$，取 $a=c=2$ 得方程 $y(x^2+4)=4x$，将 $x=\frac{4}{x_0}$，$y=\frac{4y_0}{x_0}$ 代入得

$$\frac{4y_0}{x_0}\left(\frac{16}{x_0^2}+4\right)=\frac{4}{x_0}$$

化简为

$$y_0=\frac{x_0^2}{4+x_0^2}$$

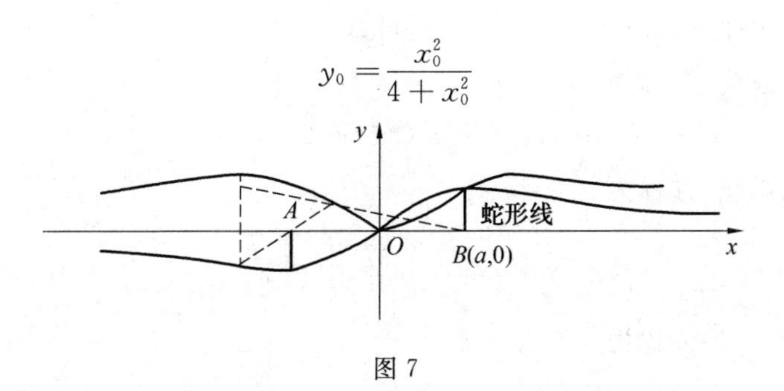

图 7

以 $A(-2,0)$,$B(2,0)$ 为基点进行 π 旋转映射后的图形见图 7 所示(轴对称).

8.(库尔勒蚌线)其方程为 $x^2y^2+a^2(x^2-a^2)=0$,取 $a=2$ 得 $x^2y^2+4x^2-16=0$,以 $A(-2,0)$,$B(2,0)$ 为基点,经 π 变换映射后得到的图形如图 8 所示.

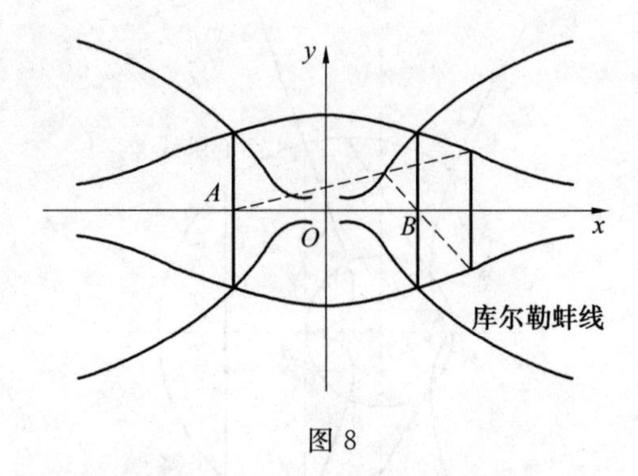

图 8

观察其形状,左右对称像两个漏斗,称为漏斗曲线.

各种曲线林林总总,均可在 π 变换下进行映射,而得到各种奇奇怪怪的图形(曲线)上面几个例子沧海之一粟,这些曲线有外在的形态之美,令人赏心悦目,浮想联翩,特别值得探讨的是它们有什么应用?更是待开发且极具挑战性的课题.

下面我们列出若干曲线名称及其方程,供读者欣赏.读者可作出它们在 π 变换后的奇怪而又非常美妙的曲线,细细欣赏一下数学中的动态美.

(1) 蛇尾线:若 P 是抛物线在其顶点处的切线上的任意一点,则此抛物线关于点 P 的垂足曲线叫作蛇尾线,它的方程为

$$x(x^2+y^2)=y(cy-bx)$$

当 $b=0$ 时,$x(x^2+y^2)=cy^2$ 为蔓叶线.

(2) 鸡冠线:方程为

$$y^2(x^2+y^2)+4axy^2+a^2(3x^2-2y^2)-4a^3x+a^4=0$$

(3) 蝴蝶线:方程为

$$y=\sqrt{2ax}+2b\sqrt{1-\frac{x}{2a}}$$

(4) 蜣螂线:方程为

$$4(x^2+y^2)(x^2+y^2+cx)^2=a^2(x^2-y^2)$$

(5) 肾脏线:极坐标方程为

$$\rho=a(1+2\sin\frac{\theta}{2})$$

(6) 孟格尔卵形线:极坐标方程为

$$\rho=2a\cos^{n}\theta$$

(7) 假开普勒卵形线:方程为

$$(x^2+y^2)^2=2ax^3$$

(8) 真开普勒卵形线:方程为

$$(x^2+y^2-p^2)^2-\varepsilon^2x^2(x^2+y^2)=0$$

(9) 伽利略螺线:极坐标方程为

$$\rho=a\theta^2+b\theta+c$$

(10) 抛物螺线:极坐标方程为

$$(\rho-l)^2=a^2\theta$$

(11) 连锁螺线:极坐标方程为

$$\rho^2\theta=a^2$$

(12) 费马螺线:极坐标方程为

$$\rho^2=a^2\theta$$

(13) 梨线:方程为

$$x^2y^2-2a^3x+a^4=0$$

(14) 四次蔓叶线:方程为

$$y^2=\frac{(x^2+2ax+l^2)^2}{l^2-x^2}$$

(15) 双叶线:方程为

$$x^4+y^4-8axy^2=0$$

(16) 三叶线:方程为

$$x^4+y^4=4ax(x^2-y^2)$$

(17) 四叶苜蓿线:方程为

$$(x^2+y^2)^2=a^2(x^2-y^2)$$

(18) 珍珠线:方程系为

$$x^s(a\pm x)^r=\frac{a^{r+s}}{b^p}y^p$$

其中 $p,r,s \in \mathbf{N}$,有两个特例:

史留斯珍珠线

$$x^4 + y^4 = ax^3$$

隆桑珍珠线

$$x^4 - y^4 = 2ax^3$$

(19) 杖头线:方程为

$$x^4 - a^2(x^2 + y^2) = 0$$

(20) 沙钟线:方程为

$$x^2 = \frac{a^2(y^2 - b^2)}{4b^2(y^2 + b^2)}$$

(21) 魔鬼线:方程为

$$x^4 - y^4 - b^2x^2 + a^2y^2 = 0$$

(22) 风车线:方程为

$$x^2y^2(x^2 + y^2) = a^2(x^2 - y^2)^2$$

(23) 八字线:方程为

$$x^4 - 4a^2(x^2 - y^2) = 0$$

(24) 童衫线:方程为

$$y^2 = \frac{h(x + h)^2}{x}$$

(25) 荷包线:方程为

$$y^4 - 4(ax + b^2)y^2 + 4(a^2 + b^2)x^2 = 0, b \neq 0$$

曲线之多不胜枚举.

值得注意的是,在对曲线进行 π 变换映射作图时,选取的基点不同得到的曲线形状及其方程也就不同.

§4　非对称型的 π 变换——π_0 变换

上节中介绍了对称型的 π 变换,取基点 $A_0(-a,0)$,$A(a,0)$,A_0 与 A 关于 y 轴对称,如果 A_0 与 A 关于 y 轴不对称,设 $A_0(-m,0)$,$A(n,0)(|m| \neq |n|)$,这时 π 变换的形式有什么变化?下面我们来推导这个变换.

如图 1,设基点 $A_0(m,0)$,$A(n,0)(m < n)$,平面内一点 $P(x,y)$,P 关于 x

轴的对称点 $P_1(x,-y)$，若 $A_0P\cap AP_1=Q$，$Q(x_0,y_0)$，P，Q 两点的坐标应满足什么关系？

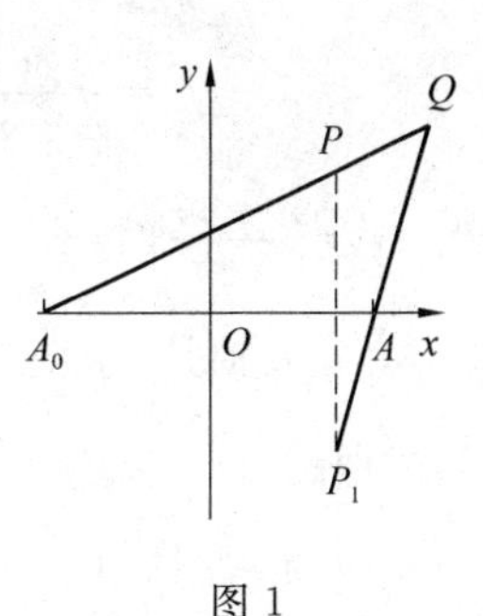

图 1

因 A_0，P，Q 和 A，P_1，Q 分别三点共线，应有

$$\frac{y_0}{x_0-m}=\frac{y}{x-m}\text{ 和 }\frac{-y_0}{x_0-n}=\frac{y}{x-n}$$

由上述两方程得

$$\begin{cases}x=\dfrac{(-m-n)x_0+2mn}{n+m-2x_0}=\dfrac{(m+n)x_0-2mn}{2x_0-m-n}\\ y=\dfrac{-(-m+n)y_0}{n+m-2x_0}=\dfrac{(n-m)y_0}{2x_0-m-n}\end{cases}\qquad(\pi_0)$$

或

$$\begin{cases}x_0=\dfrac{(m+n)x-2mn}{2x-m-n}\\ y_0=\dfrac{(n-m)y}{2x-m-n}\end{cases}\text{或}\begin{cases}x=\dfrac{(m+n)x_0-2mn}{2x_0-(m+n)}\\ y=\dfrac{(2x-m+n)}{n-m}\end{cases}\qquad(\pi_0)$$

π_0 变换有下列性质：

1. π_0 变换下的直线.

(1)(保直线性)π_0 变换将直线映射成直线.

证明　设直线 l 的方程为 $y=kx+l$(k 存在且 $k\neq0$) 将 π_0 变换代入上述方程得

$$\frac{(n-m)y_0}{2x_0-m-n}=k\cdot\frac{(m+n)x_0-2mn}{2x_0-m-n}+t$$

化简上式得

$$y=\frac{2t+k(m+n)}{n-m}x+\frac{-2mnk-(m+n)t}{n-m}$$

上述直线方程中，其斜率为$\dfrac{2t+k(m+n)}{n-m}$，其纵截距为$\dfrac{2mn+(m-n)t}{n-m}$.

(2)π_0 变换将平行于 x 轴的直线映射成过定点$(\dfrac{n-m}{2},0)$(除 x 轴本身外)的直线.

证明　设直线 l 的方程为 $y=t$，将 π_0 变换代入此方程化简得

$$y_0=\frac{2t}{n-m}x_0+\frac{(-m-n)t}{n-m}=\frac{t}{n-m}[2x_0+(m+n)]$$

当 $x_0=\frac{n+m}{2}$ 时，$y_0=0$，m,n 为定值，即点$(\frac{n+m}{2},0)$为定点.

(3)x 轴是 π_0 变换下的不动直线.

即
$$y=0\xrightarrow{\pi_0}y_0=0$$

(4)π_0 变换将 y 轴映射成与 y 轴平行的直线.

证明　设 y 轴方程为 $x=0$，经 π_0 变换得

$$\frac{(m+n)x_0-2mn}{2x_0-(m+n)}=0$$

化简为

$$x_0=\frac{2mn}{-(m+n)}$$

其中，m,n 为定值，故上述直线与 y 轴平行，即将 y 轴平移了 $\frac{2mn}{m+n}$ 个单位.

$\frac{2mn}{m+n}>0$ 时向右平移；$\frac{2mn}{m+n}<0$ 时向左平移.

(5) 直线 $x=m$ 是 π_0 变换下的不动直线.

即
$$x=m\xrightarrow{\pi_0}x_0=m$$

事实上 $x=m$ 经 π_0 变换后得

$$\frac{(m+n)m-2mn}{2m-(m+n)}=x_0$$

化简得 $x_0=m$，故结论成立.

(6) 直线 $x=n$ 是 π_0 变换下的不动直线.

证明　设 $x=n$，经 π_0 变换得

$$-2mn+(m+n)x_0=n(2x_0-m-n)$$

化简得 $x_0=n$，即 $x=n\xrightarrow{\pi_0}x_0=n$，结论成立.

(7)π_0 变换将平行于 y 轴的直线映射成仍与 y 轴平行的直线.

证明　设直线 l 的方程为 $x=t$，经 π_0 变换后得

$$-2mn+(m+n)x_0=t(2x_0-m-n)$$

化简得

$$x_0=\frac{-2mn+(m+n)t}{2t-m-n}$$

上述直线，随 t 的不同取值，得到不同的与 y 轴平行的直线.

(8)π_0 变换将过原点的直线映射成过定点$(\frac{2mn}{n+m},0)$ 的直线.

证明　设直线 l 的方程 $y=kx$，经 π_0 变换后得

$$(n-m)y_0=k[2mn+(m+n)x_0]$$

化简得

$$y_0=\frac{k}{n-m}[-(m+n)x_0+2mn]$$

当 $x_0=\frac{2mn}{n+m}$ 时，$y_0=0$，m，n 为定值，故点$(\frac{2mn}{n+m},0)$ 为定点，即 $l:y=kx\xrightarrow{\pi_0}l'$ 过点定$(\frac{2mn}{n+m},0)$.

(9) 过定点$(m,0)$ 的直线，在 π_0 变换下是不动直线.

证明　设直线 l 的方程为 $y=k(x+m)$，经 π_0 变换得

$$(m+n)y_0=k[-2mn+(m+n)x_0+m(2x_0-m-n)]$$

化简得

$$y_0=k(x-m)$$

此直线与原直线是同一条直线.

所以直线 $y=k(x-m)$ 是 π_0 变换下的不动直线.

(10)π_0 变换将过定点$(n,0)$ 的直线映射成仍过定点$(n,0)$，斜率与原直线斜率之和为 0 的直线.

证明　设直线 l 的方程为 $y=k(x-n)$，经 π_0 变换后得

$$(n-m)y_0=k[-2mn+(m+n)x_0-n(2x_0-m-n)]$$

化简得

$$y_0=-k(x_0-n)$$

此直线过$(n,0)$，且斜率为 $-k$，即直线 $l:y=k(x-n)\xrightarrow{\pi_0}$直线 $l':y=-k(x-n)$ 两直线 l 和 l' 均过定点$(n,0)$，但斜率之和为 0，即两直线倾角互补.

2. π_0 变换下的点.

(1) 若点的横坐标满足 $m<x<n$，经 π_0 变换后得到点的横坐标 $x_0<m$ 或

$x_0 > n$.

证明　经 π_0 变换得

$$m < \frac{-2mn + (m+n)x_0}{2x_0 - m - n} < n$$

即

$$\begin{cases} \dfrac{-2mn + (m+n)x_0}{2x_0 - m - n} - m > 0 \\ \dfrac{-2mn + (m+n)x_0}{2x_0 - m - n} - n < 0 \end{cases}$$

化简为

$$\begin{cases} \dfrac{(n-m)(x_0 - m)}{2x_0 - (n+m)} > 0 \\ \dfrac{(n-m)(x_0 - n)}{2x_0 - (n+m)} > 0 \end{cases}$$

其中 $n - m > 0$,则 $\dfrac{x_0 - m}{x_0 - \dfrac{m+n}{2}} > 0$ 或 $\dfrac{x - n}{x_0 - \dfrac{m+n}{2}} > 0$ 恒成立.

因为 $m < \dfrac{m+n}{2}$,$n > \dfrac{m+n}{2}$,得 $x_0 < m$ 或 $x > \dfrac{m+n}{2}$ 和 $x > n$ 或 $x < \dfrac{m+n}{2}$,同时成立,则 $x_0 < m$ 或 $x > n$.

(2) 若点的横坐标 $x > n$ 或 $x < m$,则经 π_0 变换后得到的点的横坐标 $\dfrac{1}{2}(n+m) < x_0 < n(x > n)$ 或 $-m < x_0 < \dfrac{1}{2}(n+m)(x < -m)$.

证明　若 $x > n$,经 π_0 变换后得

$$\frac{-2mn + (m+n)x_0}{2x_0 - m - n} > n$$

即

$$\frac{(n-m)(x_0 - n)}{x_0 - \dfrac{1}{2}(m+n)} < 0$$

其中

$$n - m > 0, n > \frac{1}{2}(n+m)$$

所以

$$\frac{1}{2}(n+m)<x_0<n$$

若 $x<m$,经 π_0 变换后得

$$\frac{-2mn+(m+n)x_0}{2x_0-m-n}<m$$

即

$$\frac{(n-m)(x_0-m)}{x-\frac{1}{2}(n+m)}<0$$

其中

$$m+n>0,\frac{1}{2}(n+m)>-m$$

所以

$$-m<x_0<\frac{1}{2}(n+m)$$

(3) 原点(0,0) 在 π_0 变换下映射成点$\left(\frac{2mn}{m+n},0\right)$.

证明　$x=0,y=0\xrightarrow{\pi_0}$得 $x=\frac{2mn}{m+n},y=0$.

(4) 点$(m,0)$ 经 π_0 变换映射成点$(m,0)$ 为不动点.

证明　$x=m\xrightarrow{\pi_0}x_0=\frac{-2mn+(m+n)m}{2m-m-n}=m,y=0\xrightarrow{\pi_0}y_0=0$. 故点$(m,0)$ 是 π_0 变换下的不动点.

(5) 点$(n,0)$ 是 π_0 变换下的不动点.

证明　$x=n\xrightarrow{\pi_0}x_0=\frac{-2mn+(m+n)\cdot n}{2n-m-n}=n,y=0\xrightarrow{\pi_0}y_0=0$,即$(n,0)\xrightarrow{\pi_0}(n,0)$,故$(n,0)$ 是 π_0 变换下的不动点.

(6) 点(m,y) 经 π_0 变换映射成点$(m,-y)$.

证明　$x=m\xrightarrow{\pi_0}x_0=m,y_0=\frac{(n-m)y}{2m-m-n}=-y$,所以$(m,y)\xrightarrow{\pi_0}(m,-y)$,变换后前后两点关于 x 轴对称.

(7) 点(n,y) 经 π_0 变换映射成点(n,y).

证明 $x=n\xrightarrow{\pi_0}x_0=\dfrac{2mn-n(m-n)}{2n-m-n}=n,y_0=\dfrac{(n-m)y}{2n-m-n}=y$,所以$(n,y)\xrightarrow{\pi_0}(n,y)$ 即(n,y) 是 π_0 变换下的不动点.

(6),(7) 告诉我们直线 $x=m$ 上的点经π_0 变换后,映射成关于 x 轴的对称点,而直线 $x=n$ 上的点,是 π_0 变换下的不动点.

3. π_0 变换下的圆锥曲线.

(1) 椭圆 $b^2x^2+a^2y^2=a^2b^2(a>b>0)$,经 π_0 变换后:

① 当 $|m+n|=2a$ 时,为抛物线;

② 当 $|m+n|>2a$ 时,为椭圆或圆,特别当 $mn=a^2$ 时,仍为原椭圆;

③ 当 $|m+n|<2a$ 时,为双曲线,特别当 $m=-a,n=a$ 时,为双曲线 $b^2x^2-a^2y^2=a^2b^2$(转化为 π 变换).

(2) 圆 $x^2+y^2=r^2$ 经 π_0 变换后:

① 当 $|m+n|=2r$ 时,为抛物线;

② 当 $|m+n|>2r$ 时,为椭圆或圆,特别当 $mn=r^2$ 时,仍为本身;

③ 当 $|m+n|<2r$ 时,为双曲线,特别当 $m=-r,n=r$ 时,为等轴双曲线 $x^2-y^2=r^2$.

(3) 双曲线 $b^2x^2-a^2y^2=a^2b^2(a,b>0)$,经 π_0 变换后:

① 当 $|m+n|=2a$ 时,为抛物线;

② 当 $|m+n|>2a$ 时,为双曲线,特别当 $mn=a^2$ 时,为其本身;

③ 当 $|m+n|<2a$ 时,为椭圆,特别当 $m=-a,n=a$ 时,为 $b^2x^2+a^2y^2=a^2b^2(a>b>0)$(转化为 π 变换).

(4) 抛物线 $y^2=2px(p>0)$ 经 π_0 变换后:

① 当 $m+n=0(m\neq 0)$ 时,为本其身;

② 当 $m+n<0$ 时,为椭圆;

③ 当 $m+n>0$ 时,为双曲线. 现证明结论(1).

(1) **证明** 将

$$\begin{cases}x_0=\dfrac{(m+n)x-2mn}{2x-m-n}\\ y_0=\dfrac{(n-m)y}{2x-m-n}\end{cases}$$

代入椭圆方程

$$b^2x^2+a^2y^2-a^2b^2=0$$

得

$$b^2\left[\frac{(m+n)x-2mn}{2x-m-n}\right]^2+a^2\left[\frac{(n-m)y}{2x-m-n}\right]^2-a^2b^2=0$$

化简得

$$b^2[(m+n)^2-4a^2]x^2+4b(m+n)(a^2-mn)x+$$
$$a^2(m-n)^2y^2+b^2[4m^2n^2-a^2(m+n)^2]=0$$

① 若$(m+n)^2-4a^2=0$，即$|m+n|=2a$，则上式变为

$$a^2(m-n)^2y^2\pm 8ab^2(a^2-mn)x+4b^2(m^2n^2-a^4)=0$$

它表示抛物线.

② 若$(m+n)^2-4a^2\neq 0$，则上述方程变为

$$\frac{\left[x+\frac{2(m+n)(a^2-mn)}{(m+n)^2-4a^2}\right]^2}{\left[\frac{a(m-n)^2}{(m+n)^2-4a^2}\right]^2}+\frac{[(m+n)^2-4a^2]y^2}{(m-n)^2b^2}=1$$

当$(m+n)^2-4a^2>0$时，即$|m+n|>2a$时，上述方程表示椭圆或圆，特别当$mn=a^2$时，上述方程为

$$b^2x^2+a^2y^2=a^2b^2$$

当$(m+n)^2-4a^2<0$，即$|m+n|<2a$时，上述方程表示双曲线，特别当$m=-a,n=a$时，方程为$b^2x^2-a^2y^2=a^2b^2$.

综上所述结论(1)成立.

同理可证结论(2)，(3)，(4)及下面的(5)，(6).

(5) 椭圆$b^2x^2+a^2y^2=a^2b^2(a>b>0)$，弦$PP_1\perp y$轴，$M(0,m)$，$N(0,n)$，则$PM\cap P_1N=Q$点的轨迹：

① 当$|m+n|=2b$时，为抛物线；

② 当$|m+n|>2b$时，为椭圆或圆，特别当$mn=b^2$时，为其本身；

③ 当$|m+n|<2b$时，为双曲线，特别当$m=b,n=-b$时，方程为$a^2y^2-b^2x^2=a^2b^2$.

(6) 双曲线$b^2x^2-a^2y^2=a^2b^2(a,b>0)$，$PP_1\perp y$轴，$M(0,m)$，$N(0,n)$，则$PM\cap P_1N=Q$的轨迹方程为

$$\frac{[(m+n)^2+4b^2]x^2}{a^2(m-n)^2}+\frac{[(m+n)^2+4b^2y-2(m+n)(b^2+mn)]^2}{b^2(m-n)^4}=1$$

特别当 $mn=-b^2$ 时，其方程简化为 $b^2x^2-a^2y^2=a^2b^2$，即其本身，当 $m+n=0$ 时，$m\neq 0$，方程为

$$\frac{b^2x^2}{a^2m^2}-\frac{b^2y^2}{m^4}=1$$

我们回头再说 π 变换，π 变换下，一般图形均变形，但特殊条件下也可保持图的不变，这称为图形的保形性.

下面我们证明圆锥曲线的保形性.

定理 2.1 椭圆 $b^2x^2+a^2y^2=a^2b^2(a>b>0)$ 的动弦 $PP_1\perp x$ 轴，定点 $M(m,0)$，$N(n,0)$. 若 $mn=a^2$，则 $PM\cap P_1N=Q$ 点的轨迹仍为其本身 $b^2x^2+a^2y^2=a^2b^2$.

证明 如图 2，设

$P(a\cos\theta,b\sin\theta)$，$P_1(a\cos\theta,-b\sin\theta)$，$Q(x_0,y_0)$

P,Q,M 和 P_1,N,Q 分别三点共线，得

$$\begin{cases}y_0(m-a\cos\theta)=b\sin(m-x_0)\\y_0(n-a\cos\theta)=b\sin(x_0-m)\end{cases}$$

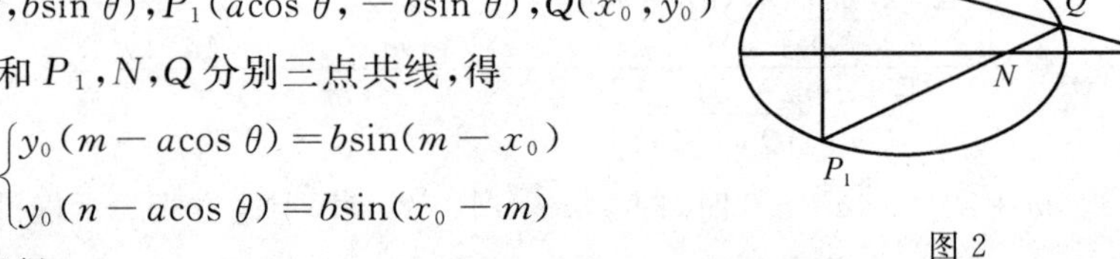

图 2

解此方程得

$$x_0=\frac{2mn-a(m+n)}{m+n-2a\cos\theta},y_0=\frac{b(m-n)\sin\theta}{m+n-2a\cos\theta}$$

则

$$\begin{aligned}b^2x_0^2+a^2y_0^2&=\frac{a^2b^2[2a-(m+n)\cos\theta]^2+(m-n)^2\sin^2\theta}{(m+n-2a\cos\theta)^2}\\&=\frac{a^2b^2[(m+n)^2-4a(m+n)\cos\theta+4a^2\cos^2\theta]}{(m+n-2a\cos\theta)^2}=a^2b^2\end{aligned}$$

上式说明点 Q 在椭圆 $b^2x^2+a^2y^2=a^2b^2$ 上，即点 Q 的轨迹仍是椭圆

$$b^2x^2+a^2y^2=a^2b^2$$

推论 2.1 椭圆 $b^2x^2+a^2y^2=a^2b^2(a>b>0)$ 的动弦 $PP_1\perp x$ 轴，焦点 $F(c,0)$，准线 $l:x=\frac{a^2}{c}$ 与 x 轴交于点 N，则 $PN\cap P_1F=Q$ 点的轨迹仍是椭圆 $b^2x^2+a^2y^2=a^2b^2$.

定理 2.2 双曲线 $b^2x^2-a^2y^2=a^2b^2(a,b>0)$ 的动弦 $PP_1\perp x$ 轴，定点 $M(m,0)$，$N(n,0)$. 若 $mn=a^2$，则 $PM\cap P_1N=Q$ 点的轨迹仍是双曲线 $b^2x^2-a^2y^2=a^2b^2$.

证明　如图3,设

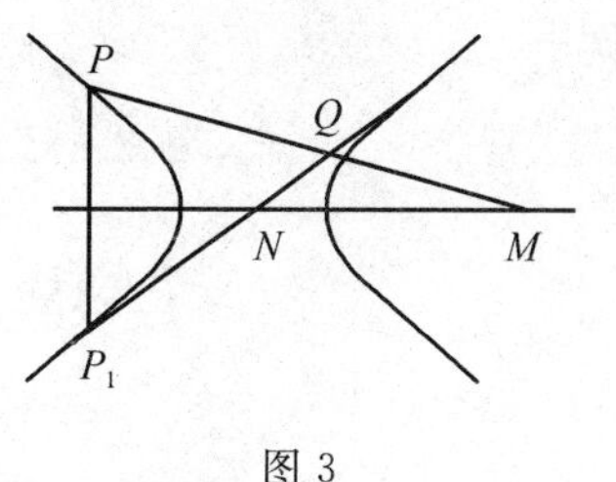

图 3

$P(a\sec\theta,b\tan\theta),P_1(a\sec\theta,-b\tan\theta)$

由 P,M,Q 和 P_1,N,Q 分别三点共线得

$$\begin{cases}y_0(m\cos\theta-a)=b\sin\theta(x_0-m)\\y_0(n\cos\theta-a)=b\sin\theta(n-x_0)\end{cases}$$

解此方程得

$$x_0=\frac{2mn\cos\theta+a(m+n)}{(m+n)\cos\theta-2a}$$

$$y_0=\frac{b(n-m)\sin\theta}{(m+n)\cos\theta-2a}$$

则

$$\begin{aligned}b^2x_0^2-a^2y_0^2&=\frac{a^2b^2\{[2a\cos\theta-(m+n)]^2+(n-m)^2\sin^2\theta\}}{[(m+n)^2\cos\theta-2a]^2}\\&=\frac{a^2b^2[(m+n)^2\cos^2\theta-4(m+n)a\cos\theta+4a^2]}{(m+n-2a)^2}=a^2b^2\end{aligned}$$

上式说明,点 Q 在双曲线 $b^2x^2-a^2y^2=a^2b^2$ 上,即点 Q 的轨迹仍是双曲线 $b^2x^2-a^2y^2=a^2b^2$.

推论 2.2　双曲线 $b^2x^2-a^2y^2=a^2b^2(a,b>0)$ 的动弦 $PP_1\perp x$ 轴,准线 $l:x=\frac{a^2}{c}$ 与 x 轴交于点 N,则 $PN\cap P_1F=Q$ 点的轨迹仍为双曲线 $b^2x^2-a^2y^2=a^2b^2$.

定理 2.3　双曲线 $b^2x^2-a^2y^2=a^2b^2(a,b>0)$ 的动弦 $PP_1\perp y$ 轴,定点 $M(0,m),N(0,n)$. 若 $mn=-b^2$,则 $PM\cap P_1N=Q$ 点的轨迹仍为双曲线 $b^2x^2-a^2y^2=a^2b^2$.

证明　设 $P(a\sec\theta,b\tan\theta),B(-a\sec\theta,b\tan\theta)$,由 P,M,Q 和 P_1,N,Q 分别三点共线,得

$$\begin{cases}x_0(b\sin\theta-m\cos\theta)=a(y_0-m)\\x_0(b\sin\theta-n\cos\theta)=a(n-y_0)\end{cases}$$

解此方程得

$$x_0=\frac{a(n-m)}{2b\sin\theta-(m+n)\cos\theta}$$

$$y_0=\frac{b(m+n)\sin\theta-2mn\cos\theta}{2b\sin\theta-(m+n)\cos\theta}$$

则

$$b^2x_0^2-a^2y_0^2=\frac{a^2b^2\{(n-m)^2-[\sin\theta(m+n)+2b\cos\theta]^2\}}{[2b\sin\theta-(m+n)\cos\theta]^2}$$

$$=\frac{a^2b^2[(m+n)^2\cos^2\theta-4(m+n)b\sin\theta\cos\theta+4b^2\sin^2\theta]}{[2b\sin\theta-(m+n)\cos\theta]^2}$$

$$=a^2b^2$$

上式说明点 Q 在双曲线 $b^2x^2-a^2y^2=a^2b^2$ 上，即点 Q 的轨迹仍是双曲线 $b^2x^2-a^2y^2=a^2b^2$.

定理 2.4 圆 $x^2+y^2=R^2$ 的动弦 $PP_1\perp x$ 轴，定点 $M(m,0)$，$N(n,0)$. 若 $mn=R^2$，则 $PM\cap P_1N=Q$ 点的轨迹仍是圆 $x^2+y^2=R^2$.

定理 2.5 圆 $x^2+y^2=R^2$ 的动弦 $PP_1\perp x$ 轴，定点 $M(0,m)$，$N(0,n)$. 若 $mn=R^2$，则 $PM\cap P_1N=Q$ 点的轨迹仍是圆 $x^2+y^2=R^2$.

定理 2.1 ～ 2.5 及推论，都反映了圆锥曲线在 π 变换下的保形性.

4. 取特殊基点 $M(m,0)$，$N(n,0)$ 且 $mn=a^2$，点 M 称为类焦点，直线 $x=n$ 称为类准线，点 N 称为类准点. 下面介绍类准线和类焦点的若干性质.

定理 2.6 （保形性）椭圆 $b^2x^2+a^2y^2=a^2b^2(a>b>0)$，定点 $M(m,0)$，$N(n,0)$，$mn=a^2$，弦 $AB\perp x$ 轴，则 $AN\cap BM=C$ 点的轨迹仍旧是原椭圆.

证明 如图 4，设 $A(a\cos\theta,b\sin\theta)$，则 $B(a\cos\theta,-b\sin\theta)$，$C(x_0,y_0)$. 由 A,C,N 和 B,C,M 分别三点共线得

$$\begin{cases}y_0(m-a\cos\theta)=b\sin\theta(m-x_0)\\y_0(n-a\cos\theta)=b\sin\theta(x_0-n)\end{cases}$$

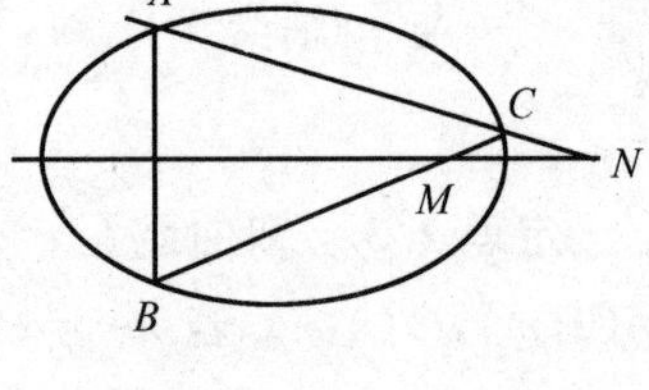

图 4

解得

$$x_0=\frac{2mn-a(m+n)\cos\theta}{m+n-2a\cos\theta}$$

$$y_0=\frac{b(m-n)\sin\theta}{m+n-2a\cos\theta}$$

则

$$b^2x_0^2+a^2y_0^2=\frac{a^2b^2\{[2a-(m+n)\cos\theta]^2+(m-n)^2\sin^2\theta\}}{(m+n-2a\cos\theta)^2}$$

$$=\frac{a^2b^2[(m+n)^2\cos^2\theta-4a(m+n)\cos\theta+4a^2+(m-n)^2(1-\cos^2\theta)]}{(m+n-2a\cos\theta)^2}$$

$$=\frac{a^2b^2\{[(m+n)^2-(m-n)^2]\cos^2\theta-4a(m+n)\cos\theta+(m+n)^2\}}{(m+n-2a\cos\theta)^2}$$

$$=\frac{a^2b^2[4a^2\cos^2\theta-4a(m+n)\cos\theta+(m+n)^2]}{(m+n-2a\cos\theta)^2}=a^2b^2$$

上式说明点 C 在椭圆 $b^2x^2+a^2y^2=a^2b^2$ 上，即点 C 的轨迹仍为原椭圆 $b^2x^2+a^2y^2=a^2b^2$.

定理 2.7 椭圆中过定点 $M(m,0)$ 的弦 AB，定点 $N(n,0)$，若 $mn=a^2$，则 $\angle ANM=\angle BNM$.

证明 如图 5，设 $A(a\cos\theta,b\sin\theta)$，$B(a\cos\alpha,b\sin\alpha)$，则

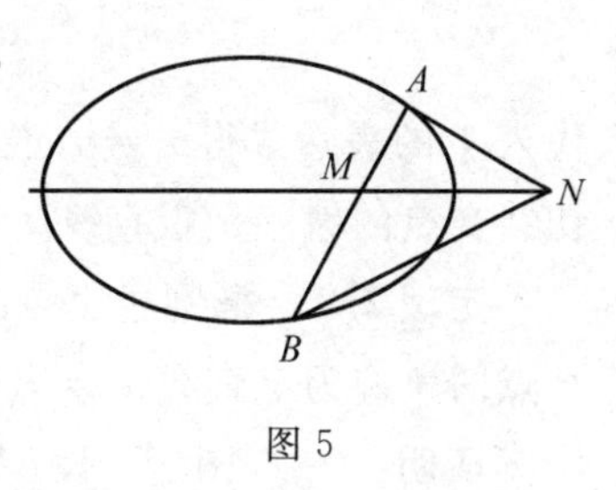

图 5

$$k_{AN}+k_{BN}=\frac{b\sin\theta}{a\cos\theta-n}+\frac{b\sin\alpha}{a\cos\alpha-n}$$

$$=\frac{b\sin\frac{\theta+\alpha}{2}\left(a\cos\frac{\theta+\alpha}{2}-n\cos\frac{\theta-\alpha}{2}\right)}{(a\cos\theta-n)(a\cos\alpha-n)}$$

又 A,M,B 三点共线，故得

$$m\cos\frac{\theta+\alpha}{2}=a\cos\frac{\theta-\alpha}{2}$$

因 $mn=a^2$ 代入上式消去 m 得

$$a\cos\frac{\theta+\alpha}{2}=n\cos\frac{\theta-\alpha}{2}$$

由此得 $k_{AN}+k_{BN}=0$，说明 $\angle ANM=\angle BNM$.

定理 2.8 椭圆中过定点 $M(m,0)$ 的弦 AB，定点 $N(N,0)$，若 $mn=a^2$，则 A,B 两点处椭圆的切线交点的轨迹为直线 $x=n$.

证明 如图 6，设 $A(a\cos\theta,b\sin\theta)$，$B(a\cos\alpha,b\sin\alpha)$，则 A,B 两点处的切线方程分别为

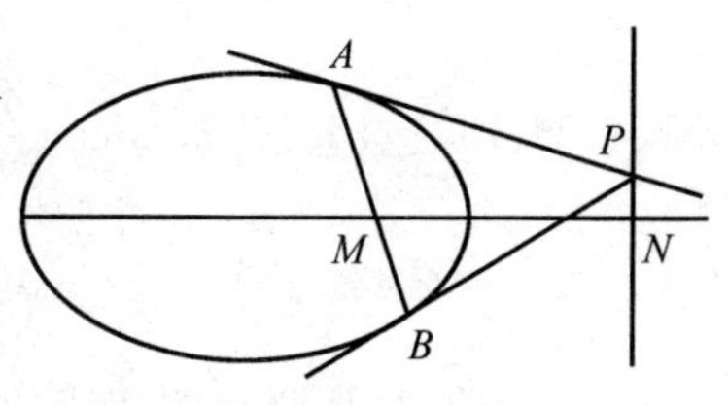

图 6

$$\begin{cases}bx\cos\theta+ay\sin\theta=ab\\ bx\cos\alpha+ay\sin\alpha=ab\end{cases}$$

消去 y 得

$$x=\frac{a\cos\frac{\theta+\alpha}{2}}{\cos\frac{\theta-\alpha}{2}}$$

又因 A,B,M 三点共线得

$$m\cos\frac{\theta+\alpha}{2}=a\cos\frac{\alpha-\theta}{2}$$

将 $mn=a^2$ 代入此式得

$$a\cos\frac{\theta+\alpha}{2}=n\cos\frac{\alpha-\theta}{2}$$

代入 x 的表达式得 $x=n$，说明 A,B 两点切线交点的横坐标为定值 $x=n$，即两切线交点的轨迹是定直线 $x=n$.

定理 2.9 椭圆过定点 $M(m,0)$ 的弦 AB，长轴两端点 C,D，则 $AC\cap BD=P$ 点的轨迹为定直线 $x=n(mn=a^2)$.

证明 如图 7，设 $A(a\cos\theta,b\sin\theta)$，$B(a\cos\alpha,b\sin\alpha)$，$P(x_0,y_0)$ 由 A,C,P 和 B,D,P 分别三点共线，得

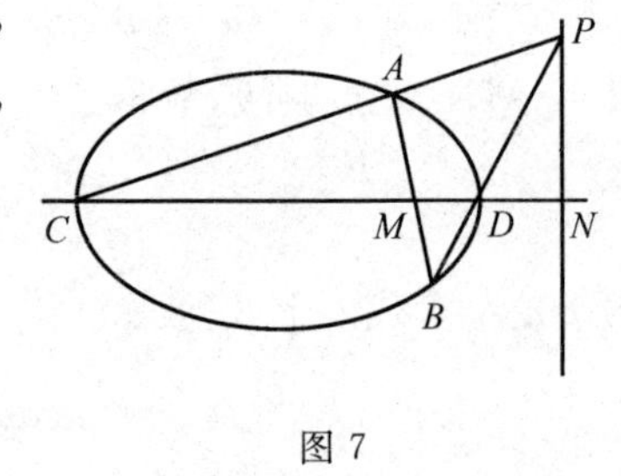

图 7

$$\begin{cases}ay_0\cos\frac{\theta}{2}=b(a+x_0)\sin\frac{\theta}{2}\\ ay_0\sin\frac{\alpha}{2}=b(a-x_0)\cos\frac{\alpha}{2}\end{cases}$$

消去 y 得

$$x=\frac{a\cos\frac{\theta+\alpha}{2}}{\cos\frac{\theta-\alpha}{2}}$$

因 A,M,B 三点共线，故 $m\cos\frac{\theta+\alpha}{2}=a\cos\frac{\theta-\alpha}{2}$，且 $mn=a^2$ 代入得

$$a\cos\frac{\theta+\alpha}{2}=n\cos\frac{\alpha-\theta}{2}$$

则 $x=n$，即 A,B 两点的切线的交点轨迹是直线 $x=n$.

定理 2.10 椭圆过定点 $M(m,0)$ 的弦 AB，过定点 $N(n,0)$ 的直线 $l:x=n$，椭圆顶点 $D(a,0)$，$AD\cap l=M$，$BD\cap l=R$. 若 $mn=a^2$，则 $\overrightarrow{DM}\cdot\overrightarrow{DR}$ 为定值.

证明 如图 8，设 $A(a\cos\theta,b\sin\theta)$，$B(a\cos\alpha,b\sin\alpha)$，$M(n,y_1)$，$R(n,$

y_2),$D(a,0)$,则

$$\overrightarrow{DM}\cdot\overrightarrow{DR}=(n-a,y_1)\cdot(n-a,y_2)$$
$$=(n-a)^2+y_1y_2$$

由 A,D,M 和 B,D,R 分别三点共线得

$$\begin{cases}ay_1\sin\dfrac{\theta}{2}=b\cos\dfrac{\theta}{2}(a-n)\\ay_2\sin\dfrac{\alpha}{2}=b\cos\dfrac{\alpha}{2}(a-n)\end{cases}$$

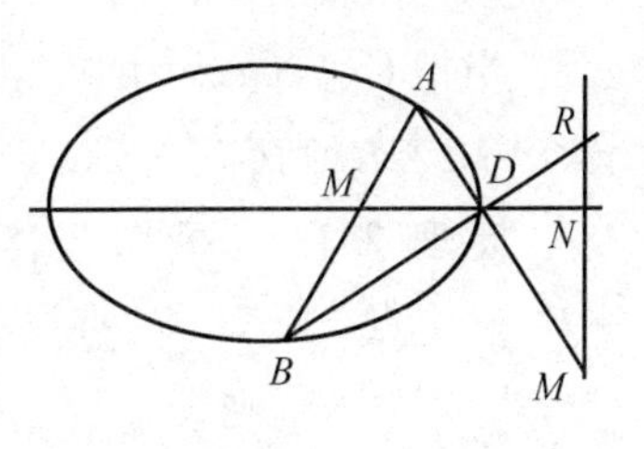

图 8

由此得

$$y_1y_2=\frac{b^2(a-n)^2}{a^2}\cdot\frac{\cos\dfrac{\theta}{2}\cos\dfrac{\alpha}{2}}{\sin\dfrac{\theta}{2}\sin\dfrac{\alpha}{2}}$$

由 A,M,B 三点共线得

$$m\cos\frac{\theta+\alpha}{2}=a\cos\frac{\theta-\alpha}{2}$$

由此得

$$(m-a)\cos\frac{\theta}{2}\cos\frac{\alpha}{2}=(a+m)\sin\frac{\theta}{2}\sin\frac{\alpha}{2}$$

故得

$$y_1y_2=\frac{b^2(a-n)^2}{a^2}\cdot\frac{(a+m)}{(m-a)}=\frac{b^2(m^2-a^2)}{m^2}$$

于是

$$\overrightarrow{DM}\cdot\overrightarrow{DR}=\left(\frac{a^2}{m}-a^2\right)+\frac{b^2(m^2-a^2)}{m^2}$$
$$=\frac{(a-m)[a^2(a-m)-b^2(a+m)]}{m^2}$$

为定值.

特别,当 $m=c$ 时

$$\overrightarrow{DM}\cdot\overrightarrow{DR}=\frac{-(a-c)^2(2a+c)}{c}$$

当把 $D(a,0)$ 换成 $C(-a,0)$ 时,$AC\cap l=M,BC\cap l=R$,则

$$\overrightarrow{CM}\cdot\overrightarrow{CR}=\frac{(a+m)[a^2(a+m)-b^2(a-m)]}{m^2}$$

当把 $D(a,0)$ 改为 $O(0,0)$ 时，$OA\cap l=M$，$OB\cap l=R$，则 $\overrightarrow{OM}\cdot\overrightarrow{OR}$ 仍为定值.

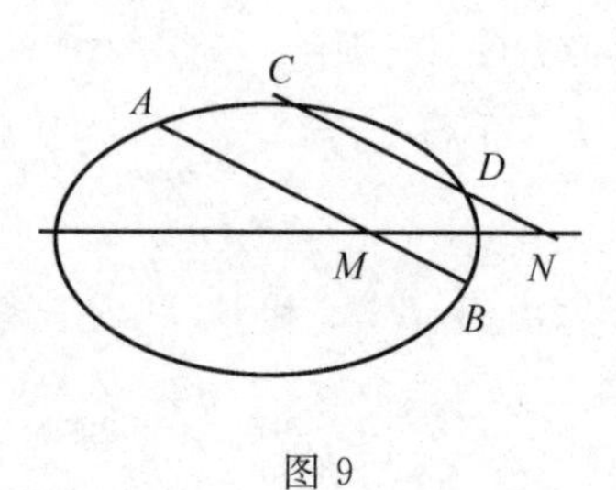

图 9

定理 2.11 椭圆过定点 $M(m,0)$ 的弦 AB，过定点 $N(n,0)$ 的直线与椭圆交于 C,D 两点，若 $mn=a^2$，则

$$n\mid MA\mid\cdot\mid MB\mid=m\mid NC\mid\cdot\mid ND\mid$$

证明 如图 9，设直线 AB 的方程为

$$\begin{cases}x=m+t\cos\theta\\ y=t\sin\theta\end{cases}$$

代入椭圆方程，得

$$(a^2\cos^2\theta+b^2\sin^{-2}\theta)t^2+(2b^2m\cos\theta)t+b^2(m^2-a^2)=0$$

此方程的两根 t_1,t_2 表示点 M 到 A,B 两点的距离，故

$$\mid t_1t_2\mid=\frac{\mid b^2(m^2-a^2)\mid}{a^2\cos^2\theta+b^2\sin^2\theta}=\frac{b^2\mid m(m-n)\mid}{a^2\cos^2\theta+b^2\sin^2\theta}\quad(a^2=mn)$$

同理

$$\mid MA\mid\cdot\mid MB\mid=\frac{b^2\mid m(n-m)\mid}{a^2\cos^2\theta+b^2\sin^2\theta}$$

$$\mid NC\mid\cdot\mid ND\mid=\frac{b^2\mid n(n-m)\mid}{a^2\cos^2\theta+b^2\sin^2\theta}$$

由以上两式得

$$n\mid MA\mid\cdot\mid MB\mid=m\mid NC\mid\cdot\mid ND\mid\quad(m,n>0)$$

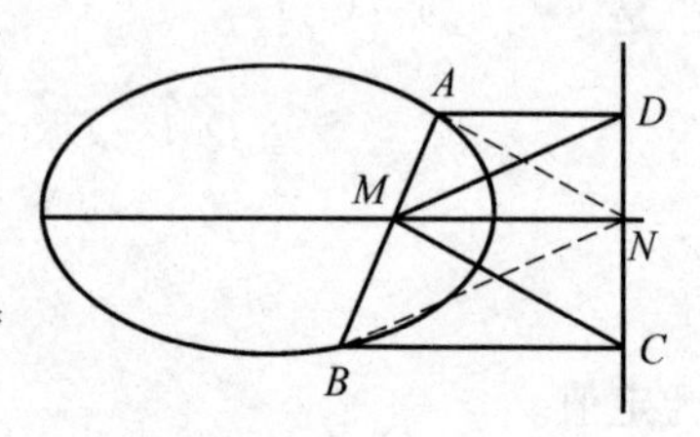

图 10

定理 2.12 椭圆过定点 $M(m,0)$ 的弦 AB，过 A,B 分别作定直线 $x=n$ 的垂线 AD，BC，C,D 为垂足，$\triangle AMD$，$\triangle MCD$，$\triangle BMC$ 的面积分别记作 S_1,S_2,S_3，若 $mn=a^2$，则 $S_2^2=4S_1S_3$.

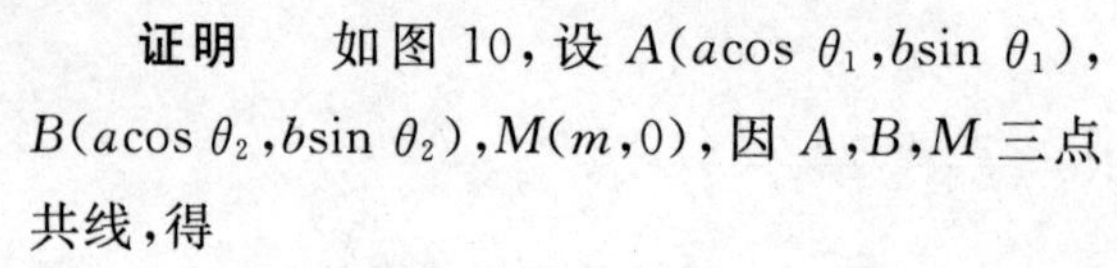

证明 如图 10，设 $A(a\cos\theta_1,b\sin\theta_1)$，$B(a\cos\theta_2,b\sin\theta_2)$，$M(m,0)$，因 A,B,M 三点共线，得

$$m\cos\frac{\theta_1+\theta_2}{2}=a\cos\frac{\theta_1-\theta_2}{2}$$

又 $D(n,b\sin\theta_1)$，$C(n,b\sin\theta_2)$，则 AC，BD 的直线方程为

$$\begin{cases} y-b\sin\theta_2=\dfrac{b(\sin\theta_1-\sin\theta_2)}{a\cos\theta_1-n}(x-n) \\ y-b\sin\theta_1=\dfrac{b(\sin\theta_1-\sin\theta_2)}{n-a\cos\theta_2}(x-n) \end{cases}$$

消去 x 得

$$(y-b\sin\theta_2)(a\cos\theta_1-n)=(y-b\sin\theta_1)(n-a\cos\theta_2)$$

所以

$$y[a(\cos\theta_1+\cos\theta_2)-2n]=b\sin\frac{\theta_1+\theta_2}{2}\left(\frac{a^2}{m}\cos\frac{\theta_1-\theta_2}{2}-n\cos\frac{\theta_1-\theta_2}{2}\right)$$

因为 $mn=a^2$，故 $y=0$，则可得

$$n\cos\frac{\theta_1-\theta_2}{2}=a\cos\frac{\theta_1+\theta_2}{2}$$

于是

$$n-m=\frac{-a\sin\theta_1\sin\theta_2}{\cos\dfrac{\theta_1-\theta_2}{2}\cdot\cos\dfrac{\theta_1+\theta_2}{2}}$$

图 10 中 $y_A>0$，$y_B<0$，所以

$$\begin{aligned} 4S_1S_3 &= 4\times\frac{1}{2}b\sin\theta_1(n-a\cos\theta_1)-\frac{1}{2}b\sin\theta_2(n-a\cos\theta_2) \\ &= -b^2\sin\theta_1\sin\theta_2[n^2+a^2\cos\theta_1\cos\theta_2-an(\cos\theta_1+\cos\theta_2)] \\ &= -b^2\sin\theta_1\sin\theta_2\left(n^2+a^2\cos\theta_1\cos\theta_2-2an\cos\frac{\theta_1+\theta_2}{2}\cos\frac{\theta_1-\theta_2}{2}\right) \\ &= -b^2\sin\theta_1\sin\theta_2\left(n^2+a^2\cos\theta_1\cos\theta_2-2nm\cos^2\frac{\theta_1+\theta_2}{2}\right) \\ &= -b^2\sin\theta_1\sin\theta_2\{n^2+a^2\cos\theta_1\cos\theta_2-mn[1+\cos(\theta_1+\theta_2)]\} \\ &= -b^2\sin\theta_1\sin\theta_2[(n-m)n+a^2\sin\theta_1\sin\theta_2] \\ &= -b^2\sin^2\theta_1\sin^2\theta_2\left(-\frac{an}{\cos\dfrac{\theta_1+\theta_2}{2}\cdot\cos\dfrac{\theta_1-\theta_2}{2}}+a^2\right) \\ &= -b^2\sin^2\theta_1\sin^2\theta_2\left(\frac{an-a^2\cos\dfrac{\theta_1+\theta_2}{2}\cdot\cos\dfrac{\theta_1-\theta_2}{2}}{\cos\dfrac{\theta_1+\theta_2}{2}\cdot\cos\dfrac{\theta_1-\theta_2}{2}}\right) \end{aligned}$$

$$=-b^2\sin^2\theta_1\sin^2\theta_2\ \frac{an\left(1-\cos^2\dfrac{\theta_1-\theta_2}{2}\right)}{\cos\dfrac{\theta_1+\theta_2}{2}\cdot\cos\dfrac{\theta_1-\theta_2}{2}}$$

$$=-b^2\sin^2\theta_1\sin^2\theta_2\ \frac{\sin^2\dfrac{\theta_1-\theta_2}{2}}{\cos^2\dfrac{\theta_1-\theta_2}{2}}=\frac{a^2b^2\sin^2\theta_1\sin^2\theta_2[1-\cos(\theta_1-\theta_2)]}{1+\cos(\theta_1-\theta_2)}$$

又

$$S_2^2=\left[\frac{1}{2}b(\sin\theta_1-\sin\theta_2)(n-m)\right]^2$$

$$=b^2\cos^2\frac{\theta_1+\theta_2}{2}\cdot\sin^2\frac{\theta_1-\theta_2}{2}\cdot\frac{a^2\sin^2\theta_1\sin^2\theta_2}{\cos^2\dfrac{\theta_1+\theta_2}{2}\cdot\cos^2\dfrac{\theta_1-\theta_2}{2}}$$

$$=a^2b^2\sin^2\theta_1\sin^2\theta_2\ \frac{\sin^2\dfrac{\theta_1-\theta_2}{2}}{\cos^2\dfrac{\theta_1-\theta_2}{2}}=\frac{a^2b^2\sin^2\theta_1\sin^2\theta_2[1-\cos(\theta_1-\theta_2)]}{1+\cos(\theta_1-\theta_2)}$$

所以，$S_2^2=4S_1S_3$，则命题成立.

定理 2.13 椭圆与过定点 $N(n,0)$ 的直线交于 A,B 两点，定点 $M(m,0)$，$mn=a^2$，记 $k_{MA}=k_1,k_{MB}=k_2,k_{AB}=k$，则 $k_1+k_2=0$.

证明 设 $a(a\cos\theta_1,b\sin\theta_1),B(a\cos\theta_2,b\sin\theta_2)$，由 A,B,N 三点共线得

$$m\cos\frac{\theta_1+\theta_2}{2}=a\cos\frac{\theta_1-\theta_2}{2} \quad ①$$

$$k_1+k_2=\frac{b\sin\theta_1}{a\cos\theta_1-m}+\frac{b\sin\theta_2}{a\cos\theta_2-m}$$

$$=\frac{ab\sin\theta_1\cos\theta_2+ab\cos\theta_1\sin\theta_2-bm(\sin\theta_1+\sin\theta_2)}{(a\cos\theta_1-m)\cdot(a\cos\theta_2-m)}$$

$$=\frac{b\sin\dfrac{\theta_1+\theta_2}{2}\left(a\cos\dfrac{\theta_1+\theta_2}{2}-m\cos\dfrac{\theta_1-\theta_2}{2}\right)}{(a\cos\theta_1-m)(a\cos\theta_2-m)}\quad(mn=a^2)$$

将式 ① 代入上式即得 $k_1+k_2=0$.

定理 2.14 椭圆过定点 $M(m,0)$ 的弦 $PQ\perp x$ 轴，PM 的中点 N，过点 N 的直线 l 与椭圆交于 A,B 两点，且与定直线 $x=n$ 交于点 C，若 $S_{\triangle APN}=S_{\triangle BQN}$，且 $mn=a^2$，则 $AC:CB$ 为定值 $\dfrac{9m+n}{m+n}$.

证明　设 $A(a\cos\theta,b\sin\theta)$，$B(x_0,y_0)$，由 $S_{\triangle APN}=S_{\triangle BQN}$，得 $AN\cdot PN=NB\cdot NQ$，即 $AN:NB=QN:PN=3:1$，根据定比分点坐标公式得

$$x_N=\frac{x_A+3x_0}{1+3},y_N=\frac{y_A+3y_0}{1+3}$$

其中

$$x_N=\frac{1}{2}x_P=\frac{b}{2a}\sqrt{a^2-m^2}$$

由上两式知

$$x_0=\frac{4m-a\cos\theta}{3}$$

$$y_0=\frac{b(2\sqrt{a^2-m^2}-a\sin\theta)}{3a}$$

代入方程 $b^2x_0^2+a^2y_0^2=a^2b^2$，得

$$(4m-a\cos\theta)^2+(2\sqrt{a^2-m^2}-b\sin\theta)^2=9a^2$$

整理得

$$3m^2-a^2-2am\cos\theta-a\sqrt{a^2-m^2}\sin\theta=0$$

将

$$\sin\theta=\frac{2t}{1+t^2},\cos\theta=\frac{1-t^2}{1+t^2}\quad(t=\tan\frac{\theta}{2})$$

代入上述等式得

$$(m+a)(3m-a)t^2-2a\sqrt{a^2-m}t+(m-a)(3m+a)=0$$

解得

$$t=\frac{(a\pm3m)\cdot\sqrt{a^2-m^2}}{(m+a)\cdot(m-a)}$$

当 $t=-\frac{\sqrt{a^2-m^2}}{a+m}$ 时，$\sin\theta=-\frac{\sqrt{a^2-m^2}}{a}$，则 $y_A=\frac{-b\sqrt{a^2-m^2}}{a}$，这与点 Q 纵坐标相等，不合题意，舍去．故

$$t=\frac{(a+m)\sqrt{a^2-m^2}}{(m+a)(3m-a)}$$

则

$$\sin\theta=\frac{(9m^2-a^2)\sqrt{a^2-m^2}}{a(3m^2+a^2)}$$

$$\cos\theta=\frac{m(9m^2-5a^2)}{a(3m^2+a^2)}$$

由此得 A,B 两点的坐标

$$A\left(\frac{m(9m^2-5a^2)}{3m^2+a^2},\frac{b(9m^2-a^2)\sqrt{a^2-m^2}}{a(3m^2+a^2)}\right)$$

$$B\left(\frac{m(3a^2+m^2)}{3m^2+a^2},\frac{b(a^2-m^2)\sqrt{a^2-m^2}}{a(3a^2+m^2)}\right)$$

设 $AC:CB=\lambda$,则 $\lambda=\dfrac{n-x_A}{x_B-n}$,将 x_A,x_B 的表达式代入,得

$$\lambda=\frac{9m+n}{m+n}\quad(a^2=mn)$$

为定值.

定理 2.15 过椭圆 O 上一点 P 的切线与两定直线 $x=\pm n$ 分别交于 A,B 两定点 $M_1(-m,0),M_2(m,0)$,若 $mn=a^2$,则

(1)$k_{AM_1}\cdot k_{BM_1}=k_{AM_2}\cdot k_{BM_2}$;

(2) 若 $x_p\neq 0$,则 $k_{PM_1}\cdot k_{BM_1}$ 为定值$\dfrac{-b^2}{(m+n)m}$;

(3) 作 $PQ\perp x$ 轴于点 Q,则 $\tan\angle BM_1A:\tan\angle BM_2A=QN_1:QN_2$;

(4)AM_2,BM_1,PQ 三线共点.

证明 如图 11,设 $P(a\cos\theta,b\sin\theta)$,则点 P 的切线方程为

$$bx\cos\theta+ay\sin\theta=ab$$

令 $x=n$ 或 $x=-n$,得 A,B 两点的坐标

$$A\left(-n,\frac{b(a+n\cos\theta)}{a\sin\theta}\right),B\left(n,\frac{b(a-n\cos\theta)}{a\sin\theta}\right)$$

(1)

$$k_{AM_1}\cdot k_{BM_1}=\frac{b(a+n\cos\theta)}{a(m-n)\sin\theta}\cdot\frac{b(a-n\cos\theta)}{a(m+n)\sin\theta}=\frac{b^2(a^2-n^2\cos^2\theta)}{a^2(m^2-n^2)\sin^2\theta}$$

$$k_{AM_2}\cdot k_{BM_2}=\frac{b(a+n\cos\theta)}{-(n+m)a\sin\theta}\cdot\frac{b(a-n\cos\theta)}{(n-m)a\sin\theta}=\frac{b^2(a^2-n^2\cos^2\theta)}{a^2(m^2-n^2)\sin^2\theta}$$

比较两式知

$$k_{AM_1}\cdot k_{BM_1}=k_{AM_2}\cdot k_{BM_2}$$

(2)

$$k_{PM_2} \cdot k_{BM_2} = \frac{b\sin\theta}{a\cos\theta - m} \cdot \frac{b(a - n\cos\theta)}{a(m+n)\sin\theta}$$
$$= \frac{b\sin\theta}{a\cos\theta - m} \cdot \frac{ab(m - a\cos\theta)}{am(m+n)\sin\theta}$$
$$= \frac{-b^2}{m(m+n)} (mn = a^2)$$

同理

$$k_{PM_1} \cdot k_{BM_1} = \frac{-b^2}{m(m+n)}$$

(3)

$$\tan\angle BM_1A = \left| \frac{k_{AM_1} - k_{BM_1}}{1 + k_{AM_1} \cdot k_{BM_1}} \right|$$

其中

$$k_{AM_1} \cdot k_{BM_1} = \frac{b}{2\sin\theta}[(a + n\cos\theta)(m+n) - (a - n\cos\theta)(m-n)] \cdot \frac{1}{m^2 - n^2}$$

$$= \frac{2bn}{a(m^2 - n^2)\sin\theta}(a + m\cos\theta) = \frac{2ab(n + a\cos\theta)}{a(m^2 - n^2\sin\theta)}$$

又

$$1 + k_{AM_1} \cdot k_{BM_1} = 1 + \frac{b^2(a^2 - n^2\cos\theta)}{a^2(m^2 - n^2)\sin^2\theta}$$

所以

$$\tan\angle BM_1A = \left| \frac{2ab(n + a\cos\theta)\sin\theta}{a^2(m^2 - n^2)\sin^2\theta + b^2(a^2 - n^2\cos^2\theta)} \right|$$
$$= \left| \frac{2ab(n + a\cos\theta)\sin\theta}{a^2(m^2 - n^2)\sin^2\theta + b^2(a^2 - n^2\cos^2\theta)} \right|$$

同理

$$\tan\angle BM_2A = \left| \frac{2ab(n + a\cos\theta)\sin\theta}{a^2(m^2 - n^2)\sin^2\theta + b^2(a^2 - n^2\cos^2\theta)} \right|$$

则

$$\tan\angle BM_1A : \tan\angle BM_2A = |a\cos\theta + n| : |a\cos\theta - n|$$

而

$$QN_1 : QN_2 = |a\cos\theta + n| : |a\cos\theta - n|$$

所以(3) 的结论成立.

(4) 设 $AM_2 \cap BM_1 = C$,设 $C(x_1, y_1)$,由 A,C,M_2 三点共线得

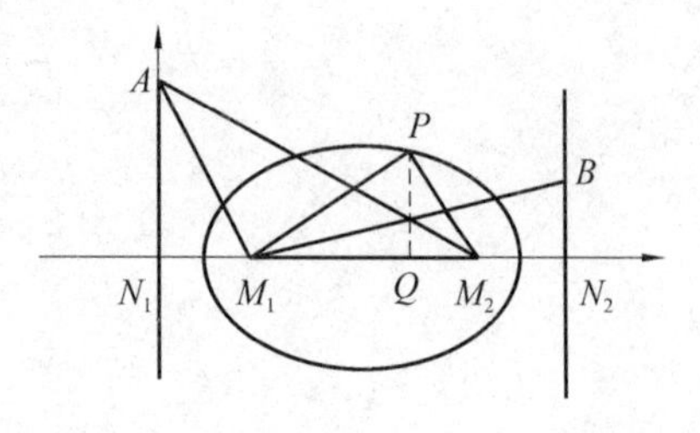

图 11

$$\begin{vmatrix} n & a\cos\theta & x_1 & n \\ 0 & b\sin\theta & y_1 & 0 \end{vmatrix} = 0$$

得

$$y_1 = \frac{b\sin\theta(x_1 - n)}{a\cos\theta - n}$$

又 B,C,M_1 三点共线,得

$$\begin{vmatrix} -n & a\cos\theta & x_1 & -n \\ 0 & b\sin\theta & y_1 & 0 \end{vmatrix} = 0$$

得

$$y_1 = \frac{b\sin\theta(x_1 + n)}{a\cos\theta + n}$$

于是

$$\frac{x_1 + n}{a\cos\theta + n} = \frac{x_1 - n}{a\cos\theta + n}$$

解得 $x_1 = a\cos\theta$,与点 P 横坐标相等,所以 AM_2, BM_1, PQ 三线共点.

定理 2.16 过定点 $M(m,0)$ 作椭圆的外切圆 $x^2 + y^2 = a^2$ 的两切线,A,B 为切点,若 $mn = a^2$,则 AB 必过点 $N(n,0)$.

证明 如图 12,联结 OA,则 $OA \perp MA$,作 $AN \perp x$ 轴于点 N,由射影定理得 $OA^2 = ON \cdot OM$,所以,$ON = \frac{a^2}{m} = n$,故 $N(n,0)$,说明 A,B 的连线过点 $N(n,0)$.

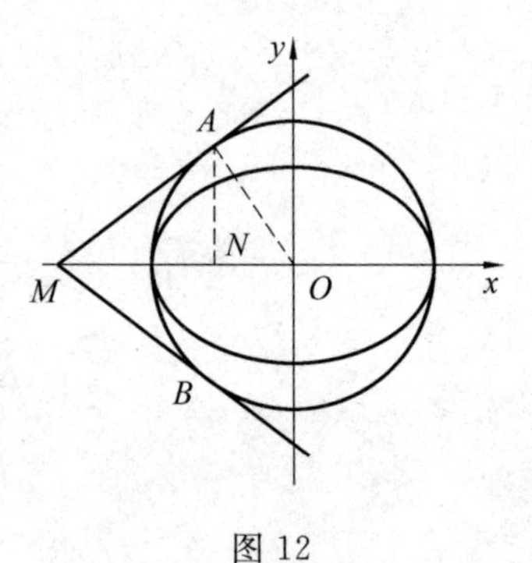

图 12

定理 2.17 椭圆 O 的长轴 AB 同侧有两点 C,D,$AD \cap BC = E$,$AC \cap BD = P$,联结 PE 与 x 轴交于点 $M(m,0)$,P_1B 与椭圆交于点 D_1,AP 与直线 $l: x = n$ 交于点 P_1,$BC \cap l = E_1$,则(1)$PE \perp x$ 轴;(2)PE 平分 $\angle CMD$,P_1E_1 平分 $\angle DND_1$ 的补角;(3)D,D_1 两点关于 x 轴对称;(4)$\angle MBP = \angle NBP_1$;(5)$C,M,D_1$ 三点共线.

证明　如图13,设$C(a\cos\theta_1,b\sin\theta_1)$,$D(a\cos\theta_2,b\sin\theta_2)$,$D_1(a\cos\theta_3,b\sin\theta_3)$,$A(-a,0)$,$B(a,0)$,$P(x_1,y_1)$,$P_1(n,y_2)$,$E(x_0,y_0)$,$E_1(n,y_3)$.

(1) 由A,D,E三点共线得$\begin{vmatrix}-a & a\cos\theta_2 & x_0 & -a\\ 0 & b\sin\theta_2 & y_0 & 0\end{vmatrix}=0$,得$y_0=\frac{b(a-x_0)}{a}\tan\frac{\theta_2}{2}$,由$B,E,C$三点共线得$\begin{vmatrix}a & a\cos\theta_1 & x_0 & a\\ 0 & b\sin\theta_1 & y_0 & 0\end{vmatrix}=0$,得$y_0=\frac{b(a+x_0)\cot\frac{\theta_1}{2}}{a}$,由上得$(a-x_0)\tan\frac{\theta_2}{2}=(a+x_0)\cot\frac{\theta_1}{2}$.解得

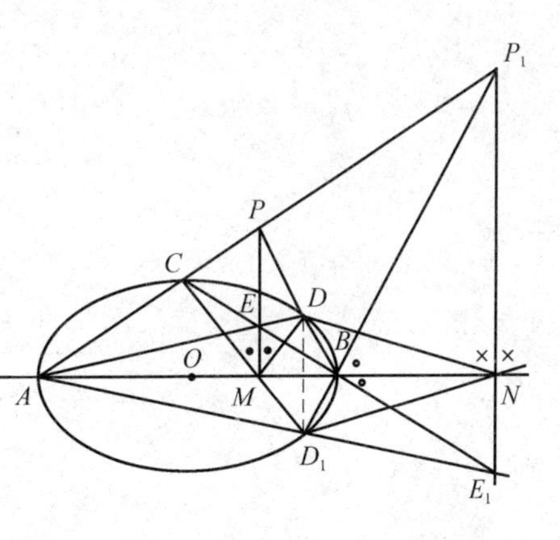

图13

$$x_0\cos\frac{\theta_1-\theta_2}{2}=a\cos\frac{\theta_1+\theta_2}{2}$$

所以$x_0=\frac{a\cos\frac{\theta_1+\theta_2}{2}}{\cos\frac{\theta_1+\theta_2}{2}}$,又$P_1,A,C$三点共线,$\begin{vmatrix}-a_0 & a\cos\theta_1 & x_1 & -a\\ 0 & b\sin\theta_1 & y_1 & 0\end{vmatrix}=0$,得$y_1=\frac{b(a-x_1)}{a}\tan\frac{\theta_1}{2}$.又$B,D,P$三点共线:$\begin{vmatrix}a & a\cos\theta_2 & x_1 & a\\ 0 & b\sin\theta_2 & y_1 & 0\end{vmatrix}=0$,得$y_1=\frac{b(a-x_1)}{a}\cot\frac{\theta_2}{2}$.由上得$(a+x_1)\tan\frac{\theta_1}{2}=(a-x_1)\cot\frac{\theta_2}{2}$,解得$x_1=\frac{a\cos\frac{\theta_1+\theta_2}{2}}{\cos\frac{\theta_1-\theta_2}{2}}$,所以$x_P=x_E$,则$PE\perp x$轴于点$M$.

(2) 由(1)得$x_M=\frac{a\cos\frac{\theta_1+\theta_2}{2}}{\cos\frac{\theta_1-\theta_2}{2}}$,$y_M=0$,考察直线$CM$,$DM$的斜率

$$k_{DM}=\frac{y_D-y_M}{x_D-x_M}=\frac{b\sin\theta_2\cos\frac{\theta_1-\theta_2}{2}}{a\left(\sin\theta_2\cos\frac{\theta_1-\theta_2}{2}-\cos\frac{\theta_1+\theta_2}{2}\right)}$$

同理

$$k_{CM}=\frac{b\sin\theta_1\cos\frac{\theta_1-\theta_2}{2}}{a(\sin\theta_1\cos\frac{\theta_1-\theta_2}{2}-\cos\frac{\theta_1+\theta_2}{2})}$$

则

$$k_{CM}+k_{DM}=\frac{b\cos\frac{\theta_1-\theta_2}{2}}{a}\left(\frac{\sin\theta_1}{\cos\theta_1\cos\frac{\theta_1-\theta_2}{2}-\cos\theta_2}+\frac{\sin\theta_1}{\cos\theta_2\cos\frac{\theta_1-\theta_2}{2}-\cos\frac{\theta_1+\theta_2}{2}}\right)$$

上式通分后其分子为

$$\sin(\theta_1+\theta_2)\cos\frac{\theta_1-\theta_2}{2}-(\sin\theta_1+\sin\theta_2)\cos\frac{\theta_1+\theta_2}{2}=0$$

由此知直线 CM,DM 的倾角互补,由此易知 $\angle CME=\angle DME$,同理可证 P_1E_1 平分 $\angle DND_1$ 的补角.

(3) 由 $\angle BMD+\angle DMP=\angle BMD_1+\angle CMP=90^\circ$. 且 $\angle DMP=\angle CMP$ 可得 $\angle BMD=\angle DMD_1$,所以点 D,D_1 关于 x 轴对称.

(4) 因为点 D,D_1 关于 x 轴对称,则 $\angle DBM=\angle D_1BM$,而 $\angle NPP_1$ 与 $\angle MBD_1$ 为对顶角,故得 $\angle MBP=\angle NBP_1$.

(5) 只需考虑

$$\begin{aligned}2S_{\triangle CMD_1}&=\begin{vmatrix}m & a\cos\theta_1 & a\cos\theta_2 & m\\ 0 & b\sin\theta_1 & -b\sin\theta_2 & 0\end{vmatrix}\\&=bm\sin\theta_1-ab\cos\theta_1\sin\theta_2+bm\sin\theta_2-ab\cos\theta_2\sin\theta_1\\&=b\sin\frac{\theta_1+\theta_2}{2}\left(m\cos\frac{\theta_1-\theta_2}{2}-a\cos\frac{\theta_1+\theta_2}{2}\right)=0\end{aligned}$$

所以 C,M,D_1 三点共线.

定理 2.18 椭圆 O 的 x 轴上两个定点 $M(m,0)$,$N(n,0)$ 且 $mn=a^2$,过 M,N 的直线 l_1,l_2 与 x 轴垂直,l_1,l_2 上各任取一点 P,Q,过 P,Q 作椭圆的切线 PA,PB,QC,QD,A,B,C,D 为切点. 过 M 作 OA 的平行线与 PA 交于点 A_1,作 OB 的平行线与 PB 交于点 B_1,过 N 作 OC 的平行线与 QC 交于点 C_1,过 N 作

OD 的平行线与 QD 交于点 D_1，则 $A_1B_1 \cap C_1D_1 = E$ 必落在 x 轴上.

证明　如图 14，设 $A(a\cos\theta_1, b\sin\theta_1)$，$B(a\cos\theta_2, b\sin\theta_2)$，则 A，B 两点的切线方程分别为

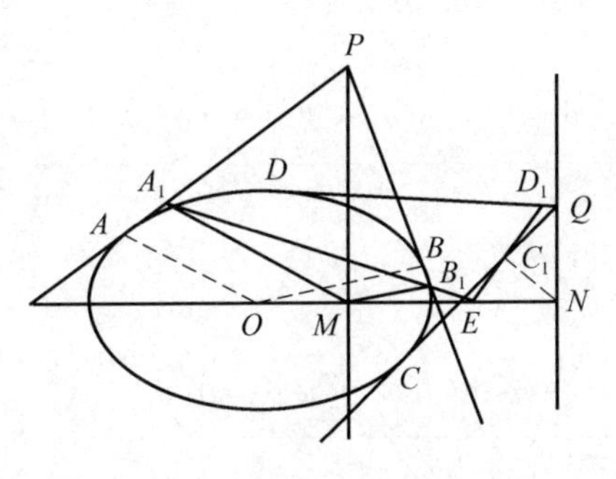

图 14

$$\begin{cases} bx\cos\theta_1 + ay\sin\theta_1 = ab \\ bx\cos\theta_2 + ay\sin\theta_2 = ab \end{cases}$$

解得两切线交点 P 的坐标为 $\left(\dfrac{a\cos\dfrac{\theta_1+\theta_2}{2}}{\cos\dfrac{\theta_1-\theta_2}{2}}, \dfrac{b\cos\dfrac{\theta_1+\theta_2}{2}}{\cos\dfrac{\theta_1-\theta_2}{2}}\right)$，由

$$k_{MA_1} = k_{OA} = \frac{b\sin\theta_1}{a\cos\theta_1}, k_{MB_1} = k_{OB} = \frac{b\sin\theta_2}{a\cos\theta_2}$$

得 MA_1，MB_1 的直线方程分别为

$$y = \frac{b\sin\theta_1}{a\cos\theta_1}(x-m) \text{ 和 } y = \frac{b\sin\theta_2}{a\cos\theta_2}(x-m)$$

解相关的方程得点 A_1，B_1 的坐标

$$A_1\left(a\cos\theta_1 + m\sin^2\theta_1, \frac{b}{a}\sin\theta_1(a - m\cos\theta_1)\right)$$

$$B_1\left(a\cos\theta_2 + m\sin^2\theta_2, \frac{b}{a}\sin\theta_2(a - m\cos\theta_2)\right)$$

由以上可求出

$$k_{AB_1} = \frac{y_A - y_B}{x_A - x_B} = \frac{b}{a} \cdot \frac{a\cos\dfrac{\theta_1+\theta_2}{2} - m\cos(\theta_1+\theta_2)\cos\dfrac{\theta_1-\theta_2}{2}}{m\sin(\theta_1+\theta_2)\cos\dfrac{\theta_1-\theta_2}{2} - a\sin\dfrac{\theta_1+\theta_2}{2}}$$

因为 $x_P = m$，所以 $m\cos\dfrac{\theta_1-\theta_2}{2} = a\cos\dfrac{\theta_1+\theta_2}{2}$ 代入上式得 $k_{A_1B_1} =$

$\frac{b}{a}\tan(\theta_1+\theta_2)$，于是 A_1B_1 的直线方程为

$$y-y_A=k_{A_1B_1}(x-x_A)$$

令 $y=0$ 得

$$x=\frac{(m\sin\theta_1\cos\theta_1-a\sin\theta_1)\cos(\theta_1+\theta_2)+(a\cos\theta_1+m\sin^2\theta_1)\sin\frac{\theta_1+\theta_2}{2}}{\sin(\theta_1+\theta_2)}$$

$$=\frac{m\sin\theta_1\cos\theta_2+a\sin\theta_2}{\sin(\theta_1+\theta_2)}$$

$$=\frac{\frac{1}{2}m\sin(\theta_1+\theta_2)+\frac{1}{2}m\sin(\theta_1-\theta_2)+a\sin\theta_2}{\sin(\theta_1+\theta_2)}$$

$$=\frac{1}{2}m+\frac{m\sin\frac{\theta_1-\theta_2}{2}\cos\frac{\theta_1+\theta_2}{2}+a\sin\theta_2}{\sin(\theta_1+\theta_2)}$$

$$=\frac{1}{2}m+\frac{a\left(\sin\frac{\theta_1-\theta_2}{2}\cos\frac{\theta_1+\theta_2}{2}+\sin\theta_2\right)}{\sin(\theta_1+\theta_2)}$$

$$=\frac{1}{2}m+\frac{a\sin\frac{\theta_1+\theta_2}{2}\cos\frac{\theta_1-\theta_2}{2}}{\sin(\theta_1+\theta_2)}=\frac{1}{2}m+\frac{a^2}{2m}$$

为定值.

故 A_1B_1 与 x 轴交点为 E,则点 E 坐标为$(\frac{1}{2}m+\frac{a^2}{2m},0)$.

又设 $C_1(a\cos\theta_3,b\sin\theta_3)$,$D_1(a\cos\theta_4,b\sin\theta_4)$ 重复上述过程得 C_1D_1 与 x 轴交点坐标为$(\frac{1}{2}n+\frac{a^2}{2n},0)$,因为 $mn=a^2$,所以

$$\frac{1}{2}n+\frac{a^2}{2n}=\frac{1}{2}\cdot\frac{a^2}{m}+\frac{mn}{2n}=\frac{1}{2}m+\frac{a^2}{2m}$$

等于点 E 的横坐标.

即 C_1D_1 过点 E,所以 A_1B_1,C_1D_1 的交点坐标为 $E(\frac{a^2+m^2}{2m},0)$.

如果将 $mn=a^2$ 代入点 E 的横坐标得

$$x_E=\frac{mn+m^2}{2m}=\frac{1}{2}(m+n)$$

点 E 是 MN 的中点.

上述问题可将 x 轴改为 y 轴两定点 $M(0,m)$，$N(0,n)$，$mn=b^2$，则上述定理的结论仍然成立.

定理 2.19　椭圆 $b^2x^2+a^2y^2=a^2b^2(a>b>0)$ 过定点 $M(m,0)$ 的弦 AB，过点 B 作 x 轴的平行线与直线 $l:x=n$ 交于点 C，若 $mn=a^2$，则 AC 平分 MN（点 N 为 l 与 x 轴的交点）.

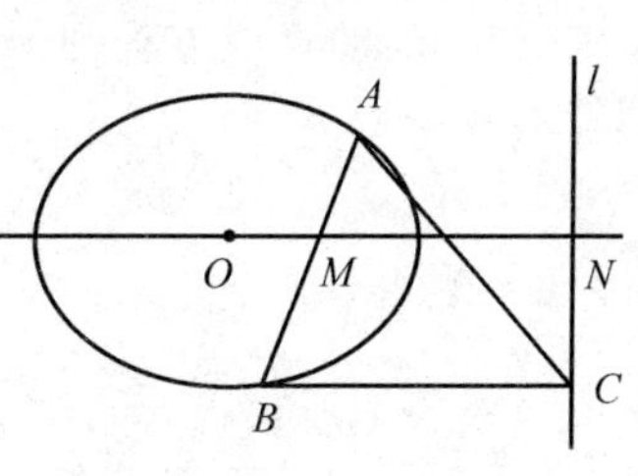

图 15

证明　如图 15，设 $A(x_1,y_1)$，$B(x_2,y_2)$，AB 的直线方程为

$$x=ny+m$$

代入椭圆方程消去 x 得

$$(a^2+b^2n^2)y^2=2b^2mny+b^2(m^2-a^2)=0$$

则

$$y_1+y_2=\frac{-2b^2mn}{a^2+b^2n^2}$$

$$y_1y_2=\frac{b^2(m^2-a^2)}{a^2+b^2n^2}$$

故

$$\begin{aligned}x_1y_2+x_2y_1&=(ny_1+m)y_2+(ny_2+m)y_1\\&=2ny_1y_2+m(y_1+y_2)\\&=2n\frac{b^2(m^2-a^2)}{a^2+b^2n^2}+m\left(-\frac{2b^2m\cdot n}{a^2+b^2n^2}\right)\\&=-\frac{2a^2b^2n}{a^2+b^2n^2}=\frac{a^2}{m}(y_1+y_2)\end{aligned}$$

即

$$\frac{m}{a^2}(x_1y_2+x_2y_1)=y_1+y_2$$

又 A,M,B 三点共线.

$$y_1(x_2-m)=y_2(x_1-m)$$

故

$$-\frac{1}{m}(x_1y_2+x_2y_1)=y_1-y_2$$

所以

$$y_2=\left(\frac{m}{2a^2}+\frac{1}{2m}\right)x_1y_2+\left(\frac{m}{2a^2}-\frac{1}{2m}\right)x_2y_1$$

又 AC 的直线方程为

$$(\frac{a^2}{m}-x_1)(y-y_2)=(y_2-y_1)(x-\frac{a^2}{m})$$

令 $y=0$，得

$$x=\frac{x_1y_2-\frac{a^2}{m}y_2}{y_2-y_1}+\frac{a^2}{m}$$

$$=\frac{x_1y_2-\frac{a^2}{m}\left[\left(\frac{m}{2a^2}+\frac{1}{2m}\right)x_1y_2+\left(\frac{m}{2a^2}-\frac{1}{2m}\right)x_2y_1\right]}{y_2-y_1}+\frac{a^2}{m}$$

$$=\frac{(m^2-a^2)(x_1y_2-x_2y_1)}{2m^2(y_2-y_1)}+\frac{a^2}{m}$$

$$=\frac{m^2-a^2}{2m}+\frac{a^2}{m}=\frac{a^2+m^2}{2m}$$

因 $a^2=mn$，所以 $x=\frac{1}{2}(m+n)$ 为 MN 的中点的横坐标.

上述定理的逆命题也成立.

定理 2.20 椭圆 $b^2x^2+a^2y^2=a^2b^2(a>b>0)$ 过定点 $M(m,0)(m\neq 0,m\neq\pm a)$ 的弦 AB 斜率为 k，长轴 CD，CA，CB 与直线 $l:x=n$ 分别交于点 P，Q，若 $mn=a^2$，则(1) $y_N+y_B=-\frac{2b^2}{mk}$；(2) $y_Ay_B=\frac{(m^2-a^2)b^2}{m^2}=\frac{(m-n)b^2}{m}$.

证明 设 $A(x_1,y_1)$，$B(x_2,y_2)C(-a,0)$，$D(a,0)$，则 CA，CB 的斜率分别为

$$k_{CA}=\frac{y_1}{x_1+a},k_{CB}=\frac{y_2}{x_2+a}$$

直线 AB 的方程为

$$x=Ky+m(k\neq 0)$$

$$K=\frac{1}{k}$$

由

$$\begin{cases}x=Ky+m\\b^2x^2+a^2y^2=a^2b^2\end{cases}$$

消去 y 得

$$(a^2+b^2K^2)y^2+2mb^2Ky+m^2b^2-a^2b^2=0$$

设 $M=a^2+b^2K^2$，所以

$$y_1+y_2=-\frac{2mb^2K}{M}$$

$$y_1y_2=\frac{(m^2-a^2)b^2}{M}$$

因 $x_1=Ky_1+m, x_2=Ky_2+m$，故

$$k_{CA}=\frac{y_1}{Ky_1+m+a}, k_{CB}=\frac{y_2}{Ky_2+m+a}$$

$$k_{CA}+k_{CB}=\frac{y_1}{Ky_1+m+a}+\frac{y_2}{Ky_2+m+a}$$

$$=\frac{2Ky_1y_2+(m+a)(y_1+y_2)}{K^2y_1y_2+K(m+a)(y_1+y_2)+(m+a)^2}$$

$$k_{CA}k_{CB}=\frac{y_1y_2}{(Ky_1+m+a)(Ky_2+m+a)}$$

$$=\frac{y_1y_2}{K^2y_1y_2+K(m+a)(y_1+y_2)+(m+a)^2}$$

将 y_1+y_2, y_1y_2 的表达式代入并化简得

$$k_{CA}+k_{CB}=\frac{2Kb^2}{a(m+a)}$$

$$k_{CA}k_{CB}=\frac{b^2(m^2+a^2)}{a^2(m+a)^2}$$

所以

$$y_1=k_{CA}\frac{a^2+am}{m}, y_2=k_{CB}\frac{a^2+am}{m}$$

所以

$$y_1+y_2=\frac{a^2+am}{m}(k_{CA}+k_{CB})=\frac{(a^2+am)}{m}\cdot\frac{2Kb^2}{a(m-a)}$$

$$=-\frac{2Kb^2}{m}=-\frac{2b^2}{mk}$$

$$y_1y_2=\frac{a^2(m+a)^2}{m^2}\cdot k_{CA}k_{CB}=\frac{a^2(m+a)^2}{m^2}\cdot\frac{b^2(m^2-a^2)}{(m+a)^2}=\frac{(m^2-a^2)b^2}{m^2}$$

或 $k_{CA}\cdot k_{CB}=\frac{(m-n)b^2}{m}$(因为 $mn=a^2$).

附　录

附录 1　解析几何中常用公式

1. 距离公式：

(1) A,B 两点间距离公式

$$|AB|=\sqrt{(x_A-x_B)^2+(y_A-y_B)^2}$$

(2) $l:Ax+By+C=0$ 外一点 $P(x_0,y_0)$，则点 P 到 l 的距离为

$$d=\frac{|Ax_0+By_0+C|}{\sqrt{A^2+B^2}}$$

证明　如图 1，过点 P 作 $l_1 /\!/ l$，两直线与 x 轴交于点 A,B，过点 A 作 $AC\perp l_1$ 于点 C，则 AC 为平行线间距离，l_1 的方程为

$$Ax+By+C_0=0$$

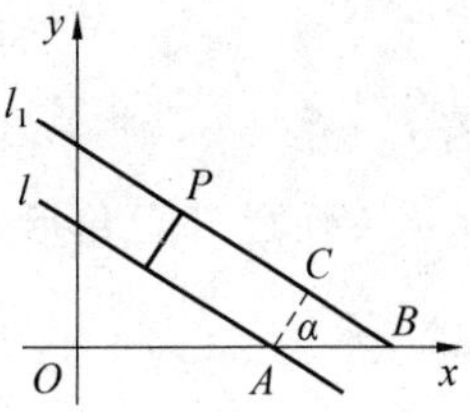

图 1

则

$$A\left(-\frac{C}{A},0\right),B\left(-\frac{C_0}{A},0\right)$$

则

$$|AB|=\left|\frac{C-C_0}{A}\right|,|AC|=|AB|\sin\alpha$$

α 与直线倾角 θ 互补（或相等），因为

$$\tan\theta=-\frac{A}{B}$$

所以

$$\sin\theta=\frac{|A|}{\sqrt{A^2+B^2}}$$

所以

$$|AC|=\frac{|C-C_0|}{\sqrt{A^2+B^2}}$$

又 $P\in l_1$，故 $C_0=-(Ax_0+By_0)$，则

$$|AC|=\frac{|Ax_0+By_0+C|}{\sqrt{A^2+B^2}}=d$$

(3) 两条平行线：$Ax+By+C_1=0$，$Ax+By+C_2=0$，则它们间的距离为

$$d=\frac{|C_1-C_2|}{\sqrt{A^2+B^2}}$$

2.对称点坐标公式：直线 $l:Ax+By+C=0$ 外一点 $P(x_0,y_0)$ 关于直线的对称点 $Q(x,y)$，则

$$\begin{cases}x=x_0-2At\\y=y_0-2Bt\end{cases}\quad\left(t=\frac{Ax_0+By_0+C}{A^2+B^2}\right)$$

3.平面内 $\triangle ABC$ 的面积公式：

(1) 已知 $A(x_1,y_1)$，$B(x_2,y_2)$，$C(x_3,y_3)$，则

$$S_{\triangle ABC}=\frac{1}{2}\begin{vmatrix}x_1 & x_2 & x_3 & x_1\\y_1 & y_2 & y_3 & y_1\end{vmatrix}$$

若 $S_{\triangle ABC}=0$，则 A,B,C 三点共线.

(2) 已知三角形三边的直线方程为

$$A_ix+B_iy+C_i=0\quad(i=1,2,3)$$

则 $S_{\triangle ABC}=\dfrac{\triangle^2}{2|\triangle_1\cdot\triangle_2\cdot\triangle_3|}$，其中

$$\triangle=\begin{vmatrix}A_1 & B_1 & C_1\\A_2 & B_2 & C_2\\A_3 & B_3 & C_3\end{vmatrix}$$

而 $\triangle_i$ 是 $\triangle$ 中元素 C_i 的代数余因子.

4.两直线的方向角公式：$l_1:y=k_1x+b_1$，$l_2:y=k_2x+b_2$，按逆时针方向由 l_1 绕交点旋转到 l_2 所成的角 θ，则

$$\tan\theta=\frac{\overset{\frown}{k_2-k_1}}{1+k_1k_2}$$

上述公式称为方向角公式，此公式已淡出教材，因两直线夹角可用向量求解，但此公式仍有它的应用价值故列出，并用向量方法给予证明.

证明　如图 2,设直线 l_1 与 x,y 轴分别交于点 B,A;l_2 与 x,y 轴分别交于点 D,C.则

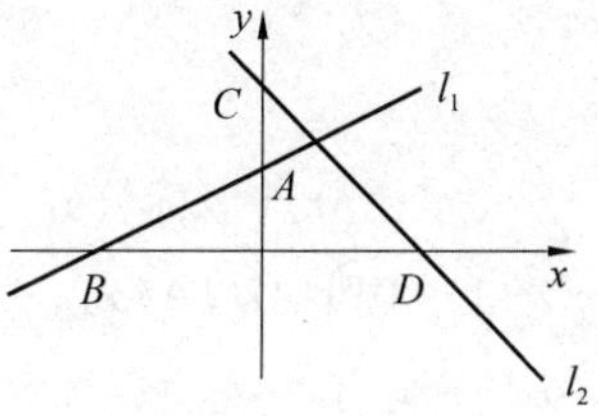

$$B\left(-\frac{b_1}{k_1},0\right),A(0,b_1),D\left(-\frac{b_2}{k_2},0\right),C(0,b_2)$$

图 2

则

$$\overrightarrow{BA}=\left(\frac{b_1}{k_1},b_1\right),\overrightarrow{DC}=\left(\frac{b_2}{k_2},0\right)$$

那么

$$\overrightarrow{BA}\cdot\overrightarrow{DC}=\frac{b_1b_2}{k_1k_2}+b_1b_2$$

又

$$|\overrightarrow{BA}|=\sqrt{\frac{b_1^2}{k^2}+b_1^2},|\overrightarrow{CD}|=\sqrt{\frac{b_2^2}{k_2^2}+b_2^2}$$

于是

$$\begin{aligned}(\overrightarrow{BA}\cdot\overrightarrow{DC})^2&=(|\overrightarrow{BA}|\cdot|\overrightarrow{CD}|\cos\langle\overrightarrow{BA},\overrightarrow{DC}\rangle)^2\\&=\frac{b_1^2(1+k_1^2)}{k_1^2}\cdot\frac{b_2^2(1+k_2^2)}{k_2^2}\cos^2\langle\overrightarrow{BA},\overrightarrow{DC}\rangle\\&=\frac{b_1^2b_2^2}{k_1^2k_2^2}(1+k_1^2)(1+k_2^2)\cos^2\langle\overrightarrow{BA},\overrightarrow{DC}\rangle\end{aligned}$$

则有

$$\frac{b_1^2b_2^2}{k_1^2k_2^2}(1+k_1^2k_2^2)=\frac{b_1^2b_2^2}{k_1^2k_2^2}(1+k_1^2)(1+k_2^2)\cos^2\langle\overrightarrow{BA},\overrightarrow{CD}\rangle$$

由上式,得

$$\cos^2\langle\overrightarrow{BA},\overrightarrow{DC}\rangle=\frac{(1+k_1k_2)^2}{(1+k_1^2)(1+k_2^2)}$$

所以

$$\tan\langle\overrightarrow{BA},\overrightarrow{CD}\rangle=\frac{(1+k_1)(1+k_2)}{(1+k_1k_2)^2}-1=\frac{(k_1-k_2)^2}{(1+k_1k_2)}$$

所以

$$\tan\langle\overrightarrow{BA},\overrightarrow{DC}\rangle=\left|\frac{k_1-k_2}{1+k_1k_2}\right|$$

这就是两直线的夹角公式,如果考虑方向,则应有

$$\tan\theta=\frac{\widehat{k_2-k_1}}{1+k_1k_2}$$

5.定比分点坐标公式

(1) 线段 AB,$A(x_1,y_1)$,$B(x_2,y_2)$,点 C 分 AB 成两段 $AC:CB=\lambda$,设 $C(x,y)$ 则有

$$x=\frac{x_1+\lambda x_2}{1+\lambda},y=\frac{y_1+\lambda y_2}{1+\lambda}$$

(2) $\dfrac{AC}{CB}=\dfrac{x-x_1}{x_2-x}$;

(3) 直线 $l:Ax+By+C=0$ 与线段 DE(或其延长线) 交于点 F,则

$$\lambda=\frac{DF}{FE}=-\frac{Ax_1+By_1+C}{Ax_2+By_2+C}$$

$$D(x_1,y_1),E(x_2,y_2)$$

(4)$\triangle ABC$ 重心坐标:$A(x_1,y_1)$,$B(x_2,y_2)$,$C(x_3,y_3)$,重心 $G(x,y)$,则

$$\begin{cases}x=\dfrac{1}{3}(x_1+x_2+x_3)\\ y=\dfrac{1}{3}(y_1+y_2+y_3)\end{cases}$$

(5)$\triangle ABC$ 的内心 $O(x,y)$ 的坐标公式:$A(x_1,y_1)$,$B(x_2,y_2)$,$C(x_3,y_3)$ 三边长 a,b,c,则

$$x=\frac{ax_1+by_1+c}{a+b+c},y=\frac{ay_1+by_2+cy_3}{a+b+c}$$

(6)BC 边上的旁切圆圆心 $O_1(x,y)$ 的坐标为

$$x=\frac{ax_1-bx_2-cx_3}{a-b-c},\quad y=\frac{ay_1-by_2-cy_3}{a-b-c}$$

6.$\triangle ABC$ 的垂心 $H(x,y)$ 的坐标:$A(x_1,y_1)$,$B(x_2,y_2)$$C(x_3,y_3)$ 内角 A,B,C,则

$$\begin{cases}x=\dfrac{x_1\tan A+x_2\tan B+x_3\tan C}{\tan A+\tan B+\tan C}\\ y=\dfrac{y_1\tan A+y_2\tan B+y_3\tan C}{\tan A+\tan B+\tan C}\end{cases}$$

7.弦长公式:直线 l 与曲线交于 $A(x_1,y_1)$,$B(x_2,y_2)$,其斜率为 k,则

$$|AB|^2=\begin{cases}(1+k^2)[(x_1+x_2)^2-4x_1x_2]\\(1+\frac{1}{k^2})[(y_1+y_2)^2-4y_1y_2]\end{cases}$$

8.直线系方程：

(1) 与直线 $Ax+By+C=0$ 平行的直线系方程

$$Ax+By+m=0$$

(2) 与直线 $Ax+By+C=0$ 垂直的直线系方程

$$Bx-Ay+m=0$$

(3) 交点直线(曲线) 系方程

直线 $l_1:A_1x+B_1y+C_1=0,l_2:A_2x+B_2y+C_2=0$ 交点 P,则过点 P 的直线方程为

$$\lambda_1(A_1x+B_1y+C_1)+\lambda_2(A_2x+B_2y+C_2)=0$$

$$(\lambda_1,\lambda_2\in\mathbf{R}\text{ 且 }\lambda_1,\lambda_2\neq 0)$$

一般 $\lambda_1 f_1(xy)+\lambda_2 f_2(xy)=0$.

9.椭圆 $b^2x^2+a^2y^2=a^2b^2(a>b>0)$ 的内接 $\triangle ABC$ 的共轭心 $H(x,y)$,若 $A(a\cos\theta_1,b\sin\theta_1),B(a\cos\theta_2,b\sin\theta_2),C(a\cos\theta_3,b\sin\theta_3)$,则

$$\begin{cases}x=a(\cos\theta_1+\cos\theta_2+\cos\theta_3)\\y=b(\sin\theta_1+\sin\theta_2+\sin\theta_3)\end{cases}$$

10.伸缩变换矩阵

$$x^2+y^2=1-\begin{bmatrix}a&0\\0&b\end{bmatrix}\rightarrow b^2x^2+a^2y^2=a^2b^2$$

附录 2　部分数学期刊解析几何研究文目

数学通报

1959 年

裘光明　关于中学解析几何课程内容的意见　3

1962 年

朱鼎勋　圆锥曲线　3
付春根　坐标变换一章的教学体会　4
朱鼎勋　圆锥曲线

1965 年

T. M. 切里　曲线族　1
董克诚　解析几何数学中的几点注意　1
陈正蟾　求抛物线悬连线长度的简便方法　2
B. Г. 列姆林　双曲旋转和狭义相对论某些反常现象　3
哈家定　椭矢函数　4
田孝贵　极坐标下曲线的对称性　5
李希颜　参数方程的几个问题　5
秦子超　解析几何内容的取舍的问题　5
张兰祥　法式方程的推导　8
王景泉　对解几教学的几点注意一文的意见　8
蔡永槱　二次曲面作图原理和技巧　9
寇永亮　圆锥曲线教学中的几个问题　10
李希颜　二次曲线的渐近线　12
陈化贞　略谈轨迹　12

1966 年

金　品　极坐标方程的作图　1
朱德明　圆的渐开线　1
蔡培祖　圆锥曲线数学体会　2
赵渭杰　曲线 $\rho=a\cos n\theta$ 的叶数　5
谭德邻　关于布辊上布的层数　7
沈祖志　参数方程应用实例　7

1978 年

经家麒　圆锥曲线的切线　1
王本午　三脚椭圆规　3
黄　沙　曲线周期与极坐标方程作图　7
卢才辉　等速螺线的教学　9

1979 年

王林全　坐标法证几何题　2
赵慈庚　参数方程的教学　6
章士藻　解析法证题　5
章士藻　平面斜坐标系
惠仰淑　圆锥曲线的切线作图　5
孙道杠　点线距离公式的符号　5
谢国生　曲线的轨迹方程　6
李鸿祥　极坐标下曲线周期　4
王林全　坐标法证几何题　5
惠仰淑　圆锥曲线切线的几何作图　5

1980 年

田孝贵　极坐标系的周期　3
姚　晶　关于椭圆的数学　4
高长和　抛物型二次方程简化方法　4
陈国治　关于选择坐标系　5
李成森　圆锥截线证明　5
赵慈庚　渐近线　5
李守谦　韦达定理在解析几何中应　6
陈　淡　直线参数方程及应用　6
潘千钧　方程 $nx^2+my^2=m\cdot n$　7
阮可之　数学问题 68　8
张俊清　数学问题 74　9
李遥观　双曲线参数方程　12

1981 年

时承权　斜截式方程的应用　1

叶运佳	近地点在那里	3
何振琪	曲线和方程在解几中的地位	4
方纯义	代点法补充	4
殷若男	挖掘内在联系发挥教材习题的作用	5
蒋克勤	曲线的位似和旋转变换	6
田　雨	曲线 $x^{\frac{2}{3}}+y^{\frac{2}{3}}=a^{\frac{2}{3}}$ 的构成	6
席竹华	双曲线型方程及应用	6
张　单	微机辅助解几教学	9
蒋世信	圆锥曲线简易判别	10
王敬庚	射影几何对中学几何的指导意义	12
古新妙	二次曲线为抛物线时的焦点坐标	12

1987 年

郭大昌	椭圆双曲型绝对值方程	2
帅启慧	抛物线弓形面积简便算法	2
徐沥泉	星行线作为直线族与椭圆的公包络	2
潘南辉	有心曲线重要性质	3
张家瑞	介绍一个几何变换	3
胡立编	椭圆内接三、四边形面积最值	3
张家瑞	数学问题 463	3
李松文	方程变形理论在几何中应用	4
徐博良	非退化二次曲线的直接作图	4
顾越岭	动点轨迹中常见错误	6
周时敬	配方程讨论二次曲线	9
陈登雄	到二定点距离和为定值的动点轨迹是椭圆?	5
闵近义	一次有意义的习题课	5
贺家勇	理解双曲线抛物线是封闭的	6
章士藻	解几中基本公式间的内在联系	6
邵铭心	浅识直线型经验公式	6
邵品宗	不等式与线性规划	8
白廷喜	对椭圆双曲线型绝对值方程解法一文的意见	8
周忠义	$uf(xy)+\lambda g(xy)=0$ 的应用	8
杨仁同	曲线长度的定义及可求长的条件	12
周　仪	弧长仪	12
邹时敬	仿射变换在初等几何中的应用	12
何　奇	二次曲线一个特例的推广	12

1988 年

赵农民	数学问题 514	1
张　环	数学复习(解几)	2
刘学申	数学问题 518	3
张光武	数学问题 521	4
陈友信	借用导数画曲线切线	5
刘诗雄	椭圆双曲线一个性质	6
蔡玉书	两直线合成技巧的应用	6
王敬庚	仿射变换与二阶曲面定义	7
惠仰淑	再谈圆锥曲线切线作法	9
蒋世信	关于曲线方程的独立条件	10
王广余	数学问题 457	10
贺家勇	证曲线过定点	12
童初明	圆锥曲线内外点及切线型直线	12

1989 年

徐德品	$\rho=ep/1-\cos\theta$ 与圆锥曲线关系	1
何克森	直线参数方程的演变	1
洪方权	椭圆和它的同心圆	1
治　平	数学问题 473	1
许风武	数学问题 473	2
李德钦	教学问题 483	3
何亚魂	圆锥曲线一个性质的推广	4
陈建森	抛物线的复数方程	4
杨忠良	解几教学中创造性思维的培养	5
余炯沛	圆锥曲线切线的作法	6
王明华	阿基米得螺线的性质及应用	7
江信言	道弹曲线的性质及应用	7

申　铁　圆锥曲线统一定义　8
胡林瑞　微积分角度看二次曲线中心和对称轴　8
李世谭　渐近线的一种求法　9
闵泰山　坐标系中 $\Delta\mu$ 的表达式　11

1990 年

李景康　曲线交点与二元二次方程组解法　1
王人伟　解几复习　1
于志洪　极坐标法证一定理　2
何文桂　坐标系折叠后的应用　4
沈建仪　到两定直线距离和为定值的轨迹　4
杨世国　双曲线和它的渐近线　4
李金旺　弦长的一种求法　4
张家瑞　数学问题 648　4
邵春和　一道习题解法联想　6
潘洪亮　圆锥曲线若干类生成问题　6
陈友信　抛物线切线作法　6
邵正祥　椭圆规简介　7
彭厚富　二次曲线仿射弦谈中点轨迹　7
刘佛明　椭圆一些问题的别解　8
易南轩　曲线系过定点　8
王敬庚　几何直观数学的作用　8
蒋世信　曲线系方程和参数方程　9
张鉴卿　祖日恒原理和曲锥曲线旋转体体积　9
孙一民　圆锥曲线统一作图　9
王元杨　绘图机中图像的平移和旋转　9
杜　静　配方法确定抛物线位置　9
王瑞印　体积坐标及应用　10
彭厚富　二次曲线中点弦性质　10
易南轩　直线斜率求等比数列问题　10
江富贵　切点弦方程及应用　11
徐德余　初等变换矩阵　11
马玉清　定比分点坐标公式应用　12
陈神兴　圆锥曲线简易判别方法　12

1991 年

王敬庚　射线几何指导解几教学　4
吴有为　二阶曲线仿射分类的合同变换法　5
钟介澍　有心圆锥曲线五常量关系　6
赵善基　与二次曲线切于顶点的最大圆　6
李德钦　光学性质求抛物线焦点　7
罗来骥　取模法求复平面上点的轨迹　7
詹松青　重视几何直观分析解题　8
朱华根　参变数问题　8
周华生　二次曲线存在对称点的充要条件　9
倪焕泉　直线参数方程中参数意义解题　9
杨立德　圆锥曲线的弦　9
陈炳堂　有心二次曲线统一定义　11
张庆颐　$\rho=ep/1-\cos\theta$ 与圆锥曲线关系　11
Alex　点线距离公式证明　11
曹荣州　读刊扎记　11
李家权　椭圆和它的同心圆一文部分结论改正　12
刘金宝　抛物线区域面积的计算　12

1992 年

于志洪　极坐标法证沙尔孟线　1
王申怀　二次曲线中点弦性质　1
肖声享　相似二次曲线　1
翟文刚　解几数学中培养思维能力探讨　2
王敬庚　一道成人高考题的思考　2
陈炳荣　确定三角形内外角平分线　3
熊曾润　多边形与三次抛物线的关系　3
周华生　两个圆锥曲线位置关系的判别　4
张学东　压缩变换解椭圆性质　5
达　力　数学问题 766　5
吴金锁　求导求二次曲线弦中点轨迹方程　6

1997 年

1998 年

1999 年

2000 年

2001 年

2002 年

2003 年

2004 年

2005 年

2006 年

2009 年

数学教学

1956 年

1980 年

1981 年

1982 年

1983 年

1984 年

1995 年

陈　宜	动点轨迹解题中的失误	1
樊友年	解几中辩证法	3
李秋明	谈椭圆准线	4
王剑刚	1995 年一道解几题	6

1996 年

李长明	高等几何对初等几何的指导作用	4
杜世豪	斜率公式的应用	5
方廷刚	数学问题 409	6
李元龙	圆的切线方程	6

1997 年

张雪霖	椭圆双曲线的张角问题	2
崔益顺	解几中简化运算	3
肖林元	确定轨迹范围若干方法	3
赵明清	柯受良飞越黄河抛物线数据设计	5
赵春祥	极限思想在解几中的应用	6

1998 年

刘煊藩	点线距数学设计	1
成敦杰	伸缩变换与解题	2
金建亚	轨迹题解题规律	3
钱军先	轨迹思想确定变量取值问题中的应用	3
赵建勋	计算方案的选择	6

1999 年

杨文金	一道解几习题	1
戴丽萍	数学命题的推广引申	2
郑日锋	一堂解几习题课	2
陈士明	$y=x+\dfrac{b}{x+a}$单调区间	2
周宝金	一次有意义的解几实验	4
张雪霖	可以发展的问题解决	5

2000 年

谢全苗	椭圆第二定义的教学	4
周文海	一堂极坐标方程的研究课	6

2001 年

祝本初	直线和圆的综合复习	3
邵光华	椭圆内接正多边形个数	5
方　升	2001 年高考 19 题分析	5
熊秋菊	直角坐标中参数方程	6

2002 年

左双奇	光学性质的教学	2
钱定国	关于椭圆的游戏猜想	3
王佩其	一道解几题的探究	4
冯　寅	抛物线焦弦问题	4
杨志明	数学问题 567	5
杨志明	数学问题 572	6

2003 年

马绍文	直线方程的数学	2
王佩其	抛物线的一堂再创造课	2
许少华	圆锥曲线最值问题	3
郑一平	郑于抛物线复习课	4
张永强	酒杯形状的几何分析	5
李昭平	解几定值问题的解法	6
林新建	椭圆双曲线另一定义	6
王太东	一例引起的探究	8
金红义	平几在解几中的应用	9
潘　宁	椭圆方程另一种推导方法	10
刘智强	圆锥曲线概念教学	10
卢巧梅	一道直线方程习题的研究	10
刘妙龙	解几中的直觉思维	11
章建春	求线段长度最短问题	12

2004 年

黄安成	解几习题教学	1
付　其	直线和圆的习题点评	1
金　兔	一道三种解题思维层次	1
章小伟	解几中关于切线的数学	1
陈天雄	一类轨迹的统一求法	1
姜　军	解几例题探究学习	2
李风芝	形的直观启迪数的计算	3
彭向阳	解几中光线反射问题	3

2005 年

2006 年

2007 年

2008 年

2009 年

数学通讯

1955 年

1956 年

1957 年

1958 年

1980 年

1981 年

1986 年

1987 年

1988 年

1989 年

1995 年

1996 年

1997 年

2001 年

2002 年

陈　军　解几中三角形面积公式　23
郭咏纯　点线距离公式新证　23

2003 年

桂　韬　探讨一种新曲线　1
谢元生　圆锥曲线中的常用方法　3
王保华　综合题 59　3
秦四良　一节研究课　5
金建平　模拟解几题评析　5
王　勇　空间图形中轨迹题　7
陈　兵　椭球体积　9
甘大旺　$y=ax+\frac{b}{x}$的几何特征　9
耿玉明　巧用定义求轨迹题　11
席高文　椭圆外切 n 边形面积最小值　11
刘光清　综合题 73　11
王　武　圆锥曲线的相互关系　15
张乃贵　椭圆一个性质　15
郜　圭　综合题 76　15
刘智强　圆锥曲线概念教学　17
琚国起　综合题 79　17
张智忱　解几减算方法　19
罗志强　综合题 84　19
沈　乔　几何画板作虚椭圆　21
尚继惠　$\pm\frac{b^2}{a^2}$的几何解释　21
张国坤　解几开放题　23
罗中寿　圆锥曲线定义课件　23
上官博文　球的点射影　23

2004 年

朱真谦　综合题 92　1
余永安　解几中的向量法　1
陆逢波　圆的性质推广　3
商俊守　立几解几交汇　3
吴春胜　抛物线特征三角形　3
李建群　向量解直线问题　5
郜　圭　综合题 98　5
杨品方　估算法　9
胡桂荣　焦半径公式应用　9
李永利　定点弦性质　9
齐如意　圆锥曲线模拟题评析　9
黄浩清　椭圆数学实验和思考　11
刘洪华　直线与圆锥曲线位置关系判定新法　11
张红兵　模拟题评析　11
颜学华　圆锥曲线又一性质　11
孙秀亭　椭圆的 $AP\cdot GP$ 的一个性质　13
陆建根　$\pm\frac{b^2}{a^2}$另一种几何解释　13
周建华　圆的两个性质推广　13
骆永明　圆生成三种圆锥曲线　17
辛　明　综合题 119　17
李勤俭　圆性质的推广　19
郜　圭　综合题 120　19
林耀峰　一类三角形的存在性　21
郜　圭　圆锥曲线一个性质　23

2005 年

彭家麒　圆锥曲线族二个性质　1
段志强　椭圆中三角形的最大面积　1
王会丹　高考解几题的范围问题　1
黄伟亮　直线双曲线位置关系　3
双　鹂　黄金双曲线　3
黄耿跃　向量解线性规划题　7
吴翔雁　圆的定理的推广　7
孙秀亭　切点弦性质　7
余学虎　抛物线相似　9
卜照泽　一道高考题探究　9
骆永明　圆锥曲线定点定向弦的探究　9
张世林　解几为背景的数列　11
汪　萍　解几的向量背景分析　11
黄富春　酒杯中的平衡位置　11
李永利　圆锥曲线与数列　13
苏立志　圆锥曲线二个性质　15

2006 年

2007 年

2008 年

2009 年

中学数学(武汉)

1985 年

1987 年

1988 年

1991 年

1992 年

1993 年

1997 年

1998 年

作者	题目	期
黎　宁	圆的切线方程	12
方廷刚	椭圆直径三角形	12
汪正良	复数几何意义应用	12
朱伟卫	极坐标系中旋转公式	12

1999 年

作者	题目	期
杨万江	利用点线位置构造不等式解题	1
曹　兵	检验圆锥曲线综合题解常见方法	2
皇甫红琴	二次曲线定义解题	2
田剑良	椭圆中三角形面积最值	2
刘新春	求轨迹限制条件的途径	3
华志远	CAI 在圆锥曲线教学中	3
万成荣	曲线与方程	4
周华生	直角弦上点轨迹	4
李桂初	代点相减法	5
张定强	黄金双曲线	5
陈胜利	双曲线的直径三角形	5
吴新华	建构理论在数学中的应用	6
封伯堂	点线距离	6
冯跃峰	直线的倾角和斜率	7
彭厚富	二次曲线中点弦存在条件	7
玉邴图	椭圆三平行弦性质	7
胡廷员	椭圆及方程	8
王芝平	设而不求	9
朱　鑫	直线系应用	9
夏　炎	探索性问题求解策略	10
刘古胜	二次曲线切线与三角形平分线	10
彭　楼	切点线方程	12
甘大旺	解几最值求解	12

2000 年

作者	题目	期
李平龙	几何画板辅助轨迹数学	1
张立政	双曲线的渐近线	1
徐唐藩	借助平几性质解题	1
玉邴图	黄金椭圆双曲线性质	2
张月顺	一道竞赛题的一般结论	2
王广余	一道竞赛题的探究	3
吴永忠	点离式椭圆双曲线	4
胡廷员	圆锥曲线复习	4
林丽娟	圆锥曲线弦中点问题	5
茹双林	椭圆内接直角三角形	5
廖华林	立几解几综合题	5
于　涛	CAI 技术在解几中应用	5
陆安宪	解几中的两圆问题	6
雷海勇	设而不求	6
邱　升	对称点坐标公式	6
方廷刚	抛物线切线性质	6
肖　铿	圆锥截线初等证明	6
王　琛	对立统一观点解几题	6
谢　俊	多动点轨迹	7
张儒玲	椭圆及标准方程	7
朱九燕	不可忽视曲线定义	8
周华生	巧用截距	8
唐　箭	三分角与双曲线	8
郇云德	过三点的圆	9
徐春明	坐标法巧解无理方程	9
方廷刚	主轴上点的配对	9
张庆国	定比分点式的应用	11
童其林	证明曲线过定点	11
岳荫槐	一道高考选择题	11
陈远新	二次幂平均分割线	11
王启东	抛物线垂直弦	11
耿玉明	启发式数学	12
胡耀宇	应用定义解题	12
刘黎明	二次幂平均的轨迹	12
钱从新	e 与衡证法	12

2001 年

作者	题目	期
方世跃	复数与几何	2
杨志文	解几中求参数范围	2
陈振宣	圆锥曲线内接直角三角形	2
于新华	圆锥曲线内接直角三角形	2
王文毅	用几何不等关系求最值	2

2002 年

2003 年

2004 年

2005 年

2006 年

苏立志	焦点与切线的一个关联性	5
王建荣	直线与线段相交问题	5
玉邴图	椭圆的伴随曲线的研究性学习	10
丁 玲	抛物线焦点弦性质	10
朱兴萍	求轨迹方程须知	10
郭 璋	竞赛题解几中的推广	10
郑富良	长轴最长的解椭圆	10
苏立标	双曲线中的定值问题	11
张小凯	姊妹曲线的若干性质	11
熊月琴	圆锥曲线的一个充要条件	12
向立政	与准线有关的性质	12
关 波	二次曲线一个性质	12
张家瑞	征展题 11	12

2007 年

王永庆	证明长轴长最长	1
邹锵明	椭圆焦点弦新结论	1
冯 寅	定义解题的四特征	2
杨建良	用定比分点解题	2
柏任俊	椭圆切线的一个结论	3
余红丹	线性规划新视角	3
张亚东	椭圆性质的教学设计	4
唐庆华	一次闲聊的意外收获	4
李永利	椭圆焦点弦的结论	5
冯德雄	三割线定理	5
李耀文	一道竞赛题的解析法	5
张家瑞	征展题 5	5
邢友宝	一道习题引发的思考	6
丁益民	椭圆切准点性质	6
张忠旺	一道解几题的研究	6
田化润	圆锥曲线伴侣点	6
余 浩	抛物线相交弦的新结论	6
玉邴图	抛物线中的等差数列	7
杜 山	2007 年安徽考题	7
丁益民	双曲线中虚近点性质	7
甘大旺	几何画板与圆锥曲线	8
唐海平	动点定点化解轨迹题	8
宋文静	中点为定点的弦方程	8
刘箭飞	一类过定点的弦	8
左俊凤	抛物线焦点弦	8
俞和平	一个定理的改正与证明	8
陈显宏	圆锥曲线左右逢圆探秘	9
苏立标	一道试题的诱思探求数学	9
吴文尧	直线对称两点的解题透析	9
张留杰	平行弦性质	10
甘志国	2007 重庆高考题	11
苏立标	张直角的弦	11
丁益民	双曲线渐准点	11
卢伟锋	一道题的再思考	12
唐 永	江苏题 19 题推广	12

2008 年

陈 华	焦点弦的新发现	1
卢伟峰	焦半径有关的两个定值	1
杜 山	一道高考题的探究	2
郑观宝	一道习题的反思	3
丁益民	双曲线渐切点性质	3
郭建斌	一组优美的结论	4
江民杰	焦点弦与准线的关系	6
刘荣显	解几考题推广	6
林新建	圆锥曲线有趣关系线	7
苏立标	焦点四边形最值问题	7
胡寅年	2008 福建题 21 题引申	7
江文彬	江西理 21 题推广	7
高慧明	2008 解几命题特点分析	8
沈月芳	让试卷评价更有效	8
沈顺良	动点几何的特殊运用	8
赵放鸣	曲线系方程及运用	8
苏立标	一道考题	8
焦忠汉	抛物线直角弦的性质	8
黄立俊	一道例题的反思	9
汪克明	设而不求	9
胡寅年	2008 福建文科题引申	9

2009年

哈尔滨工业大学出版社刘培杰数学工作室已出版(即将出版)图书目录

书　　名	出版时间	定　价	编号
新编中学数学解题方法全书(高中版)上卷	2007－09	38.00	7
新编中学数学解题方法全书(高中版)中卷	2007－09	48.00	8
新编中学数学解题方法全书(高中版)下卷(一)	2007－09	42.00	17
新编中学数学解题方法全书(高中版)下卷(二)	2007－09	38.00	18
新编中学数学解题方法全书(高中版)下卷(三)	2010－06	58.00	73
新编中学数学解题方法全书(初中版)上卷	2008－01	28.00	29
新编中学数学解题方法全书(初中版)中卷	2010－07	38.00	75
新编中学数学解题方法全书(高考复习卷)	2010－01	48.00	67
新编中学数学解题方法全书(高考真题卷)	2010－01	38.00	62
新编中学数学解题方法全书(高考精华卷)	2011－03	68.00	118
新编平面解析几何解题方法全书(专题讲座卷)	2010－01	18.00	61
新编中学数学解题方法全书(自主招生卷)	2013－08	88.00	261
数学眼光透视	2008－01	38.00	24
数学思想领悟	2008－01	38.00	25
数学应用展观	2008－01	38.00	26
数学建模导引	2008－01	28.00	23
数学方法溯源	2008－01	38.00	27
数学史话览胜	2008－01	28.00	28
数学思维技术	2013－09	38.00	260
从毕达哥拉斯到怀尔斯	2007－10	48.00	9
从迪利克雷到维斯卡尔迪	2008－01	48.00	21
从哥德巴赫到陈景润	2008－05	98.00	35
从庞加莱到佩雷尔曼	2011－08	138.00	136
数学解题中的物理方法	2011－06	28.00	114
数学解题的特殊方法	2011－06	48.00	115
中学数学计算技巧	2012－01	48.00	116
中学数学证明方法	2012－01	58.00	117
数学趣题巧解	2012－03	28.00	128
三角形中的角格点问题	2013－01	88.00	207
含参数的方程和不等式	2012－09	28.00	213

哈尔滨工业大学出版社刘培杰数学工作室已出版(即将出版)图书目录

书　　名	出版时间	定　价	编号
数学奥林匹克与数学文化(第一辑)	2006－05	48.00	4
数学奥林匹克与数学文化(第二辑)(竞赛卷)	2008－01	48.00	19
数学奥林匹克与数学文化(第二辑)(文化卷)	2008－07	58.00	36′
数学奥林匹克与数学文化(第三辑)(竞赛卷)	2010－01	48.00	59
数学奥林匹克与数学文化(第四辑)(竞赛卷)	2011－08	58.00	87
数学奥林匹克与数学文化(第五辑)	2014－09		370

书　　名	出版时间	定　价	编号
发展空间想象力	2010－01	38.00	57
走向国际数学奥林匹克的平面几何试题诠释(上、下)(第1版)	2007－01	68.00	11,12
走向国际数学奥林匹克的平面几何试题诠释(上、下)(第2版)	2010－02	98.00	63,64
平面几何证明方法全书	2007－08	35.00	1
平面几何证明方法全书习题解答(第1版)	2005－10	18.00	2
平面几何证明方法全书习题解答(第2版)	2006－12	18.00	10
平面几何天天练上卷·基础篇(直线型)	2013－01	58.00	208
平面几何天天练中卷·基础篇(涉及圆)	2013－01	28.00	234
平面几何天天练下卷·提高篇	2013－01	58.00	237
平面几何专题研究	2013－07	98.00	258
最新世界各国数学奥林匹克中的平面几何试题	2007－09	38.00	14
数学竞赛平面几何典型题及新颖解	2010－07	48.00	74
初等数学复习及研究(平面几何)	2008－09	58.00	38
初等数学复习及研究(立体几何)	2010－06	38.00	71
初等数学复习及研究(平面几何)习题解答	2009－01	48.00	42
世界著名平面几何经典著作钩沉——几何作图专题卷(上)	2009－06	48.00	49
世界著名平面几何经典著作钩沉——几何作图专题卷(下)	2011－01	88.00	80
世界著名平面几何经典著作钩沉(民国平面几何老课本)	2011－03	38.00	113
世界著名解析几何经典著作钩沉——平面解析几何卷	2014－01	38.00	273
世界著名数论经典著作钩沉(算术卷)	2012－01	28.00	125
世界著名数学经典著作钩沉——立体几何卷	2011－02	28.00	88
世界著名三角学经典著作钩沉(平面三角卷Ⅰ)	2010－06	28.00	69
世界著名三角学经典著作钩沉(平面三角卷Ⅱ)	2011－01	38.00	78
世界著名初等数论经典著作钩沉(理论和实用算术卷)	2011－07	38.00	126
几何学教程(平面几何卷)	2011－03	68.00	90
几何学教程(立体几何卷)	2011－07	68.00	130
几何变换与几何证题	2010－06	88.00	70
计算方法与几何证题	2011－06	28.00	129
立体几何技巧与方法	2014－04	88.00	293
几何瑰宝——平面几何500名题暨1000条定理(上、下)	2010－07	138.00	76,77
三角形的解法与应用	2012－07	18.00	183
近代的三角形几何学	2012－07	48.00	184
一般折线几何学	即将出版	58.00	203
三角形的五心	2009－06	28.00	51
三角形趣谈	2012－08	28.00	212
解三角形	2014－01	28.00	265
三角学专门教程	2014－09	28.00	387
距离几何分析导引	2015－02	68.00	446

哈尔滨工业大学出版社刘培杰数学工作室已出版(即将出版)图书目录

书　　名	出版时间	定　价	编号
圆锥曲线习题集(上册)	2013－06	68.00	255
圆锥曲线习题集(中册)	2015－01	78.00	434
圆锥曲线习题集(下册)	即将出版		
俄罗斯平面几何问题集	2009－08	88.00	55
俄罗斯立体几何问题集	2014－03	58.00	283
俄罗斯几何大师——沙雷金论数学及其他	2014－01	48.00	271
来自俄罗斯的 5000 道几何习题及解答	2011－03	58.00	89
俄罗斯初等数学问题集	2012－05	38.00	177
俄罗斯函数问题集	2011－03	38.00	103
俄罗斯组合分析问题集	2011－01	48.00	79
俄罗斯初等数学万题选——三角卷	2012－11	38.00	222
俄罗斯初等数学万题选——代数卷	2013－08	68.00	225
俄罗斯初等数学万题选——几何卷	2014－01	68.00	226
463 个俄罗斯几何老问题	2012－01	28.00	152
近代欧氏几何学	2012－03	48.00	162
罗巴切夫斯基几何学及几何基础概要	2012－07	28.00	188
超越吉米多维奇——数列的极限	2009－11	48.00	58
超越普里瓦洛夫——留数卷	2015－01	28.00	437
Barban Davenport Halberstam 均值和	2009－01	40.00	33
初等数论难题集(第一卷)	2009－05	68.00	44
初等数论难题集(第二卷)(上、下)	2011－02	128.00	82,83
谈谈素数	2011－03	18.00	91
平方和	2011－03	18.00	92
数论概貌	2011－03	18.00	93
代数数论(第二版)	2013－08	58.00	94
代数多项式	2014－06	38.00	289
初等数论的知识与问题	2011－02	28.00	95
超越数论基础	2011－03	28.00	96
数论初等教程	2011－03	28.00	97
数论基础	2011－03	18.00	98
数论基础与维诺格拉多夫	2014－03	18.00	292
解析数论基础	2012－08	28.00	216
解析数论基础(第二版)	2014－01	48.00	287
解析数论问题集(第二版)	2014－05	88.00	343
解析几何研究	2015－01	38.00	425
初等几何研究	2015－02	58.00	444
数论入门	2011－03	38.00	99
代数数论入门	2015－03	38.00	448
数论开篇	2012－07	28.00	194
解析数论引论	2011－03	48.00	100
复变函数引论	2013－10	68.00	269
伸缩变换与抛物旋转	2015－01	38.00	449

哈尔滨工业大学出版社刘培杰数学工作室已出版(即将出版)图书目录

书　名	出版时间	定　价	编号
无穷分析引论(上)	2013－04	88.00	247
无穷分析引论(下)	2013－04	98.00	245
数学分析	2014－04	28.00	338
数学分析中的一个新方法及其应用	2013－01	38.00	231
数学分析例选:通过范例学技巧	2013－01	88.00	243
三角级数论(上册)(陈建功)	2013－01	38.00	232
三角级数论(下册)(陈建功)	2013－01	48.00	233
三角级数论(哈代)	2013－06	48.00	254
基础数论	2011－03	28.00	101
超越数	2011－03	18.00	109
三角和方法	2011－03	18.00	112
谈谈不定方程	2011－05	28.00	119
整数论	2011－05	38.00	120
随机过程(Ⅰ)	2014－01	78.00	224
随机过程(Ⅱ)	2014－01	68.00	235
整数的性质	2012－11	38.00	192
初等数论 100 例	2011－05	18.00	122
初等数论经典例题	2012－07	18.00	204
最新世界各国数学奥林匹克中的初等数论试题(上、下)	2012－01	138.00	144,145
算术探索	2011－12	158.00	148
初等数论(Ⅰ)	2012－01	18.00	156
初等数论(Ⅱ)	2012－01	18.00	157
初等数论(Ⅲ)	2012－01	28.00	158
组合数学	2012－04	28.00	178
组合数学浅谈	2012－03	28.00	159
同余理论	2012－05	38.00	163
丢番图方程引论	2012－03	48.00	172
平面几何与数论中未解决的新老问题	2013－01	68.00	229
法雷级数	2014－08	18.00	367
代数数论简史	2014－11	28.00	408
摆线族	2015－01	38.00	438
拉普拉斯变换及其应用	2015－02	38.00	447

历届美国中学生数学竞赛试题及解答(第一卷)1950－1954	2014－07	18.00	277
历届美国中学生数学竞赛试题及解答(第二卷)1955－1959	2014－04	18.00	278
历届美国中学生数学竞赛试题及解答(第三卷)1960－1964	2014－06	18.00	279
历届美国中学生数学竞赛试题及解答(第四卷)1965－1969	2014－04	28.00	280
历届美国中学生数学竞赛试题及解答(第五卷)1970－1972	2014－06	18.00	281
历届美国中学生数学竞赛试题及解答(第七卷)1981－1986	2015－01	18.00	424

哈尔滨工业大学出版社刘培杰数学工作室已出版(即将出版)图书目录

书　　名	出版时间	定　价	编号
历届 IMO 试题集(1959—2005)	2006—05	58.00	5
历届 CMO 试题集	2008—09	28.00	40
历届中国数学奥林匹克试题集	2014—10	38.00	394
历届加拿大数学奥林匹克试题集	2012—08	38.00	215
历届美国数学奥林匹克试题集:多解推广加强	2012—08	38.00	209
保加利亚数学奥林匹克	2014—10	38.00	393
圣彼得堡数学奥林匹克试题集	2015—01	48.00	429
历届国际大学生数学竞赛试题集(1994—2010)	2012—01	28.00	143
全国大学生数学夏令营数学竞赛试题及解答	2007—03	28.00	15
全国大学生数学竞赛辅导教程	2012—07	28.00	189
全国大学生数学竞赛复习全书	2014—04	48.00	340
历届美国大学生数学竞赛试题集	2009—03	88.00	43
前苏联大学生数学奥林匹克竞赛题解(上编)	2012—04	28.00	169
前苏联大学生数学奥林匹克竞赛题解(下编)	2012—04	38.00	170
历届美国数学邀请赛试题集	2014—01	48.00	270
全国高中数学竞赛试题及解答. 第 1 卷	2014—07	38.00	331
大学生数学竞赛讲义	2014—09	28.00	371
高考数学临门一脚(含密押三套卷)(理科版)	2015—01	24.80	421
高考数学临门一脚(含密押三套卷)(文科版)	2015—01	24.80	422

书　　名	出版时间	定　价	编号
整函数	2012—08	18.00	161
多项式和无理数	2008—01	68.00	22
模糊数据统计学	2008—03	48.00	31
模糊分析学与特殊泛函空间	2013—01	68.00	241
受控理论与解析不等式	2012—05	78.00	165
解析不等式新论	2009—06	68.00	48
反问题的计算方法及应用	2011—11	28.00	147
建立不等式的方法	2011—03	98.00	104
数学奥林匹克不等式研究	2009—08	68.00	56
不等式研究(第二辑)	2012—02	68.00	153
初等数学研究(Ⅰ)	2008—09	68.00	37
初等数学研究(Ⅱ)(上、下)	2009—05	118.00	46,47
中国初等数学研究　2009 卷(第 1 辑)	2009—05	20.00	45
中国初等数学研究　2010 卷(第 2 辑)	2010—05	30.00	68
中国初等数学研究　2011 卷(第 3 辑)	2011—07	60.00	127
中国初等数学研究　2012 卷(第 4 辑)	2012—07	48.00	190
中国初等数学研究　2014 卷(第 5 辑)	2014—02	48.00	288
数阵及其应用	2012—02	28.00	164
绝对值方程—折边与组合图形的解析研究	2012—07	48.00	186
不等式的秘密(第一卷)	2012—02	28.00	154
不等式的秘密(第一卷)(第 2 版)	2014—02	38.00	286
不等式的秘密(第二卷)	2014—01	38.00	268

哈尔滨工业大学出版社刘培杰数学工作室已出版(即将出版)图书目录

书　　名	出版时间	定　价	编号
初等不等式的证明方法	2010－06	38.00	123
初等不等式的证明方法(第二版)	2014－11	38.00	407
数学奥林匹克在中国	2014－06	98.00	344
数学奥林匹克问题集	2014－01	38.00	267
数学奥林匹克不等式散论	2010－06	38.00	124
数学奥林匹克不等式欣赏	2011－09	38.00	138
数学奥林匹克超级题库(初中卷上)	2010－01	58.00	66
数学奥林匹克不等式证明方法和技巧(上、下)	2011－08	158.00	134,135
近代拓扑学研究	2013－04	38.00	239

书　　名	出版时间	定　价	编号
新编 640 个世界著名数学智力趣题	2014－01	88.00	242
500 个最新世界著名数学智力趣题	2008－06	48.00	3
400 个最新世界著名数学最值问题	2008－09	48.00	36
500 个世界著名数学征解问题	2009－06	48.00	52
400 个中国最佳初等数学征解老问题	2010－01	48.00	60
500 个俄罗斯数学经典老题	2011－01	28.00	81
1000 个国外中学物理好题	2012－04	48.00	174
300 个日本高考数学题	2012－05	38.00	142
500 个前苏联早期高考数学试题及解答	2012－05	28.00	185
546 个早期俄罗斯大学生数学竞赛题	2014－03	38.00	285
548 个来自美苏的数学好问题	2014－11	28.00	396

书　　名	出版时间	定　价	编号
博弈论精粹	2008－03	58.00	30
数学 我爱你	2008－01	28.00	20
精神的圣徒　别样的人生——60 位中国数学家成长的历程	2008－09	48.00	39
数学史概论	2009－06	78.00	50
数学史概论(精装)	2013－03	158.00	272
斐波那契数列	2010－02	28.00	65
数学拼盘和斐波那契魔方	2010－07	38.00	72
斐波那契数列欣赏	2011－01	28.00	160
数学的创造	2011－02	48.00	85
数学中的美	2011－02	38.00	84
数论中的美学	2014－12	38.00	351

书　　名	出版时间	定　价	编号
王连笑教你怎样学数学:高考选择题解题策略与客观题实用训练	2014－01	48.00	262
王连笑教你怎样学数学:高考数学高层次讲座	2015－02	48.00	432
最新全国及各省市高考数学试卷解法研究及点拨评析	2009－02	38.00	41
高考数学的理论与实践	2009－08	38.00	53
中考数学专题总复习	2007－04	28.00	6
向量法巧解数学高考题	2009－08	28.00	54
高考数学核心题型解题方法与技巧	2010－01	28.00	86
高考思维新平台	2014－03	38.00	259
数学解题——靠数学思想给力(上)	2011－07	38.00	131
数学解题——靠数学思想给力(中)	2011－07	48.00	132
数学解题——靠数学思想给力(下)	2011－07	38.00	133
我怎样解题	2013－01	48.00	227

哈尔滨工业大学出版社刘培杰数学工作室 已出版(即将出版)图书目录

书　　名	出版时间	定　价	编号
和高中生漫谈:数学与哲学的故事	2014－08	28.00	369
2011 年全国及各省市高考数学试题审题要津与解法研究	2011－10	48.00	139
2013 年全国及各省市高考数学试题解析与点评	2014－01	48.00	282
全国及各省市高考数学试题审题要津与解法研究	2015－02	48.00	450
新课标高考数学——五年试题分章详解(2007～2011)(上、下)	2011－10	78.00	140,141
30 分钟拿下高考数学选择题、填空题(第二版)	2012－01	28.00	146
全国中考数学压轴题审题要津与解法研究	2013－04	78.00	248
新编全国及各省市中考数学压轴题审题要津与解法研究	2014－05	58.00	342
高考数学压轴题解题诀窍(上)	2012－02	78.00	166
高考数学压轴题解题诀窍(下)	2012－03	28.00	167
自主招生考试中的参数方程问题	2015－01	28.00	435
近年全国重点大学自主招生数学试题全解及研究.华约卷	2015－02	38.00	441
近年全国重点大学自主招生数学试题全解及研究.北约卷	即将出版		

书　　名	出版时间	定　价	编号
格点和面积	2012－07	18.00	191
射影几何趣谈	2012－04	28.00	175
斯潘纳尔引理——从一道加拿大数学奥林匹克试题谈起	2014－01	28.00	228
李普希兹条件——从几道近年高考数学试题谈起	2012－10	18.00	221
拉格朗日中值定理——从一道北京高考试题的解法谈起	2012－10	18.00	197
闵科夫斯基定理——从一道清华大学自主招生试题谈起	2014－01	28.00	198
哈尔测度——从一道冬令营试题的背景谈起	2012－08	28.00	202
切比雪夫逼近问题——从一道中国台北数学奥林匹克试题谈起	2013－04	38.00	238
伯恩斯坦多项式与贝齐尔曲面——从一道全国高中数学联赛试题谈起	2013－03	38.00	236
卡塔兰猜想——从一道普特南竞赛试题谈起	2013－06	18.00	256
麦卡锡函数和阿克曼函数——从一道前南斯拉夫数学奥林匹克试题谈起	2012－08	18.00	201
贝蒂定理与拉姆贝克莫斯尔定理——从一个拣石子游戏谈起	2012－08	18.00	217
皮亚诺曲线和豪斯道夫分球定理——从无限集谈起	2012－08	18.00	211
平面凸图形与凸多面体	2012－10	28.00	218
斯坦因豪斯问题——从一道二十五省市自治区中学数学竞赛试题谈起	2012－07	18.00	196
纽结理论中的亚历山大多项式与琼斯多项式——从一道北京市高一数学竞赛试题谈起	2012－07	28.00	195
原则与策略——从波利亚“解题表”谈起	2013－04	38.00	244
转化与化归——从三大尺规作图不能问题谈起	2012－08	28.00	214
代数几何中的贝祖定理(第一版)——从一道 IMO 试题的解法谈起	2013－08	18.00	193
成功连贯理论与约当块理论——从一道比利时数学竞赛试题谈起	2012－04	18.00	180
磨光变换与范·德·瓦尔登猜想——从一道环球城市竞赛试题谈起	即将出版		
素数判定与大数分解	2014－08	18.00	199
置换多项式及其应用	2012－10	18.00	220
椭圆函数与模函数——从一道美国加州大学洛杉矶分校(UCLA)博士资格考题谈起	2012－10	28.00	219
差分方程的拉格朗日方法——从一道 2011 年全国高考理科试题的解法谈起	2012－08	28.00	200

哈尔滨工业大学出版社刘培杰数学工作室已出版(即将出版)图书目录

书　名	出版时间	定　价	编号
力学在几何中的一些应用	2013－01	38.00	240
高斯散度定理、斯托克斯定理和平面格林定理——从一道国际大学生数学竞赛试题谈起	即将出版		
康托洛维奇不等式——从一道全国高中联赛试题谈起	2013－03	28.00	337
西格尔引理——从一道第 18 届 IMO 试题的解法谈起	即将出版		
罗斯定理——从一道前苏联数学竞赛试题谈起	即将出版		
拉克斯定理和阿廷定理——从一道 IMO 试题的解法谈起	2014－01	58.00	246
毕卡大定理——从一道美国大学数学竞赛试题谈起	2014－07	18.00	350
贝齐尔曲线——从一道全国高中联赛试题谈起	即将出版		
拉格朗日乘子定理——从一道 2005 年全国高中联赛试题谈起	即将出版		
雅可比定理——从一道日本数学奥林匹克试题谈起	2013－04	48.00	249
李天岩－约克定理——从一道波兰数学竞赛试题谈起	2014－06	28.00	349
整系数多项式因式分解的一般方法——从克朗耐克算法谈起	即将出版		
布劳维不动点定理——从一道前苏联数学奥林匹克试题谈起	2014－01	38.00	273
压缩不动点定理——从一道高考数学试题的解法谈起	即将出版		
伯恩赛德定理——从一道英国数学奥林匹克试题谈起	即将出版		
布查特－莫斯特定理——从一道上海市初中竞赛试题谈起	即将出版		
数论中的同余数问题——从一道普特南竞赛试题谈起	即将出版		
范·德蒙行列式——从一道美国数学奥林匹克试题谈起	即将出版		
中国剩余定理:总数法构建中国历史年表	2015－01	28.00	430
牛顿程序与方程求根——从一道全国高考试题解法谈起	即将出版		
库默尔定理——从一道 IMO 预选试题谈起	即将出版		
卢丁定理——从一道冬令营试题的解法谈起	即将出版		
沃斯滕霍姆定理——从一道 IMO 预选试题谈起	即将出版		
卡尔松不等式——从一道莫斯科数学奥林匹克试题谈起	即将出版		
信息论中的香农熵——从一道近年高考压轴题谈起	即将出版		
约当不等式——从一道希望杯竞赛试题谈起	即将出版		
拉比诺维奇定理	即将出版		
刘维尔定理——从一道《美国数学月刊》征解问题的解法谈起	即将出版		
卡塔兰恒等式与级数求和——从一道 IMO 试题的解法谈起	即将出版		
勒让德猜想与素数分布——从一道爱尔兰竞赛试题谈起	即将出版		
天平称重与信息论——从一道基辅市数学奥林匹克试题谈起	即将出版		
哈密尔顿－凯莱定理:从一道高中数学联赛试题的解法谈起	2014－09	18.00	376
艾思特曼定理——从一道 CMO 试题的解法谈起	即将出版		

哈尔滨工业大学出版社刘培杰数学工作室已出版(即将出版)图书目录

书　　名	出版时间	定　价	编号
一个爱尔特希问题——从一道西德数学奥林匹克试题谈起	即将出版		
有限群中的爱丁格尔问题——从一道北京市初中二年级数学竞赛试题谈起	即将出版		
贝克码与编码理论——从一道全国高中联赛试题谈起	即将出版		
帕斯卡三角形	2014—03	18.00	294
蒲丰投针问题——从2009年清华大学的一道自主招生试题谈起	2014—01	38.00	295
斯图姆定理——从一道"华约"自主招生试题的解法谈起	2014—01	18.00	296
许瓦兹引理——从一道加利福尼亚大学伯克利分校数学系博士生试题谈起	2014—08	18.00	297
拉格朗日中值定理——从一道北京高考试题的解法谈起	2014—01		298
拉姆塞定理——从王诗宬院士的一个问题谈起	2014—01		299
坐标法	2013—12	28.00	332
数论三角形	2014—04	38.00	341
毕克定理	2014—07	18.00	352
数林掠影	2014—09	48.00	389
我们周围的概率	2014—10	38.00	390
凸函数最值定理:从一道华约自主招生题的解法谈起	2014—10	28.00	391
易学与数学奥林匹克	2014—10	38.00	392
生物数学趣谈	2015—01	18.00	409
反演	2015—01		420
因式分解与圆锥曲线	2015—01	18.00	426
轨迹	2015—01	28.00	427
面积原理:从常庚哲命的一道CMO试题的积分解法谈起	2015—01	48.00	431
形形色色的不动点定理:从一道28届IMO试题谈起	2015—01	38.00	439
柯西函数方程:从一道上海交大自主招生的试题谈起	2015—02	28.00	440
三角恒等式	2015—02	28.00	442
无理性判定:从一道2014年"北约"自主招生试题谈起	2015—01	38.00	443

中等数学英语阅读文选	2006—12	38.00	13
统计学专业英语	2007—03	28.00	16
统计学专业英语(第二版)	2012—07	48.00	176
幻方和魔方(第一卷)	2012—05	68.00	173
尘封的经典——初等数学经典文献选读(第一卷)	2012—07	48.00	205
尘封的经典——初等数学经典文献选读(第二卷)	2012—07	38.00	206

实变函数论	2012—06	78.00	181
非光滑优化及其变分分析	2014—01	48.00	230
疏散的马尔科夫链	2014—01	58.00	266
马尔科夫过程论基础	2015—01	28.00	433
初等微分拓扑学	2012—07	18.00	182
方程式论	2011—03	38.00	105
初级方程式论	2011—03	28.00	106
Galois 理论	2011—03	18.00	107
古典数学难题与伽罗瓦理论	2012—11	58.00	223
伽罗华与群论	2014—01	28.00	290
代数方程的根式解及伽罗瓦理论	2011—03	28.00	108
代数方程的根式解及伽罗瓦理论(第二版)	2015—01	28.00	423

哈尔滨工业大学出版社刘培杰数学工作室已出版(即将出版)图书目录

书　　名	出版时间	定　价	编号
线性偏微分方程讲义	2011－03	18.00	110
N 体问题的周期解	2011－03	28.00	111
代数方程式论	2011－05	18.00	121
动力系统的不变量与函数方程	2011－07	48.00	137
基于短语评价的翻译知识获取	2012－02	48.00	168
应用随机过程	2012－04	48.00	187
概率论导引	2012－04	18.00	179
矩阵论(上)	2013－06	58.00	250
矩阵论(下)	2013－06	48.00	251
趣味初等方程妙题集锦	2014－09	48.00	388
趣味初等数论选美与欣赏	2015－02	48.00	445
对称锥互补问题的内点法:理论分析与算法实现	2014－08	68.00	368
抽象代数:方法导引	2013－06	38.00	257
闵嗣鹤文集	2011－03	98.00	102
吴从炘数学活动三十年(1951～1980)	2010－07	99.00	32
函数论	2014－11	78.00	395

书　　名	出版时间	定　价	编号
数贝偶拾——高考数学题研究	2014－04	28.00	274
数贝偶拾——初等数学研究	2014－04	38.00	275
数贝偶拾——奥数题研究	2014－04	48.00	276
集合、函数与方程	2014－01	28.00	300
数列与不等式	2014－01	38.00	301
三角与平面向量	2014－01	28.00	302
平面解析几何	2014－01	38.00	303
立体几何与组合	2014－01	28.00	304
极限与导数、数学归纳法	2014－01	38.00	305
趣味数学	2014－03	28.00	306
教材教法	2014－04	68.00	307
自主招生	2014－05	58.00	308
高考压轴题(上)	2014－11	48.00	309
高考压轴题(下)	2014－10	68.00	310

书　　名	出版时间	定　价	编号
从费马到怀尔斯——费马大定理的历史	2013－10	198.00	Ⅰ
从庞加莱到佩雷尔曼——庞加莱猜想的历史	2013－10	298.00	Ⅱ
从切比雪夫到爱尔特希(上)——素数定理的初等证明	2013－07	48.00	Ⅲ
从切比雪夫到爱尔特希(下)——素数定理 100 年	2012－12	98.00	Ⅲ
从高斯到盖尔方特——二次域的高斯猜想	2013－10	198.00	Ⅳ
从库默尔到朗兰兹——朗兰兹猜想的历史	2014－01	98.00	Ⅴ
从比勃巴赫到德布朗斯——比勃巴赫猜想的历史	2014－02	298.00	Ⅵ
从麦比乌斯到陈省身——麦比乌斯变换与麦比乌斯带	2014－02	298.00	Ⅶ
从布尔到豪斯道夫——布尔方程与格论漫谈	2013－10	198.00	Ⅷ
从开普勒到阿诺德——三体问题的历史	2014－05	298.00	Ⅸ
从华林到华罗庚——华林问题的历史	2013－10	298.00	Ⅹ

哈尔滨工业大学出版社刘培杰数学工作室已出版(即将出版)图书目录

书　　名	出版时间	定　价	编号
吴振奎高等数学解题真经(概率统计卷)	2012-01	38.00	149
吴振奎高等数学解题真经(微积分卷)	2012-01	68.00	150
吴振奎高等数学解题真经(线性代数卷)	2012-01	58.00	151
高等数学解题全攻略(上卷)	2013-06	58.00	252
高等数学解题全攻略(下卷)	2013-06	58.00	253
高等数学复习纲要	2014-01	18.00	384
钱昌本教你快乐学数学(上)	2011-12	48.00	155
钱昌本教你快乐学数学(下)	2012-03	58.00	171
三角函数	2014-01	38.00	311
不等式	2014-01	28.00	312
方程	2014-01	28.00	314
数列	2014-01	38.00	313
排列和组合	2014-01	28.00	315
极限与导数	2014-01	28.00	316
向量	2014-09	38.00	317
复数及其应用	2014-08	28.00	318
函数	2014-01	38.00	319
集合	即将出版		320
直线与平面	2014-01	28.00	321
立体几何	2014-04	28.00	322
解三角形	即将出版		323
直线与圆	2014-01	28.00	324
圆锥曲线	2014-01	38.00	325
解题通法(一)	2014-07	38.00	326
解题通法(二)	2014-07	38.00	327
解题通法(三)	2014-05	38.00	328
概率与统计	2014-01	28.00	329
信息迁移与算法	即将出版		330
第19~23届"希望杯"全国数学邀请赛试题审题要津详细评注(初一版)	2014-03	28.00	333
第19~23届"希望杯"全国数学邀请赛试题审题要津详细评注(初二、初三版)	2014-03	38.00	334
第19~23届"希望杯"全国数学邀请赛试题审题要津详细评注(高一版)	2014-03	28.00	335
第19~23届"希望杯"全国数学邀请赛试题审题要津详细评注(高二版)	2014-03	38.00	336
第19~25届"希望杯"全国数学邀请赛试题审题要津详细评注(初一版)	2015-01	38.00	416
第19~25届"希望杯"全国数学邀请赛试题审题要津详细评注(初二、初三版)	2015-01	58.00	417
第19~25届"希望杯"全国数学邀请赛试题审题要津详细评注(高一版)	2015-01	48.00	418
第19~25届"希望杯"全国数学邀请赛试题审题要津详细评注(高二版)	2015-01	48.00	419
物理奥林匹克竞赛人题典——力学卷	2014-11	48.00	405
物理奥林匹克竞赛大题典——热学卷	2014-04	28.00	339
物理奥林匹克竞赛大题典——电磁学卷	即将出版		406
物理奥林匹克竞赛大题典——光学与近代物理卷	2014-06	28.00	345

哈尔滨工业大学出版社刘培杰数学工作室已出版(即将出版)图书目录

书　　名	出版时间	定　价	编号
历届中国东南地区数学奥林匹克试题集(2004～2012)	2014－06	18.00	346
历届中国西部地区数学奥林匹克试题集(2001～2012)	2014－07	18.00	347
历届中国女子数学奥林匹克试题集(2002～2012)	2014－08	18.00	348
几何变换(Ⅰ)	2014－07	28.00	353
几何变换(Ⅱ)	即将出版		354
几何变换(Ⅲ)	2015－01	38.00	355
几何变换(Ⅳ)	即将出版		356
美国高中数学竞赛五十讲.第1卷(英文)	2014－08	28.00	357
美国高中数学竞赛五十讲.第2卷(英文)	2014－08	28.00	358
美国高中数学竞赛五十讲.第3卷(英文)	2014－09	28.00	359
美国高中数学竞赛五十讲.第4卷(英文)	2014－09	28.00	360
美国高中数学竞赛五十讲.第5卷(英文)	2014－10	28.00	361
美国高中数学竞赛五十讲.第6卷(英文)	2014－11	28.00	362
美国高中数学竞赛五十讲.第7卷(英文)	2014－12	28.00	363
美国高中数学竞赛五十讲.第8卷(英文)	2015－01	28.00	364
美国高中数学竞赛五十讲.第9卷(英文)	2015－01	28.00	365
美国高中数学竞赛五十讲.第10卷(英文)	2015－02	38.00	366
IMO 50年.第1卷(1959－1963)	2014－11	28.00	377
IMO 50年.第2卷(1964－1968)	2014－11	28.00	378
IMO 50年.第3卷(1969－1973)	2014－09	28.00	379
IMO 50年.第4卷(1974－1978)	即将出版		380
IMO 50年.第5卷(1979－1983)	即将出版		381
IMO 50年.第6卷(1984－1988)	即将出版		382
IMO 50年.第7卷(1989－1993)	即将出版		383
IMO 50年.第8卷(1994－1998)	即将出版		384
IMO 50年.第9卷(1999－2003)	即将出版		385
IMO 50年.第10卷(2004－2008)	即将出版		386
历届美国大学生数学竞赛试题集.第一卷(1938—1949)	2015－01	28.00	397
历届美国大学生数学竞赛试题集.第二卷(1950—1959)	2015－01	28.00	398
历届美国大学生数学竞赛试题集.第三卷(1960—1969)	2015－01	28.00	399
历届美国大学生数学竞赛试题集.第四卷(1970—1979)	2015－01	18.00	400
历届美国大学生数学竞赛试题集.第五卷(1980—1989)	2015－01	28.00	401
历届美国大学生数学竞赛试题集.第六卷(1990—1999)	2015－01	28.00	402
历届美国大学生数学竞赛试题集.第七卷(2000—2009)	即将出版		403
历届美国大学生数学竞赛试题集.第八卷(2010—2012)	2015－01	18.00	404

哈尔滨工业大学出版社刘培杰数学工作室已出版(即将出版)图书目录

书　　名	出版时间	定　价	编号
新课标高考数学创新题解题诀窍:总论	2014－09	28.00	372
新课标高考数学创新题解题诀窍:必修 1～5 分册	2014－08	38.00	373
新课标高考数学创新题解题诀窍:选修 2－1,2－2,1－1,1－2分册	2014－09	38.00	374
新课标高考数学创新题解题诀窍:选修 2－3,4－4,4－5 分册	2014－09	18.00	375
全国重点大学自主招生英文数学试题全攻略:词汇卷	即将出版		410
全国重点大学自主招生英文数学试题全攻略:概念卷	2015－01	28.00	411
全国重点大学自主招生英文数学试题全攻略:文章选读卷(上)	即将出版		412
全国重点大学自主招生英文数学试题全攻略:文章选读卷(下)	即将出版		413
全国重点大学自主招生英文数学试题全攻略:试题卷	即将出版		414
全国重点大学自主招生英文数学试题全攻略:名著欣赏卷	即将出版		415
数学王者　科学巨人——高斯	2015－01	28.00	428
数学公主——科瓦列夫斯卡娅	即将出版		
数学怪侠——爱尔特希	即将出版		
电脑先驱——图灵	即将出版		
闪烁奇星——伽罗瓦	即将出版		

联系地址:哈尔滨市南岗区复华四道街 10 号　哈尔滨工业大学出版社刘培杰数学工作室

网　　址:http://lpj.hit.edu.cn/

邮　　编:150006

联系电话:0451－86281378　　13904613167

E-mail:lpj1378@163.com